MOÏSE ET DARWIN

L'HOMME DE LA GENÈSE

COMPARÉ A L'HOMME-SINGE

ou

L'ENSEIGNEMENT RELIGIEUX

OPPOSÉ A L'ENSEIGNEMENT ATHÉE

PAR

LE DR CONSTANTIN JAMES

Ancien collaborateur de Magendie,
Chevalier de la Légion d'honneur, Commandeur de l'Ordre pontifical
de Saint-Silvestre, Chevalier des Ordres de Léopold de Belgique,
de Charles III d'Espagne, du Christ du Portugal,
de Frédéric de Wurtemberg, d'Adolphe de Nassau, de Saint-Michel de Bavière
d'Ernest de Saxe, de François Ier des Deux-Siciles,
des SS. Maurice et Lazare de Sardaigne,
Membre de plusieurs Académies ou Sociétés savantes
nationales et étrangères

PARIS

BLOUD ET BARRAL, LIBRAIRES-ÉDITEURS

4, RUE DE MADAME, 4

MOÏSE ET DARWIN

OUVRAGES DU MÊME AUTEUR

A L'USAGE DES PERSONNES DU MONDE

Guide pratique aux eaux minérales, aux bains de mer et aux stations hivernales

Contenant : La description détaillée des Établissements thermaux, et des Plages balnéaires, tant de la France que de l'Étranger. — Un exposé de l'Hydrothérapie ancienne et moderne. — Un Traité thérapeutique complet des diverses maladies pour lesquelles on se rend aux eaux. — Des Études sur les Stations hivernales et en particulier l'Égypte, comprenant le récit de l'Inauguration du canal de Suez.

1 volume cartonné. 11ᵉ édition. Prix : 10 francs. Paris, G. MASSON.

Premiers soins à donner avant l'arrivée du médecin

L'auteur passe en revue TOUT CE QUI PORTE SUBITEMENT ATTEINTE A LA SANTÉ, fait ressortir les caractères propres à chaque lésion, décrit les soins ou pansements qu'elle réclame, ainsi que les médicaments et leurs doses.

Cette nouvelle édition est augmentée de : 1° PETIT TRAITÉ D'HYGIÈNE DE L'ENFANCE A L'USAGE DES MÈRES DE FAMILLE; 2° EXPOSÉ DE LA MÉTHODE DE TRAITEMENT DU Dʳ MANEC POUR LA GUÉRISON RADICALE DU CANCER.

1 volume cartonné (*sous presse*). BLOUD et BARRAL.

Toilette d'une Romaine au temps d'Auguste, et Conseils à une Parisienne sur les cosmétiques

Ce livre comprend, dans sa première partie, la Description de tout ce que faisait une élégante de Rome pour mettre en relief ses agréments naturels, et, au besoin, s'en créer de factices ; dans sa seconde, l'Étude de tout ce qu'une Parisienne fait et imagine dans le même but, ainsi que des Conseils sur l'HYGIÈNE DE LA TOILETTE et le CHOIX DES COSMÉTIQUES.

Cette troisième édition est augmentée de la Description d'une nouvelle méthode de traitement, particulière à l'auteur, des ÉRUPTIONS DE LA FACE ET DU CUIR CHEVELU appelées ACNÉ, COUPEROSE, PITYRIASIS et CANCROÏDE.

1 volume broché, 3ᵉ édition. Prix : 3 fr. 50. Paris, GARNIER frères.

Par suite des changements de noms de rue opérés par l'édilité parisienne, l'adresse de M. le Dʳ Constantin James est maintenant **Rue Cambon, 51,** *(anciennement rue de Luxembourg), quartier de la Madeleine.*

5303. — Typographie Lahure, rue de Fleurus, 9, à Paris.

MOÏSE ET DARWIN

L'HOMME DE LA GENÈSE

COMPARÉ A L'HOMME-SINGE

OU

L'ENSEIGNEMENT RELIGIEUX

OPPOSÉ A L'ENSEIGNEMENT ATHÉE

PAR

LE DR CONSTANTIN JAMES

Ancien collaborateur de Magendie,
Chevalier de la Légion d'honneur, Commandeur de l'Ordre pontifical
de Saint-Silvestre, Chevalier des Ordres de Léopold de Belgique,
de Charles III d'Espagne, du Christ du Portugal,
de Frédéric de Wurtemberg, d'Adolphe de Nassau, de Saint-Michel de Bavière
d'Ernest de Saxe, de François Ier des Deux-Siciles,
des SS. Maurice et Lazare de Sardaigne,
Membre de plusieurs Académies ou Sociétés savantes
nationales et étrangères

PARIS

BLOUD ET BARRAL, LIBRAIRES-ÉDITEURS

4, RUE DE MADAME, 4

AVANT-PROPOS

—

Le livre que je publie aujourd'hui sous le titre : *Moïse et Darwin*, n'est, autant dire, que le développement de celui que j'ai fait paraître, il y a quelques années, sous cet autre titre : *Du Darwinisme ou l'Homme-Singe*.

On se demandera sans doute pourquoi ces changements dans l'intitulé de l'ouvrage, puisque le fond en est resté le même.

C'est que je m'étais simplement attaché, dans mon premier travail, à prouver la fausseté et à faire ressortir le ridicule du système de Darwin, persuadé que, les esprits sensés ne devant jamais le prendre au sérieux, ce n'était pas la peine de lui opposer les récits de la Genèse.

Mais, depuis lors, quels progrès le Darwinisme n'a-t-il pas faits dans l'opinion des masses ! Je n'en veux d'autre preuve que les hommages posthumes rendus à Darwin lui-même, hommages qui ressemblent presque à une apothéose, puisqu'on lui a donné pour sépulture les caveaux de l'abbaye de Westminster.

Non, il n'y a plus d'illusion possible. Ces ovations, qui ont trouvé un si bruyant écho dans le camp des libres-penseurs, ont été avant tout un cri de guerre contre le Catholicisme.

Le Catholicisme ! Mais qui donc ne se ligue pas aujourd'hui contre lui ?

On l'a mis hors la loi, en violant les lois qui devaient le protéger ; témoin l'exécution des *Décrets du 29 mars*. On l'a mis hors la loi, en en votant de nouvelles pour le combattre : témoin la loi de l'*Enseignement sans Dieu*.

C'est cette dernière loi que j'ai dû viser tout particulièrement dans mon nouveau volume, en ce qu'elle ne tend à rien moins qu'à faire de la jeunesse actuelle une génération d'Athées.

Et quels motifs fait-on valoir pour exclure ainsi

de l'éducation l'élément biblique? On veut que la Genèse ne soit plus d'accord avec les progrès de la science moderne.

C'est là une très grosse erreur. Non seulement ce désaccord n'existe pas, mais c'est la Genèse elle-même qui a plus d'une fois devancé la science. Il me suffira pour le prouver de mettre les récits de Moïse sur lesquels s'appuie l'enseignement religieux en regard des hypothèses de Darwin qui font la base de l'enseignement matérialiste. On verra ainsi de quel côté est la vérité.

Je ne me fais aucune illusion sur les difficultés du travail que j'entreprends, par la multiplicité et parfois la délicatesse des questions qu'il est appelé à résoudre. Je m'en fais moins encore sur les éventualités périlleuses du résultat, car je sais parfaitement que, si une cause est mal défendue, l'échec ne retombe pas seulement sur celui qui s'en est fait l'avocat, mais sur la cause elle-même. Il importe donc avant tout que j'établisse quelles garanties offre mon livre.

J'ai déjà dit qu'il n'est que le développement de celui que j'ai publié précédemment sur le Darwinisme. Par conséquent, si les jugements portés sur son aîné ont été favorables, il devra logiquement en bénéficier. Jetons, à cet égard, un coup d'œil rétrospectif.

Mon premier ouvrage comprenait, de même que celui-ci, deux parties, une partie scientifique et une partie religieuse. Comme chacune de ses parties se rapporte à des questions d'un ordre complètement différent, et que par suite les mêmes juges ne peuvent avoir sur l'une et sur l'autre la .ême compétence, nous diviserons leurs appréciations en deux catégories.

PARTIE SCIENTIFIQUE. — Quels sont les hommes aujourd'hui dont l'autorité fait loi sur les diverses questions qui touchent tant à l'Anthropologie qu'à la Constitution de la Matière et des Mondes, en un mot sur les principaux points qu'embrasse le Darwinisme? Trois surtout, par leurs travaux hors ligne, méritent d'être placés au premier rang: ce sont MM. Dumas, Pasteur et de Quatrefages.

Eh bien, ces trois hommes, ces trois princes de la science, ont donné aux doctrines scientifiques de mon livre l'assentiment le plus complet, non pas par quelques mots vagues de politesse obligée, comme cela se voit quelquefois, mais par des témoignages écrits, conçus dans les termes les plus nets et les plus motivés.

Donc, au point de vue de la *Question scientifique*, je me crois en droit d'affirmer que mon traité actuel offre les titres voulus pour être mis dans les mains de la jeunesse.

Partie religieuse.— C'était là pour moi, laïque, le côté scabreux entre tous. Aussi est-ce avec une bien vive, une bien profonde satisfaction que j'ai reçu des principaux membres du clergé, je pourrais même dire de l'unanimité de l'Épiscopat, les témoignages de l'approbation la plus flatteuse.

Qu'il me suffise, parmi tant de noms illustres, de citer, pour des raisons de gratitude personnelle, ceux de Mgr Guibert, l'éminent cardinal qui gouverne avec tant de sagesse le diocèse de Paris, et de Mgr Mermillod, l'illustre exilé de Genève, dont la vie errante n'est qu'une longue prédication.

Je ne saurais non plus m'abstenir de nommer Mgr Richard, coadjuteur de son Éminence, et archevêque de Larisse. C'est lui qui voulut bien se charger de remettre à S. S. Pie IX l'exemplaire dont je désirais lui faire hommage, et, encore qu'il s'en défende, il ne fut certainement pas étranger à l'insigne honneur que m'accorda le glorieux Pontife en m'adressant un Bref de félicitations et un Brevet de Commandeur de l'un de ses Ordres.

Donc, au point de vue de la *Question religieuse*, je me crois également en droit d'affirmer que mon traité actuel mérite réellement aussi d'être qualifié de livre d'enseignement de la jeunesse.

Enfin, le dirai-je ? je me flatte d'obtenir de mes adversaires eux-mêmes un accueil sinon favorable, du moins exempt d'hostilité. C'est qu'ils reconnaîtront que, même au plus fort de ma polémique, je ne me suis jamais écarté des égards que l'on se doit entre personnes qui se respectent. J'en ai pour garant la lettre que m'écrivit Darwin lui-même en réponse au volume que je m'étais empressé de lui faire parvenir, aussitôt que l'ouvrage avait paru, car, en semblables matières, j'ai pour principe que c'est celui-là même que l'on attaque qui doit en être le premier informé.

Voici cette lettre :

Dow, Beckenham, Kent, 5 juillet 1877.

MON CHER MONSIEUR,

En rentrant hier chez moi, j'ai trouvé votre livre et votre lettre si parfaitement courtoise, pour lesquels je vous offre mon double remerciement. Je suis maintenant tellement absorbé par ces questions, que je n'ai pas encore pu trouver le temps de lire votre livre avec l'attention voulue. De plus, votre lettre en est une nouvelle preuve, des écrivains dont les vues diffèrent autant que les nôtres croient généralement que l'un comprend ou interprète mal les travaux de l'autre. Aussi, ce qu'il y a de mieux à faire, selon moi, c'est de laisser le public juger la chose, sans chercher à l'influencer.

Permettez-moi encore une fois de vous remercier cordialement de votre extrême courtoisie, et croyez-moi cher Monsieur, bien sincèrement à vous.

CHARLES DARWIN.

MOÏSE ET DARWIN

OU

L'HOMME DE LA GENÈSE

COMPARÉ A L'HOMME-SINGE

DE L'ORIGINE DE L'HOMME

Une curiosité légitime ; des écoles en histoire naturelle ; le Darwinisme ; ses doctrines sur l'origine de l'homme et sur celle du
monde ; comment et où trouver la vérité ; pourquoi je me mêle
au débat ; ce que comprendra mon travail.

Il n'est pas de sentiment plus légitime ni plus naturel
que celui qui nous porte à chercher d'où nous venons
et quelle a été notre origine. Nul doute que nous
n'ayons pas toujours existé sur la terre ; de nombreuses races animales nous y avaient précédés, et même la
géologie démontre que nous n'y sommes parvenus que
des derniers. Mais à quelle époque y avons-nous fait
notre première apparition? Étions-nous alors ce que
nous sommes aujourd'hui ou, au contraire, avant d'arriver au type actuel, avons-nous passé par diverses
évolutions successives? Telles sont les graves questions
qui se présentent tout d'abord à l'esprit du penseur et
du naturaliste.

Malheureusement il existe en histoire naturelle des écoles, comme il en existe en philosophie et en religion ; ces écoles sont désignées également par le nom de leurs chefs. Celle qu'on appelle Darwinisme prime aujourd'hui toutes les autres. Ce privilège, si toutefois c'en est un, elle le doit à l'étrangeté aussi bien qu'à l'audace de ses doctrines : ainsi, à en croire Darwin et ses adeptes, l'Homme ne serait qu'une descendance du Singe.

Mais la même école ne s'en est pas tenue là. Remontant les âges et faisant, de même, table rase des croyances admises généralement, elle proclame la matière éternelle. Elle veut, de plus, que les êtres vivants, au lieu d'être sortis des mains d'un Créateur, se soient développés d'eux-mêmes par génération spontanée et que, plus tard, ils aient changé d'espèce en se transformant.

On comprend que de pareilles doctrines sur l'origine de l'homme et sur celle du monde aient soulevé de vives répugnances et provoqué d'énergiques protestations. De là les controverses ardentes auxquelles elles ont donné lieu, et qui, aujourd'hui plus que jamais, passionnent les esprits. C'est qu'on s'en est fait une arme dans la nouvelle croisade organisée de tous côtés contre le Christianisme.

Comment maintenant savoir où se trouve la vérité ? Comment surtout la faire briller à tous les yeux ?

La seule manière, c'est de ramener le débat sur son véritable terrain, je veux dire sur le terrain de l'observation. Ce n'est pas, en effet, par des suppositions et des hypothèses qu'on peut arriver à résoudre des questions de cette nature ; c'est uniquement par l'étude des faits, l'examen des preuves et la sanction de l'expérience : là est la solution du problème.

Qu'on ne s'étonne donc pas de me voir venir prendre part à la discussion. Mes travaux antérieurs avec Magendie sur la *Physiologie de l'homme* [1], travaux que mes occupations professionnelles ont interrompus, mais ne m'ont jamais fait complètement perdre de vue, me donnent, ce me semble, quelques droits et quelque compétence pour traiter ces sujets.

Puis, je ne crains pas de le déclarer hautement, en venant ainsi me mêler à la lutte, j'obéis encore à un motif d'un autre ordre, mais non moins impérieux. Ce motif, le voici :

Le Darwinisme, en nous faisant dériver du singe, et en niant l'intervention d'un Créateur pour tout rapporter à la matière, ne fausse pas seulement notre origine, il fausse également la notion de nos devoirs dans ce monde et de nos destinées dans l'autre : c'est au point que son triomphe équivaudrait à une véritable dislocation sociale. Or, quels sont les hommes qui se font ainsi les propagateurs les plus ardents de ces dangereuses doctrines ? Il m'en coûte de l'avouer, mais ils appartiennent pour la plupart au corps médical.

Bien qu'une semblable solidarité ne puisse m'atteindre, c'est comme médecin surtout et un peu à titre de réparation que je viens à mon tour descendre dans l'arène. Fort de mes convictions et de mon droit, persuadé que j'ai en main les documents voulus pour démontrer que le Darwinisme n'est qu'une PSEUDO-SCIENCE, je regarde comme un devoir de les faire connaître et de les présenter sous la forme qui me paraîtra la plus propre à en vulgariser le sens et la portée.

Mon travail comprendra ainsi deux parties : une partie scientifique et une partie doctrinale ; ou plutôt ces deux parties n'en feront qu'une, car il existe entre

---

1. *Leçons sur les Phénomènes physiques de la vie et sur le Système nerveux*, professées au Collège de France par Magendie, recueillies et rédigées par Constantin James, son élève. Cinq volumes in-8. Paris, Victor Masson.

elles une solidarité si intime qu'on essaierait vainement de les scinder.

LES FOSSILES

Importance des fossiles d'après Cuvier ; leur division ; leur conservation différente ; pétrifications ; coprolithes ; empreintes en forme
de moule ; pieds d'oiseaux et de reptiles ; tortue et conquérants ;
gouttes de pluie ; sillons creusés par les eaux ; débris de vers
aquatiques ; utilité des moindres détails.

Nous venons de dire que, pour résoudre les graves et délicates questions que soulève le Darwinisme, il faut se placer sur le terrain de l'observation. Sous ce rapport, les fossiles vont nous offrir un admirable champ à exploiter, tant pour remonter à l'origine des choses et des temps que pour suivre les différentes phases qu'à traversées notre planète. Mais donnons la parole à Cuvier.

« C'est aux fossiles, a-t-il dit, qu'est due la naissance de la théorie de la terre. Sans eux, on n'aurait peut-être jamais songé qu'il y ait eu, dans la formation du globe, des époques successives et une série d'opérations différentes. Eux seuls, en effet, donnent la certitude que le globe n'a pas toujours eu la même enveloppe, par la certitude où l'on est que les animaux ont dû vivre à la surface avant d'être ensevelis dans la profondeur. Ce n'est que par analogie que l'on a étendu aux terrains primitifs la conclusion que les fossiles fournissent directement pour les terrains secondaires ; et, s'il n'y avait que des terrains sans fossiles, personne ne pourrait soutenir que ces terrains n'ont pas été formés tous ensemble. »

Puisque telle est l'importance des fossiles, c'est par leur étude qu'il nous faut entrer en matière. Mais d'abord commençons par bien indiquer ce qu'on doit entendre par « Fossiles ».

On donne le nom de FOSSILES à tout corps ou vestige de corps organisé, animal ou végétal, enfoui naturellement dans les anciennes couches du globe. Les fossiles sont donc les représentants des espèces, éteintes aujourd'hui pour la plupart, qui formaient la faune et la flore du monde antédiluvien.

On les a divisés en *Terrestres*, *Fluviatiles* ou *Marins*, suivant que les individus auxquels ils ont appartenu vivaient à la surface du sol, dans le lit de certains cours d'eau ou au sein des mers.

Tantôt ils se sont conservés en nature et très légèrement modifiés : tels sont la plupart des ossements que l'on extrait des cavernes les plus modernes ; tels sont encore les insectes, que l'on trouve comme enchâssés dans les résines, qui les ont admirablement préservés de la putréfaction ; tels sont aussi certains mollusques, appartenant aux terrains récents, et même aux terrains anciens, qui ont gardé intactes les couleurs vives et nacrées de leurs coquilles.

D'autres fois, au contraire, les fossiles sont plus ou moins altérés et comme corrodés par le temps et les agents physiques ; ils pourront même offrir une friabilité telle, qu'ils représenteront moins un os qu'une poussière osseuse.

Souvent aussi ils sont passés à l'état de *Pétrification*, c'est-à-dire que, la forme extérieure s'étant conservée, les éléments organiques primitifs ont disparu et ont été remplacés par des substances minérales étrangères, telles que la silice et le carbonate de chaux : leur dureté rappelle alors celle du marbre.

Mais ce ne sont pas seulement les parties constituantes des animaux qui représentent les fossiles : la géologie a utilisé au même titre certains résidus de leurs digestions que, par euphémisme, elle a désignés d'un nom grec : ce sont les *Coprolithes.* Cet étrange fossile n'est pas celui qui a rendu le moins de services à la science, en ce qu'il a fait connaître le genre de vie des animaux par la nature de leurs aliments.

Les naturalistes ont tiré, de même, très avantageusement parti des sortes de Moules que certains corps organisés ont laissés quelquefois après eux dans les détritus argileux ou pulvérulents qui sont venus les envelopper après leur mort. Il suffit de les remplir de plâtre pour obtenir la reproduction exacte de l'être vivant dont ils ont conservé l'image. C'est le procédé usité aujourd'hui à Pompéi à l'égard des moules formés par les cendres du Vésuve autour des victimes de la terrible éruption de l'an 79 de notre ère.

Disons encore, à propos de ces moules, qu'il n'est pas jusqu'à l'empreinte des pieds de certains oiseaux, de certains reptiles de l'ancien monde, conservée sur l'argile et le sable, qui ne fournisse de même aux géologues d'utiles indications. Ces empreintes, que le temps a durcies et transformées en grès, ont quelquefois suffi pour indiquer l'animal qui les imprima. C'est ainsi que le chasseur distingue très bien, à l'aspect des pas laissés sur la neige, la nature et l'espèce de gibier qui les a tracés.

De ces diverses empreintes la plus facile à reconnaître est celle des tortues.

Qu'on me permette à ce propos une simple réflexion. Combien de conquérants ont ravagé le monde, couvert la terre de ruines et fait couler des torrents de sang, dans le but de perpétuer le souvenir de leurs exploits, et dont tout a péri avec eux, tout, jusqu'à leur nom ! Et voilà qu'une pauvre tortue, égarée et comme perdue aux confins du globe, fait quelques pas sur le sable, fuyant peut-être un danger imaginaire, et ces pas se trouveront gravés en caractères ineffaçables pour être transmis aux âges les plus reculés !

Mais revenons à nos fossiles.

Il n'est pas jusqu'aux gouttes de pluie tombées sur le sol dont on n'invoque au besoin le témoignage, la dessiccation du sable ayant transformé leurs vestiges en grès solide et cohérent.

Enfin les sillons creusés par les eaux dans le lit des mers primitives, certains débris de vers aquatiques, fourniront encore aux géologues de précieux documents. Je citerai, comme spécimen, une carrière de grès exploitée à Chalindrey (Haute-Marne). Tout y est si parfaitement conservé, malgré l'extrême antiquité de sa date, qu'on se croirait en face d'une plage actuelle de l'Océan, au moment du reflux.

Tels sont les principaux fossiles sur lesquels j'ai cru devoir appeler l'attention. Peut-être trouvera-t-on que je suis entré à leur égard dans des détails un peu trop circonstanciés ; il n'en est rien. Telle particularité, en apparence assez futile, est précisément celle qui contribuera le plus aux grandes solutions.

APPLICATION DES FOSSILES A L'HISTOIRE DU GLOBE

Fossiles d'animaux pris pour des fossiles humains ; erreurs relatives à Ajax et à Teutobocchus ; des jeux de la nature ; Fontenelle ; Bernard Palissy ; Daubenton ; une date importante ; premiers travaux de Cuvier ; il reconstruit les espèces perdues ; appréciations de Flourens ; la science guidée par le génie.

Nous voici arrivés à l'application des fossiles à l'histoire du globe. C'est là une science entièrement moderne, tout ce qu'on en avait dit jusqu'alors n'ayant été qu'une sorte de roman. C'étaient surtout les fossiles des grands animaux qui en faisaient les frais, par suite des mé-

prises dont ils étaient l'objet: de là tant de légendes
relatives à de prétendus géants.

La tradition, par exemple, qui attribuait à Achille, à
Ajax et à d'autres héros du siège de Troie, une taille de
vingt pieds, se rattachait sans nul doute à la découverte d'ossements antédiluviens faussement rapportés à
notre espèce. N'assurait-on pas, du temps de Périclès,
avoir trouvé dans le tombeau d'Ajax une rotule de la
grandeur d'une assiette? C'était probablement la rotule
d'un mammouth.

Mais, sans remonter si loin, on a bien fait hommage
à notre Muséum du prétendu squelette de Teutobocchus, roi des Cimbres, qu'on a reconnu plus tard être
celui d'un mastodonte !

Sans doute les vrais savants furent loin de montrer
toujours une crédulité aussi naïve. Mais, d'un autre côté,
les explications dont ils se contentaient ne valaient pas
beaucoup mieux. Ainsi ils ne voulaient voir dans ces
divers objets que des « *Jeux de la nature* ». C'était le
mot consacré; il avait même pris les proportions d'un
terme de science et avait cours comme tel.

« Il a fallu, dit Fontenelle, qu'un potier de terre qui
ne savait ni latin ni grec osât, vers la fin du seizième
siècle, déclarer dans Paris, et à la face de tous les doc-
teurs, que les coquilles fossiles étaient de véritables
coquilles déposées autrefois par la mer; que les animaux dont on apercevait les empreintes ou les ossements au milieu des roches avaient appartenu réellement à des espèces disparues, et qu'il défiait hardiment
toute l'école d'Aristote d'attaquer ces preuves. »

Ce potier de terre était Bernard Palissy, le même qui
a créé et porté si loin l'art des émaux. C'est à lui, on
peut le dire, que la géologie est redevable de ce qu'elle
est actuellement une science, et une science de premier
ordre.

Mais les idées de cet étonnant génie ne furent guère remarquées à l'époque où elles parurent, ou plutôt elles ne le furent que pour être l'objet des plus amères critiques. Ce n'est que près de cent ans plus tard, c'est-à-dire vers la fin du dix-septième siècle, qu'elles ont commencé à se révéler, et, pour me servir d'une expression de Fontenelle, à « faire la fortune qu'elles méritaient ».

Daubenton, l'un des premiers, prouva que les grands ossements fossiles découverts à différentes époques avaient appartenu à des espèces animales dont il essaya vainement, comme il l'avoue lui-même, de recomposer le squelette.

Il était réservé au génie de Cuvier d'élucider enfin ces graves et difficiles questions, et d'ouvrir ainsi la voie à tout un nouveau monde.

Ce fut le 1er pluviôse de l'an IV, jour de la première séance publique qu'ait tenue l'Institut depuis sa fondation, — cette date mérite d'être conservée — que l'illustre naturaliste lut, devant ce corps savant, son premier mémoire sur les *Espèces d'éléphants fossiles comparées aux Espèces vivantes.* La phrase par laquelle il termine ce premier mémoire renferme en germe tout ce qu'il a découvert depuis :

« Qu'on se demande, dit-il, pourquoi l'on trouve tant de dépouilles d'animaux inconnus, tandis qu'on n'en trouve aucun dont on puisse dire qu'il appartient aux espèces que nous connaissons, et l'on verra combien il est probable qu'elles ont toutes appartenu à des êtres d'un monde antérieur au nôtre, à des êtres détruits par quelques révolutions du globe, à des êtres dont ceux qui existent aujourd'hui ont rempli la place. »

Mais, pour transformer en un résultat positif et concluant des vues si vastes et si élevées, il fallait rassembler de toutes parts les dépouilles des animaux perdus;

les étudier toutes sous ce nouvel aspect ; les comparer l'une après l'autre aux dépouilles des animaux vivants ; il fallait, en un mot, créer l'art même de cette comparaison. Que de problèmes à résoudre ! Que de difficultés à vaincre !

« Que l'on se représente, dit Flourens, ce mélange confus de débris mutilés et incomplets, recueillis par Cuvier ; que l'on se représente, sous sa main habile, chaque os, chaque partie d'os allant reprendre sa place, allant se réunir à l'os, à la portion d'os à laquelle elle a dû tenir ; et toutes ces espèces d'animaux, détruites depuis tant de siècles, renaissant ainsi avec leurs formes, leurs caractères, leurs attributs : l'on ne croira plus assister à une simple opération anatomique ; on croira assister à une résurrection, et, ce qui n'ôtera rien au prodige, à une résurrection qui s'opère à la voix de la science et du génie. »

Ainsi s'exprime Flourens. Tel est en effet la merveilleuse précision créée par Cuvier, qu'on a vu souvent ce grand homme reconnaître un animal par un seul os, une seule facette d'os. On l'a même vu déterminer des genres nouveaux, des espèces inconnues, d'après quelques fragments osseux, reconstruisant ainsi l'animal en entier et le faisant renaître, comme à volonté, de chacune de ses parties. Or, plus d'une fois des fouilles postérieures ont fait retrouver le corps de l'animal dont, par sa seule intuition, il avait donné très exactement le dessin.

C'est que, comme nous le verrons bientôt, toutes ces premières populations du globe se distinguaient par des caractères propres, et souvent par des caractères aussi étranges que bizarres.

Ainsi donc la science guidée par le génie a pu remonter jusqu'aux époques les plus reculées de l'âge du monde, et les fouilles ont éclairé l'histoire des anciens temps, absolument comme la découverte des cités longtemps ensevelies d'Herculanum et de Pompéi a éclairé l'histoire de l'ancienne Rome.

LES GRANDES ÉPOQUES GÉOLOGIQUES

Sol primordial ; sol de transport et de sédiment ; cinq grandes époques géologiques ; époque primitive ou âge azoïque ; époque de transition, comprenant la période carbonifère ; époque secondaire, caractérisée par les reptiles ; époque tertiaire, caractérisée par les mammifères ; époque quaternaire, caractérisée par la venue de l'homme ; à cette dernière époque se rattachent la période glaciaire et le déluge biblique.

Nous venons de parler de la présence des fossiles à l'intérieur du globe. Mais la terre n'a pas toujours été habitée ; elle n'a même pas toujours été habitable : il y a donc des endroits où il n'en existe pas de traces. De là une première division des terrains en deux groupes , savoir :

Le terrain où l'on ne rencontre pas de fossiles et qu'on a nommé *Sol primordial,* parce qu'on suppose qu'il a recouvert, de toute ancienneté, le noyau terrestre ;

Le terrain où l'on rencontre des fossiles et qu'on a nommé *Sol de transport et de sédiment* parce que, plus superficiel que le premier, il est principalement formé par des matières transportées par les eaux ou déposées par elles.

Mais, si ces divisions suffisent pour donner un aperçu sommaire de la composition du globe, elles seraient par trop limitées pour fournir les éléments de son étude géologique. D'où la nécessité de les étendre davantage. Or, ce sont encore les fossiles qui nous en procureront le moyen.

C'est que les fossiles sont disposés par plans à l'intérieur du globe, comme le sont les étages d'une maison, ce qui permet leur classement méthodique. De même en effet que, dans une maison, le rez-de-chaussée a été construit avant l'entresol, l'entresol avant le premier étage, le premier étage avant le second, et ainsi de suite jusqu'au faîte de l'édifice, de même, le premier plan de fossiles a été créé avant le plan qui est au-dessus, celui-ci avant le plan supérieur, cet autre avant le plan plus supérieur encore, et ainsi de suite jusqu'au plan le plus élevé. Les fossiles peuvent donc servir à reconstituer, par la place qu'ils occupent, la Création dans l'ordre même où elle a eu lieu. Il suffit, pour cela, d'en faire le dénombrement, en procédant du plan le plus bas au plan qui couronne le tout.

Ainsi a procédé la science. Elle a remonté de la sorte jusqu'à l'origine même de la terre, comptant et déterminant les diverses époques que celle-ci a successivement traversées, depuis le premier moment où les êtres organisés ont paru à sa surface, jusqu'aux dernières révolutions dont elle a été le théâtre. Ce sont ces époques qui servent aujourd'hui de point de repère et d'étape à la cosmogonie. On les a, pour la commodité des descriptions, ramenées à cinq, que nous acceptons parfaitement. Voici donc ces cinq époques, dans l'ordre de leur classement :

1° Époque primitive.
2° Époque de transition.
3° Époque secondaire.
4° Époque tertiaire.
5° Époque quaternaire.

Entrons maintenant dans quelques explications sur le caractère distinctif de chacune de ces époques.

1° **Époque primitive.** — On l'appelle ainsi parce que le terrain qui la constitue forme la base de toutes les assises minérales du globe. Partout, en effet, où l'on a pu fouiller le sol assez profondément, on est arrivé au micaschiste, qui repose sur le granit. Le granit est donc comme la grosse charpente de la terre.

On appelle encore cette époque *Age azoïque*, à cause de l'absence absolue de tout vestige de vie tant animale que végétale. C'est même cette absence qui forme sa caractéristique.

2° Époque de transition. — On l'a ainsi nommée parce qu'elle sert en quelque sorte de passage entre l'absence absolue de toute vie sur le globe et les premières manifestations de la vitalité. C'est dans les eaux que la vie a commencé à éclore. Chose bien digne de remarque! les polypiers, qui ont apparu dès la première heure, ont traversé tous les âges, et leur race s'est conservée jusqu'à nos jours, alors que tant d'autres espèces bien autrement puissantes ont été complétement anéanties.

C'est à cette époque de transition que se rattache la *Période carbonifère*.

3° Époque secondaire. — Tandis que, pendant l'époque de transition, notre globe appartenait aux êtres inférieurs qui vivent dans les eaux, mais surtout aux crustacés et aux poissons, pendant l'époque secondaire il appartint aux reptiles. Ceux-ci revêtirent des dimensions étonnantes et se multiplièrent à l'infini; ils furent même à un moment les rois de la création.

4° Époque tertiaire. — Ce qui caractérise par-dessus tout cette époque, c'est l'apparition de la grande classe des MAMMIFÈRES. Ces animaux n'arrivent pas en petit nombre ni à des intervalles éloignés: ils semblent plutôt surgir spontanément du sol en quantité telle que les continents s'en trouvent au même instant, non pas seulement peuplés, mais inondés.

La végétation offre, de même, une exubérance de sève et une richesse de produits réellement extraordinaires : c'est le moment où les fleurs brillent de leur plus vif éclat. Elles semblent provoquer le développement des insectes, qui se multiplient de leur côté dans des proportions tout à fait insolites. C'est, en un mot, le plus merveilleux épanouissement de la vie animale et végétative qui ait encore paru depuis la Création.

5° Époque quaternaire. — Il n'existe pas entre cette époque et l'époque précédente une ligne de démarcation bien tranchée, sous le rapport zoologique, puisque les grands mammifères qui constituent, aujourd'hui encore, les principales espèces du globe, remontent à l'époque tertiaire. Mais c'est l'époque quaternaire qui a vu naître l'Homme. Or, cet événement domine tellement tous les autres qu'il les efface et, on peut le dire, les absorbe. C'est au point qu'on désigne quelquefois l'homme sous le nom de l'*Homme quaternaire.*

Les seuls grands cataclysmes qui troublèrent cette dernière phase de l'histoire de notre planète furent la *Période glaciaire* et le *Déluge biblique.* Ils seront de notre part l'objet, le second surtout, d'une étude particulière.

DE LA CRÉATION DU MONDE

Deux systèmes en présence : celui de Moïse ; celui de Darwin ; un aperçu de chacun de ces systèmes ; ils seront soumis au contrôle de la science ; pourquoi nous commençons par celui de Moïse : notre travail divisé en deux parties.

Les considérations qui précèdent étaient, tout à la fois, la préface obligée de notre réfutation du Darwinisme, et une sorte de déblaiement du terrain de la lutte. Nous voici donc maintenant en mesure d'entrer dans le cœur même du débat.

Deux systèmes sont en présence : celui de Moïse et celui de Darwin.

Dans le système de Moïse, Dieu de rien a créé la matière.

Il a créé de même tous les êtres vivants avec des caractères propres et distincts, lesquels se sont maintenus intacts jusqu'à nos jours.

Enfin, il a fait de l'homme l'objet d'une création à part, et même l'a façonné à son image.

Dans le système de Darwin, la matière n'a pas eu besoin d'être créée, car elle est éternelle.

Les êtres vivants ne sont point sortis tout formés des mains du Créateur, mais se sont développés par génération spontanée et, loin de rester fidèles à un type primitif, ils ont subi sans cesse de nouvelles transformations.

Enfin, l'homme a été si peu créé à l'image de Dieu qu'il n'est que la résultante d'une série de métamorphoses dont le principal facteur est le singe.

Tel est le système que Darwin oppose à celui de Moïse. Or, ces deux systèmes ne représentent pas seulement l'opinion de deux hommes ; ils ont une portée tout autre, en ce que Moïse est l'interprète des idées de l'antiquité tout entière, et Darwin l'interprète des idées de l'athéisme et du matérialisme modernes. Par conséquent, un abîme les sépare.

Il ne faut donc pas songer à les concilier. Mieux vaut les opposer l'un à l'autre et les soumettre successivement au contrôle de la science.

Nous commencerons nécessairement par celui de Moïse, car, si nous n'en connaissions pas tout d'abord les points essentiels, comment savoir ensuite ce qu'il faut relever dans le système de Darwin que nous avons dit en être la contre-partie ?

Il va donc nous falloir reprendre un à un les divers

temps de la relation biblique, et reconstituer morceau par morceau l'œuvre des Six jours. On voit tout de suite quelle devra être la conséquence de ce travail.

Si nous prouvons que la vie n'a point existé de tous temps sur le globe, et que son apparition n'a pu être le produit de la force plastique de la matière, nous aurons mis à néant l'une des deux grandes propositions de Darwin, la Génération spontanée.

Si ensuite nous démontrons que les diverses espèces animales ont été l'objet de créations spéciales et successives, et que chaque espèce est restée complètement indépendante de celle qui l'a précédée ou suivie, nous aurons de même mis à néant la seconde grande proposition de Darwin, le Transformisme. Il ne restera donc rien de tout le système.

Oui, mais ce n'est pas assez de prouver que Moïse a raison, il faut démontrer de plus en quoi Darwin a tort, car son système n'est pas une simple négation de celui de Moïse: il repose sur des bases et des doctrines à part. D'où la nécessité, ainsi que nous l'avons dit, de le soumettre également au contrôle de la science.

Notre travail se trouvera de la sorte divisé en deux parties bien distinctes.

Dans la première, nous exposerons la *Création d'après Moïse;* dans la seconde, la *Création d'après Darwin.*

LA CRÉATION D'APRÈS MOISE

—

MOISE HISTORIEN

Moïse est moins un annaliste qu'un pontife ; son style ; sa position vis-à-vis de la critique humaine ; inconvénients pour lui d'avoir eu trop tôt raison ; sa manière naturelle de raconter les événements extraordinaires ; comment l'expliquer ; Ovide.

C'est donc à la Genèse, où Moïse a consigné ses récits, que nous demanderons l'histoire de l'origine du monde et des premiers âges de l'humanité. Seulement, il nous paraît essentiel de dire tout d'abord quelques mots de Moïse lui-même, envisagé comme historien.

On se ferait une fausse idée de la Genèse, si on se la représentait comme une sorte de traité didactique, semblable à ceux qui ont cours dans nos écoles, et où l'auteur a toujours plus ou moins en vue le triomphe d'une doctrine. Non. Moïse n'est point un annaliste dans le sens absolu du mot. C'est un pontife, un patriarche, écrivant pour tout un peuple dont il est le chef et dont il veut à la fois former et l'esprit et le cœur. Chez lui, point de plan concerté, point de formules scientifiques et rigoureuses. Il a voulu seulement établir que Dieu est le créateur et l'ordonnateur de tout ce qui existe, et, pour se mettre à la portée de tous, il s'est exprimé dans un langage populaire et figuré où il le montre commandant à l'univers, comme un maître commande à ses serviteurs.

Le style de la Genèse a de même son cachet à part. Sublime dans sa simplicité et sa concision, il ne renferme que les formes rigoureusement nécessaires pour dire que la chose a été faite ; pas un mot de plus. Tout dans les expressions est idée ; rien n'est artifice ou ornement. C'est moins une description qu'un sommaire de la Création.

Mais ce qu'il me paraît surtout essentiel de bien faire ressortir, c'est la position insolite, pour ne pas dire étrange, de Moïse devant la critique humaine.

Contrairement aux autres historiens, qui ne traitent en général que d'événements effacés ou disparus, lesquels par conséquent échappent à tout contrôle sérieux, il s'est fait l'interprète de Dieu lui-même dans ses plans éternels et dans la constitution immuable de ses œuvres. On voit tout de suite quelles en seront pour lui les conséquences.

Décrit-il le mode de formation du globe et l'ordre d'apparition des espèces vivantes à sa surface, mais le globe lui-même, par la disposition de ses couches et l'ordonnance de ses fossiles, renferme des archives toutes faites qui fourniront sans cesse les éléments d'une enquête à lui opposer. Raconte-t-il les grands événements arrivés aux auteurs de notre race et à notre race elle-même, mais il se donne ainsi, dans chaque homme des générations actuelles et futures, un surveillant qui, à tout moment, pourra venir contrôler ses paroles. Si donc il s'est trompé, ce seront là autant de témoins qui deviendront ses accusateurs.

Mais il y a plus. Admettons que ses récits soient

exacts, il pourra se faire que cette exactitude même devienne l'occasion et le prétexte de critiques d'un autre genre. Ainsi, telle vérité énoncée par Moïse, qui devait un jour être acceptée comme un progrès, n'aura trouvé tout d'abord qu'incrédulité et dédain, parce qu'elle sera venue avant l'heure où les esprits étaient aptes à la recevoir. C'est que, pour en arriver à cette notion positive des choses qui distingue si éminemment notre époque, l'esprit humain a longtemps tâtonné au seuil de chaque science, se payant d'hypothèses qu'il prenait pour des réalités.

Ai-je donc eu tort de dire que Moïse, comme historien, se trouve dans une position tout à fait exceptionnelle devant la critique humaine?

Or, notez que rien dans son langage n'indique le moindre effort pour convaincre, ni la moindre appréhension de ne pas être cru. Il raconte, au contraire, du ton le plus simple et le plus naturel, les événements les plus extraordinaires. C'est qu'il sait qu'il a pour lui l'opinion publique, personne n'étant tenté de le contredire, puisque les événements qu'il relate vivaient encore, ne fût-ce qu'à titre d'écho, dans la mémoire de tous. Ils y vivaient si bien que le Paganisme lui-même, quoiqu'il eût perdu jusqu'à la notion du vrai Dieu, avait conservé intacte et comme absolument véridique l'histoire de la création telle qu'elle est consignée dans la Bible.

Si en effet la Bible a sa Genèse, le Paganisme a la sienne, et, de même que l'auteur de la première est Moïse, de même l'auteur de la seconde est Ovide. Ainsi Ovide, résumant les opinions et les croyances de son époque, a consacré le premier chapitre de son livre des *Métamorphoses* à la description non seulement de la Création de l'univers, mais du Paradis terrestre et même du Déluge. Or, cette description, comme nous allons le voir, est conçue dans des termes tels qu'on la dirait copiée sur celle de Moïse.

MOISE ET OVIDE.

Moïse en regard d'Ovide ; leurs deux récits de la création ; le chaos ; Dieu crée le ciel et la terre ; les mers ; les plantes ; les reptiles ; les oiseaux, puis l'homme ; description du Paradis terrestre et de l'Age d'or ; le déluge ; inondation de la terre ; un couple épargné ; retrait des eaux ; montagne où s'arrêta l'arche.

Mettons en regard l'un de l'autre le récit de Moïse et celui d'Ovide. On jugera mieux de la sorte de la parfaite conformité des deux textes.

LA CRÉATION.

Moïse. — « Au commencement, Dieu créa le ciel et la terre. La terre était informe et toute nue ; les ténèbres couvraient la face de l'abîme, et l'esprit de Dieu était porté sur les eaux. »

Ovide. — « Avant la mer, la terre et le ciel, voûte de l'univers, la nature tout entière n'offrait qu'un aspect uniforme, appelé chaos, masse grossière et composée d'éléments indigestes. Le soleil ne prêtait point encore sa lumière au monde, *et la terre n'était point suspendue dans l'atmosphère, équilibrée par son propre poids* [1]. »

Moïse. — « Dieu dit : « Que le firmament soit fait au « milieu des eaux. » Et il sépara les eaux qui étaient sous le firmament d'avec celles qui étaient au-dessus. Et Dieu donna au firmament le nom de ciel. »

1.   Nec circumfuso pendebat in aere tellus,
               Ponderibus librata suis.

Ne dirait-on pas, en lisant ce beau passage, que les anciens avaient déjà quelque idée des lois de la gravitation?

Ovide. — « Dieu sépara la terre du ciel, l'eau de la terre, et l'air le plus pur de l'air le plus grossier, et, quand il eut marqué ainsi sa place à chaque élément, il établit entre eux les lois d'une immuable harmonie. »

Moïse. — « Dieu dit : « Que les eaux qui sont sous « le ciel se rassemblent en un lieu et que l'élément « aride paraisse. » Il donna à l'élément aride le nom de Terre, et appela Mer toutes les eaux rassemblées. »

Ovide. — « Après que Dieu, « quel qu'il fût » (*quisquis, fuit ille Deorum*) eut ainsi opéré le partage de la matière, il façonna la terre encore inégale et l'arrondit en un globe immense, puis à sa voix les mers prirent leur cours. »

Moïse. — « Dieu dit : « Que la terre produise de « l'herbe verte qui porte de la graine, et des arbres «·fruitiers qui portent des fruits, chacun selon son « espèce. »

Ovide. — « Dieu aplanit les campagnes, abaissa les vallées, couvrit les forêts de feuillage, éleva les montagnes et les couronna de rochers. »

Moïse. — « Dieu dit aussi: « Que des corps lumineux « soient faits dans le firmament, afin qu'ils séparent les « jours d'avec les nuits, et qu'ils servent de signes « pour marquer les temps et les saisons, les jours et « les années. »

Ovide. — « Dès que l'auteur de la nature eut réglé les limites qui devaient servir de barrière aux différents corps, les astres, ensevelis auparavant dans la nuit du chaos, commencèrent à briller dans toute l'étendue du ciel. »

Moïse. — « Dieu dit encore : « Que les eaux produi- « sent des animaux reptiles, qui nagent dans l'eau, et « des oiseaux qui volent sous le firmament du ciel. »

Ovide. — « Les eaux se peuplent de poissons aux

brillantes écailles, la terre de bêtes fauves et l'air d'oiseaux qui le battent de leurs ailes. »

Moïse. — « Enfin Dieu dit : « Faisons l'homme à notre
« image et ressemblance, et qu'il commande aux pois-
« sons de la mer, aux oiseaux du ciel, aux bêtes et à
« toute la nature. » Et il le forma du limon de la terre
et répandit sur son visage un souffle de vie. »

Ovide. — « Un animal plus noble, doué d'une raison
plus élevée, et fait pour commander aux autres,
manquait encore : l'homme naquit. Le fils de Japet dé-
trempa avec de l'eau de l'argile terrestre, et *le façonna
à l'image des Dieux, arbitres de l'univers* » :

> Finxit in effigiem moderantum cuncta Deorum.

Voilà donc la création terminée. Notons ce dernier
passage commun aux deux historiens : « L'homme fut
façonné à l'image de la Divinité. » Nous aurons plus
tard à y revenir.

— Vient ensuite la description du Paradis terrestre
par Moïse, et celle de l'Age d'or par Ovide, également
dans les mêmes termes ; puis enfin le récit du Déluge
dans des termes non moins identiques, ainsi que va le
prouver de nouveau la comparaison des deux textes.

LE DÉLUGE.

Moïse. — « Dieu, voyant que la malice des hommes
était extrême, et que toutes les pensées de leur cœur
étaient appliquées au mal, se repentit d'avoir fait
l'homme. « J'exterminerai, dit-il, de dessus la terre
« l'homme que j'ai créé ; j'exterminerai tout jusqu'aux
« animaux, depuis ceux qui rampent sur la terre jus-
« qu'aux oiseaux du ciel. »

Ovide. — « Du haut de son céleste palais, le sublime
architecte voit les crimes de la terre. Il gémit et dit :

« Je n'aperçois aujourd'hui que des coupables, et c'est
« le genre humain qu'il me faut perdre tout entier
« (*Perdendum mortale genus*). J'en ai porté l'arrêt
« irrévocable. »

MOISE. — « Toutes les sources du grand abime des
eaux furent rompues et les cataractes du ciel s'entr'ou-
vrirent. Les eaux crûrent et grossirent prodigieusement
au-dessus de la terre, et toutes les plus hautes montagnes furent couvertes. Toutes les créatures qui étaient
sur la terre, depuis l'homme jusqu'aux bêtes, tant
celles qui rampent que celles qui volent dans l'air,
tout périt. »

OVIDE. — « Les eaux se répandirent de toutes les
parties du ciel en torrents sur la terre. Les fleuves,
forçant les barrières qui les retenaient, précipitèrent
vers la mer leur course impétueuse, entraînant ensemble les plantes et les arbres, les troupeaux et les hommes, les maisons et les sanctuaires des Dieux. Si
quelque édifice reste encore debout, l'onde en recouvre
le faîte et, pour la première fois, les sommets des
montagnes sont battus par les vagues. »

MOISE. — « Mais Noé trouva grâce devant Dieu : Noé
fut un hommé juste et parfait, au milieu des hommes
de son temps ; il marcha avec Dieu. »

OVIDE. — « Un couple fut épargné, couple innocent
et pieux : jamais homme n'eut plus de zèle pour la
vertu et pour la justice que Deucalion ; jamais femme
n'eut plus de respect pour les Dieux que Pyrrha. »

MOISE. — « Dieu s'étant souvenu de Noé, fit souffler
un vent sur la terre, et les eaux commencèrent à diminuer ; les sources de l'abîme furent fermées, aussi bien
que les cataractes du ciel ; les pluies furent arrêtées et
les eaux, étant agitées de côté et d'autre, se retirèrent
et commencèrent à diminuer, et l'arche se reposa sur
les montagnes d'Arménie. »

Ovide. — « Quand Jupiter a vu le monde changé en une vaste mer, il écarte les nuages, ordonne à l'Aquilon de les dissiper et découvre la terre au ciel et le ciel à la terre. Entre l'Attique et la Béotie se trouve la Phocide ; là s'élève un mont dont la double cime se perd au sein des nues : le Parnasse est son nom. C'est sur cette montagne que s'arrêta la barque qui portait Deucalion et sa compagne. »

— Mais restons-en là de ces citations. Elles prouvent surabondamment qu'à part quelques détails insignifiants l'auteur sacré et l'auteur profane ont raconté les mêmes faits dans les mêmes termes et dans le même ordre où ils se sont succédé. Si je m'y suis étendu un peu longuement, c'est que je crois être le premier qui aie signalé cette étrange coïncidence ou du moins qui l'aie fait nettement ressortir.

Laissons maintenant Ovide de côté, et abordons l'étude analytique du récit de Moïse dont nous venons d'esquisser le texte.

DIEU CRÉE LA MATIÈRE.

Magnifique début de la Genèse ; ce que signifient les mots : Au commencement, Dieu créa, le ciel et la terre.

Rien de magnifique et de grandiose dans sa simplicité comme le début de la Genèse. La supériorité du récit biblique est surtout frappante quand on le compare aux cosmogonies des autres peuples.

« Au commencement Dieu créa le ciel et la terre. »

Il était impossible d'exprimer plus de choses en moins de mots. Aussi a-t-on beaucoup discuté sur la valeur et la portée de chaque mot. Essayons d'en indiquer le sens véritable.

Au commencement. — Ce mot, qui laisse le champ libre à toutes les hypothèses et à tous les calculs, pose d'emblée les premières assises du monde. Et, en effet, à dater de cette époque, il y eut un point de départ appelé « Commencement; » ce fut comme le premier anneau de la chaîne des temps. Auparavant, il n'y avait jamais eu de commencement en rien ni pour rien, car Dieu n'a pas eu de commencement, puisqu'il est éternel, et rien n'existait, avant le monde, que Lui ; mais, à partir de la création, tout commence.

C'est donc bien là le « Commencement » de tout, et l'expression de Moïse ne saurait être ni plus exacte ni plus précise.

Dieu créa. — On a beaucoup discuté sur le sens du mot hébreu *bara*, qu'on a traduit par le mot latin *creavit*. Veut-il dire réellement que Dieu fit de rien quelque chose ? Nul doute que telle soit la signification vraie du mot *bara*. C'est ainsi du reste qu'il a toujours été entendu dans la tradition juive, comme on le voit par ce passage du second livre des *Machabées :*

« Je vous conjure, ô mon fils ! de regarder le ciel et la terre et toutes les choses qui y sont renfermées, et de bien comprendre que Dieu les a faites de rien (*et intelligas quia ex nihilo fecit illa Deus*). »

Le ciel et la terre. — Il ne s'agit pas seulement ici du « ciel et de la terre » tels que nous les voyons actuellement ; il s'agit de la matière cosmique elle-même, c'est-à-dire de ces éléments multiples et confus qui devaient servir à la former, comme ils devaient former également toutes les sphères visibles et invisibles, les soleils, les nébuleuses, les mondes, que sais-je ! enfin, tous les atomes pondérables ou impondérables qui constituent l'univers.

Inutile donc d'insister sur le sens de ce premier

verset de la Genèse, dont ceux qui suivent ne sont que le développement.

LE CHAOS. INCANDESCENCE DU GLOBE.

Ce qu'était la terre ; chaos ou tohu-bohu ; l'univers à l'état de fournaise ; sa température ; celle du soleil ; Moïse devance la science ; l'analyse spectrale ; la terre, fragment détaché du soleil.

Voici la matière créée. Dans quel état le fut-elle ? Laissons encore parler Moïse :

« La terre, dit-il, était informe et toute nue ; les ténèbres couvraient la face de l'abîme. »

Telle est la saisissante image de cet état primitif du globe qu'Ovide appelle le *Chaos* et que Moïse désigne par l'expression plus énergique encore de *Tohu-Bohu*. C'est qu'en effet la géologie prouve qu'aux premiers âges du monde l'atmosphère représentait un pêle-mêle inextricable d'éléments en pleine incandescence.

Je viens de prononcer le mot d'incandescence. C'est qu'il semble démontré, d'après les travaux des astronomes modernes, que l'univers tout entier, à l'origine des temps, n'était autre qu'une immense fournaise où aucun corps ne pouvait exister à l'état solide.

Essayons de nous faire une idée de ce que pouvait être alors la température de l'atmosphère. Il va nous suffire pour cela de prendre au hasard quelques métaux et de noter la somme de calorique qu'ils nécessitent pour entrer en fusion.

Le plomb exige 335 degrés ; le zinc, 450° ; l'argent, 1000° ; le cuivre, 1100° ; le fer, 1500 ; enfin le platine, 2000°.

Voilà sans doute des chiffres effrayants. Or, nous ne parlons ici que de la chaleur nécessaire pour liquéfier ces métaux. Que serait-ce, si nous voulions les faire passer à l'état gazeux, que l'on suppose avoir été leur état primitif? C'est à donner le vertige.

Ainsi, par exemple, le P. Secchi a calculé que la température du soleil devait être de dix millions de degrés, c'est-à-dire 5000 fois plus élevée que celle du platine, qui est la plus haute que nous puissions produire par la combustion. Telle devait être également la température de la terre à l'époque du chaos, la terre et le soleil faisant alors partie de la même masse.

Une chose ne me paraît pas avoir été suffisamment remarquée : c'est que Moïse, en annonçant le premier que ces deux corps ont eu une origine commune, a devancé la science de quatre mille ans. C'est en effet de nos jours seulement que la découverte de l'admirable procédé dit « Analyse spectrale » est venue donner à sa parole la sanction expérimentale. Comme ce procédé est encore peu connu, je crois devoir en dire ici quelques mots.

Il repose sur cette particularité que, quand on fait passer un rayon lumineux à travers un prisme, sa lumière blanche se décompose en divers rayons colorés, rappelant l'arc-en-ciel, et qui sont superposés dans un ordre constant. Lors donc que le rayon de lumière est envoyé par un corps métallique en ignition, le métal incandescent manifeste sa présence par des raies brillantes transversales dans l'échelle colorée, raies toujours situées pour le même métal au même point de cette échelle, mais variables pour chaque métal. Par conséquent, l'inspection des raies suffit pour décider la nature du métal dont il s'agit.

C'est en se basant sur ces faits, signalés par Kirchhoff, qu'on a pu reconnaître dans le soleil la présence de métaux vaporisés semblables à ceux qui constituent l'agrégat solide de notre planète. D'où on a conclu que notre planète et le soleil émanaient originairement d'un même foyer embrasé. La terre ne serait donc qu'un fragment détaché du soleil.

LES SIX JOURS DE LA CRÉATION.

Netteté du langage de Moïse; sens du mot jour; comme quoi il signifie époque; preuves empruntées aux auteurs profanes; autres preuves empruntées au texte même de la Bible; saint Augustin; Bossuet; Cuvier.

Voilà donc ce qu'on pourrait appeler le « gros œuvre » de la création terminé. La matière existe.

A quelle époque la matière a-t-elle ainsi pris naissance? Quelle a été la durée de son état rudimentaire? La Bible est complètement muette à cet égard. La science ne possède non plus aucune donnée qui puisse suppléer à son silence. Toute cette partie de l'histoire du monde se perd donc, on peut le dire, dans la nuit des temps.

Il n'en est pas de même pour celle qui y fait suite et qui a trait à l'organisation de l'univers. Le langage de Moïse devient au contraire très explicite et très net. Voici comment il s'exprime :

« Or Dieu dit : « Que la lumière soit faite, et la lumière fut faite. »

« Dieu vit que la lumière était bonne et sépara la lumière d'avec les ténèbres.

« Il donna à la lumière le nom de Jour et aux ténèbres le nom de Nuit; et du soir au matin se fit le premier jour. »

Ainsi parle Moïse. Et il continue de diviser ainsi la création par séries de périodes dont il énumère les opérations, périodes qu'il désigne chacune par l'épithète de *jour*, ce qui forme un total de six, Dieu s'étant reposé le septième.

Il était impossible, ce semble, de s'exprimer en termes

plus intelligibles et plus précis. Sans doute. Seulement quel sens faut-il attacher au mot « jour »? Là est la grosse difficulté.

Il est de fait que, si on devait entendre par là des jours ordinaires de vingt-quatre heures, l'accord que nous venons de signaler entre la Genèse et la géologie paraîtrait impossible à établir, car tout démontre que les intervalles de temps qui séparèrent ces diverses créations ont dû être considérables.

Mais telle n'a pas été la pensée de Moïse; tel n'a pas été non plus son langage. Qu'on me permette à ce propos une réflexion.

Le style de la Bible, nous en avons déjà fait la remarque, n'est pas celui d'un manuel de cosmographie ou de zoologie : c'est une sorte de chant primitif, de psaume patriarcal. Il serait donc déraisonnable de ne voir dans ses métaphores que le sens textuel et prosaïque, comme on le ferait pour un traité moderne de physique, de chimie ou d'histoire naturelle. Les savants qui réprouvent, au nom de la science, cette poésie sacrée, oublient, pour me servir des paroles d'Isodore Geoffroy Saint-Hilaire, que « Linné, *sans cesser jamais d'être exact et concis*, variait son style depuis la précision austère de la formule *jusqu'à cette haute poésie dont la Genèse nous offre les plus sublimes modèles.* » Cherchons donc, dans le langage figuré de Moïse, quelle peut être sa pensée vraie.

Nul doute que Moïse ait donné au mot « *jour* » le sens indéfini d'*époque*, et désigné par *soir* et *matin* les deux termes d'une période.

Cette signification attribuée au mot jour se comprend d'autant mieux qu'elle était et qu'elle est encore familière à tous les peuples de l'Orient. C'est ce qu'avait remarqué Bailly :

« Chez les Orientaux, dit-il, le mot que nous rendons

par « jour » a une signification primitive que donne exactement le terme chaldéen *sare*, RÉVOLUTION. »

Notons également que, chez les auteurs latins profanes, le mot « jour » est employé comme synonyme de « durée » et de « succession de temps. »

Reservare pœnas in DIEM (Cicéron), « différer le châtiment »; *Longa* DIES (Virgile), *longior* DIES (Ovide), « la suite des siècles; » *Amorem lenevit* DIES (Turpilius), « le temps a calmé cet amour » etc.

Rapprochez ces termes de ceux par lesquels Moïse achève son récit : « *Istæ sunt* GENERATIONES *cœli et terræ quando creata sunt, in* DIE *quo fecit Dominus.* « Telles sont les GÉNÉRATIONS ainsi créées du ciel et de la terre, au JOUR où Dieu les a faits, » et vous verrez que le mot « jour » est pris par l'historien sacré absolument dans le même sens.

Mais je vais plus loin. Ce serait renverser le texte même de la Genèse que de limiter le mot « jour » aux vingt-quatre heures d'un jour ordinaire; la démonstration en est facile.

C'est le PREMIER jour que Dieu crée la lumière, et c'est le QUATRIÈME seulement que les astres sont formés, « *afin*, dit le texte, *qu'ils séparent le jour d'avec la nuit, et qu'ils servent de signes pour marquer les temps et les saisons, les jours et les années.* »

Les trois premiers jours *n'étaient donc pas de ces jours ayant leur séparation d'avec la nuit*, puisque les astres qui font ces divisions n'existaient pas encore. Il est donc impossible, pour ces trois premiers jours, de prendre à la lettre les mots : « Et du soir au matin se fit le premier jour. » Et alors comment les entendre autrement que dans le sens du mot *époques*, ou, comme dit Moïse, du mot *générations?*

Mais, si l'on est forcé d'entendre ainsi les trois jours du début, on ne peut échapper à la conclusion qu'il doit en être de même pour les trois jours de la fin, puisque Moïse se sert pour tous les six, à mesure qu'il les énumère, de termes parfaitement identiques. Il ne saurait donc être question, pour aucun de ces six jours, de jours ordinaires, mais bien de six époques d'une durée quelconque.

Telle est l'opinion professée aujourd'hui par la très grande majorité des naturalistes.

Il n'est du reste aucun point du récit de Moïse qui, même parmi les croyants, ait provoqué, de tous temps, plus d'interprétations et de commentaires. Saint Augustin avoue franchement « qu'il lui semble bien difficile, sinon impossible, d'imaginer, à plus forte raison de dire, ce qu'avaient été les six jours de la création » (*Qui dies cujusmodi sint, aut perdifficile nobis aut etiam impossibile est cogitare, quanto magis dicere*).

Il est vrai que, depuis saint Augustin[1], la science a marché. Ainsi déjà Bossuet a pu dire : « Dieu, après avoir fait d'abord comme le fond du monde, en a voulu faire l'ornement avec *six différents* progrès qu'il lui a plu d'appeler *six jours*. »

Mais c'est à Cuvier que revient l'honneur, l'immense honneur, d'avoir donné la solution définitive du problème, en spécifiant parfaitement l'ordre et la succession de chaque époque dans son admirable *Discours sur les Révolutions du Globe*.

— Maintenant que nous voilà suffisamment renseignés sur le sens véritable du mot jour, nous allons exposer

---

1. Saint Augustin, cet esprit si judicieux et si profond, disait que ce qu'il redoutait par-dessus tout, c'étaient les fidèles imprudents qui déraisonnaient sur la physique, puis invoquaient l'autorité de la Bible pour appuyer leurs erreurs. « Il faut, disait-il encore, se tenir à la fois en garde contre la séduisante loquacité d'une fausse philosophie, et la timidité superstitieuse d'une fausse religion » (*Neque falsæ philosophiæ loquacitate seducamur, neque falsæ religionis superstitione terreamur*).

les diverses autres phases de la création d'après l'ordre
suivi par Moïse.

DIEU CRÉE LA LUMIÈRE

La lumière créée avant le soleil ; contradiction apparente ; critiques
de Celse et de Voltaire ; deux systèmes en présence ; celui de
Newton et celui de Descartes ; Moïse était dans le vrai ; hypothèses
diverses ; aurores boréales ; question difficile ; le livre de Job.

Nous venons de dire quels débats a provoqués l'interprétation du mot *Jour*. Nous allons voir des débats
analogues se reproduire à propos du mot *Lumière*.
Rappelons d'abord le texte même de la Bible :

« Dieu dit : «Que la lumière soit faite, et la lumière
« fut faite[1].» Et du soir au matin se fit le premier jour.»

Or le soleil n'existait pas encore, puisque c'est seulement la quatrième jour qu'il fut créé. En effet, on lit
dans la Bible : « Dieu dit : « Que des corps lumineux
« soient faits dans le firmament du ciel. » Et du soir au
matin se fit le quatrième jour. »

Voilà deux textes qui, rapprochés l'un de l'autre,
semblent se contredire. Déjà Celse trouvait étrange que
Moïse parlât de jour avant l'existence du soleil. Ce que
Celse trouvait étrange, Voltaire le trouvait ridicule :
« Comment, s'écrie-t-il, Dieu a-t-il pu créer la lumière
avant le soleil, l'effet avant la cause, la conséquence
avant le principe? *Inclinons-nous devant le surnaturel* ».

Non, ce n'est pas devant le surnaturel, ici du moins,
qu'il faut nous incliner, c'est devant la science. Laissons-la donc parler.

Deux systèmes ont été en présence jusqu'à nos jours,

---

1. Le texte hébraïque: *Jehi or, vaihei or:* « Lumière soit, lumière fut, » est infiniment plus concis. Il semble, comme dit saint
Paul, qu'on voit la lumière éclater tout à coup au sein des ténèbres.

pour expliquer la source de la lumière. D'après le premier, qui appartient à Newton, la lumière est émise par les corps lumineux eux-mêmes ; c'est la « théorie d'émission ». Le second, ou « théorie des ondulations », qui revient à Descartes, nous enseigne que tous les mondes baignent dans l'éther répandu dans l'espace ; c'est cet éther qui entre en vibrations au plus léger mouvement imprimé, et dont l'agitation produit la lumière. Les Young, les Fernel, ont donné, par leurs intéressants travaux, leur sanction à ce dernier système ; et les expériences d'Arago, à l'aide des verres de Gambey, le mettent à l'abri de toute contestation.

Il est donc établi aujourd'hui que la lumière ne nous vient pas des astres, qu'elle en est indépendante, qu'elle existe dans l'atmosphère comme le fluide électrique existe dans les corps, et qu'elle n'a besoin, comme l'électricité, que d'être excitée pour frapper nos organes. Ce sont les corps que nous appelons lumineux qui ont reçu la propriété d'exciter la lumière, mais qui ne la fournissent pas.

Moïse était donc parfaitement dans le vrai lorsqu'il a dit que la création de la lumière destinée à donner à la nature l'animation et la vie a été antérieure à la lumière solaire. Celle-ci a eu surtout pour objet, ainsi qu'il nous l'apprend, « de diviser le jour de la nuit et de servir de signe pour marquer les jours, les temps et les années. »

Aussi remarquez qu'il ne dit nulle part que la lumière de la première époque ait eu une connexion quelconque avec celle du soleil. Il y a plus, le mot *avor* par lequel il la désigne, qu'on a traduit par « lumière », réveille tout aussi bien l'idée de calorique ou de tout autre fluide s'échappant par effluves. C'est la raison pour laquelle Schubert s'est cru autorisé à émettre l'opinion que voici :

« Peut-être les phénomènes de lumière polarisée que nous nommons « Aurores boréales » ne sont-ils que de tardifs crépuscules, faibles restes de cette lumière vive et chaude que les forces électro-chimiques de la terre produisirent, selon la Bible, aux premiers jours de la création, avec un degré d'intensité de calorique que ces forces affaiblies ont perdu. »

J'ajouterai, à l'appui de la théorie de Schubert, que les admirables découvertes de Kirchoff, sur la nature de la matière électrique, prouvent que la terre a pu posséder une lumière propre.

On ne saurait méconnaître, cependant, que les questions qui se rattachent ainsi à l'origine et au siège de la lumière soulèvent parfois les plus graves difficultés. Ces difficultés, Dieu les a signalées lui-même. Ainsi, on lit dans le livre de Job : « Dis-moi où habite la lumière, et quel est son mode de propagation » (*Indica mihi in qua via lux habitet, per quam viam spargitur.*)

Si réellement la lumière eût été une simple émanation du soleil, Dieu aurait-il tenu à Job un semblable langage?

DIEU ORGANISE LE MONDE

L'esprit de Dieu était porté sur les eaux ; le mot couvait offre un sens plus exact; Mgr Meignan ; la formation de notre planète exigea deux temps; de quoi chaque temps se composa ; Bacon ; silence de Moïse sur certains détails.

Maintenant que Dieu a créé la lumière, elle va éclairer les divers actes par lesquels sa toute-puissance fera sortir l'univers du chaos. J'avoue que j'aurais bien besoin qu'un rayon de cette lumière vînt également éclairer mon esprit, afin de m'aider à comprendre et à expliquer ces splendides opérations. Heureusement

Moïse va continuer d'être pour nous le meilleur et le plus infaillible des guides. Voici comment il s'exprime :

« L'esprit de Dieu était porté sur les eaux. »

Ces quelques mots nous préparent aux grands événements qui vont s'accomplir. Au-dessus en effet de cette mer de feu qui représentait alors les éléments multiples et confus de l'univers, planait comme un souffle divin, lequel allait bientôt pénétrer la matière, lui imprimer ses mouvements et lui communiquer la vie. Et encore le verbe hébreu qu'on a traduit par *ferebatur* (était porté) a-t-il un sens plus étendu et plus profond ; il signifie « couvait ». On aurait donc dû dire :

« L'esprit de Dieu *couvait* les eaux. »

De là cette remarque judicieuse d'un éminent évêque et savant géologue, Mgr Meignan : « Le travail mystérieux de l'Esprit créateur, principe de toute vie, suivant l'expression du Psalmiste, nous est représenté ici par la figure de l'incubation. »

Mais enfin voici le moment arrivé, moment solennel entre tous, où Dieu va former notre planète. D'après Moïse, l'œuvre exigea deux temps.

Dans le premier, Dieu dit :

« *Que le firmament soit fait au milieu des eaux et* « *qu'il sépare les eaux d'avec les eaux.* » *Et Dieu donna* *au firmament le nom de* **ciel** ».

Dans le second, Dieu dit :

« *Que les eaux qui sont sous le ciel se rassemblent en* « *un seul lieu et que l'élément aride disparaisse* ». *Dieu* *donna à l'élément aride le nom de* « *Terre* », *et il* *appela* « *Mer* » *toutes ces eaux rassemblées.* »

Ainsi donc Dieu commença d'abord par « débrouiller » le chaos, en séparant de la masse cosmique les mondes qui devaient peupler l'espace, puis il travailla et distribua la matière qui devait constituer notre planète. Cette série d'opérations a inspiré à Bacon cette belle et profonde observation :

« Dans les œuvres de la création, nous voyons une double émanation de la vertu ou force divine, dont l'une se rapporte à la puissance et l'autre à la sagesse. La première se fait particulièrement remarquer dans la création de la matière, et la seconde dans la beauté de la forme dont la matière fut ensuite revêtue. »

Telle est en effet l'impression qui ressort de la description donnée par Moïse de l'ordonnance de l'univers. Seulement l'historien sacré s'en tient à cet exposé général, et il aborde ensuite la création des divers êtres destinés à peupler notre planète, sans indiquer autrement les modifications que celle-ci dut subir pour devenir habitable. C'est que ce dernier point est bien plutôt de la science que de l'histoire.

Aussi est-ce à la science qu'il nous faut maintenant nous adresser pour interpréter dans la mesure du possible le silence de Moïse.

NOTRE PLANÉTE DEVIENT HABITABLE.

Comment la terre se refroidit ; sa forme due à sa rotation sur elle-même ; expériences de M. Plateau ; solidification de sa surface ; épaisseur de la couche refroidie ; bouillonnements intérieurs ; déchirures ; épanchements de laves ; soulèvements ; Elie de Beaumont ; paroles de la Bible justifiées ; nos réserves.

Nous avons vu que la terre représentait à l'origine une sphère embrasée, circulant autour du soleil par suite de l'impulsion initiale qu'elle avait reçue. Elle céda ainsi graduellement de son calorique aux régions glacées qu'elle traversait. Il résulte des calculs les plus rigoureux que ces régions ont une température d'au moins 100° degrés au-dessous de zéro; Pouillet la portait à 142°. On comprend dès lors quelle somme de calorique une température aussi basse dut soustraire à notre planète, et comment ce refroidissement continuel la fit passer de l'état gazeux à l'état liquide.

La voilà donc amenée à cette dernière condition.

Mais on sait que la terre, en plus de son mouvement de translation autour du soleil, en exécute un de rotation sur son axe. Or, toute masse liquide à laquelle on imprime un mouvement gyratoire se renfle vers son centre et s'aplatit vers ses extrémités. C'est ce que prouve l'expérience tant de fois citée de M. Plateau, célèbre physicien de Gand, laquelle consiste à faire flotter une grosse boule d'huile d'eau et d'alcool et à la suspendre dans un vase qui tourne. On voit cette boule prendre la forme que nous venons d'indiquer. Ainsi s'explique comment la terre offre précisément un renflement vers l'équateur, et un aplatissement vers les pôles.

Cependant, par le fait des progrès du refroidissement, notre planète commença peu à peu à se solidifier. Ce furent d'abord de simples noyaux de substances concrètes, semés de distance en distance, mais qui finirent par se souder entre eux, comme on voit de nos jours les glaces des mers polaires s'attacher l'une à l'autre pour former des banquises. C'est ainsi que s'opéra la solidification totale de la surface du globe.

On évalue l'épaisseur actuelle de la couche refroidie à environ cinquante kilomètres, c'est-à-dire à $\frac{1}{250}$ du diamètre de la terre dont le centre continue d'être en fusion [1]. Pour se faire une idée du peu d'épaisseur de cette couche, qu'on se représente une orange dont

---

1. Cet état de fusion est suffisamment démontré par l'existence des volcans, leurs cratères n'étant autres que les soupiraux de la fournaise, et leurs laves que des échantillons du feu central.

l'écorce serait mince comme une feuille de papier et à peine granuleuse. Cette écorce figurerait la partie refroidie du globe, et ses aspérités nos plus hautes montagnes.

Mais avant d'atteindre cette solidification définitive l'enveloppe terrestre se brisa plusieurs fois, soit par le retrait de ses parois, soit par l'explosion de ses feux intérieurs. Il en résulta de larges crevasses par où s'échappèrent des flots de granit en fusion qui vinrent se coaguler au dehors. Ainsi s'expliquent les déchirures et les ondulations que nous rencontrons au sein de notre planète.

Mais, en même temps que le sol se creusait de profondes excavations, des soulèvements opérés par le feu central faisaient sur divers points surgir des montagnes. Tout le monde connaît les belles découvertes de M. Elie de Beaumont sur ces grands mouvements du globe et sur la disposition des couches sédimenteuses postérieures, redressées, inclinées ou tourmentées de mille manières. Ces phénomènes viennent singulièrement à l'appui de la théorie que nous exposons.

Combien de temps dura cette lutte suprême des éléments qui semblaient se disputer l'empire de notre planète ? Nul ne le sait. Tout ce que l'on peut dire, c'est qu'il arriva un moment où la température devint assez basse pour que la vapeur se condensât en eau ; alors la terre ne représenta plus qu'un immense océan.

Ainsi se sont trouvées justifiées ces paroles de la Bible : « Dieu sépara les eaux qui étaient sous le firmament de celles qui étaient au-dessus, et les rassembla en un seul lieu. »

A partir de cette époque, survinrent encore d'autres changements d'un intérêt non moindre, mais dont la description n'ajouterait rien à ce qui touche au fond même de notre sujet. Qu'il nous suffise donc de savoir que, par suite du retrait successif des eaux, les îles et les continents se formèrent et la terre finit par devenir habitable.

— Telle est l'hypothèse en faveur aujourd'hui sur l'organisation du globe, mais qui demain peut-être se trouvera modifiée par quelque nouveau progrès des connaissances humaines. Ne l'acceptons donc que sous toutes réserves, car il s'en faut de beaucoup que la science ait encore dit à cet égard son dernier mot.

DIEU CRÉE LES VÉGÉTAUX.

Moïse ne parle que des grands phénomènes; végétaux créés avant les animaux; la science et la Bible; trois sortes de végétaux; le règne végétal créé à l'état de germe; isolement des espèces; chacune s'est reproduite intégralement.

Maintenant que la terre est devenue habitable, disons quel ordre Moïse assigne à la création des êtres vivants, et dans quel état il décrit leur première apparition sur le globe.

Mais, avant d'aller plus loin, il est une remarque que je dois faire, car elle s'applique d'une manière générale aux diverses particularités de ses récits.

Moïse ne parle que des grands phénomènes et néglige ce qu'on pourrait appeler les menus détails. Ainsi, par exemple, à propos de l'apparition de la vie sur le globe, il ne dira rien des mollusques et des crustacés qui grouillaient dans les premières eaux, rien non plus des insectes ni des moucherons qui voltigeaient dans l'espace. C'est que, nous le savons déjà, la Bible n'est pas un traité didactique, mais un simple sommaire. Seulement, comme chaque mot porte et combien il est fécond en enseignements !

Les végétaux sont, d'après Moïse, les premiers êtres

vivants qui aient paru sur le globe. Voici, à cet égard, comment il s'exprime :

« Dieu dit ensuite : « Que la terre se couvre de ver-
« dure, de plantes produisant de la semence, d'arbres
« fruitiers portant du fruit selon leurs espèces, et dans
« lesquels se trouve leur semence ; » et il fut fait
ainsi. »

Laissons maintenant parler la science par l'organe si autorisé de Cuvier :

« Le schiste cuivreux est porté sur un grès rouge à l'âge duquel appartiennent *ces fameux amas de char-bon de terre ou de houille, ressources de l'âge précédent, et reste des* PREMIÈRES RICHESSES VÉGÉTALES *qui aient orné la face du globe.* Les traces des fougères, dont ils ont conservé les empreintes, nous disent assez combien ces *antiques forêts* différaient des nôtres. »

Ainsi Moïse et Cuvier sont d'accord sur ce point tout à fait capital de l'antériorité des végétaux sur les autres êtres vivants de la création.

Mais Moïse, d'après le verset que nous venons de citer, ne s'en tient pas à cet énoncé général. Il entre dans des détails beaucoup plus circonstanciés, détails sur les-quels les traducteurs et commentateurs de la Bible me paraissent avoir glissé un peu légèrement. Il est vrai que le texte latin n'a pas reproduit exactement le texte hébraïque quant aux distinctions et aux nuances établies par l'historien sacré.

Ainsi Moïse distingue trois ordres de végétaux : le gazon, les plantes fourragères et les arbres. Le mot DESCHEH (*germen*) désigne en effet les plantes les plus simples du règne végétal ; l'expression HESEB (*herbe*) s'applique plutôt aux herbes, ce qui comprend tous les végétaux non ligneux ; enfin par HETS (*arbor*) on doit entendre les arbres, végétaux plus solides et plus com-pliqués que les plantes cellulaires et les herbes. La cosmogonie biblique procède donc du simple au composé, de l'ébauche au plus parfait.

Ici encore, la géologie donne pleinement raison à la Genèse. Voici, en effet, quel est, d'après elle, l'ordre de succession des végétaux fossiles, c'est-à-dire des végétaux contemporains de la création.

On trouve, dans les couches les plus inférieures, des plantes complètement celluleuses, dont les traces sont parfaitement accusées ; puis, l'organisation se complique, et apparaissent des herbes et même des arbustes ; enfin, dans le terrain carbonifère, la végétation devient tellement luxuriante, qu'on y rencontre jusqu'à deux cent cinquante espèces de fougères, la plupart d'une taille gigantesque. Ne sont-ce pas bien là les trois degrés d'organisation végétale indiqués par Moïse : le gazon, les plantes fourragères et les arbres ?

— C'est à Moïse également que nous devons de savoir que Dieu créa le règne végétal à l'état de germe ou de semence. Ainsi, après avoir dit que tout végétal portait en soi la graine destinée à le reproduire, il ajoute dans le second chapitre de la Genèse :

« Dieu créa toutes les plantes des champs *avant qu'elles fussent sorties de la terre*, et toutes les herbes de la campagne *avant qu'elles eussent poussé.* »

Comment, maintenant, ces semences et ces germes sont-ils devenus des végétaux ? Rappelons-nous ces paroles de Moïse : « L'esprit de Dieu *couvait* les eaux. » Or, il n'est pas un naturaliste tant soit peu au courant de la naissance du plus humble végétal qui ignore que ces formations ne s'accomplissent que dans un milieu humide et par le fait d'une véritable incubation. Il a donc suffi à Dieu de répandre des germes à l'infini pour peupler la terre et les eaux, depuis les sommets des plus hautes montagnes jusqu'aux plus grandes profondeurs des océans.

Enfin Moïse, — car il s'mblerait, par son insistance
à revenir sur certains points, avoir voulu ôter tout prétexte à la controverse, — Moïse déclare, à plusieurs reprises, que « les végétaux, portant ainsi leurs graines,
furent créés CHACUN SELON LEUR ESPÈCE. »

Chacun selon leur espèce ! Mais alors les espèces
furent, dès l'origine des temps, marquées de leur cachet
et de leur type ; et, comme il n'en est pas une qui ne
portât en soi sa propre semence, elles durent ensuite se
reproduire intégralement.

Prenons acte de ces déclarations et de ces faits. Nous
aurons prochainement l'occasion de les justifier, à propos des prétendues transformations successives que
Darwin attribue aux espèces vivantes.

LES VÉGÉTAUX HOUILLERS ET LA PÉRIODE CARBONIFÈRE

Ce qu'on appelle végétaux houillers ; objection relative à leur développement en l'absence du soleil ; action suffisante de la chaleur
et de la lumière ; expériences ; les cryptogames de la période
carbonifère ; leur taille gigantesque ; leur teinte verte ; Hochstetter ; apparition du soleil ; une nouvelle flore ; les dicotylédons ;
leurs couleurs brillantes ; amoindrissement des plantes primordiales ; exubérance des espèces résineuses ; conséquences à déduire de la comparaison des deux flores.

On donne le nom de végétaux houillers ou simplement de houille aux débris fossiles des forêts primitives accumulés au sein de la terre en amas prodigieux,
lesquels débris sont devenus de nos jours une des principales sources de la prospérité des nations. Moïse n'en
a rien dit, car leur existence constitue un fait géologique
qui ne rentrait aucunement dans son cadre. Il rentre
au contraire complétement dans le nôtre en ce qu'il va
nous permettre de répondre à une objection qu'on a

adressée au récit de la Genèse à propos de la création du règne végétal avant celle du soleil.

Comment, a-t-on dit, les plantes ont-elles pu se développer en l'absence des rayons solaires? Moïse est ici en opposition avec les données les plus élémentaires de l'histoire naturelle.

A cela M. Pfaff réplique avec autant de précision que de justesse : « Ce n'est pas du soleil que les plantes ont besoin, mais seulement de lumière et de chaleur. Or, la chaleur et la lumière existaient incontestablement avant le soleil, ainsi qu'il résulte de ce que nous avons dit de l'origine du globe. »

Bien plus, des expériences récentes ont démontré que la lumière électrique possède toutes les qualités nécessaires pour le développement des parties vertes de la plante. Représentez-vous une serre fortement chauffée dont les murs de verre auront été noircis de manière à intercepter les rayons solaires, et dont la principale lumière sera celle d'une flamme électrique brûlant à l'intérieur, quelles seront, dans des conditions de ce genre, les produits de la végétation? Vous aurez des plantes colossales et des géants au teint verdâtre, mais nulle part de couleur vive.

Telle a été la végétation de la période appelée *Période carbonifère*.

La classe qui presque à elle seule la constituait était celle des Cryptogames vasculaires. Seulement, quelle différence comme dimensions et comme ampleur avec leurs similaires d'aujourd'hui ! Les prêles, ces herbes marécageuses appelées vulgairement « queue de cheval » atteignaient la grosseur d'un corps d'homme, et une hauteur de soixante-dix à quatre-vingts pieds ; des mousses et des fougères offraient des proportions encore plus gigantesques ; enfin l'humble lycopode représentait un vrai colosse dont la cime dominait les plus hautes futaies. Mais tout ce monde végétal était d'une teinte uniformément verte, sans un fruit, sans une fleur, sans même une nuance un peu accusée.

Il devait donc en être de la période carbonifère comme des forêts vierges de la Nouvelle-Zélande où dominent encore les fougères arborescentes et les majestueux araucarias.

« Dans l'intérieur de ces forêts, dit un voyageur célèbre, Hochstetter, tout est sombre et mort. Aucun papillon aux couleurs variées, aucun oiseau au doux ramage ne réjouit la vue et n'anime le paysage. Toute vie animale est éteinte. On sent le besoin d'aller respirer l'air du dehors et l'on éprouve un profond sentiment de joie lorsque, après avoir erré dans ces lieux silencieux et mornes, on jouit de nouveau en rase campagne de la lumière du soleil ».

La lumière du soleil! Mais c'est précisément l'absence même de cette lumière qui donne raison à Moïse, en ce qu'elle explique la teinte verte de la flore primordiale.

Enfin le soleil parut. A dater de ce moment les Dicotylédons succédèrent aux Cryptogames. Il en résulta un changement complet dans l'aspect de notre planète, en ce que les dicotylédons par la variété de leurs espèces, l'ampleur et la beauté de leurs feuilles, l'éclat de leurs fleurs et de leurs fruits, lui communiquèrent cette riante expansion de la vie qui en fait, aujourd'hui encore, le charme et l'ornement.

Nous n'avons point de donnée positive sur la manière dont s'opéra cette substitution d'une flore à une autre. Il est probable cependant que voici comment les choses se passèrent.

Le soleil, surprenant en quelque sorte les cryptogames dans toute l'exubérance de leur sève, dut en partie vaporiser celle-ci, ce qui amena de grandes perturbations dans leur vitalité et leur développement. En même temps, le sol, asséché de plus en plus par la même cause, cessa de leur fournir une abondance de sucs en rapport avec leur texture spongieuse. Enfin, l'atmosphère dépouillée, ainsi que nous le verrons bientôt, de son excès d'acide carbonique, cessa de même de les approvisionner dans la mesure de leur accroissement. D'où leur étiolement, leur mort et, comme dernier terme, leur transformation en houille[1].

Comme conséquences inverses, un grand nombre de semences, parmi celles que le Créateur avait répandues avec tant de profusion dans l'espace, et qui jusqu'alors ne s'étaient pas trouvées dans des conditions voulues de germination, par suite de l'absence du soleil, prirent un tel essor qu'elles eurent bientôt recouvert la terre d'une végétation luxuriante. Ce furent surtout les pins et les sapins. Nouvelle preuve de l'assèchement du sol par les rayons solaires, puisque les espèces résineuses auxquelles ces arbres appartiennent sont précisément celles qui s'accommodent le mieux d'un terrain sablonneux et sec.

Ainsi donc l'étude comparative des deux flores, dont l'une est passée à l'état de houille et dont l'autre s'est perpétuée jusqu'à nos jours, ne prouve pas seulement que le règne végétal fut créé avant le soleil, elle indique de plus, par les différences de leurs caractères, et on pourrait dire de leurs destinées, le moment où cet astre fit sentir son action sur notre planète.

L'objection dirigée contre Moïse à propos de l'antériorité attribué par lui à la lumière tourne donc contre

___

1. M. Tyndall, physicien anglais, a démontré par des expériences fort ingénieuses que la double influence de la chaleur et de la pression suffit pour transformer du bois en houille.

3.

ceux-là mêmes qui s'en étaient fait une arme pour attaquer ses récits.

POURQUOI LES VÉGÉTAUX FURENT CRÉÉS AVANT LES ANIMAUX

Les végétaux agirent comme purificateurs de l'atmosphère ; expériences de MM. Dumas et Boussaingault ; elles expliquent comment l'air fut rendu respirable ; les végétaux nécessaires à l'alimentation des animaux ; une méprise de Bichat ; les végétaux appareils de synthèse ; les animaux appareils d'analyses.

Il est encore un point de l'histoire des végétaux que je tiens à élucider ; c'est celui-ci : Pourquoi furent-ils créés avant les animaux ?

J'y vois deux motifs essentiels, l'un qui se rattache à la purification de l'atmosphère, l'autre à l'alimentation des espèces animales. Ceci demande explication.

On ne saurait douter que l'énorme masse de carbone accumulé dans le sein de la terre à l'état de houille, ait été soustraite par les végétaux beaucoup plus à l'acide carbonique de l'atmosphère qu'au sol où ils étaient implantés. Rappelons à ce propos les belles expériences de MM. Boussingault et Dumas :

Quand on dépose une graine dans du sable ou du verre pilé, pour peu qu'on y entretienne un degré suffisant d'humidité tiède, cette graine donne naissance à un végétal produisant sa fleur et ses fruits [1]. Qui a fourni à cette graine le carbone nécessaire à son accroissement ? Ce ne peut être ni le sable ni le verre pilé, puisqu'au-

---

1. C'est surtout en Égypte, lors de l'inauguration du canal de Suez, que j'ai été à même de vérifier cette influence de l'eau et de la chaleur sur la germination. Ainsi, sur tout le parcours du nouveau canal, dit « Canal d'eau douce », qui relie Zagazig (l'ancienne Bubaste) à Suez, le sable est devenu productif au point de s'être converti en un véritable terreau.

cun des deux n'en renferme. Ce ne peut être davantage l'eau qui a servi à son arrosage, puisqu'ayant été distillée elle en est également dépourvue. Force est donc d'en attribuer le point de départ à l'atmosphère.

Appliquons maintenant ces expériences à la flore primitive.

Les végétaux ont emprunté à l'atmosphère la plus grande partie du carbone qu'ils s'assimilaient, ce qu'ils n'ont pu faire qu'en décomposant l'acide carbonique alors en excès. L'oxygène de cet acide s'est trouvé ainsi mis à nu. Par suite, sa proportion allant sans cesse en augmentant à mesure que les végétaux s'appropriaient le carbone, il est arrivé un moment où l'air a contenu assez peu d'acide carbonique pour devenir respirable pour les animaux. C'est alors que ceux-ci ont fait leur apparition sur notre planète.

Oui, mais, qu'on me pardonne cette expression familière, les animaux ne vivent pas seulement de « l'air du temps ». Il leur faut quelque chose de plus substantiel ; ce quelque chose, que sera-t-il? Le végétal. Laissons à ce propos parler la Bible :

« Je vous ai donné, dit le Seigneur, toutes les herbes qui portent leur graine sur la terre, et tous les arbres qui renferment en eux-mêmes leurs semences, chacun selon son espèce, afin qu'ils vous servent de nourriture et à tous les animaux de la terre, à tous les animaux du ciel, à tout ce qui a mouvement sur la terre et qui est vivant et animé, afin qu'ils aient de quoi se nourrir. »

Ainsi, d'après Moïse, les végétaux ont été créés avant les animaux, dans un but de finalité, *afin que ceux-ci eussent de quoi se nourrir.*

Que penser de cette explication, au point de vue de la physiologie moderne? C'est encore M. Dumas qui va nous répondre :

« *Les végétaux*, dit-il, *ont pour fonction de fabriquer la matière organique dont les animaux doivent se
nourrir*. La terre serait dépeuplée, si, pendant une seule
année, les végétaux cessaient de préparer notre nourriture et celle de tout le règne animal. Supprimez les
plantes, et les animaux périront tous d'une affreuse
disette. *La nature organique elle-même disparaîtrait
tout entière en quelques saisons.* »

Ainsi, dans le plan divin, les végétaux ont dû précé-
der les animaux, parce que sans eux la conservation
du règne animal devenait impossible.

Par contre, ces mêmes végétaux n'ont nullement
besoin des animaux pour subsister, ceux-ci ne leur
fournissant aucun des éléments de leur accroissement,

Bichat s'est donc mépris quand il a dit que « le végétal est l'ébauche, le canevas de l'animal, » et que,
« pour former ce dernier, il n'a fallu que revêtir ce canevas
d'un appareil d'organes extérieurs, propres à établir des
relations ». Non, ce n'est pas cela. La fonction d'un
végétal, dans son ensemble et dans sa fin, n'est pas
réductible à la fonction d'un animal ; il y a opposition
absolue entre les fonctions respectives de l'animal et du
végétal.

Chose admirable ! c'est précisément cette opposition
qui complète et harmonise les fonctions de ces deux
règnes.

Ainsi les végétaux sont des appareils de synthèse,
dans lesquels la matière organique est formée à l'aide
des éléments minéraux de l'air, de l'eau et de la terre ;
les animaux sont des appareils d'analyse, dans lesquels
la matière organique est ramenée, par une véritable
combustion, à l'état de matière minérale.

Cette relation, Moïse ne l'a point exprimée en ces
termes ; il ne le pouvait. Mais, en affirmant que les
végétaux ont été construits les premiers, pour servir de

nourriture aux animaux, il a dit une chose scientifiquement vraie, dont la chimie moderne est venue compléter la démonstration.

DIEU CRÉE LES ANIMAUX AQUATIQUES ET LES VOLATILES.

Le règne animal créé en deux fois; animaux de la première création; accord de Moïse et de Cuvier; ces animaux seront décrits les premiers.

Dieu ne créa pas le règne animal, comme le règne végétal, en une fois, mais en deux. Parlons d'abord des animaux de la première création.

Voici comment s'exprime Moïse à leur sujet : « Dieu dit aussi : « Que les eaux produisent des reptiles « vivants et animés, et des volatiles sous le firmament « du ciel. » Dieu créa donc les monstres marins et tous les animaux qui ont vie, et les animaux qui rampent dans les eaux, selon leur espèce, et tous les volatiles, selon leur espèce. »

Voici maintenant comment s'exprime Cuvier : « Remontant au travers des grès qui n'offrent que des empreintes végétales, on arrive au calcaire du Jura : *c'est là que la classe des reptiles prend tout son développement.* C'est parmi ces innombrables quadrupèdes ovipares, au milieu de ces tortues, de ces *reptiles volants* [1], que se seraient montrés, pour la première fois, quelques petits mammifères marins. Mais, pendant longtemps encore, on trouve que la *classe des reptiles* dominait exclusivement. »

---

1. Si Cuvier se contente de mentionner les *Reptiles volants* sans parler des *Oiseaux*, c'est que, de son temps, on n'en avait pas encore découvert les fossiles.

Ainsi Moïse et Cuvier sont parfaitement d'accord sur la nature des animaux de cette première création : c'étaient des animaux aquatiques et des volatiles. Le moment n'était pas venu encore pour les animaux terrestres, car, selon l'expression biblique, « la terre venait à peine de sortir du sein des eaux ». Il n'y avait, par conséquent, place que pour les habitants de l'élément humide ou des plaines de l'air.

Voici maintenant l'ordre dans lequel nous classerons ces animaux pour les décrire.

Nous parlerons d'abord des *Monstres marins*, puis des *Oiseaux*, puis enfin des *Reptiles volants*.

MONSTRES MARINS.

Deux espèces principales : l'Ichthyosaure ; particularités relatives à sa face ; à sa queue ; à ses dents ; à ses yeux ; à ses membres ; le Plésiosaure ; sa définition ; autres monstres gigantesques ; pourquoi Moïse ne parle pas des petites espèces.

Si jamais l'épithète de *Monstres* a mérité d'être appliquée à certains animaux, c'est bien à ceux qui vont maintenant nous occuper. Heureusement nous possédons dans nos musées leurs squelettes, à titre de pièces justificatives ; sans cela j'oserais à peine en parler, car il s'agit d'êtres tellement fantastiques, qu'en l'absence de preuves matérielles on pourrait se croire le jouet de quelqu'une de ces féeries qu'on représente sur nos théâtres pour l'amusement de la foule.

Parmi ces monstres, deux surtout me paraissent devoir être l'objet d'une description spéciale. Ce sont l'Ichthyosaure et le Plésiosaure.

Ichthyosaure. — Sa longueur dépassait dix mètres. On y trouve la réunion des caractères distinctifs propres à plusieurs classes d'animaux : ainsi, il avait le museau

du marsouin, la face du lézard, les vertèbres du poisson
et les nageoires de la baleine ; puis son corps se termi-
nait par une queue formidable, composée de quatre-
vingt-cinq pièces qui, par l'élasticité de leurs ligaments,
aidaient puissamment à la natation.

Comme chez tous les sauriens, ses narines étaient
très voisines de l'œil ; d'un autre côté, la forme et
l'arrangement de ses dents le rapprochaient du crocodile. Celles-ci, en effet, coniques et tranchantes, étaient
rangées dans une rigole longue et continue, au lieu
d'être enchâssées dans des alvéoles. J'en ai compté
jusqu'à cent quatre-vingts sur un seul individu ! Jugez
par ce chiffre du volume des mâchoires. Et, comme
surcroît de précaution, de nouvelles dents pouvaient
remplacer celles que l'animal aurait perdues, car, à
la base de chaque dent, on aperçoit toujours le germe
osseux d'une dent de rechange.

Parlerai-je de l'organe de la vision? Il faisait de
l'Ichthyosaure un animal unique au monde. Ainsi, les
yeux de ce colosse excédaient le volume de la tête d'un
homme. Leur disposition offrait, de plus, d'après
Cuvier, une particularité des plus étranges. Il existait
au devant de l'orbite une série circulaire de lamelles
osseuses qui entouraient l'ouverture de la pupille et
qui, suivant qu'elles poussaient l'œil en avant ou le
ramenaient en arrière, augmentaient ou diminuaient sa
courbure, de manière à permettre la perception des
objets à de petites comme à de grandes distances ; il en
résultait que le globe oculaire faisait à volonté l'office
de microscope ou de télescope.

L'animal avait donc à sa disposition des appareils
d'optique d'une puissance prodigieuse et d'une perfection singulière, qui lui permettaient de distinguer sa
proie de près comme de loin, et de la poursuivre, au sein
des ténèbres, jusque dans la profondeur des eaux.

Pour rendre encore ses mouvements plus rapides, ses membres antérieurs et postérieurs étaient transformés en nageoires, représentant de véritables mains. La main antérieure était de moitié plus grande que la postérieure ; elle contenait jusqu'à cent os de forme polygonale, disposés en séries, comme les phalanges des doigts, et garnis de palme.

Mais je n'en finirais pas, si je voulais passer ainsi en revue toutes les singularités d'organisation de cet étrange et monstrueux animal. Mieux vaut arriver au Plésiosaure, qui en était du reste le digne pendant.

Plésiosaure. — C'était peut-être, au dire de Cuvier, l'animal le plus extraordinaire de la création. Un auteur l'a défini : « Un serpent caché dans la carapace d'une tortue. » Il avait la tête du lézard, les dents du crocodile, un cou d'une longueur démesurée, un tronc et une queue dont les proportions, au contraire, étaient celles d'un quadrupède moyen, les côtes du caméléon, et les nageoires de la baleine.

Le Plésiosaure était un animal essentiellement marin. En raison de sa respiration aérienne, il devait nager non dans la profondeur, mais à la surface des eaux, comme les oiseaux aquatiques. Sa tête, repliée en arrière, pouvait, grâce à la longueur et à la flexibilité de son cou, partir subitement, comme le trait d'une arbalète, et s'abattre instantanément sur sa proie.

Le Plésiosaure était presque aussi énorme que l'Ichthyosaure. J'en ai vu un fossile dont le squelette dépassait dix mètres de longueur.

— Telle était, d'après les deux échantillons que je viens de citer, l'étrange population de notre globe à cette époque. Ajoutez à ces monstrueux reptiles d'innombrables Ammonites, dont quelques-uns avaient la dimension d'une roue de voiture, et qui voguaient à la surface de l'océan, tandis que des Tortues gigantesques et des Crocodiles plus gigantesques encore rampaient au bord des rivières et des lacs.

Parmi ces crocodiles figure la famille des Téléosaures, qu'un géologue allemand, Cotta, appelle « les hauts barons du royaume de Neptune, armés jusqu'aux dents, et recouverts d'une impénétrable cuirasse; vrais flibustiers des mers primitives. »

Notons ici une particularité; seulement elle a trait, non plus à la configuration bizarre, mais au volume monstrueux de ces animaux.

Moïse les appelle *grandia*, « énormes ». Ils l'étaient en effet. Toutefois ce mot a une portée plus considérable que celle qu'on serait tenté de lui attribuer tout d'abord. Il explique que c'est avec intention que l'historien sacré n'a rien dit des petites espèces, puisqu'il insiste d'une manière toute spéciale sur le volume des grandes.

OISEAUX.

Traces de pas d'oiseaux ; M. Hitchcock ; présomptions changées en certitude ; M. Meyer ; lord Enniskillen ; M. Mantell ; les oiseaux contemporains des reptiles ; pourquoi leurs fossiles sont rares ; un mot mal interprété.

La géologie a été très longtemps avant de découvrir des squelettes d'oiseaux. Cependant on avait signalé déjà en divers endroits certaines traces tout à fait semblables à celles que laissent les oiseaux en marchant sur le sable ou sur l'argile. Parmi ces traces les plus remarquables avaient été observées sur le grès rouge du Massachusetts. Le professeur Hitchcock, qui les a décrites avec soin, dit qu'elles ressemblent d'autant mieux à des pas d'oiseaux qu'elles sont en général composées de trois impressions, comme celles que feraient les trois doigts d'un oiseau, la médiane étant plus longue. Les doigts qui les ont formées étaient terminés par des ongles. Le naturaliste américain fait remarquer, en outre, que ces empreintes sont évidemment les vestiges d'un animal à deux pieds: car, dans le cas où il est manifeste que l'animal a marché, on ne trouve jamais plus d'une seule rangée de pas à la suite les uns des autres.

M. Hitchcock dit encore que l'écartement de ces enjambées, comparé à la longueur du pied, doit faire présumer que la plupart de ces animaux avaient de longues jambes et étaient par conséquent des échassiers ; c'est ce qui explique d'ailleurs leur présence sur une terre humide.

Ainsi donc les empreintes fossilaires créaient déjà de grandes présomptions en faveur de l'existence d'oiseaux à l'époque qui nous occupe. Ces présomptions se sont changées en certitude par la découverte toute récente de leurs squelettes.

M. V. Meyer a décrit un oiseau dont on a rencontré les ossements dans les schistes calcaires de Glaris. Cet oiseau, parfaitement caractérisé, avait la taille d'une alouette et les caractères généraux du passereau.

Lord Enniskillen a trouvé, près de Maidstone, quelques os d'oiseau et, en particulier, un humerus de la dimension de celui d'un Albatros, se rapportant probablement à quelque espèce perdue de la famille des Palmipèdes.

Enfin, M. Mantell a fait connaître les os d'un oiseau échassier, plus grand que le héron, trouvé dans la formation wealdienne de la forêt de Tilgate.

Je pourrais multiplier ces exemples, mais je m'en tiens à ceux-là, car il s'agit simplement de prouver que, conformément à la déclaration de Moïse, les oiseaux étaient contemporains des reptiles aquatiques.

Comment expliquer toutefois que leurs fossiles ne s'observent pas en plus grand nombre au sein des cou-

ches anciennes? Cela dépend probablement de la friabilité du squelette de l'oiseau, due surtout à cette circonstance que les os qui le constituent offrent, à
l'intérieur, une série de cellules où pénètre l'air pour
rendre le corps plus léger. Je ferai remarquer également que l'oiseau est, de tous les êtres de la création,
le mieux organisé pour être averti du péril et pour le
fuir. N'a-t-il pas à sa disposition ses ailes qui lui permettent de s'élever dans l'espace pour reconnaître au
loin les objets et se transporter là où il est sûr de
trouver la sécurité? Il s'en servira de même pour se
diriger vers un climat plus à sa convenance, ainsi que
le prouve, aujourd'hui encore, l'exemple des « oiseaux
émigrants » que nous apercevons voyager par bandes,
au-dessus de nos têtes, aux approches de l'hiver.

Il n'est pas impossible non plus que cette rareté des
fossiles d'oiseaux soit plus apparente que réelle, et
dépende de ce que nous donnons au mot « oiseau » un
sens beaucoup plus restreint que celui qu'y attachait
Moïse. Le terme hébreu *oph* est un nom collectif qui
ne s'applique pas seulement aux oiseaux du ciel, mais
qui comprend tout animal *ailé*. A cette classe se rat-
tacheraient donc les *Reptiles volants*, lesquels formaient
alors une des principales populations du globe.

REPTILES VOLANTS.

Ils réunissaient les caractères des reptiles et des oiseaux : d'où leur
nom de Ptérodactyles; bizarrerie de leur organisation ; monstres
de la fable devenus réalité.

Ces reptiles offraient, comme du reste tous les
autres animaux de la même époque, une organisation
des plus étranges, car ils réunissaient à eux seuls les
caractères distinctifs des Reptiles et des Oiseaux, ces

antipodes de la création. On les a désignés sous le nom générique de *Ptérodactyles*[1]. Esquissons-en les principaux traits.

Le Ptérodactyle se rapprochait de l'oiseau par la forme de sa tête et la longueur de son cou, de la chauve-souris par la structure et la proportion de ses ailes, et des reptiles par l'étroitesse de son crâne ainsi que par l'existence d'un bec armé d'au moins soixante dents pointues. C'était du reste un animal d'assez petit volume, sa taille dépassant rarement celle du cygne ; d'un autre côté, sa tête était énorme comparée à celle du corps.

On ne saurait admettre qu'il pût fendre les airs avec rapidité, l'appendice membraneux qui reliait son doigt externe aux côtes étant plutôt un parachute qu'une aile. Il devait surtout lui servir à modérer et à régler sa descente quand il se précipitait sur sa proie en tombant d'un lieu élevé. Essentiellement grimpeur, il montait sur les arbres en s'aidant des pieds et des mains, comme le font les chauves-souris, et s'y tenait en observation.

La grandeur des yeux dénote un animal nocturne ; la forme des dents, un carnivore ; la longueur des pieds, un échassier.

Enfin il est probable que le Ptérodactyle possédait la faculté de nager, qui est commune à presque tous les reptiles. On pourrait donc lui appliquer ce que Milton a dit du démon :

> Va guéant ou nageant, court, gravit, rampe ou vole.

Notons en passant que le vers original du poète anglais est un peu plus harmonieux que la traduction que nous venons d'en donner par Delille.

1. Du grec Πτερόν, aile, et δάκτυλος, doigt.

Ce qui fait du Ptérodactyle un être essentiellement à part, c'est surtout le bizarre assemblage de deux ailes d'oiseau sur un corps de reptile. L'imagination seule des poètes avait conçu quelque chose d'aussi étrange, en créant le Sphynx, le Dragon, la Chimère et l'Hippogriffe. Grâce à la géologie fossile, la fable ici est devenue réalité.

Pour rencontrer un être phénoménal se rapprochant de celui-là, il faut remonter aux plus brillants épisodes du Tasse ou de l'Arioste. La « Bête du Gévaudan » en rappelle également quelques traits. Toutefois, ce qui en rend le mieux l'idée, c'est le monstre décrit par Racine, lequel inspira une si grande frayeur à l'attelage d'Hippolyte, et de si beaux vers à Théramène.

DIEU CRÉE LES ANIMAUX TERRESTRES.

Importance de cette seconde création ; nouvel accord de Moïse et de Cuvier ; insistance de Moïse sur le mot espèces ; pourquoi nous décrirons l'homme à part ; l'époque tertiaire et l'époque quaternaire.

Nous voici arrivés au second temps de la création des espèces animales. Le premier, qui vient de nous occuper, a compris les animaux aquatiques ; le second, qui nous reste à décrire, comprendra les animaux terrestres. Ce second temps de la création est de beaucoup le plus important, en ce que nous allons voir pour la première fois apparaître la grande classe des Mammifères.

Commençons, ici encore, par donner la parole à Moïse ; nous laisserons ensuite parler Cuvier.

Moïse. — « Dieu dit : « Que la Terre produise des « animaux vivants chacun selon son espèce, les ani-

« maux domestiques, les reptiles [1] et les bêtes sauvages
« de la TERRE, selon leurs différentes espèces ».

Cuvier. — « Dans le calcaire coquillier grossier, on
commence à trouver des os de mammifères, mais ce
sont des mammifères marins. Au contraire, aussitôt
qu'on est arrivé au terrain qui le surmonte, *les os d'a-
nimaux* TERRESTRES *se montrent en grand nombre. Ainsi
les quadrupèdes* TERRESTRES *ne sont venus que longtemps
après les quadrupèdes ovipares et les poissons* ».

Ai-je besoin de faire remarquer, une fois de plus,
la concordance si parfaite et si constante qui existe
entre les récits de Moïse et ceux de Cuvier ? Cette concordance est telle, que les mêmes faits se trouvent
racontés par les deux historiens, on peut le dire, dans
les mêmes termes.

Qui ne sera frappé également de l'insistance avec
laquelle Moïse répète, pour les animaux terrestres,
comme pour les animaux aquatiques, qu'ils ont tous
été créés *chacun selon leur espèce* ? Déjà, en parlant de
la création des végétaux, il avait affirmé cette loi d'une
spécificité *d'espèces* irréductible. Ainsi c'est sur les
points qui devaient être les plus attaqués, mais qui,
dans le plan divin, représentent ce qu'il y a de plus
nécessaire, que portent surtout les répétitions.

L'homme ayant été créé le sixième jour, comme les
animaux terrestres, il semblerait naturel de fondre son
histoire dans la leur ; et cependant nous consacrerons
à cette histoire un chapitre à part. C'est que l'homme a
été l'objet d'une création toute spéciale, avec des caractères et des attributs tellement distincts, qu'il repré-

---

1. Il ne faut pas confondre les Reptiles dont il est ici parlé avec
ceux que nous avons dit avoir été créés le cinquième jour. Ces derniers étaient des reptiles marins : *Producant* AQUAE *reptile ;* ceux
dont il est question maintenant sont des reptiles terrestres : *Pro-
ducat* TERRA *reptilia.*

sente à lui seul tout un règne. Il ne sera donc question ici que des animaux proprement dits.

Il nous faudra, de plus, vu leur grand nombre et leur extrême variété, scinder l'étude de ces animaux en deux périodes. Ce sont ces deux périodes qu'on appelle en géologie : « *Époque tertiaire* » et « *Époque quaternaire* ».

ANIMAUX DE L'ÉPOQUE TERTIAIRE.

Les premiers mammifères créés furent les Pachydermes ; principaux types ; leur abondance dans les plâtrières des environs de Paris ; autres espèces en nombre prodigieux : oiseaux ; poissons ; crustacés ; une grenouille conservée avec son têtard ; mollusques ; ils ont servi à former les pyramides : dinothérium ; mastodonte ; rhinocéros tichorinus ; une curieuse trouvaille de Pallas ; singe fossile : son signalement ; rien de l'homme dans son squelette.

Cette époque comprend de très nombreuses espèces. Toutefois nous nous contenterons, ainsi que nous l'avons fait pour les animaux aquatiques, d'en choisir quelques-unes, parmi les principales, à titre de spécimen.

Si on écarte les *Marsupiaux*, êtres imparfaits qui remontent à la période jurassique, les premiers mammifères créés furent les *Pachydermes* et, parmi ceux-ci, le Palæothérium, l'Anoplothérium et le Xiphodon.

Le *Palæothérium* était un herbivore qui semble avoir tenu le milieu entre le Rhinocéros, le Cheval et le Tapir.

L'*Anoplothérium* avait les pieds terminés par deux grands doigts comme ceux des Ruminants, et le tarse des doigts à peu près comme chez les Chameaux. Mais, ce qui le distinguait le plus, c'était une énorme queue, longue au moins d'un mètre et très grosse surtout à l'origine. Elle lui servait de gouvernail et de rame lorsqu'il passait à la nage un lac ou une rivière, non pour y saisir le poisson, car il était herbivore, mais pour y chercher les racines et les tiges des plantes aquatiques dont il semblait être très friand.

Le *Xiphodon* avait la taille d'un chamois, mais plus de légèreté dans la forme. Sa course n'était point embarrassée par une longue queue; comme tous les herbivores agiles, il était probablement un animal craintif, avec de grandes oreilles très mobiles.

C'est surtout dans les plâtrières des environs de Paris qu'on rencontre ces fossiles en quantité réellement prodigieuse [1]. On y trouve de même le *Chœropotamus*, qui a de l'analogie avec le Pécari actuel, quoique beaucoup plus grand; l'*Adœpis*, qui rappelle par sa forme le hérisson, dont il a trois fois la taille; enfin le *Lophiodon*, espèce voisine des Tapirs, qui offre tous les extrêmes possibles de volume, depuis celui du tapir jusqu'à celui du rhinocéros.

— Cette variété et cette richesse que nous signalons dans l'ordre des Pachydermes se rencontrent dans les autres classes d'animaux de cette création tertiaire.

Voici, par exemple, les Oiseaux : ce n'est plus isolément, c'est par troupes qu'ils se montrent, ceux-ci chanteurs, ceux-là rapaces, d'autres domestiques ou plutôt tout prêts à reconnaître l'autorité de l'homme. Chose étrange! les *Perroquets* et les *Hirondelles salanganes* habitaient alors le département de l'Allier, et leurs débris prouvent qu'ils appartenaient à la même espèce que ceux qu'on trouve aujourd'hui dans certaines contrées de l'Asie et dans l'archipel Indien.

Telle était à ce moment l'exubérance de vie sur le

----

1. Le nombre de ces fossiles est tel qu'il semblerait presque que Montmartre et Pantin ont été le dernier refuge de ces races de Pachydermes; c'est au point que chaque bloc qu'on extrait des plâtrières renferme quelque débris de leurs squelettes. Aussi est-ce là surtout que s'est exercé le génie de Cuvier.

globe, que les espèces aquatiques elles-mêmes vont en éprouver un notable accroissement.

Ainsi les Poissons augmentent en nombre, mais, ce qui est plus important encore, leur organisation subit une complète métamorphose. Tous les poissons appartenant à l'époque de transition ou secondaire avaient l'épine dorsale se prolongeant jusqu'à l'extrémité de la queue : au contraire, à partir de l'époque tertiaire, l'épine dorsale s'arrête à la nageoire terminale, et cette nouvelle structure se conservera, sans changement, jusqu'aux espèces actuelles.

La classe des Crustacés nous offre de même les premiers Crabes.

Quant aux Reptiles, nous avons à signaler les *Tortues* qui, ayant apparu dans la période jurassique, continuent d'augmenter en genres et en espèces. Les *Crocodiles* de leur côté remplissent les fleuves et y règnent en maîtres. Enfin les *Grenouilles* datent de la même époque.

M. Mayer a donné le dessin très curieux d'une grenouille et de son têtard dont on a trouvé l'empreinte admirablement conservée dans le terrain éocène. Nous y reviendrons à propos des transformations du darwinisme.

Parlerai-je de ces Mollusques dont la multiplication merveilleuse coïncide avec l'époque tertiaire ? C'est alors que vivaient, au sein des mers et loin des rivages, les *Nummulites*, dont les coquilles agglomérées et soudées entre elles forment, dans la chaîne des Pyrénées, des montagnes entières, et, en Égypte, des bancs fort étendus qui ont servi à construire les anciennes pyramides. Là vivaient également les *Miliolithes*, dont l'agglomération et la soudure des coquilles constituent de même, autour de Paris, des carrières fort étendues qu'on exploite aujourd'hui comme pierre à bâtir.

4

Combien de siècles a-t-il fallu pour que les dépouilles de ces petits mollusques soient arrivées à constituer ainsi des masses de plusieurs centaines de mètres d'épaisseur!

C'est vers la fin de cette mémorable époque que commencent à se montrer les principaux représentants des espèces animales modernes, tels que les genres Phoques, Ours, Felis, Rat, Castor, Tapir, etc. Seulement, comme ces races sont encore vivantes, nous n'avons point à nous y arrêter. Il nous faut au contraire consacrer quelques mots au Dinothérium, au Mastodonte et au Rhinocéros tichorinus, car ce sont des espèces éteintes.

Le *Dinothérium* est le plus grand des mammifères terrestres qui aient jamais vécu. Il semble annoncer l'apparition de l'Éléphant, qu'il dépasse du reste de beaucoup par ses monstrueuses dimensions. Ses énormes défenses étaient fixées tout en avant de la mâchoire inférieure et recourbées en bas comme celles du Morse. Par son genre de vie et la frugalité de son régime, ce Pachyderme ne méritait pas le nom redoutable que les naturalistes lui ont donné (δεινός, terrible; θηρίον, animal). Sa taille sans doute était effrayante, mais ses habitudes étaient paisibles. Il fréquentait de préférence les eaux douces et les embouchures des grands fleuves où il se nourrissait de végétaux herbacés.

Le *Mastodonte* rappelle parfaitement, comme volume et comme forme, notre Éléphant moderne. Il n'est même pas prouvé pour moi qu'il constitue une espèce tout à fait à part, la seule différence portant sur quelques détails de dentition. Buffon l'avait baptisé du nom d'*Animal de l'Ohio*, en souvenir de la partie de l'Amérique où on en avait découvert le premier fossile.

Quant au *Rhinocéros tichorinus*, c'est-à-dire « à narine

divisée par une cloison », il portait, comme caractère distinctif, deux énormes cornes implantées sur son nez, tandis que l'espèce dite *des Indes*, actuellement existante, est unicorne. Son corps était couvert de poils très abondants ; en revanche, sa peau était dépourvue des callosités et des rides que l'on remarque sur celle de nos Rhinocéros d'Afrique. C'est le cadavre d'un de ces monstrueux pachydermes que le naturaliste Pallas raconte avoir vu en 1771, tout fraîchement retiré des glaces du Vilouni (Sibérie), et conservant encore ses téguments, ses poils et sa chair.

— Nous en avons fini avec la création des animaux tertiaires, ou plutôt il en est un encore dont il nous reste à parler, mais que nous avons cru devoir tenir en réserve comme étant le plus digne de clore la série : c'est le singe.

Le Singe ! Nous voilà donc en présence de celui que Darwin appelle le premier de notre race ! Il est de fait que le singe a précédé l'homme dans l'ordre d'apparition des espèces animales sur le globe ; seulement tous les autres animaux sont dans le même cas.

Donnons tout de suite son signalement ; le lecteur doit être impatient de le connaître.

Le singe de l'époque tertiaire appartenait au groupe des Orangs-Outangs et avait à peu près la taille de l'homme : c'était le *Pithecus antiquus*. Il y en avait encore un de plus petite espèce, se rapprochant du Macaque et de la Guenon : c'était le *Mesopithecus ;* cette dernière espèce de singe est encore vivante. M. Albert Gaudry, dans ses belles études sur les animaux fossiles de l'Attique, en a découvert un squelette entier, dans le terrain miocène de Pikermi, qui peut servir de point de comparaison avec l'homme.

Hélas ! j'en suis bien fâché pour Darwin, mais on y

chercherait vainement quelques rudiments de la structure humaine. On se trouve toujours en face d'un hideux QUADRUMANE, à la longue queue, à la tête bestiale et aux membres disproportionnés. ·

ANIMAUX DE L'ÉPOQUE QUATERNAIRE.

Ces espèces étaient contemporaines de l'homme ; races éteintes et races conservées ; mammouth ; son signalement ; mégathérium ; son étrangeté ; ours, tigre et hyène des cavernes ; oiseaux gigantesques ; Marco Polo ; l'oiseau Ruc ; volume de ses œufs ; plusieurs sont déposés au Muséum.

L'époque quaternaire de l'histoire de notre globe commence après l'époque tertiaire et se continue jusqu'à nos jours. Le fait qui la domine, comme il domine toutes les autres phases de la création, c'est l'apparition de l'homme ; mais j'ai déjà dit que je parlerais de l'homme dans un chapitre à part. Ne nous occupons donc ici que des espèces animales dont il fut le contemporain.

Ces espèces sont les mêmes que nous voyons vivre et s'agiter sous nos yeux. Mais il y en a d'autres dont la race est éteinte ; ce sont précisément celles-là qui vont nous éclairer sur le moment précis où l'homme parut sur la terre, car les premiers ossements humains dont on trouve les fossiles sont confondus avec les leurs : d'où nous devons conclure que l'homme remonte aux mêmes dates.

Ces animaux sont, du reste, en petit nombre. Contentons-nous de signaler les principaux, en commençant par les HERBIVORES.

Le *Mammouth*, ou « Éléphant fossile », est sans aucun doute le plus important de tous ceux qu'a reconstitués la science moderne. Sa taille dépassait celle des plus grands éléphants actuels, car elle avait de quatre à cinq mètres de hauteur ; la courbure en demi-cercle de ses monstrueuses défenses, qui atteignaient jusqu'à quatre mètres de longueur, différencie le Mammouth de l'éléphant actuel des Indes ; la forme de ses dents, qui présentent une large surface unie au lieu d'éminences mamelonnées, le distingue facilement aussi de son congénère fossile, le Mastodonte ; sa tête allongée, son front concave, sa mâchoire courbe et tronquée en avant, lui donnent de plus une physionomie à part ; enfin, nous verrons bientôt qu'il était revêtu de poils longs et serrés et qu'une épaisse crinière flottait sur son cou et son épine dorsale.

Le *Mégathérium* ou *Animal du Paraguay* mérite de même de figurer à côté du Mammouth. Seulement, à en juger par sa structure lourde et aussi bizarre dans son ensemble que dans toutes ses parties, ce devait être un des êtres les plus disgraciés de la création. Sa place est marquée entre notre paresseux et notre tatou actuels. Comme le premier, il se nourrissait exclusivement de feuilles d'arbres ; comme le second, il fouillait profondément le sol pour y trouver à la fois sa nourriture et son abri.

L'espèce en est perdue comme celle du Mammouth Par contre, le *Bœuf*, l'*Ane* et le *Cheval*, sont restés à peu près tels qu'ils étaient alors.

Que dire maintenant des Carnassiers quaternaires, ce n'est qu'ils constituaient une terrible phalange ? C'était « l'Ours des cavernes » (*Ursus spelæus*), d'un cinquième plus grand que nos ours bruns et de forme plus trapue ; c'était le « Tigre des cavernes » (*Felis spelæus*), à l'ossature vigoureuse, dont le Muséum de Paris possède plus d'un effrayant squelette ; c'était enfin « l'Hyène des cavernes » (*Hyena spelæa*), où l'on trouve réunis les caractères du lion et du tigre, et dont la taille dépassait celle de nos plus fort taureaux.

4.

Tels étaient les mammifères les plus répandus et les plus caractéristiques de l'époque qui nous occupe.

A cette même époque apparurent, pour la première fois, nombre d'Oiseaux gigantesques qui, non seulement furent contemporains de l'homme, mais dont l'espèce ne s'est éteinte, pour plusieurs, que dans une période voisine de la nôtre.

Ainsi, par exemple, le célèbre voyageur vénitien Marco Polo, qui vivait dans le treizième siècle, donna des détails très intéressants sur l'oiseau *Ruc*, — l'oiseau de la fable arabe, — lequel, suivant lui, habitait l'île de Madagascar. Ses récits furent qualifiés de « contes » et passèrent pour tels, jusqu'au jour où, vers la fin du siècle dernier, des indigènes madécasses, étant venus en France pour acheter du rhum, apportèrent des vases tout exprès pour l'y mettre ; ces vases, d'après leur dire, n'étaient autres que des œufs du fameux oiseau. Or, un seul de ces œufs avait le volume de huit œufs d'autruche ou de cent trente-cinq œufs de poule !

Bien entendu cette prétendue origine des vases fut également taxée de fable. Cependant, il fallut bien se rendre à l'évidence lorsqu'en 1851 le Muséum d'histoire naturelle de Paris reçut un de ces œufs trouvé à Madagascar dans des joncs, *aussi bien conservé que s'il venait d'être pondu*. Cet œuf avait 88 centimètres de circonférence et une capacité de dix litres et demi.

Il figure aujourd'hui dans les galeries de notre muséum, en compagnie de quatre autres œufs de même provenance et de même volume.

L'oiseau *Ruc* de Marco Polo a donc bien réellement existé, si même il n'existe encore. Seulement on l'a décoré, suivant l'usage, d'un nom scientifique quelque peu difficile à retenir : il s'appelle *Œpyornis maximus*. D'après M. Joseph Bianconi, ce monstre emplumé appartient à la race des vautours.

— Nous en avons fini, mais complètement cette fois, avec la création des animaux qui précédèrent l'homme ou furent ses contemporains. Il nous faut maintenant aborder la création de l'homme lui-même.

DIEU CRÉE L'HOMME.

L'homme créé le dernier ; accord unanime à cet égard ; comment s'exprime la Genèse ; formules exceptionnelles ; supériorité du dogme mosaïque sur la philosophie païenne ; Platon ; Ovide ; sens des mots « fait à l'image de Dieu » ; deux substances dans l'homme ; conséquences morales et physiologiques ; unité de la race humaine ; elle est sans analogue dans la création.

L'homme fut créé, d'après Moïse, après tous les animaux, par conséquent, à la fin du sixième jour, lequel jour correspond à notre époque quaternaire. Cette arrivée tardive de l'homme est un fait si universellement admis que nous n'avons pas plus besoin d'invoquer le témoignage de Cuvier que celui de tout autre naturaliste. Occupons-nous donc uniquement de la manière dont Moïse raconte sa venue.

On lit dans la Genèse :

« Et Dieu dit : « Faisons l'homme à notre image et « ressemblance, afin qu'il règne sur les poissons de la « mer, sur les oiseaux du ciel, sur les animaux domes- « tiques, sur toute la terre et sur tous les reptiles qui « se meuvent à sa surface. »

« Et Dieu *créa* l'homme à son image ; il le *créa* à l'image de Dieu ; il le *créa* homme et femme. »

Comment ne pas être frappé de cette redondance du mot CRÉA, dont Moïse s'était montré jusqu'à présent si avare ? Et quelle haute idée un tel langage ne donne-t-il pas de celui à qui il s'applique ?

Il existe du reste une différence énorme dans la

manière dont l'écrivain sacré raconte la création de l'homme et celle des animaux. Pour ceux-ci, Dieu donne des ordres dans les termes les plus brefs et les plus impératifs : « FIAT, *qu'il soit fait* », laissant ainsi sa parole organiser seule la matière passive et obéissante. Mais, s'agit-il de l'homme, il semble se replier sur lui-même et se recueillir, comme pour mieux faire ressortir la grandeur de l'œuvre qui sera le couronnement des six jours : « FACIAMUS, *faisons* l'homme à notre image ». C'est que cette image sera le reflet divin qui assurera à l'homme son empire sur le reste des animaux, et fera de lui une sorte d'être intermédiaire entre eux et Dieu.

Remarquons en passant combien le dogme mosaïque l'emporte ici sur la philosophie païenne. Tandis que le dieu de Platon dédaigne de former l'homme, et abandonne ce soin à des divinités subalternes, le Dieu de Moïse se réserve tout entier pour cette œuvre, et c'est à sa propre essence qu'il en demande le type.

Ovide, que j'ai si souvent l'occasion de citer à propos de Moïse, Ovide fait très heureusement ressortir cette dissemblance de l'homme avec le reste de l'animalité dans des vers admirables qui sont dans toutes les mémoires :

> Pronaque cum spectant animalia cætera terram,
> Os homini sublime dedit, cœlumque tueri
> Jussit et erectos ad sidera tollere vultus.

« Tandis que les animaux regardent la terre, le front courbé, il a donné à l'homme une sublime attitude, et lui a commandé d'élever ses yeux vers le ciel et de contempler les astres. »

Prenons garde toutefois de nous méprendre sur la portée des mots : « Dieu créa l'homme à son image. » Il ne saurait être question ici du corps matériel, composé d'éléments grossiers, mais de quelque chose d'infiniment plus noble, de l'âme spirituelle. Il y a donc eu, dans la formation de l'homme, deux substances bien distinctes : le « limon terrestre » et le « souffle de vie », que Dieu a combinés ensemble pour constituer la personnalité humaine.

L'Ecclésiaste a très bien fait ressortir la différence de ces deux substances dans l'homme par la différence même de leurs destinées. *Revertatur pulvis in terram suam unde erat :* « Que le corps formé du limon retourne à la terre d'où il est issu » : *Et spiritus redeat ad Deum qui dedit illum :* « Et que le souffle de vie remonte vers Dieu dont il est l'émanation. »

— Continuons de signaler quelques-unes des particularités qui caractérisèrent la première apparition de l'homme sur le globe.

Tandis que les autres animaux étaient sortis de la terre et des eaux en quantité considérable, l'homme fut l'objet d'une création spéciale et individuelle ; et quand, par la naissance de la femme, prise à même sa propre chair, il fut en quelque sorte dédoublé, l'espèce humaine ne représenta toujours qu'un seul couple.

Il y a dans ce mode de création de l'homme et de la femme deux conséquences à déduire, l'une morale, l'autre physiologique.

La conséquence morale a été indiquée par Adam luimême. « Voilà, s'écrie-t-il en apercevant sa compagne, voilà *maintenant* l'os de mes os et la chair de ma chair. » Et le texte sacré ajoute : « C'est pourquoi l'homme quittera son père et sa mère, et s'attachera à sa femme. Et ils seront deux dans une seule chair. » Comment ne pas voir dans ces paroles l'établissement et la consécration des liens indissolubles du mariage?

La conséquence physiologique découle de ce fait que l'espèce humaine a été représentée originairement par un seul couple; toute sa descendance n'a donc été que le développement d'une même tige. Où trouver ailleurs un témoignage plus concluant en faveur de l'unité de notre race?

Ce qui prouve encore cette unité, sur laquelle nous aurons du reste à revenir, c'est que, dans l'espèce de revue passée par Adam des principaux animaux, il ne s'en rencontra pas un qui lui ressemblât.

« Adam, dit la Genèse, appela donc tous les animaux d'un nom qui leur était propre, tant les oiseaux du ciel que les bêtes de la terre. *Mais il ne se trouvait point d'aide pour Adam,* QUI LUI FUT SEMBLABLE. »

Qui lui fut semblable! Et cependant le singe existait déjà! Qu'en pense Darwin?

HARMONIES DE LA CRÉATION.

Résumé de la création; les forces physico-chimiques; M. Renan; organisation de notre planète d'après M. Faye; sa température; son mouvement de rotation; l'inclinaison de son axe; l'humidité de son atmosphère; la répartition de ses mers; troubles provenant du moindre changement. Même harmonie entre le règne végétal et le règne animal; les végétaux en excès tempérés par les herbivores; les herbivores en excès tempérés par les carnassiers; les carnassiers en excès tempérés par eux-mêmes; pourquoi l'homme parut en dernier.

Nous nous sommes attaché, jusqu'à présent, à reconstituer l'œuvre de la création à l'aide de matériaux empruntés aux Livres saints et à la science moderne. Nous avons prouvé que ces livres et cette science, loin de se contredire, se prêtent au contraire un mutuel et utile concours par l'apport de leurs communications respectives. Seulement, obligé, pour l'intelligence de nos descriptions, de scinder, dans autant de chapitres à part, les divers temps de la création, notre travail a été plutôt un exposé analytique qu'une étude d'ensemble : d'où il résulte que nous n'avons pu suffisamment indiquer par quel merveilleux enchaînement l'ordre et l'harmonie règnent dans l'univers. C'est ce que nous allons essayer maintenant de faire comprendre.

Toutefois, que les Darwinistes se rassurent. Nous n'en profiterons pas pour « faire du sentiment », ainsi qu'ils nous en accusent à tout propos. Nous serons tout aussi positif qu'eux, car nous nous contenterons de rapprocher, dans un résumé succinct, quelques faits, *acceptés de tous*, et de mettre en relief les liens qui les unissent.

Ceci dit, entrons en matière.

Nous avons établi que la terre a été, dans le principe, un globe de matières incandescentes qui, par leur refroidissement successif, ont fini par rendre notre planète habitable et ont permis à la vie de s'y manifester.

Il y a donc eu une période où les forces physico-chimiques régnèrent seules sur la terre. Mais cette période mérite-t-elle, ainsi que le veut M. Renan, le nom de « Période atomique *pure* »? En d'autres termes, la matière se trouva-t-elle livrée aveuglément à ses forces, sans direction, sans contrôle et sans frein ? Nous avons vu au contraire l'intervention divine faire succéder à un désordre apparent l'ordre et l'harmonie[1].

Je ne saurais, du reste, mieux compléter cette démonstration qu'en empruntant à M. Faye quelques exemples qui prouveront combien la constitution de notre planète a été admirablement équilibrée.

---

1. M. Renan, lui aussi, fait intervenir l'harmonie, à propos de la « Période atomique *pure* »; il semble même donner à entendre que le monde s'est constitué par sa mélodieuse influence, un peu comme la ville de Thèbes :

> Aux accents d'Amphion les pierres se mouvaient,
> Et sur les murs thébains en ordre se rangeaient.

Il faut d'abord que celle-ci se meuve dans une orbite à peu près circulaire, qui la maintienne en rapport de température convenable avec le soleil. L'étude des êtres vivants nous montre en effet que la température doit être comprise dans des limites relativement restreintes, puisque les germes ne peuvent se développer qu'entre 0 et 60 degrés : or, ici, c'est absolument ce qui a lieu.

Le mouvement de rotation du globe sur lui-même ne doit être non plus ni trop lent ni trop rapide, pour que cette température agisse suffisamment, dans un temps donné, sur toute la surface de la planète. Trop lente, cette rotation laisserait trop d'influence à la radiation ou au refroidissement nocturne; trop rapide, elle en laisserait trop à l'absorption de la chaleur : or, ici encore, toutes ces conditions sont remplies.

Pour que la chaleur du soleil, qui vivifie la terre, n'éprouve pas d'autres variations trop grandes, l'axe de rotation du globe annexé doit être en apparence placé irrégulièrement, et incliné sur le plan de son orbite; mais il ne saurait l'être non plus ni trop ni trop peu : précisément, cet axe occupe le point précis.

Il faut, de plus, à la terre une atmosphère capable d'absorber et de modérer la chaleur du soleil pendant le jour, en s'opposant au refroidissement pendant la nuit; et, pour remplir ce but indispensable, cette atmosphère doit contenir de l'eau : elle en contient.

Enfin, la masse des eaux de la planète, qui fournit cette eau à l'atmosphère, ne doit pas recouvrir entièrement le globe; il faut des espaces suffisants de terrains solides émergés, et les mers doivent avoir un équilibre stable. Or, tout a été si merveilleusement calculé entre le trop et le trop peu, l'excès et le défaut, que la mesure à cet égard est parfaite.

Mais cet ordre et cette harmonie ne maintiennent pas seulement les divers rouages de notre planète dans les

rapports les mieux appropriés pour leur fonctionnement, ils contribuent aussi, pour une large part, à ce
que je serais tenté d'appeler la « parure » de l'univers.
Voyez plutôt quelles seraient les conséquences d'un
trouble quelconque apporté à une seule de ces conditions d'équilibre.

Prenons pour exemple l'atmosphère.

Je suppose qu'au lieu de conserver sa densité nor-
male elle se raréfie : que va-t-il en résulter au point de
vue plastique ? La lumière, n'étant pas suffisamment
tamisée par la couche d'air qu'elle traverse, perd cette
teinte d'azur qui charmait les yeux sans les fatiguer et
se transforme en une sorte d'éclair électrique qui, par-
courant l'espace comme le sillonnement de la foudre,
éblouit en même temps qu'il aveugle. Il n'y a plus que
des clartés et des ombres, répandant sur tous les objets
une lueur sinistre.

Combien d'autres faits je pourrais citer venant à
l'appui de celui-là !

Ainsi donc l'organisation physique du globe avait été
réglementée, dès l'origine des choses, avec une harmonie et un ordre parfaits.

Voyons maintenant s'il en a été de même pour les
conditions d'existence et d'équilibre des êtres vivants.

Un fait, nous le savons déjà, domine tous les autres :
*la dépendance mutuelle du Règne végétal et du Règne
animal.*

Le premier de ces règnes produit ce que consomme
le second, puis la restitution a lieu du second au premier. Les animaux s'approprient l'oxygène de l'air et
exhalent du carbone ; les végétaux s'approprient le carbone de l'air et exhalent de l'oxygène. Ainsi s'explique
comment la composition de l'atmosphère, que chacun
de ces deux règnes troublerait isolément, se trouve au
contraire maintenue intacte par cette mutualité.

Voilà donc un premier résultat de l'harmonie des Règnes. Mais continuons.

Si les végétaux eussent été abandonnés à toute l'exubérance et à toute l'expansion de leur sève, ils eussent fini par envahir la totalité du globe. C'eût été, en grand, l'histoire de ce que nous voyons, sur une échelle moindre, pour les forêts vierges de l'Amérique. Peut-être alors eût-il fallu, pour faire place aux autres êtres de la création, quelque cataclysme analogue à celui qui, à l'époque carbonifère, engloutit le règne végétal et, par l'action des siècles, le transforma en houille. Heureusement l'apparition des « Animaux Herbivores » y mit bon ordre. Ceux-ci, en broutant l'herbe des champs et, au besoin, en s'attaquant aux jeunes pousses des arbres, tempérèrent les excès et les écarts d'une trop luxuriante végétation.

Fort bien. Seulement les animaux herbivores sont en général de très grands mangeurs ; de plus, les premiers qui parurent sur le globe (dinothérium, mastodonte, rhinocéros) représentaient de véritables colosses, dont l'appétit devait être en rapport avec leur immense volume : or, nous avons dit qu'ils se comptaient par millions ! Ils eussent donc promptement ravagé toutes les espèces végétales et détruit l'équilibre harmonique du règne tout entier, si un correctif n'était venu mettre un frein à leur trop grande multiplication.

Ce correctif, ce fut l'apparition des « Animaux Carnassiers ». Ceux-ci, par la guerre qu'ils firent aux herbivores, en diminuèrent sensiblement le nombre et laissèrent reposer d'autant le règne végétal.

Oui : mais les carnassiers, de leur côté, eussent promptement anéanti les herbivores, si, tournant contre leurs propres races leur instinct de destruction, ils ne se fussent entre-dévorés ; ils se trouvèrent de la sorte suffisamment diminués en nombre pour ménager les herbivores, mais pas assez cependant pour qu'il en résultât de trop grands vides dans leurs propres rangs.

Voilà donc bien des difficultés aplanies, bien des dangers conjurés, bien des problèmes résolus.

C'est à ce moment que l'homme paraît, juste à son heure et à son rang.

Il ne pouvait venir immédiatement après les végétaux, puisqu'il n'est pas exclusivement herbivore ; il ne pouvait venir immédiatement après les animaux aquatiques, puisqu'il n'est pas exclusivement ichthyophage : il a donc dû venir immédiatement après les animaux terrestres, dont la chair complétait son alimentation, puisqu'il est à la fois herbivore, ichthyophage et carnivore ; enfin, il n'a paru qu'en dernier dans l'ordre de la création, parce qu'il devait en être non pas seulement le but, mais le couronnement.

Comment ne pas reconnaître, ici encore, l'action continue d'une intelligence coordinatrice et souveraine ?

L'HOMME BUT DE LA CRÉATION.

Une pensée profonde de Bossuet : ce qui distingue surtout l'homme des animaux ; la similitude de leurs organes prouve contre l'identité de leur nature : l'animal n'a été qu'un instrument de la création ; l'homme en a été le but ; lugubre aspect de notre planète avant qu'il parût ; tout était mort ; avec lui tout prend vie ; la civilisation ; concert de toute la nature dont il est le chef d'orchestre ; d'où lui vient la lumière de son esprit.

« On voit dans l'homme, a dit Bossuet, la suite de Dieu. Dans ses desseins, Dieu avance toujours ; *il ne s'arrête que lorsqu'il a créé l'homme.* »

L'homme n'a donc pas été seulement le dernier mot de la création : il en a bien réellement été le but. Et, en effet, tous les êtres vivants qui ont occupé la terre

avant lui ont assisté, inconscients, à la série de phénomènes qui préparaient son avènement. C'est par là
que l'homme, ayant été créé à l'image de Dieu, se distingue et se sépare des animaux dont sa nature terrestre le rapproche.

Bossuet fait encore, à propos de ce rapprochement,
une remarque d'une profonde justesse.

« Si, dit-il, les organes sont communs entre les
hommes et les bêtes, il faut conclure nécessairement
que l'intelligence n'est pas attachée aux organes, qu'elle
dépend d'un autre principe, et que Dieu, sous les mêmes
apparences, a pu cacher divers trésors [1]. »

Argument admirable, dont la valeur s'accroît à mesure que les organes communs deviennent plus nombreux, et les apparences plus semblables. D'où il résulte qu'à l'inverse de ce que prétendent les Darwinistes,
plus les similitudes organiques sont grandes entre
l'animal et l'homme, plus grande est la preuve qu'un
abîme sépare leurs deux natures.

Ainsi donc, en créant l'animal d'abord, l'homme ensuite, Dieu a indiqué dès l'origine leurs destinées respectives. L'animal n'a été qu'un instrument de la création, l'homme en a été le but.

Mais je prévois d'ici l'objection : Prenez garde, va-t-on
me dire ; vous touchez aux causes premières : igno-
rez-vous que leur recherche est interdite à l'homme ?
D'ailleurs, le nom de Dieu n'est pas à sa place dans
un livre de science.

---

1. Écoutons également Buffon : « L'orang-outang, dit-il, qui ne
parle ni ne pense, a néanmoins le corps, les membres, les sens, le
cerveau et la langue entièrement semblables à l'homme, puisqu'il
peut faire et contrefaire toutes les actions humaines, et que, cependant, il ne fait aucun acte d'homme ; ce n'est qu'un pur animal,
portant à l'extérieur un masque de figure humaine... L'homme est
d'une nature si supérieure à celle des bêtes, qu'il faudrait être
aussi peu éclairé qu'elles le sont pour pouvoir les confondre.»

Eh quoi ! répliquerai-je à mon tour, la connaissance des causes secondes serait la seule que notre esprit fût apte à saisir, et la nature ne pourrait rien révéler de son auteur ! Non, ce n'est jamais moi qui souscrirai à ces prétendus scrupules d'une fausse philosophie. J'y souscrirai d'autant moins qu'en établissant que le plan de la création n'est pas issu de l'action nécessaire des lois physiques, mais a été librement conçu par une intelligence supérieure, en vue de l'homme, nous en aurons fini avec les théories d'un matérialisme et d'un athéisme également abrutissants. Poursuivons donc notre démonstration.

J'ai dit et je le répète, en l'accentuant davantage : « L'homme a été le but de la création. »

Il suffit, pour s'en convaincre, de se représenter l'état et l'aspect de notre planète au moment où l'homme va paraître.

La nature tout entière semble comme frappée de stupeur et se recueillir dans une anxieuse attente. La terre est sans culture et ses produits sans objet ; rien même n'indique à sa surface qu'elle renferme dans son sein d'immenses richesses en métaux, en pierres précieuses, en houille. L'animal poursuit passivement, comme un automate, le cycle de son existence, car il n'a d'autre destinée que de vivre, se perpétuer, puis mourir. Quant au bassin des mers, qui occupe les trois quarts du globe, il n'offre aux regards attristés qu'une vaste solitude et des horizons sans bornes. C'est au point qu'on serait tenté de s'écrier :

> Tout est mort ; c'est la mort qu'ici vous respirez.

L'homme paraît ! A l'instant tout s'anime, tout vit. Les champs se peuplent ; la terre se couvre de moissons, et de ses flancs entr'ouverts s'échappent de splendides trésors ; des routes, des canaux la sillonnent de toutes parts ; la mer est franchie par de hardis navigateurs, l'atmosphère, par des aéronautes plus hardis encore ; il n'est pas jusqu'à l'animal qui, tout à l'heure sans emploi, ne devienne un des agents les plus utiles et les plus actifs de ce merveilleux mouvement ; enfin, il s'établit entre les divers groupes humains un tel échange d'intérêts, d'idées et de personnes, que, pour désigner ce nouvel état de choses, il va falloir créer un mot nouveau : « la Civilisation. »

Ainsi donc, sans l'homme, le monde était comme s'il n'existait pas ; avec l'homme, il a reçu l'impulsion et la vie. Et vous iriez soutenir encore que l'homme n'a pas été le but de la création ! Celle-ci n'a donc eu aucun but ? Pourquoi dès lors ne pas avoir laissé le monde à l'état de chaos ?

Commencer par le doter de tous les éléments d'une organisation admirable, puis ne pas l'organiser, c'est comme si vous faisiez venir de tous les coins du globe les artistes les plus éminents pour l'exécution d'un immense concert ; chacun est à sa place. attendant le signal ; mais les voix et les instruments restent muets : pourquoi ? Il n'y a pas de chef d'orchestre.

Le chef d'orchestre, dans ce merveilleux concert qu'on appelle la « Création », c'est l'Homme.

Que l'homme, toutefois, ne s'exagère pas l'importance et la nature de son rôle. La tendance des esprits aujourd'hui est de vouloir le soustraire à cette vassalité envers le Créateur. Mais, qu'il le sache bien, si tout a été fait *pour* lui, rien n'a été fait *par* lui. Ses œuvres les mieux réussies ne sont, en définitive, que la combinaison de matériaux dont il n'est point l'auteur, et l'application de lois qu'il n'a point inventées : seulement, Dieu lui a donné la science de les coordonner.

Il en est donc un peu de la lumière de son esprit

comme de celle qui éclaire la planète qu'il habite : c'est une lumière d'emprunt.

SI LA TERRE EST LE SEUL ASTRE HABITÉ

De la pluralité des mondes ; mystification à propos des habitants de la lune ; une réponse d'Arago ; beaucoup d'astronomes croient que les planètes sont habitées ; le P. Secchi l'affirmait ; indépendance d'opinion des hommes d'Église ; Copernic ; une revue des planètes et caractéristique de leurs habitants ; Neptune ; Saturne ; Jupiter ; Mars ; Vénus ; Mercure.

Maintenant que nous en avons fini avec notre exposé de la Création, jetons un coup d'œil au-dessus de nos têtes, afin de ne rien omettre d'essentiel.

Nous savons que la terre n'est pas le seul astre issu de la nébuleuse primitive. Les autres planètes de notre système, qui gravitent comme elle autour du soleil, reconnaissent la même origine et sont soumises aux mêmes lois. Le moment est donc venu de se demander si, elles aussi, ne seraient pas habitées.

Cette question de la « Pluralité des Mondes » provoquera, je le crains bien, un sourire d'incrédulité chez les personnes dont les souvenirs remontent jusqu'à une trentaine d'années, époque où eut lieu la fameuse mystification dite des *Habitants de la Lune.* Cette mystification consista en une prétendue lettre arrivée du Cap, dans laquelle il était raconté, avec force détails, qu'à l'aide d'un nouveau et puissant télescope d'Herschell on venait d'apercevoir dans la Lune toute une population ailée, offrant avec la nôtre, sauf les ailes, la plus grande analogie. Tout cela était dit si naturellement et eut tant de succès qu'Arago se crut obligé de démentir le fait en plein Institut, à l'aide de ce seul argument : « La lune n'ayant pas d'atmosphère ne peut avoir d'habitants. »

D'accord. Mais, si la lune n'a pas d'atmosphère, les Planètes en ont une. La question peut donc être posée très sérieusement à leur sujet ; elle peut l'être d'autant mieux qu'un grand nombre d'astronomes inclinent pour l'affirmation. C'est au point que le plus illustre d'entre eux, le P. Secchi, a été jusqu'à écrire :

« Que dire de ces espaces immenses et des astres qui les remplissent? Que penser de ces étoiles qui sont, sans doute, comme notre soleil, des centres de lumière, de chaleur et d'activité, destinés comme lui à entretenir la vie d'une foule de créatures de toutes espèces? *Pour nous, il nous semblerait* ABSURDE *de regarder ces vastes régions comme des déserts inhabités; elles doivent être peuplées d'êtres intelligents et raisonnables, capables de connaître, d'honorer et d'aimer leur Créateur ; et peut-être que ces habitants des astres sont plus fidèles que nous au devoir que leur impose la reconnaissance envers Celui qui les a tirés du néant...* »

Voilà, ce me semble, qui dépasse en hardiesse tout ce qu'on a pu imaginer en fait d'hypothèses. Et l'on viendra soutenir encore que la « libre-pensée » est le monopole des matérialistes et des athées! Mais qui donc se montra jamais plus « libre penseur » que ce jésuite venant affirmer un fait de cette importance, alors que la Bible n'en dit pas un mot? Sans doute, elle n'était pas tenue d'en parler, puisqu'elle a surtout notre planète pour objectif. Mais cela n'empêche pas que le P. Secchi ait fait preuve ici d'une singulière indépendance de caractère et d'allures.

Ce n'est pas là, du reste, chose insolite parmi ceux qu'on appelle les « gens d'Église. » Qu'était-ce, en effet, que Copernic, qui dévoila le premier le véritable système du monde, sinon un chanoine de Frauenbourg?

Nous pouvons donc très bien admettre que les étoiles sont habitées et, à plus forte raison, les planètes. **Mais** pourquoi nous arrêter en si beau chemin? Transportons-nous par la pensée dans les espaces occupés par celles-ci, et, guidés par l'astronomie, essayons d'esquisser le genre de vie que l'on y mène.

Neptune. — C'est la planète la plus éloignée du soleil, sa distance étant d'un milliard 150 millions de lieues. Elle met environ 165 ans à accomplir sa révolution autour de cet astre, tandis qu'à nous il ne faut qu'un an ! Comme sa découverte ne date autant dire que d'hier — elle est due à Le Verrier [1] — nous avons peu de renseignements sur son régime intérieur. Tout ce ce que l'on peut dire, c'est que, si les habitants de Neptune comptent leurs années, comme nous comptons les nôtres, par l'évolution entière de leur planète autour du soleil, cette évolution exigeant 165 ans, il existe entre leur chronologie et la notre un énorme écart. Ainsi un patriarche qui a pour nous neuf cents ans n'aura que six ans pour eux.

Uranus. — Cette planète n'est distante du soleil que de 670 millions de lieues, ce qui est encore un chiffre fort respectable. La chaleur y est cent fois moins forte que sur la terre; en revanche, chacun de ses hémisphères voit le soleil pendant 42 ans consécutifs. Les habitants doivent donc économiser en luminaire ce qu'ils dépensent en plus comme combustible.

Saturne. — Sa distance du soleil est de 335 millions de lieues, juste moitié de celle d'Uranus. C'est l'astre le plus splendidement éclairé de notre système, car il possède à lui seul huit lunes et deux anneaux étincelants. Seulement la densité du sol y est moindre que celle de l'eau: la population doit donc se composer surtout de Nymphes et de Tritons.

1. C'est cette planète qui a porté si haut le nom de Le Verrier en ce que, par la seule puissance du calcul, son génie l'avait aperçue avant même le télescope.

5.

Jupiter. — Cette planète n'est qu'à 178 millions de lieues du soleil : c'est relativement peu de chose. Malheureusement le sol de Jupiter n'offre pas beaucoup plus de consistance que celui de Saturne : il est par conséquent peu habitable pour les animaux terrestres.

Mars. — La planète Mars, la plus voisine de nous dans les espaces célestes, présente des analogies si intimes avec notre globe, sous le rapport des phénomènes atmosphériques, aussi bien que sous celui des glaces polaires, que sa population doit peu différer de la nôtre. Seulement elle doit trouver singulièrement monotone l'aspect de ses continents, ceux-ci offrant constamment une même teinte rouge.

Vénus. — C'est, ainsi que l'indique son nom, la plus belle des planètes ; son climat est également le plus beau. L'ingénieux auteur des *Harmonies de la nature*, Bernardin de Saint-Pierre, parle de cet astre privilégié comme s'il y eût vécu quelque temps :

« Ses habitants, dit-il, d'une taille semblable à la nôtre, puisqu'ils habitent une planète du même diamètre, mais sous une zone céleste plus fortunée, donnent tout le temps aux amours. Les uns, faisant paître des troupeaux sur les croupes des montagnes, mènent la vie des bergers ; les autres, sur les rivages de leurs îles fécondes, se livrent à la danse, aux festins, s'égayent par des chansons ou se disputent des prix à la nage, comme les heureux insulaires de Taïti. »

Mercure. — Cette planète est la plus rapprochée du soleil. Douze millions de lieues seulement ! C'est, en astronomie, demeurer presque sur le même palier : aussi est-elle tout inondée des rayons de cet astre. Fontenelle a fait de ses habitants le tableau peu flatté que voici :

« Ces gens-là, dit-il, doivent être fous à force de vivacité. Je crois qu'ils n'ont point de mémoire, non plus que la plupart des nègres ; qu'ils ne font jamais de réflexions sur rien ; qu'ils n'agissent qu'à l'aventure et par mouvements subits, et qu'enfin c'est dans Mercure que sont les Petites-Maisons de l'univers. »

Mais en voilà assez sur ces hypothèses et ces jeux d'esprit. C'est que, s'il est *absurde* (l'expression me paraît un peu vive), ainsi que le prétend le P. Secchi, de nier que les étoiles soient habitées[1], il serait mille fois plus absurde encore de prétendre connaître et décrire leurs habitants.

Descendons par conséquent de notre nuage et revenons aux choses positives et palpables de ce monde. Aussi bien je craindrais qu'un trop long séjour dans les espaces célestes ne nous portât au cerveau, comme aux habitants de Mercure, et ne donnât à penser que ce n'est pas seulement dans leur planète que doivent se rencontrer les Petites-Maisons.

DES LOIS AUXQUELLES OBÉIT L'UNIVERS.

Hypothèses vraisemblables; paroles de Dieu à Job ; les forces ; les lois ; un mot de Sénèque ; lois physiques et lois vitales ; l'école de Darwin ; ses inconséquences ; une profession de foi de Magendie ; ordre dans lequel les lois seront décrites.

Tout esprit un peu sérieux s'accorde à reconnaître que la matière, en tant que matière, n'est pas tout dans le monde ; il y a de plus les forces qui la dirigent. Mais, à l'origine des temps et des choses, ces forces n'existaient pas encore. Dieu a donc créé le monde

---

1. Non seulement on ignore si les planètes sont habitées, mais même rien ne prouve que la vie y existe réellement. Ainsi les aérolithes que l'on suppose en provenir n'ont jamais offert les moindres traces d'êtres vivants, végétaux ou animaux. Je sais bien qu'on a cité dernièrement un fait comme preuve du contraire, mais ce fait a été reconnu apocryphe.

d'autorité. Ainsi s'explique comment, quand nous avons voulu débrouiller le chaos, nous en avons été réduits à de simples hypothèses dont le principal mérite, sinon le seul, est leur vraisemblance. Nous ne pouvions, du reste, faire davantage, car enfin c'est Dieu lui-même qui a constaté notre impuissance lorsqu'il a dit à Job : « Où étais-tu quand je jetais les fondements de la terre ? « Qui pourra approfondir mes voies et qui peut me dire : « Vous avez fait une injustice ? »

Mais, quand la matière fut créée ou même en la créant, Dieu la dota de certaines forces, puis il soumit ces forces à de certaines lois tellement régulières et fixes qu'aujourd'hui encore elles gouvernent le monde. C'est ce qu'exprime excellemment le mot si connu de Sénèque : *Semel jussit ; semper paret.* « Il a ordonné une fois ; il est obéi toujours. »

Ce sont ces lois qui vont maintenant nous occuper. Elles le méritent d'autant plus que la même harmonie qui a présidé à l'ensemble de la création se retrouve dans le jeu de chacun de ses rouages.

— Les lois qui régissent ainsi l'univers peuvent être ramenées à deux : *Lois physiques* et *Lois vitales.*

Les Lois physiques sont celles qui appartiennent en propre aux corps inertes.

Les Lois vitales sont celles qui appartiennent en propre aux corps vivants.

Malheureusement c'est là un point d'étiologie et de causalité sur lequel il s'en faut de beaucoup que tout le monde soit d'accord. Ainsi l'école de Darwin admet parfaitement l'existence des lois physiques, mais, par contre, elle nie d'une manière absolue l'existence des lois vitales, ou du moins elle n'accepte celles-ci que comme conséquence ou émanation de celles-là.

Savez-vous quelle est sa grande raison ? C'est qu'on ne peut constater *matériellement* l'existence des forces vitales. Par suite, elle n'y voit qu'une hypothèse et, comme telle, elle la rejette.

Je vous trouve bien dédaigneux à l'endroit des hypothèses. Mais qui donc en fait plus que vous pour vos explications soi-disant positives? Car enfin le calorique, la lumière, l'électricité, l'attraction, la pesanteur, les affinités chimiques, qu'est-ce donc, sinon des hypothèses? Et cependant elles forment la base de vos théories, par conséquent vous vous appuyez sur des causes constatées seulement par leurs effets. Loin de moi l'idée de vous en blâmer, puisque je procède comme vous. Je tenais seulement à vous montrer, par des exemples empruntés à votre propre pratique, qu'en fait d'interprétations empruntées à la science un raisonnement peut être considéré comme très solide, bien qu'il n'ait d'autre attache qu'un principe immatériel et abstrait.

J'admets donc comme parfaitement démontrée la distinction des lois physiques et des lois vitales.

Mais laissons parler le plus grand physiologiste du siècle, qu'on n'accusera certainement pas de tendances spiritualistes. Voici dans quels termes Magendie s'exprimait dans ses *Leçons au Collège de France :*

« Oui, il est des lois vitales propres aux corps vivants, lois que ne possède pas la matière inerte, de même qu'il est des lois physiques propres à la matière inerte, lois que ne possèdent pas les corps vivants : sans cette distinction fondamentale, pas de progrès possibles.

« Pour l'étude des phénomènes vitaux, il ne saurait donc être question de physique, de chimie, de mécanique, autrement que pour l'analyse matérielle de la substance nerveuse. Les lois physiques ne doivent pas plus empiéter sur les lois vitales que les lois vitales sur les lois physiques.

« Telle est notre doctrine. »

Ai-je besoin d'ajouter que cette doctrine de mon illustre maître est celle qui a toujours guidé et qui guidera toujours mes recherches et mes travaux ?

Il va donc nous falloir étudier ces diverses lois dans leurs départements respectifs, nous bornant toutefois à ne signaler que celles qui se rapportent plus particulièrement à notre sujet. Ainsi quelques généralités seulement seront consacrées aux lois qui régissent le monde sidéral ; en revanche, nous décrirons avec plus de détails celles qui ont trait à notre planète et à nous-mêmes.

Voici l'ordre que nous suivrons dans l'exposé de ces lois :

Lois qui régissent le monde sidéral.
Lois qui régissent les mouvements de la terre.
Lois qui régissent son atmosphère.
Lois qui régissent les corps vivants.

LOIS QUI RÉGISSENT LE MONDE SIDÉRAL.

Astronomie dite populaire ; insanité de ses enseignements ; ce qu'est la science vraie ; les planètes ; de l'attraction ; deux forces opposées ; cause première du mouvement ; inertie de la matière ; nécessité d'une puissance motrice ; peinture de Lamartine ; les cieux proclament la gloire du Tout-Puissant.

Si je me place ainsi d'emblée sur le terrain de l'astronomie, ce n'est pas seulement parce qu'elle est de toutes les sciences la plus exacte, c'est aussi parce qu'on la détourne chaque jour de son but et de sa signification véritables, pour en faire une arme contre les récits bibliques. Ainsi, sous le nom d'*Astronomie populaire* vous entendez exposer dans des cours et conférences, les théories les plus insensées sur l'origine de la matière, son organisation par elle-même, sa faculté de produire des êtres vivants et le mode de succession de ceux-ci par des procédés à la Darwin. Et pour donner plus de crédit à leur parole, ces vulgarisateurs d'une fausse science iront jusqu'à figurer des projections de fantaisie, représentant des tableaux qui n'ont jamais existé que dans leur imagination mal équilibrée. Non, ce n'est pas là de l'astronomie ; c'est tout au plus de l'astrologie, et de la pire encore. Aussi, quand ils viennent débiter en public de pareils boniments, devraient-ils rester fidèles aux traditions de la parade, en se montrant avec le bonnet pointu, la robe constellée et la baguette du magicien.

Laissons donc parler la science vraie, la science des Képler, des Newton et des Le Verrier. De pareils esprits ne seront jamais ni matérialistes ni athées.

Chacun sait que les corps célestes qui composent notre système et qu'on appelle *planètes* ou étoiles voyageuses (de πλάνος, errant) pour les distinguer des étoiles fixes, ou du moins qui paraissent telles, chacun sait que ces corps ont une tendance générale vers le soleil, en vertu d'une force inhérente à leur masse : cette force a reçu le nom d'ATTRACTION.

Mais comme les planètes, si elles n'obéissaient qu'à cette force, s'approcheraient trop du soleil et même s'y précipiteraient, Newton, qui le premier la signala, reconnut de même deux puissances motrices qui, dès le principe, réglèrent et tempérèrent leurs mouvements.

La première de ces puissances est la « force centripète, » qui attire ou porte les planètes vers le soleil ; la seconde est la « force centrifuge, » qui les en éloigne. Ces deux forces sont contre-balancées l'une par l'autre, de manière à se tenir mutuellement en respect et à régulariser de la sorte la marche des astres.

Ainsi, la terre, au lieu d'être emportée loin du soleil par la force centrifuge, ou précipitée sur lui par la force centripète, se trouve, par l'action combinée de ces deux forces, retenue dans son orbite, et obligée de décrire autour du soleil une ellipse dont il occupe un des foyers.

Voilà sans doute de bien admirables phénomènes, régis par des lois non moins admirables.

Mais qui donc a établi tout cela le premier? Quelle est la main puissante qui, dès l'origine des choses et des temps, a lancé dans l'espace notre planète au milieu de tous ces mondes, où, depuis lors, elle n'a cessé de se mouvoir? Ce ne put être la force de la matière, puisque nous savons que cette force est nulle, la matière étant inerte par elle-même; c'est même là un axiome en physique.

La matière ne saurait donc se mouvoir; elle est mue, et la preuve que le mouvement ne lui vient que par communication, c'est qu'une fois qu'il lui a été imprimé elle va perpétuellement dans le même sens et au même degré, tant qu'elle n'est ni arrêtée, ni détournée par un obstacle quelconque. Si elle se donnait le mouvement à elle-même, il est clair qu'elle pourrait l'accélérer, le ralentir, le modifier: or, il n'en est rien; constamment elle continuera d'obéir à sa première impulsion.

Sans doute les diverses parties de l'univers se meuvent par l'action respective des unes sur les autres, mais le principe de ce mouvement n'est pas plus en elles qu'il n'est dans les divers rouages d'une machine montée par la main de l'homme. Aussi l'immortel auteur de la grande découverte de l'attraction se gardait-il de regarder ce phénomène comme émanant de la matière; il disait simplement que les choses se passaient *comme s'il existait* une attraction. C'est qu'il ne reconnaissait de puissance motrice véritable que celle devant laquelle il s'inclinait en la nommant.

Il y a donc bien réellement un principe indépendant

de l'essence même de la matière ; il y a une volonté supérieure qui lui imprima, dès l'origine, ses premiers mouvements, qui les soumit à des calculs d'une précision merveilleuse, et qui, toujours présente, les a maintenus depuis lors dans un constant et parfait équilibre.

C'est quand elle se place sur ce terrain que l'astronomie est bien réellement la première des sciences, et aussi la plus véridique des annales.

Mais laissons parler Lamartine ; il va nous exposer toutes ces grandes choses avec une élévation d'idées et une splendeur de style qui en égaleront presque la magnificence :

> Ces sphères, dont l'éther est le bouillonnement,
> Ont emprunté de Dieu leur premier mouvement.
> Avez-vous calculé parfois dans vos pensées
> La force de ce bras qui les a balancées ?
> Vous ramassez souvent dans la fronde ou la main
> La noix du vieux noyer, le caillou du chemin.
> Imprimant votre effort au poignet qui les lance
> Vous mesurez, enfants, la force à la distance :
> L'une tombe à vos pieds, l'autre vole à cent pas,
> Et vous dites : « Ce bras est plus fort que mon bras. »
> Eh bien ! si par leurs jets vous comparez vos frondes,
> Qu'est-ce donc que la main qui, lançant tous ces mondes,
> Ces mondes dont l'esprit ne peut porter le poids,
> Comme le jardinier qui sème au champ ses pois,
> Les fait fendre le vide et tourner sur eux-mêmes,
> Par l'élan primitif sorti des lois suprêmes,
> Aller et revenir, descendre et remonter,
> Pendant des temps sans fin que lui seul sait compter,
> De l'espace, et du poids, et des siècles se joue,
> Et fait qu'au firmament ces mille chars sans roue
> Sont portés sans ornière et tournent sans essieu ?
> Courbons-nous, mes enfants, c'est la force de Dieu.

Oh ! oui, courbons-nous, courbons-nous bien bas, et répétons avec le Psalmiste, dont Lamartine s'est si heureusement inspiré :

« Les cieux proclament la gloire du Tout-Puissant. »
Cœli enarrant gloriam Dei.

LOIS QUI RÉGISSENT LES MOUVEMENTS DE LA TERRE.

La terre a deux mouvements : un mouvement de rotation ; il crée l'alternance des nuits et des jours ; pourquoi nous ne sommes pas lancés dans l'espace ; un mouvement de translation ; il s'accomplit en un an ; sa vitesse vertigineuse ; ce qui fait que nous n'en avons pas la conscience : importance du rôle du soleil ; son volume ; jamais de conflit entre les planètes.

Nous venons de jeter un coup d'œil d'ensemble sur les Lois qui régissent le monde sidéral. Il nous faut maintenant particulariser davantage et indiquer celles qui président aux mouvements de notre planète.

On sait que ces mouvements sont au nombre de deux. L'un est un mouvement de rotation sur son axe, l'autre un mouvement de translation autour du soleil. Un mot sur chacun de ces deux mouvements.

Mouvement de rotation. — Ce mouvement met un jour à s'opérer : aussi l'appelle-t-on « mouvement diurne » (de *dies*, jour). Je ne saurais mieux en donner l'idée qu'en le comparant à celui qu'exécute un cerceau qui court en tournant sur lui-même. La terre se meut ainsi d'occident en orient. C'est cette évolution qui, changeant notre attitude vis-à-vis du soleil, crée pour nous l'alternance du jour et de la nuit. Nous disons qu'il fait jour quand nous avons le soleil en face ; nous disons qu'il fait nuit quand nous lui tournons le dos.

On a calculé le chemin que nous parcourons de la sorte, entraînés avec la terre et par elle. Nous faisons environ 9,000 lieues par vingt-quatre heures, soit 375 lieues par heure, 6 lieues 1/2 par minute et 470 mètres par seconde : c'est une vitesse comparable à celle d'un boulet de canon.

Comment une semblable vitesse ne nous lance-t-elle pas dans l'espace ? La réponse nous sera fournie par ce qu'on observe pour l'aimant.

Personne n'ignore que l'aimant attire le fer. Supposez une boule d'aimant dont la surface est saupoudrée de limaille de ce métal ; vous aurez beau tourner cette boule dans tous les sens, tant que sa force d'attraction l'emportera sur la force centrifuge, la limaille restera fixée à la surface de l'aimant.

Ainsi pour la terre. Elle possède de même une force d'attraction supérieure à la force centrifuge, et, par suite, elle attire vers son centre tous les corps placés à sa surface.

Tel est le lien invisible qui nous retient attachés au sol : c'est ce même lien qui relie entre eux les divers éléments qui entrent dans la composition de notre planète et les empêche de se diviser.

Mouvement de translation. —Nous avons dit que la terre exécute, en plus de sa rotation propre, un mouvement de translation autour du soleil. Ce mouvement, qui rappelle assez bien l'évolution d'une pierre mue par une fronde autour de la main qui l'agite, s'accomplit en un an. La terre, étant à une distance moyenne du soleil de 56 millions de lieues environ, parcourt ainsi, dans l'espace d'un an, un orbite de 220 millions de lieues. Décomposons un peu ces chiffres, comme nous l'avons fait pour le mouvement diurne ; c'est le moyen de mieux nous rendre compte de la nature et de l'importance du phénomène.

Nous faisons ainsi, sur les ailes de notre planète, 600,000 lieues par jour, 25,000 par heure, 425 par minute et un peu plus de 7 par seconde. C'est là une vitesse, non plus seulement comparable à celle d'un boulet de canon, mais cent fois supérieure.

Et dire que nous accomplissons ce féerique voyage

aérien sans fatigue et sans gêne, bien que nous ayons tantôt la tête en haut et tantôt la tête en bas, et que même nous n'en avons aucunement la conscience ! C'est que le mouvement qui nous entraîne est commun à tout ce qui nous enveloppe, corps solides, objets liquides, nuages, atmosphère, horizon. Nous avons constamment sous les yeux le même paysage, et les lieux qui nous environnent conservent invariablement aussi la même situation entre eux et par rapport à nous. Par conséquent, nous avons beau changer de place, rien ne nous en avertit, puisque nous ne changeons pas de milieu.

Ai-je besoin de rappeler que ce mouvement de translation de la terre ne peut être attribué qu'au soleil, qui, placé au centre de notre système planétaire, entretient dans les corps qui lui font cortège l'impulsion que Dieu leur donna dès l'origine des temps? Il maintient ainsi entre eux cet admirable équilibre sans lequel le monde ne saurait subsister.

On cessera de s'étonner de l'immense rôle joué par cet astre pour peu qu'on songe à l'immensité même de son volume. Parlons encore ici le langage des chiffres ; sans cela, je craindrais de ne pas être suffisamment compris.

LE SOLEIL EST 1,300,000 FOIS PLUS GROS QUE LA TERRE. Vous avez bien lu : Treize cent mille fois! Or ce ne sont pas là des calculs de fantaisie ; ils reposent au contraire sur des données tellement sûres, qu'elles ont livré, on peut le dire, à l'astronome la clef de la mécanique céleste.

— Je m'arrête, car j'en ai dit assez pour faire comprendre comment la terre, sous la direction des lois qui entretiennent ses deux mouvements, mouvement de rotation et mouvement de translation, parcourt les régions de l'espace, au milieu des autres corps planétaires qui obéissent comme elle à l'action des mêmes lois. Telle est l'harmonie de ces lois que l'ensemble des planètes qui se croisent ainsi dans tous les sens, comme les billes d'un jongleur, ne dévient jamais de leur orbite et jamais ne se heurtent[1].

LOIS QUI RÉGISSENT NOTRE ATMOSPHÈRE.

De la température de l'air; elle diminue à mesure qu'on s'élève; loi d'arrêt; mécanisme de la formation des nuages; Louis Racine; perturbation atmosphérique amenant la salubrité; de la composition de l'air; oxygène et azote; leur proportion toujours la même; acide carbonique et vapeur d'eau; loi de fixité proportionnelle; impossibilité de savoir quand elle s'est établie; on ignore de même pourquoi elle ne varie pas; calculs des altérations de l'atmosphère; motifs de se rassurer; Dieu ne laissera pas péricliter son œuvre.

Maintenant que nous savons quelles lois président aux mouvements de notre planète, il nous faut examiner celles qui régissent la couche d'air qui l'enveloppe et que nous respirons, laquelle a reçu le nom d'ATMOSPHÈRE. Occupons-nous d'abord de ce qui a trait à sa température.

La température de l'air diminue à mesure qu'on s'élève dans les régions supérieures de l'atmosphère. C'est donc l'inverse de ce qui a lieu pour l'intérieur du sol, dont la chaleur va sans cesse en augmentant. Cette diminution est telle que le sommet des montagnes un peu élevées est constamment couvert de neiges. Il y a cependant une limite au delà de laquelle le froid cesserait de devenir plus intense; on l'a désignée sous le nom de *Loi d'arrêt*. Ainsi on sait que le froid irait en augmentant jusqu'à quarante degrés au-dessous de zéro, point de congélation du mercure, mais qu'alors le

---

1. Ce serait peut-être ici le lieu de parler du *Miracle de Josué*, mais, de peur d'allonger notre récit, je préfère renvoyer ce qui s'y rattache à l'APPENDICE qui termine ce volume.

thermomètre resterait stationnaire, à quelque hauteur qu'on s'élevât.

C'est au froid régnant dans les hautes régions de l'atmosphère qu'est due la formation des nuages, lesquels ne sont autres que la condensation de la vapeur aqueuse répandue dans l'air. Mais laissons Louis Racine nous exposer ce curieux phénomène :

> La mer, dont le soleil attire les vapeurs,
> Par ses eaux qu'elle perd voit une mer nouvelle
> Se former, s'élever et s'étendre sur elle.
> De nuages légers cet amas précieux
> Que dispersent au loin des vents officieux,
> Tantôt, féconde pluie, arrose nos campagnes ;
> Tantôt retombe en neige et blanchit nos montagnes.

Tel est le merveilleux mécanisme de cette sublimation des eaux, de leur diffusion dans l'atmosphère, de leur accumulation au-dessus de nos têtes, comme dans d'immenses réservoirs, puis, à un moment donné, de leur dispersion sur les continents.

Oui : mais ce n'est pas toujours sous une forme aussi bénigne que l'eau retourne à la terre : elle y est quelquefois précipitée par torrents, au milieu des orages et des éclats de la tempête.

« Heureux ! s'écrie le poète, celui qui a su fouler aux pieds les nuées menaçantes et la foudre inimitable [1] » :

> Felix qui nimbos et non imitabile fulmen
> Subjecit pedibus. . . . .

Plus heureux, nous écrirons-nous à notre tour,

1. L'épithète d'*inimitable* n'aurait plus sa raison aujourd'hui, car la physique sait au contraire parfaitement imiter la foudre. C'est à Franklin que revient l'honneur de cette découverte, ainsi que le constate ce vers si connu :

> *Eripuit cœlo fulmen sceptrumque tyrannis.*
> « Ravit la foudre au ciel et le sceptre aux tyrans. »

celui qui, dominant également de folles terreurs, —
et cependant l'événement prouve qu'elles ne sont
pas toujours folles, — pénètre plus avant dans les
phénomènes et demande à la science quel peut être
le rôle de ces grands cataclysmes ! Elle lui apprend
qu'en même temps que la vapeur d'eau s'élève dans
les hautes régions de l'atmosphère, les miasmes y pénètrent et, par leur accumulation, finiraient par vicier
l'air que nous respirons : de là l'utilité de ces vents
impétueux, de ces tourbillons, de ces décharges électri-
ques qui, imprimant à toute l'atmosphère de profonds ébranlements, la balaient, la nettoient et lui
restituent ainsi sa salubrité.

Sa salubrité ! Tout est là en effet pour nous, puisque l'air est l'aliment de la vie : *pabulum vitæ*. Mais
cette salubrité ne consiste pas seulement dans l'absence de principes plus ou moins délétères : il faut de
plus que l'air, pour être apte à la respiration, ait constamment les mêmes éléments et que ces éléments
soient entre eux dans une proportion non moins
constante.

Ainsi l'air doit contenir 21 parties d'oxygène et
79 d'azote. Dès l'instant où vous modifierez, dans
une mesure quelconque, la proportion de ces deux
éléments, quel que soit d'ailleurs celui des deux qui
prédomine, fût-ce même l'oxygène qui est le gaz vivi-
fiant par excellence [1], il en résultera des préjudices tels
pour la santé que la mort en sera finalement la conséquence.

Mais ce n'est pas tout. L'air devra contenir également

---

1. On a essayé de faire respirer à des phthisiques ou seulement
des anémiques de l'air chargé artificiellement d'une proportion
d'oxygène supérieure à celle qui existe normalement dans l'atmosphère, mais il a fallu promptement y renoncer, les malades n'en
ayant éprouvé aucun bien ou même s'en étant trouvés assez mal.

une certaine quantité de vapeur d'eau, sans quoi il dessécherait nos poumons.

Il faudra de plus qu'il s'y rencontre des traces de gaz acide carbonique, mais des traces seulement, car, si la proportion de ce gaz dépassait les limites existantes où s'il manquait absolument, toute vie serait impossible sur le globe.

C'est cette permanence, je dirai presque cette « immutabilité » de composition de l'atmosphère, que j'ai désignée sous le nom de *Loi de fixité proportionnelle.*

Loi de fixité proportionnelle. — A quelle époque Dieu a-t-il créé cette loi ? Une seule chose égale l'importance de cette question : c'est la difficulté d'y répondre.

Évidemment ce ne put être aux premiers temps de la création, puisqu'à cette époque tous les éléments constitutifs de l'univers ne représentaient qu'une immense fournaise où tout était confondu dans un inextricable chaos. Arriva le moment où, par suite surtout de l'absorption de l'excès de carbone par les végétaux, les deux gaz que nous avons dits devoir constituer l'atmosphère se trouvèrent juste dans la proportion indiquée plus haut : 21 parties d'oxygène et 79 d'azote. Mais alors [pourquoi les choses s'arrêtèrent-elles à ce point ? On ne s'en explique nullement la raison.

On ne comprend pas davantage pourquoi ces proportions n'ont jamais varié depuis. Car enfin, pour ne parler que de ce qui se passe sous nos yeux, que de causes tendent à les modifier, soit en ajoutant à l'air des éléments nouveaux, soit en faisant varier la quantité de ceux qui y existent normalement ! En voici un aperçu basé sur des calculs nécessairement très approximatifs, mais suffisants toutefois pour en donner quelque idée :

Un homme exhale de ses poumons, toutes les vingt-quatre heures, 250 grammes environ d'acide carbonique ; la race humaine enlève ainsi chaque année plus de 160 milliards de mètres cubes d'oxygène, quantité qui est plus que quadruplée par la respiration des animaux. Mais ce n'est pas tout. La combustion du bois et de la houille dans nos foyers et nos usines soustrait, de son côté, plus de 100 millions de mètres cubes du même gaz ; enfin les matières organiques qui se décomposent à la surface du sol contribuent, dans une proportion plus considérable que tout le reste, à rendre l'atmosphère irrespirable.

On est donc tenté de se demander, d'après ces pertes incessantes d'oxygène et cet accroissement proportionnel d'acide carbonique, ce que deviendront nos arrière-neveux.

Rassurez-vous. La nature, dans son admirable prévoyance, a placé le remède si près du mal, que le mal, on peut le dire, n'a pas le temps de se produire. Ainsi ces végétaux dont vous admirez la variété, le nombre et l'éclat, continuent d'être les grands purificateurs de l'atmosphère ; chaque fois que le soleil les touche de ses rayons, leurs fleurs et leurs feuilles deviennent autant d'appareils chargés de décomposer l'acide carbonique, s'appropriant le carbone et mettant l'oxygène en liberté.

Mais il est une raison plus rassurante encore, c'est que, suivant la belle expression de Voltaire :

Par delà tous les cieux le Dieu des cieux réside.

Or, comment voudriez-vous qu'après avoir créé son œuvre et s'être assuré que « Cela était bon » il la laissât ensuite péricliter ?

Tant il est vrai que, si la physique et la chimie ont joué un rôle important dans l'ordonnance de notre planète, ce rôle n'a été autre qu'une manifestation de la toute-puissance du Créateur !

LOIS QUI RÉGISSENT LES CORPS VIVANTS.

Lois vitales; leur mode d'union avec les lois physiques; exemple emprunté au germe fécondé; Buffon; Cuvier; loi de permanence des formes; expériences de Spallanzani; de Trembley; de Bonnet; loi de mutation de la matière; Cuvier; renouvellement perpétuel des matériaux du corps; expérience de Flourens; ce n'est pas la matière qui vit; vieillard ayant usé plusieurs corps; conclusion prouvant la spiritualité de l'âme.

Les lois qui gouvernent les corps vivants se rattachent, avons-nous dit, à un principe à part qu'on appelle la vie : aussi les nomme-t-on LOIS VITALES; mais leur présence n'implique pas forcément l'exclusion des forces physiques. Celles-ci se rencontrent également dans les corps vivants à titre d'auxiliaire ou d'appoint; quelquefois même elles servent d'intermédiaire obligé pour l'accomplissement de la fonction vitale. Ainsi la vue ne pourrait s'exercer, si le rayon de lumière ne traversait pas les divers milieux de l'œil, transformé en chambre obscure : de même, l'audition serait impossible, si les ondes sonores ne faisaient pas vibrer la membrane du tympan, à la manière d'un tambour; mais là s'arrête l'acte physique.

Il n'y a donc pas fusion complète entre les forces physiques et les forces vitales, il y a simplement parallélisme; et encore les premières sont-elles dans un état de dépendance absolue à l'égard des secondes. Voyez plutôt ce qui se passe au sein du germe fécondé.

Ce n'est qu'une particule matérielle imperceptible, et, cependant, cette particule subit la plus étrange, la plus complète et, en même temps, la plus régulière des évolutions. Il s'y développe un mouvement moléculaire tellement admirable, que petit à petit ce germe grandit et se façonne de manière à revêtir une forme propre et individuelle, laquelle fait du nouvel être, dès sa première apparition, une personnalité à part.

Mais ces transformations sont conduites d'après certaines lois dominant la nutrition, dominant, par conséquent, les forces physico-chimiques qui y concourent. Il y a donc là un principe animateur et intelligent qui a existé avant les sens, et qui, nous venons de le dire, préside à la formation des sens eux-mêmes.

Chose bien remarquable ! la forme de cet être nouveau est indélébile et, au contraire, les matériaux qui le constituent sont sujets à de perpétuels changements.

Aussi Buffon a dit : « Ce qu'il y a de plus constant, de plus inaltérable dans la nature, c'est l'empreinte ou le moule de chaque espèce, tant dans les animaux que dans les végétaux ; ce qu'il y a de plus variable et de plus corruptible, c'est la substance qui les compose. »

Cuvier a dit également : « La forme des corps est plus essentielle que leur matière, puisque celle-ci change sans cesse, tandis que l'autre se conserve. »

Voilà donc deux grands faits, la *Permanence des formes* et la *Mutation de la matière*, dont l'importance est telle qu'on les a érigés en lois. Consacrons à chacune de ces lois quelques développements.

Loi de permanence des formes. — Les forces qui gouvernent la matière et qui en maintiennent la forme possèdent un privilége de plus, celui de reproduire la forme des parties perdues par la forme des parties nouvelles. Rappelons, comme preuve, les expériences de Bonnet et de Spallanzani.

Si on coupe la patte d'une salamandre, elle se reproduit intégralement, et cependant ce n'est pas une chose simple que la patte d'une salamandre. Elle se compose

de vingt os ; et, si on coupe le membre entier, c'est
trois os, et trois grands os de plus, qu'il faut ajouter,
un pour le bras et deux pour l'avant-bras. Eh bien !
chacun de ces os, de ces vingt-trois os, a sa forme propre. Or, la force qui les reconstitue ne s'y trompe pas :
elle reproduit intégralement le membre, y compris la
peau, les muscles, les vaisseaux, et ses nerfs ; en un mot,
c'est moins un membre nouveau qu'une répétition de
l'ancien membre.

D'autres expérimentateurs ont constaté les mêmes
faits, et même des faits plus extraordinaires encore.

Trembley coupe un polype par morceaux, et chaque
morceau redonne un polype entier. Bonnet coupe une
naïade par morceaux, et chaque morceau redonne une
naïade entière. Et tous ces nouveaux nés ont la forme
intégrale des premiers parents.

Il y a donc, je ne saurais trop le répéter, des forces
qui reproduisent les parties coupées, et qui les reproduisent avec la forme typique de la race.

C'est là un fait immense au point de vue des théories
de Darwin, dont il est l'éclatante réfutation. Nous
verrons bientôt en effet que, d'après ces théories, les
formes, loin d'êtres ramenées toujours au type primitif,
sont au contraire sujettes à de perpétuelles variations
qui finissent par devenir permanentes et fixes pour créer
de nouvelles espèces.

Loi de mutation de la matière. — La loi de mutation continuelle de la matière est aussi absolue que la
loi de permanence des formes. Ecoutons Cuvier nous
en développer le sens :

« Dans les corps vivants, dit-il, aucune molécule ne
reste en place ; toutes entrent et sortent alternativement : la vie est un tourbillon continuel, dont la direction, toute compliquée qu'elle est, demeure constante,
ainsi que l'espèce des molécules qui y sont entraînées,

mais non les molécules iudividuelles elles-mêmes. Au contraire, la matière actuelle du corps vivant n'y sera bientôt plus, et cependant elle est *dépositaire* de la force qui contraindra la matière future à marcher dans le même sens qu'elle. »

Je relève cette heureuse expression : *dépositaire* de la force. Elle rappelle la belle image de Lucrèce, comparant les générations humaines à des coureurs qui se transmettent le flambeau de la vie :

Et quasi cursores vitaï lampada tradunt.

Empruntons maintenant à M. Flourens, comme démonstration matérielle du fait, une expérience tellement concluante qu'elle nous fera en quelque sorte toucher du doigt cette variation continuelle de la matière chez les êtres vivants :

On entoure l'os d'un jeune pigeon d'un anneau de fil de platine. Peu à peu l'anneau s'est recouvert de couches d'os, successivement formées ; bientôt l'anneau n'a plus été à l'*extérieur*, mais au *milieu* de l'os ; enfin, il s'est trouvé à l'*intérieur*, dans le canal médullaire.

Comment cela s'est-il fait ? Comment l'anneau qui d'abord recouvrait l'os est-il, à présent, recouvert par lui ? Comment l'anneau qui, au commencement de l'expérience, était à l'*extérieur*, est-il, à la fin de l'expérience, dans l'*intérieur* de l'os ?

C'est que, tandis que, d'un côté, du côté externe, l'os acquérait les couches nouvelles qui ont recouvert l'anneau, il perdait de l'autre côté, du côté interne, ses couches anciennes qui étaient résorbées. En un mot, tout ce qui était os, tout ce qui recouvrait l'anneau, quand on a placé cet anneau, a été résorbé ; et tout ce qui est actuellement os, tout ce qui recouvre actuellement l'anneau, s'est formé depuis. La matière tout entière de l'os s'est donc renouvelée pendant l'expérience.

6.

Or, ce que je dis ici du système osseux s'applique également à tous les autres systèmes de l'économie. Partout les matériaux changent, mais partout aussi les formes restent.

— Je ne m'étendrai pas plus longtemps sur ces distinctions fondamentales, car, même dans les limites un peu restreintes où je viens de les présenter, elles me paraissent suffisantes pour faire envisager sous un jour tout nouveau les forces de la vie. Qu'on se pénètre bien de ce grand fait :

CE N'EST PAS LA MATIÈRE QUI VIT, C'EST UNE FORCE QUI VIT DANS LA MATIÈRE.

Là est le principal secret de nos modifications organiques et de leur retour incessant, même après de longs écarts, au type originel.

Ainsi s'explique comment on est reconnaissable, au bout de plusieurs années, tout en étant nécessairement, comme matière, un homme tout à fait différent. Chez le vieillard, par exemple, le renouvellement moléculaire s'est opéré tant de fois depuis sa naissance qu'il représente, dans toute la rigueur du mot, plusieurs hommes successifs, chassés l'un par l'autre et ayant usé plusieurs corps ; et pourtant il n'en reste pas moins toujours un par ses formes extérieures.

Il reste un également, et c'est là un fait plus capital encore, il reste un également par ses facultés morales et intellectuelles. C'est que, s'il existe dans la vie des forces qui gouvernent la matière, il y a, de plus, en nous un principe tellement indépendant de la matière elle-même, qu'il n'est même pas influencé par ses mutations incessantes. C'est ce principe qui nous met en rapport avec les objets du dehors, et en communication avec Dieu lui-même. Or, je le demande à tout homme de bonne foi et de bon sens, l'indépendance absolue de ce principe de toute attache matérielle, n'est-

elle pas la preuve la plus directe que l'on puisse donner
de la spiritualité de notre âme?

DES MACHINES INDUSTRIELLES ET DE LA MACHINE HUMAINE.

Buchner : un rapprochement entre la machine humaine et les machines industrielles : leurs fonctions : leurs avaries : leur usure :
antagonisme des lois physiques et des lois vitales ; elles
s'équilibrent pendant la vie : prédominance des lois physiques
par la mort ; le corps devient cadavre : puis poussière.

Ces distinctions de lois physiques et de lois vitales,
d'actes physiques et d'actes vitaux, toutes logiques
qu'elles paraissent, ne sont point, nous le savons déjà,
admises par l'école matérialiste. Pour elle, ces deux
ordres de lois et d'actes n'en font qu'un, et elle ne veut
voir dans l'homme vivant qu'une simple machine analogue à celles qu'emploie l'industrie. C'est ce qui résulte
pleinement de cette déclaration de Buchner :

« Il est facile, dit-il, de se convaincre de la possibilité si souvent contestée que l'âme est le produit d'une
composition spécifique de la matière.

« *La locomotive, dans sa course mugissante, ne vous
fait-elle pas l'effet d'un être doué de raison et de réflexion?* »

Voilà cependant ce que Buchner a eu le courage
d'écrire! Il m'en faut, et beaucoup, pour y répondre. Mais
enfin, c'est une nécessité, je pourrais dire une corvée
de ma tâche.

Oui, sans doute, il existe une certaine analogie entre
la machine humaine et les machines industrielles, en
ce qu'elles ont certains rouages et certains moteurs
mécaniques d'un usage commun. Ainsi le cœur de
l'homme représente bien réellement une double pompe

aspirante et foulante, faisant mouvoir le sang à travers certains tuyaux; de même, chaque corps de pompe est muni bien réellement aussi de véritables soupapes destinées à favoriser la marche du liquide dans certaines directions et à prévenir son retrait dans d'autres. Que l'on appelle ces corps de pompes « ventricules », ces soupapes « valvules », ces tuyaux « veines ou artères », les noms ici importent peu; ces diverses pièces n'en constituent pas moins, par leur agrégat, un appareil d'ensemble et une résultante de fonctions où la mécanique est en jeu. C'est à ce point de vue, mais à ce point de vue seulement, que la machine humaine offre, on ne saurait le nier, une certaine analogie avec les machines industrielles.

Est-ce donc là une raison suffisante pour assimiler ces deux machines et ne les regarder l'une et l'autre que comme ne différant que du plus au moins? Non, certes; il y a, au contraire, tout un abîme qui les sépare.

C'est qu'on doit considérer autre chose encore dans une machine que ses parties matérielles; on doit de plus et surtout considérer son mouvement, car, son mouvement, c'est sa vie.

Ce mouvement, d'où lui vient-il?

Abandonnée à elle-même, la machine industrielle reste et restera éternellement inerte, comme les matériaux bruts qui ont servi à la constituer. Elle a besoin, pour se mouvoir, d'au moins cinq auxiliaires.

Il lui en faut un pour l'approvisionner d'eau, un autre pour l'approvisionner de charbon, un troisième pour allumer et entretenir son foyer, puisque c'est la vapeur qui constitue sa puissance motrice; un quatrième est non moins indispensable pour la diriger à l'aide d'un régulateur rappelant assez la barre d'un gouvernail; enfin, comment se passer d'un cinquième pour graisser les roues, puisque sans cela elles ne glisseraient pas ou même prendraient feu par le frottement? Voilà donc bien les cinq auxiliaires dont je parlais.

Combien, maintenant, en faut-il pour mouvoir la machine humaine? Pas un.

Elle n'a besoin, en effet, ni d'eau, ni de combustible, ni de vapeur, puisqu'elle puise sa force motrice dans la contractilité musculaire : ce sont donc déjà trois aides de supprimés. Elle n'a pas besoin davantage d'un mécanicien, puisqu'elle dirige elle-même ses propres mouvements : d'où suppression d'un quatrième aide. Enfin, de quel secours lui serait un cinquième pour graisser ses rouages, ceux-ci étant lubrifiés sans cesse par une huile onctueuse, la synovie?

Elle pourrait donc, elle aussi, puisqu'elle a, de plus, le privilège d'être douée de la voix, s'écrier avec Médée :

Que vous reste-t-il? — Moi ; moi, dis-je, et c'est assez.

Or, ici, le *moi* se nomme VITALITÉ.

Mais ce n'est pas tout. Que la machine industrielle vienne à subir quelque avarie dans ses tubes ou ses réservoirs; qu'une « fuite », comme on dit, s'y déclare, il faudra immédiatement mander le plombier pour y faire une soudure.

Rien de cela n'est nécessaire pour la machine humaine. Elle pourra de même, par le fait de quelque accident, éprouver des avaries dans ses tuyaux artériels ou veineux, et une « fuite » ou perte de sang en sera également la conséquence. Mais, à moins de blessures par trop graves, il n'y aura besoin de personne pour en arrêter l'écoulement, ce liquide ayant en lui-même un principe coagulable, la fibrine, qui se chargera de la soudure, qu'on nomme cicatrice.

Enfin, l'une et l'autre machine finit par s'user et par

être remplacée par d'autres. Seulement, tandis que tout disparaît dans la machine industrielle, tout, jusqu'aux souvenirs, la machine humaine, au contraire, se survit à elle-même, non plus uniquement par les souvenirs, mais par ce qu'on appelle la famille, Dieu ayant donné à l'homme le pouvoir de perpétuer sa race. Privilège exclusif des êtres vivants, car je ne sache pas que jamais, même dans un rapport à une Société d'actionnaires, il ait encore été question de la paternité des locomotives.

Laissons donc de côté ces rapprochements étranges et burlesques entre l'œuvre sortie des mains de l'homme et l'œuvre sortie des mains du Créateur. Comme argument sérieux, il m'est impossible d'en comprendre le sens ; comme jeu d'esprit, d'en saisir le sel.

Les lois vitales procèdent si peu des lois physiques que, lors même que les forces qu'elles représentent toutes les deux se trouvent réunies chez le même individu pour une action commune, elles restent dans une sorte d'antagonisme permanent. Cet antagonisme, tant qu'il se trouve heureusement pondéré, constitue l'état physiologique ; mais, l'équilibre vient-il à se rompre par la disparition de l'une des deux forces, l'autre devient tellement prédominante que c'en est fait de l'individu lui-même.

Prenons l'homme pour exemple.

Tant qu'il vit, son corps, par l'harmonieux concours des forces physiques et des forces vitales, constitue cet admirable ensemble qu'on nomme l'organisme. Mais, que les forces vitales viennent à disparaître, en d'autres termes, que l'individu meure, tout disparaît en lui, se dissocie, se desagrége. L'homme cesse d'être homme, il devient cadavre.

Est-ce tout ? Non. Il faut que la mesure soit comble. Ce cadavre lui-même va se résoudre en une sorte de putrilage, qui ne sera plus bientôt qu'une vile poussière. *In pulverem revertetur*.

Et vous voulez que les lois physiques, ces mêmes lois qui ont réduit l'individu à l'état que vous voyez, aient été aptes originairement à le procréer de toutes pièces! Pareille supposition est une insulte au bon sens.

DES RÉVOLUTIONS DU GLOBE.
CRÉATIONS SUCCESSIVES D'APRÈS CUVIER.

Cataclysmes à l'intérieur de notre planète : espèces animales englouties; leur remplacement par de nouvelles espèces; théorie de Cuvier sur les créations successives: son peu de fondement; lui-même la désavoue; explication satisfaisante qu'il lui substitue; il y a unité de règne animal; De Blainville en conclut à l'unité de création; extinction naturelle de certaines espèces; quelques exemples à l'appui; nécessité de décrire la période glaciaire et le déluge biblique.

Ce n'est pas uniquement à la surface du globe qu'on observe les traces de révolutions, révolutions dont l'homme n'a été, hélas! que trop souvent l'instrument; la géologie démontre que l'intérieur de notre planète a éprouvé, de même, les plus terribles cataclysmes; seulement, ceux-là ont été le fait des éléments conjurés. Nul doute, par exemple, qu'à certaines époques les eaux, par des invasions subites, aient englouti des continents tout entiers, au point d'amener l'anéantissement des espèces animales qui les peuplaient.

Ce dernier résultat avait tellement frappé Cuvier que, voyant les espèces qui leur avaient succédé offrir des caractères différents, il n'avait trouvé d'autre moyen d'expliquer cette repopulation du globe que d'admettre que chaque nouvelle espèce avait été l'objet d'une nouvelle création : d'où sa fameuse théorie des *Créations multiples et successives.*

Cette théorie, il faut en convenir, était peu compatible avec l'idée que nous nous faisons de la puissance et de la majesté divines. Eh quoi ! Dieu aurait à plusieurs reprises détruit et refait son œuvre, avant d'arriver à une production stable, un peu à la manière d'un peintre qui essaie ses couleurs jusqu'à ce qu'il ait obtenu la nuance désirée !

Disons-le tout de suite, le seul argument géologique de quelque valeur que Cuvier pût invoquer à l'appui de sa thèse a été démenti par la géologie elle-même, en ce qu'elle a rencontré des fossiles d'une époque mêlés à des fossiles d'une autre époque. Donc les espèces animales n'avaient pas été anéanties *en entier*, sans quoi aucun survivant de la catastrophe n'aurait pu se trouver mêlé à l'espèce qui avait pris sa place.

Rendons du reste cette justice à Cuvier. L'homme le plus effrayé de sa thèse, c'était lui-même : témoin ces déclarations :

« Lorsque, dit-il, je soutiens que les bancs pierreux contiennent les os de plusieurs espèces qui n'existent plus, *je ne prétends pas qu'il ait fallu une Création nouvelle* pour produire les espèces aujourd'hui existantes. Je dis seulement qu'elles n'existaient pas dans les lieux où on les voit à présent et qu'elles ont dû y venir d'ailleurs. »

Voilà qui change singulièrement la thèse et, s'i s'agissait d'un autre que Cuvier, je dirais que c'est habilement battre en retraite. Les développements dont il fait suivre cet aveu ou plutôt ce désaveu me semblent donner la solution vraie du problème.

« Supposons, dit-il, qu'une grande irruption de la mer couvre d'un amas de sable ou d'autres débris le continent de la Nouvelle-Hollande, elles enfouira les cadavres des kangouroos, des péramèles, des phalangers volants, des échidnés, etc., et elle détruira entièrement les espèces de tous ces genres, puisqu'aucun d'eux n'existe maintenant en d'autres pays.

« Que cette même révolution mette à sec les petits détroits multiples qui séparent la Nouvelle-Hollande du continent d'Asie, elle ouvrira un chemin aux éléphants, aux rhinocéros, aux buffles, aux tigres et à tous les autres quadrupèdes asiatiques qui viendront peupler une terre où ils auront été auparavant inconnus.

« Qu'ensuite un naturaliste, après avoir bien étudié toute cette nature vivante, s'avise de fouiller le sol sur lequel elle vit, il y trouvera des êtres tout différents, mais il n'en conclura pas pour cela qu'ils ont été l'objet d'une création spéciale antérieure. »

Il me semble que Cuvier a été rarement mieux inspiré que dans ce passage.

Ainsi donc, il n'y a pas un double règne animal ; un règne fossile et un règne vivant : il y a unité de règne. C'est ce qu'a parfaitement fait ressortir de Blainville, quand il a dit :

« Chaque règne pris isolément n'est qu'une partie de l'autre. Les fossiles viennent se placer auprès de leurs congénères vivants; ils s'adaptent, ils s'ajustent l'un à l'autre, exactement comme les parties arrachées d'un bas-relief retrouvent leur place dans une restauration du bas-relief entier. De cette unité de règne découle forcément l'unité de création. »

L'unité de création ! Mais nous voici ramenés en pleine Bible : or, ici encore, c'est Moïse qui a raison de la science égarée un instant sur les pas de Cuvier.

Quant au fait de l'anéantissement complet de certaines espèces animales, il n'est pas douteux qu'en plus des grands cataclysmes dont nous venons de parler quelques-unes aient dû s'éteindre naturellement, de leur « belle mort », comme on dit. Il en serait donc de l'existence des races comme de celle des individus : elles disparaîtraient, à un moment donné, par une sorte de loi inexorable du destin. Empruntons comme preuves quelques faits à l'histoire.

Qu'est devenu, par exemple, le fameux *Sanglier d'Erymanthe*, si répandu autrefois dans toutes les îles de la Grèce ? Qu'est devenu le *Cerf à bois gigantesque*, que les Romains faisaient venir d'Angleterre à cause de la succulence de sa chair et de sa délicatesse ? Qu'est devenu le *Lion à crinière frisée* dont il est si souvent parlé dans les Croisades ? Vainement vous en chercheriez aujourd'hui un seul individu vivant.

Mais, sans remonter si loin, parlons de ce qui s'est passé sous nos yeux.

Il y a quelques années à peine, l'espèce de chien appelée *Roquet*, après s'être réfugiée dans la loge des portières dont elle partageait du reste l'humeur acariâtre, a fini par disparaître entièrement ; j'avoue que je la regrette peu. Je regrette bien davantage ces pauvres castors qui, il y a moins de deux siècles, égayaient encore les bords de la Bièvre de leurs joyeux ébats et de leurs charmantes constructions. On les a traqués comme des bêtes fauves pour leur prendre leur fourrure. Qu'en est-il résulté ? Qu'ils ont disparu en entier de notre continent et que très probablement le moment n'est pas loin où ils disparaîtront complètement du globe.

Rappellerai-je, à ce propos, qu'il n'existe plus depuis longtemps un seul loup en Angleterre ?

On ne saurait toutefois méconnaître que ce sont les révolutions dont notre planète a été le théâtre qui ont porté les plus graves atteintes à l'existence des êtres qui peuplaient sa surface.

Deux surtout méritent, à titres différents, de fixer

notre attention. Elles sont connues sous les noms de *Période glaciaire* et de *Déluge biblique*.

PÉRIODE GLACIAIRE.

Tableau qu'en donne Agassiz ; Rhinocéros et Mammouths anéantis ; îles à ossements ; ivoire fossile : congélation d'animaux étrangers à la contrée : hypothèses de Gmelin et de Pallas ; de Buffon ; preuve que la congélation fut subite ; découverte d'un mammouth antédiluvien : sa chair mangée par des ours ; blocs erratiques ; leur rapprochement avec les moraines : la Méditerranée changée en glacier ; prétendu refroidissement du soleil ; ses conséquences ; embarras causé par le silence de Moïse.

Je ne saurais mieux indiquer la portée vraie de ce mot qu'en empruntant à Agassiz ce qui va suivre :

« À un moment donné, a-t-il dit, un vaste manteau de neige et de glace recouvrit tout à coup les plaines, les vallées, les terres et les plateaux. Toutes les sources tarirent ; tous les fleuves suspendirent leur cours. Au mouvement d'une création nombreuse et agissante succéda un silence de mort. Les Mammouths et les Rhinocéros périrent par millions au sein de leurs pâturages congelés ; c'est alors que ces deux espèces disparurent et furent effacées du globe. D'autres animaux, surtout les hippopotames, succombèrent de même en grand nombre ; leur race, toutefois, survécut au désastre. »

Voilà comment s'exprime Agassiz, qui n'est, en cela, que l'interprète de la science moderne, la paléontologie donnant raison à chacune de ses paroles.

Ainsi la période glaciaire a anéanti jusqu'au dernier les Rhinocéros et les Mammouths.

La quantité de ces animaux qui ont péri de la sorte se compte par millions ou plutôt par centaines de millions. Ce qui le prouve, c'est qu'il existe sur les côtes de la Sibérie des îles dites « Iles à ossements », — dont une de trente-six lieues de long, — *entièrement formées de leurs débris* mêlés au sable et à la glace. Ce sont ces îles qui, depuis plus de cinq cents ans, fournissent l'ivoire fossile qu'utilise aujourd'hui l'industrie, comme les îles Chincas fournissent le guano qu'emploient nos agriculteurs. Malgré les immenses vides qui en résultent, rien ne fait prévoir que ces précieux gisements doivent s'épuiser de si tôt.

Comment expliquer la présence sur les rivages des mers polaires d'animaux qu'on ne rencontre aujourd'hui que sous le ciel du Midi?

Gmelin et Pallas voulaient qu'ils y eussent été entraînés par une inondation formidable, produite par le déplacement de la mer des Indes. Mais il est parfaitement démontré que ces animaux diffèrent essentiellement des espèces de même nom qui vivent encore aujourd'hui en Asie. D'ailleurs les terrains où on les rencontre ne portent aucune trace du cataclysme dont ils auraient été les victimes.

Puis remarquez que tous ces animaux étaient couverts de poils épais. Nouvelle preuve qu'au lieu de venir des pays chauds ils étaient originaires de la contrée même où l'on a découvert leurs cadavres.

Serait-ce qu'ils auraient été victimes du refroidissement successif du globe que Buffon prétend s'être opéré du pôle à l'équateur? Mais la théorie du célèbre naturaliste trouverait, ici encore, sa réfutation en ce qu'il est de toute évidence que ces animaux ont été *subitement* saisis par un froid extraordinaire qui les a tués sur place. On en a retrouvé des cadavres tout entiers, avec leur peau, leur chair et leurs os, conservés naturellement dans la glace, comme nous conservons les viandes dans une glacière.

Telle est, par exemple, l'histoire du Mammouth découvert en 1799 par un pêcheur près de l'embouchure de la Lena (Sibérie), lequel était dans un si parfait état

de conservation que les ours blancs s'en disputèrent les
chairs. Quant à son volume, je ne saurais mieux en
donner l'idée qu'en disant que sa tête seule, sans ses
défenses, pesait plus de 400 livres, et que sa peau,
garnie d'une partie de ses poils, formait la charge de
dix hommes. Ce colosse antédiluvien figure aujourd'hui
au musée de Saint-Pétersbourg [1].

Il est donc impossible, je ne saurais trop le répéter,
d'expliquer la conservation si parfaite de ces animaux
autrement que par un froid très vif et subit qui les aurait
congelés tout vivants.

« Si, remarque Cuvier, ils n'eussent été gelés aussitôt
que tués, la putréfaction les aurait décomposés. Et, d'un
autre côté, une glace éternelle n'occupait pas auparavant les lieux où ils ont été saisis, car ils n'auraient
pas pu vivre sous une pareille température. C'est donc
le même instant qui a fait périr ces animaux et qui a
rendu glacial le pays qu'ils habitaient. Cet événement
a été subit, instantané, sans aucune gradation. »

Ces congélations d'animaux ne sont pas la seule
preuve matérielle de la période glaciaire. On en trouve
de tout aussi concluantes dans la disposition des *Blocs
erratiques*.

On sait qu'on appelle en géologie « blocs erratiques »
des fragments de rochers, parfois énormes, gisant à
des distances plus ou moins considérables des formations auxquelles ils ont originairement appartenu. Or,
comme aucun agent physique, pas même un courant

----

1. Joseph de Maistre, l'illustre auteur des *Soirées de Saint-Pétersbourg*, en parle avec enthousiasme. « J'ai vu, dit-il, le fameux
Mammouth, qui date de quatre mille ans ; j'ai touché et retouché
l'oreille, encore tapissée de poils ; j'ai tenu sur ma table et examiné
à mon aise le pied et une portion de la jambe ; cinq ou six fois de
suite j'ai flairé cette chair : jamais l'homme le plus voluptueux n'a
humé les délicieux parfums de l'Orient avec la suavité du plaisir
que m'a causé l'odeur fétide d'une chair antédiluvienne. »

maritime, quelque impétueux qu'il fût, n'aurait pu les entraîner jusque-là, il faut bien admettre qu'ils y ont été transportés par des glaciers, à la manière des moraines [1]. Ainsi, par exemple, on en observe sur le littoral de l'Italie ayant bien évidemment appartenu au sol africain, puisqu'on rencontre sur la rive opposée les marques, je pourrais dire les cicatrices de cette séparation. Comment admettre que ces blocs aient pu franchir toute la largeur de la Méditerranée autrement qu'à la surface de cette mer transformée en un immense glacier? D'où il faut conclure qu'à une certaine époque l'Europe tout entière et d'autres régions encore furent ensevelies sous un manteau de glaces..

Quant à expliquer la cause de ce refroidissement subit, nous avons vu, par le peu de fondement des hypothèses proposées, que la science est complètement muette à cet égard.

On a été jusqu'à supposer, faute de mieux, que pendant un certain temps le soleil avait perdu de sa chaleur : d'où la congélation du globe. Mais remarquez que cette congélation n'eût pu être partielle ; elle eût été forcément générale, ce qui aurait amené l'extinction de toute vie sur notre planète, et rendu ainsi nécessaire une création nouvelle, chose que personne n'admettrait aujourd'hui.

Puis, prenez garde. Ce refroidissement du soleil ne serait rien moins qu'un miracle, et un miracle bien plus extraordinaire encore que celui qui, à la voix de Josué, suspendit pendant vingt-quatre heures le mouvement de rotation de la terre. Et vous accepteriez ce miracle sans sourciller, alors que l'autre a provoqué de votre part de si vives protestations ! Voyons ! ayez le courage

---

1, On appelle « moraines » les rochers qui, détachés des montagnes, tombent à la surface des glaciers et sont transportés par eux dans le mouvement de translation qui leur est propre.

de l'avouer, comme je l'avoue moi-même : vous ne savez pas plus que moi le premier mot sur tout cela.

Quel malheur pour nos darwinistes que Moïse n'ait rien dit de la Période glaciaire ! C'est qu'il n'avait point à en parler, puisqu'en supposant que l'homme existât déjà, ce que semblent prouver les récentes découvertes faites par les Danois dans les *Skovmoses* ou « marais à forêts », il aura dû être à l'abri de la catastrophe, aucun fossile humain n'ayant été rencontré parmi les débris datant de cette époque. Si seulement Moïse en eût dit quelques mots, ces quelques mots leur auraient suffi, puisqu'ils n'auraient eu, suivant leur habitude, qu'à en prendre le contre-pied, pour avoir à l'instant même une théorie toute trouvée.

DÉLUGE BIBLIQUE.

Coquilles trouvées loin de la mer; Ovide; ce qu'on entend par diluvium ; croyance universelle au déluge; comment s'expriment Plutarque; Lucien; Berose et Nicolas de Damas; témoignages fournis par l'archéologie ; une relation du déluge trouvée à Ninive ; de Humboldt ; peintures américaines.

Si Moïse n'a rien dit de la Période glaciaire, en revanche il s'est étendu assez longuement sur le Déluge : par suite, ses récits ont été et sont encore l'objet des plus vives controverses. Il nous faut donc consacrer quelques développements à ce grand cataclysme.

Des divers événements racontés par l'historien sacré, le déluge est celui qui s'est gravé le plus profondément dans la mémoire des hommes. Comment en eût-il été autrement ? Il n'est peut-être pas un seul point de la surface du globe qui ne porte les traces du passage et du séjour des eaux.

« J'ai vu moi-même (*Vidi egomet*), s'écrie Ovide, j'ai

vu des coquilles marines joncher le sol à de grandes distances de la mer [1] » :

El procul a pelago conchæ jacuere marinæ.

Or, ce ne sont pas seulement des coquilles isolées, ce sont d'énormes dépôts que l'on rencontre ainsi jusque sur les sommets les plus élevés.

Ces coquilles prouvent donc bien réellement la submersion des continents par les eaux. On ne saurait toutefois en conclure que cette submersion se rattache toujours au déluge biblique, puisque d'autres causes encore, ne fût-ce que le soulèvement des montagnes, peuvent en expliquer la présence.

Nous ferons la même réserve au sujet de la couche formée de graviers, de sable et de cailloux roulés, qu'on rencontre, sur presque tous les points de notre globe, entre les terrains tertiaires et les terrains quaternaires actuels. Les premiers observateurs crurent y reconnaître les traces du déluge de Noé et à cause de cela l'appelèrent *Diluvium*. Les géologues modernes ont conservé ce nom, mais sans y attacher le même sens. Suivant eux, le *Diluvium* n'est pas l'œuvre d'un cataclysme unique : c'est le fruit d'une longue série de révolutions ; sans doute le déluge a pu y entrer pour une bonne part, mais il n'en a pas été le seul agent.

1. Voltaire les avait vues de même : seulement la passion antireligieuse l'aveuglait à tel point que ce n'étaient point pour lui les preuves d'inondations maritimes. Et d'abord, à l'en croire, « l'histoire du déluge n'était qu'une fable qui ne figure autre chose que la peine qu'on a éprouvée dans tous les temps à dessécher les terres que la négligence des hommes a laissées longtemps inondées. » Quant aux dépôts coquilliers qu'on rencontre sur les plus hautes montagnes — et il citait comme exemple les Alpes — il les expliquait « par la foule innombrable de pèlerins qui partaient à pied de Saint-Jacques-en-Galice et de toutes les provinces pour aller à Rome par le mont Cenis, chargés de coquilles à leurs bonnets. » Peut-on se moquer davantage et de ses lecteurs, et de la science, et du bon sens?

C'est donc dans un autre ordre d'idées et de faits qu'il nous faut chercher nos preuves. Nous les demanderons à la « Croyance universelle ».

Nous savons déjà, par le parallèle que nous avons donné des récits de Moïse et d'Ovide, que la théogonie païenne, à l'époque où vivait ce dernier écrivain, admettait le déluge, tel que l'a décrit la Genèse. Si nous consultons l'histoire religieuse des autres peuples, nous retrouvons cette même communauté de croyances. Seulement, chaque peuple s'est approprié spécialement certains traits particuliers, et en a négligé certains autres, de telle sorte qu'en les réunissant tous on arrive facilement à recomposer le tableau primitif. Citons quelques exemples :

D'après une version grecque, rapportée par Plutarque et Lucien, Deucalion aurait construit une arche ou un coffre dans lequel il se retira, prenant avec lui un couple de chaque espèce d'animaux, ainsi que sa femme et ses enfants.

Plutarque ajoute que le retour d'une colombe vint lui annoncer que les eaux étaient retirées.

Lucien dit, de son côté, qu'en commémoration de la colombe une cérémonie avait lieu, deux fois par an, dans une ville de Syrie, voisine de la mer, à laquelle accouraient tous les peuples d'au delà de l'Euphrate. Là se trouvait un temple dont le sanctuaire renfermait trois statues, l'une de Jupiter, l'autre de Junon, et une troisième n'ayant d'autres symboles qu'une colombe d'or sur la tête, qu'on disait représenter Deucalion. C'est cette statue qu'on portait en grande pompe, deux fois par an, sur les bords de la mer.

Bérose et Nicolas de Damas, qui rapportent la même tradition relative à la colombe, disent de plus que l'arche s'arrêta sur la montagne des Cordyens, en Arménie, et que ses débris s'y conservèrent longtemps.

7.

Aux témoignages historiques je pourrais joindre des preuves empruntées à l'archéologie[1].

Ainsi des médailles de bronze ont été trouvées dans la ville d'Apamée, en Phrygie, portant, sur un côté, la tête de différents empereurs tels que Sévère, Macrin et Philippe l'Ancien, et, sur le revers, une petite scène dont j'emprunte à Eckhel la description : « On voit un coffre voguant sur les eaux, et dans lequel sont un homme et une femme qu'on aperçoit jusqu'à la ceinture ; ils tiennent leur main droite élevée ; sur le couvercle du coffre est un oiseau ; un autre oiseau, qui se balance dans l'air, tient entre ses pattes une branche d'olivier. »

Mais la découverte la plus importante est celle qu'a faite, en 1872, M. Georges Smith, dans la bibliothèque d'Assurbanipal, à Ninive, d'un livre formé de tablettes d'argile et écrit en caractères cunéiformes. Ce livre, d'une date antérieure à Moïse, renferme une description du déluge qu'on dirait empruntée à la Genèse. Seulement, autant le style de la Genèse est simple, autant celui du livre chaldéen abonde en images poétiques. Il est vrai qu'il est l'épisode d'un poème dont le héros appelé Izdubar paraît être Nemrod.

---

1. Nul doute que la mythologie païenne ait emprunté également quelques-unes de ses divinités aux personnages bibliques. Ainsi Japet, fils d'Uranus, ne serait autre que Japhet, fils de Noé. De même, la double figure de Janus serait l'image de la double vie de Noé qui, seul, avait vu les deux mondes que sépara le déluge. Telle serait l'explication d'une médaille qui intriguait Ovide, laquelle médaille avait cours dès la plus haute antiquité. « Pourquoi, dit-il, représente-t-elle d'un côté un vaisseau, et de l'autre un double visage ? »

> . . . . Cur navalis in aere
> Altera signata est, altera forma biceps?

Ce vaisseau serait l'arche, et ce visage double celui de Noé (Deucalion).

Enfin M. de Humboldt a trouvé, chez les nations américaines, des peintures qui retracent l'histoire primitive de l'homme, conformément à l'Ancien Testament. Quant au déluge, il y est représenté ainsi qu'il suit :

« Tezpi, ou Coxcox, comme on appelle le Noé américain, est représenté dans un arche flottante sur les eaux, et avec lui sa femme et ses enfants, plusieurs animaux et différentes espèce de grains. Quand les eaux se retirèrent, Tezpi envoya un vautour qui, trouvant à se nourrir sur les corps des animaux noyés, ne revint pas. Après que l'expérience, répétée sur plusieurs autres oiseaux, eut manqué, l'oiseau-mouche revint à la fin, portant une branche verte à son bec. »

Ainsi le souvenir du déluge biblique, y compris les circonstances relatées par Moïse, avait pénétré jusqu'au milieu des populations américaines ! C'est là une particularité fort curieuse qui ne témoigne pas seulement en faveur de la véracité des Écritures, mais qui prouve, de plus, ce grand fait que tous les hommes ont eu une origine commune.

LE DÉLUGE PROUVÉ PAR LA TRADITION
ET LES PATRIARCHES.

De la tradition en Orient ; pourquoi Moïse a été le mieux renseigné ; comment lui sont parvenus ses renseignements ; de la longévité des patriarches ; prétendues années de trente-six jours ; opinion de Josèphe sur cette longévité ; autorités qu'il cite ; une remarque de Buffon ; conclusion.

Je viens de dire que cette concordance d'opinions des peuples les plus divers sur un même fait s'explique par leur communauté d'origine. Si en effet ils sont tous issus d'un même père, tous ont dû puiser leurs renseignements à une même source, la « tradition. » Or, la tradition est, en Orient surtout, la plus véridique comme la plus durable des annales. C'est au point qu'au dire de Platon, « lorsque les sages de la Grèce allaient chercher la vérité dans les vieux temples de Saïs et de Memphis, les prêtres leur répondaient : « O Grecs ! vous êtes des enfants : il n'y a point « de vieillards dans la Grèce ! Votre esprit toujours jeune « n'a point été nourri des opinions anciennes, *transmises* « *par l'antique tradition ;* vous n'avez point de sciences « blanchies par le temps. »

Si telle a dû être l'action puissante de la tradition, en tant que preuve des faits historiques, il est évident que celui-là sera le mieux renseigné qui aura été le plus voisin des événements. A ce point de vue, Moïse l'emporte sur tous les autres, comme étant le plus ancien historien connu. Il remonte à environ trois mille trois cents ans, tandis que Hérodote, le premier auteur profane dont il nous reste des ouvrages, lui est postérieur d'à peu près mille ans. Il y a bien Homère, mais Homère est un poète et non un historien ; d'ailleurs, il n'a précédé notre âge que d'environ deux mille huit cents ans : il vivait par conséquent au moins cinq cents ans après Moïse.

Voici maintenant comment Moïse a pu être renseigné, non seulement sur le Déluge, mais sur la Création.

Le premier homme raconta nécessairement à sa descendance les merveilles dont lui-même avait été témoin et celles qui avaient dû lui être révélées par Dieu ; il raconta, de plus, les divers événements qui amenèrent et suivirent sa chute. Ses fils et ses petits-fils, de leur côté, ajoutèrent à ces légendes celles qui leur étaient propres, telles que, par exemple, le déluge universel qui, sauf une famille, engloutit toute notre race. Quelques-unes même furent gravées sur la pierre, comme nous venons de le voir pour la bibliothèque de Ninive.

C'est ainsi que se transmit jusqu'à Moïse la relation des événements qu'il a consignés dans la Genèse.

On trouvera peut-être que l'espace qui sépare Moïse du déluge, et surtout de la création, était bien considérable pour la conservation des souvenirs. Mais, indépendamment des impressions vives que d'aussi grands événements avaient dû laisser dans les esprits, cet espace se trouve visiblement abrégé par la *Longévité des Patriarches* que l'on sait avoir atteint une moyenne de neuf cents ans.

Cette longévité joue même ici un rôle tellement important qu'il m'est impossible de ne pas m'y arrêter quelques instants.

La longévité des Patriarches permet de renouer en quelque sorte la chaîne des temps et des hommes depuis Moïse jusqu'à Adam. Ainsi la nation juive, dont Moïse faisait partie, était la descendance directe d'Abraham : or, du temps de Moïse, un homme pouvait avoir vu Joseph, petit-fils d'Abraham, qui lui-même avait vu Sem, lequel avait vu Mathusalem qui lui, à son tour, avait pu voir Adam. Il suffisait donc de la vie de trois ou quatre patriarches[1] pour rapprocher les grandes distances

1. On sait que Moïse compte dix générations de patriarches. Or, voici un témoignage fourni par un célèbre incrédule, Volney, qui confirme la parole de Moïse sur le nombre des générations antédiluviennes : « L'historien Bérose, dit-il, qui vivait près de trois siècles avant Jésus-Christ, décrit avec le plus de détails les circonstances du déluge de Xisuthrus, *qui fut le dixième roi, comme Noé fut le dixième patriarche.* Bérose et Abydème, *d'accord avec Moïse,* placent *dix* générations avant le déluge. Les Indiens remplissent les temps antérieurs au déluge par *dix avatas,* qui répondent aux *dix rois* et aux *dix patriarches antédiluviens.* Sanchoniaton, de Phrygie, parle de *dix* générations de dieux ou demi-dieux placés entre Uranus et la race présente des mortels. Les Arabes et les Tartares ont également conservé le souvenir de *dix* générations et, de concert, quoique séparés par d'immenses distances, ils donnent à plusieurs des patriarches antédiluviens, aussi bien qu'à leurs successeurs immédiats, les MÊMES NOMS QUI SONT DANS LA GENÈSE. »

aussi complètement que s'il se fût agi de périodes ou de vies ordinaires.

Je sais que cette longévité des patriarches est un des points les plus controversés de la Genèse. Aussi, du temps de saint Augustin, avait-on déjà essayé de réduire la durée de leur existence, en prétendant qu'à cette époque on appelait « année » une période de trente-six jours. Mais Moïse ne dit absolument rien qui donne à penser que le mot année ait eu une signification autre que celle qu'on admet généralement. D'ailleurs saint Augustin fait justement remarquer que Seth, ayant engendré à cent cinq ans et Caïnam à soixante-dix, si on appliquait à ces chiffres la réduction proposée, il s'ensuivrait que le premier serait devenu père à dix ans et le second à sept.

Mieux vaut donc renoncer à donner des explications que d'en donner de mauvaises. D'ailleurs il nous manque les documents voulus pour arriver à une solution positive. Ainsi nous ignorons absolument quelles modifications l'ensevelissement entier du globe sous les eaux, pendant les cent cinquante jours que dura le déluge, apporta aux qualités productives du sol et nutritives des végétaux, à la composition de l'air, à sa température, à son état électrique, en un mot, aux divers modificateurs de l'économie humaine : par conséquent, nous ne pouvons conclure de ce qui se passe aujourd'hui à ce qui s'est passé autrefois.

Kurtz a fait, à ce propos, la très judicieuse remarque que voici : « La question de la possibilité d'une vie de cinq, six et neufs cents ans dans les premiers temps du genre humain, n'est point du ressort de la physiologie actuelle. La seule règle d'après laquelle on puisse déterminer la durée de la vie, c'est l'expérience. »

Bornons-nous donc ici à enregistrer les faits. Voici comment s'exprime à cet égard l'historien Josèphe :

Tous ceux, dit-il, qui ont écrit l'histoire tant des Grecs que des autres nations, rendent témoignage de ce que je dis touchant la longévité des patriarches : car Manéthon, qui a écrit l'histoire des Égyptiens ; Bérose, celle des Chaldéens ; Mocus, Hesticus et Hiérome l'Égyptien, celle des Phrygiens, disent la même chose. Et Hésiode, Hécatée, Acusilas, Hellanique, Éphore et Nicolas, rapportent tous que CES HOMMES VIVAIENT JUSQU'A MILLE ANS. »

Aux autorités citées par Josèphe il faut joindre encore celle de Varron, de Pline, de Valère Maxime ; enfin, les mêmes traditions ont été trouvées aux Indes et dans le Nouveau Monde.

Buffon fait à cette occasion une remarque qui, ne fût-elle qu'ingénieuse, mérite néanmoins d'être citée : c'est que la durée de la vie humaine est d'environ sept fois l'âge de la puberté. Or cette même proportion se trouve exister dans la vie des patriarches antédiluviens. « Adam, dit la Bible, ayant vécu cent trente ans, engendra un fils ; et tout le temps de la vie d'Adam ayant été de neuf cent trente ans, il mourut. » Si cette proportion ne se rencontre pas aussi exactement pour les neuf autres patriarches, elle se retrouve cependant dans le terme moyen de leur vie et de leur puberté.

Ce sont donc les patriarches qui ont été en quelque sorte les premiers interprètes de notre histoire ; puis la tradition s'est emparée de cette histoire, accrue des faits qui l'ont suivie, pour la transmettre et la perpétuer à travers les âges jusqu'à notre époque [1].

---

1. On trouve quelquefois, maintenant encore, des exemples suffisamment constatés de personnes qui ont dépassé de beaucoup l'âge ordinaire. Richard cite un grand nombre de faits de ce genre. Tel est, entre autres, celui de Thomas Parr, qui avait 152 ans quand il fut présenté au roi Charles Ier. Un autre avait atteint 200 ans ! Je doute cependant qu'à cette époque-là les registres de l'état civil fussent aussi bien en règle que dans nos mairies.

Nous aurons du reste l'occasion de revenir sur ce sujet en parlant de l'*Antiquité de l'homme.*

OBJECTIONS CONTRE LE DÉLUGE.

Trois objections principales; la première porte sur le peu de capacité de l'arche; la seconde sur l'insuffisance des eaux pour inonder la totalité du globe; la troisième sur la conservation impossible des poissons d'eau douce; réponse à ces objections; sens exact du mot *totalité* du globe; le déluge fut partiel : il n'envahit que les pays habités par l'homme; ainsi tombent toutes les objections; un exemple à l'appui.

Le déluge eut pour cause la corruption des hommes et pour but leur châtiment; double fait qu'il ne faut pas perdre de vue, car il va nous servir à mieux comprendre le texte de la Genèse et, par suite, à mettre à néant les objections dirigées contre la version de Moïse. Ces objections peuvent être ramenées aux trois suivantes :

D'abord on nie que l'arche, quelles qu'aient été ses dimensions, ait pu contenir la totalité des espèces animales, maintenant surtout que la découverte du Nouveau Monde et de l'Australie en a si prodigieusement révélé le nombre. D'ailleurs, comment Noé aurait-il pu rassembler en un même lieu des animaux séparés de lui par l'immensité des Océans, et comment ces mêmes animaux auraient-ils pu regagner leurs îles?

Ensuite on déclare qu'il est physiquement impossible que l'abondance des pluies et le soulèvement des flots aient suffi pour causer la submersion simultanée des deux hémisphères, au point surtout de dépasser de quinze coudées, comme le veut la Bible, les sommets des plus hautes montagnes.

Enfin, objecte-t-on encore, l'ensevelissement de la terre sous les eaux ayant amené nécessairemeut le mélange des eaux pluviales avec les eaux de l'Océan, la prédominance énorme de celles-ci dut faire qu'il n'y ait plus eu qu'une énorme nappe d'eau salée. Or, comme les poissons d'eau douce ne peuvent vivre que dans les fleuves et les rivières, leur espèce eût été anéantie d'autant plus sûrement que Noé n'avait pris aucune mesure pour leur conservation dans l'arche.

Telles sont les principales objections dirigées contre le déluge biblique. Eh bien ! je le déclare très franchement, s'il fallait, à l'exemple des anciens commentateurs, admettre que les eaux envahirent la *totalité* du globe, il me paraîtrait bien difficile d'y répondre.

Mais, est-ce bien là la pensée de Moïse? Cherchons à en préciser le sens.

Dieu se proposa de châtier les hommes, et il avait décidé qu'à part une famille, tous périraient. Or, au moment où la terre fut envahie par les eaux, il s'en fallait de beaucoup que sa surface fût en totalité habitée par l'homme ; il y avait même des continents tout entiers où il n'avait jamais pénétré. Pourquoi donc l'inondation se fût-elle étendue jusque-là ? Elle n'y eût rencontré que des animaux qui nécessairement étaient hors de cause. Le mot « universalité du déluge » doit donc être pris ici dans un sens plus restreint et ne s'appliquer qu'aux pays qui se trouvaient être la résidence de l'homme.

Je sais bien que Moïse parle de *tous* les animaux; mais c'est absolument comme quand il parle de *toutes* les montagnes dont les eaux dépassaient la cime. Évidemment il ne désigne que les animaux et les montagnes que connaissait l'homme.

Remarquez qu'en attribuant ainsi au mot « tous » un sens restreint je ne fais que lui appliquer la signification qu'il a dans beaucoup d'autres endroits de la Bible. Ainsi, par exemple, quand Moïse dit, en parlant de la famine qui eut lieu du temps de Jacob: « *In* uni-

VERSO *orbe fames prœvaluit…. Crescebat quotidie fames in* OMNI *terra….* OMNES *provinciæ veniebant in Ægyptum*, nul doute que ces passages ne doivent pas s'entendre du monde entier, mais seulement des peuples connus des Hébreux.

J'ajouterai que cette opinion d'un déluge partiel est parfaitement d'accord avec les données géologiques. Ainsi l'exploration du sol, dans les contrées les plus diverses, a démontré qu'aucune inondation n'avait jamais recouvert le globe dans l'universalité de sa surface. Par contre, l'Asie, c'est-à-dire la région qui fut le berceau de l'humanité et où Moïse place le centre du déluge, offre tous les vestiges d'une invasion des eaux correspondant à ses récits. C'est ce déluge qu'en géologie on appelle le « Déluge biblique ».

Si j'insiste sur cette distinction d'un déluge partiel et d'un déluge général, c'est que, devant un déluge partiel, toutes les objections citées plus haut tombent ou se réfutent d'elles-mêmes.

Ainsi, pour la première, il ne pourra plus être question du trop peu de capacité de l'arche, puisque Noé n'y a introduit que les animaux qui étaient à sa connaissance, par conséquent à sa portée; de même, on ne saurait se préoccuper de la manière dont certaines espèces auront regagné leur île, puisqu'elles n'avaient pas dû la quitter.

On cessera également, pour la seconde, d'invoquer l'insuffisance des eaux pour noyer tout l'univers, puisqu'une partie seulement aura été submergée : or, ce qui se passe en petit sous nos yeux à la suite de certains orages nous donne parfaitement l'idée de ce qui a dû se passer en grand du temps du déluge.

Enfin, quant à ce qui est de la troisième, il ne sera plus permis de s'apitoyer sur le sort des poissons d'eau douce asphyxiés par l'eau de mer, puisqu'ils auront trouvé dans les rivières et les fleuves épargnés par l'inondation toutes les commodités de l'existence.

Et qu'on ne voie pas dans cette substitution d'un déluge partiel à un déluge général une sorte d'expédient ou d'échappatoire imaginé pour les besoins de la cause. Nullement. Je ne fais qu'appliquer ici à Moïse les procédés en usage dans la science pour l'interprétation des phénomènes.

Combien de temps, par exemple, n'a-t-on pas admis et enseigné que l'ascension de l'eau dans un tube, par le fait de l'aspiration, était due à ce que « la nature a horreur du vide » ? Or, il ne fallut rien moins que l'aventure arrivée aux fontainiers de Florence, lesquels virent l'eau ne pas monter au delà de trente-deux pieds, pour mettre sur la voie de l'explication véritable[1]. Tout le monde sait aujourd'hui que cette ascension est due à la pesanteur de l'air.

Ainsi pour le déluge. On avait admis et enseigné de même, plutôt par habitude que par raisonnement, qu'il avait submergé la totalité des continents, puis, la critique et la géologie aidant, on a restreint l'invasion des eaux à la partie du globe habitée par l'homme.

Quant aux moyens physiques que Dieu employa pour inonder le globe, il ne nous les a pas révélés entièrement. Nous savons seulement par la Genèse que la pluie fut un des principaux agents mis en œuvre ; nous devons admettre de plus qu'il fit déborder les mers et jaillir d'abondantes sources des « puits de l'abîme ». Mais il règne encore sur ces divers points de nombreux

____

1. Et encore cette explication ne fut donnée que beaucoup plus tard par Pascal, dans sa fameuse expérience du Puy-de-Dôme. Galilée, à qui les fontainiers vinrent raconter le fait, s'était contenté de leur dire que « probablement la nature n'avait horreur du vide que jusqu'à trente-deux pieds. » Si cette réponse les satisfit, il faut avouer qu'ils n'étaient pas difficiles.

mystères, qui ne portent, il est vrai, que sur les détails
et non sur l'authenticité du fait.

DE L'AGE DU MONDE.

Trois ères principales : la première correspond à la création de la
matière ; calculs de Poisson ; la seconde correspond aux six
jours ; tripoli et carapaces d'animalcules ; fantasmagorie des
chiffres ; la troisième correspond à la création d'Adam ; distinction à établir.

C'est au Déluge que s'arrête le récit de Moïse ; c'est
là, par suite, que nous devrions nous arrêter nous-
mêmes, puisque c'est ce récit qui a été notre principal
objectif. Il me paraît essentiel toutefois de jeter un coup
d'œil sur la *Chronologie de la Bible*.

Cette chronologie, nous l'avons établi précédemment,
comprend trois Ères principales :

La première est l'*Ère de la Création* proprement dite,
celle à laquelle se rapporte le premier verset : « Au commencement Dieu créa le ciel et la terre. »

La seconde est l'*Ère géologique*, laquelle comprend
l'organisation du monde ;

Enfin la troisième est l'*Ère historique* ou des événements humains, laquelle, partie d'Adam, va jusqu'à
Jésus-Christ et de Jésus-Christ jusqu'à nous.

Expliquons-nous sur chacune, de manière à nous faire
bien comprendre.

La première Ère correspond à l'époque où Dieu créa
la matière. Il est admis que cette matière représentait
à l'origine une nébuleuse incandescente répandue dans
l'espace. Le problème se trouve donc ramené à savoir
combien il a fallu de temps à cette nébuleuse pour
passer de l'état gazeux à l'état solide, et constituer
ainsi l'écorce du globe.

M. Poisson, partant de ce fait que la température du globe devait être de trois mille degrés antérieurement à la solidification de son écorce, trouve qu'il se serait écoulé environ cent huit millions d'années.

Oui : mais, si la température originelle n'était que de deux mille degrés, température plus que suffisante pour liquéfier et volatiliser toutes les roches connues, voilà le nombre de vos millions réduit d'un bon tiers. D'ailleurs ce genre de calculs est d'autant plus hypothétique, qu'il a déjà pour base une hypothèse, l'incandescence primitive du globe. La seule chose qu'on puisse réellement affirmer, c'est que la première ère de la création remonte à une date infiniment reculée.

La seconde ère, ou « Ère des six jours », déroute de même tous les calculs. Dès l'instant où l'on admet que chacun de ces six jours représente non plus une durée de vingt-quatre heures, mais une époque indéfinie, toute évaluation, même approximative, devient impossible. La seule chose incontestable, c'est qu'il s'agit ici encore d'une très longue période de siècles. En voulez-vous la preuve ?

Les bancs de rochers qui composent les terrains jurassiques et crétacés sont formés des débris fossiles des coraux et infusoires qui se montrèrent en nombre incommensurable au début de la vie sur le globe. Ehrenberg a compté jusqu'à dix millions de leurs carapaces dans une seule livre de craie. M. Alfred Maury a fait, de plus, la curieuse remarque que le soldat qui nettoie son casque avec un pouce cube de tripoli ne manie pas moins de quarante et un millions d'animalcules ; chaque frottement en broie ainsi une dizaine de millions. Or, quand on songe au volume énorme des masses jurassiques et à l'exiguïté microscopique des petits êtres qui en constituent l'agrégat, l'esprit reste confondu sur le temps qu'ont dû exiger ces formations.

Tout calcul, du moins tout calcul raisonnable, devient de la sorte impossible.

Eh bien! c'est cette impossibilité même qui a tenté certains esprits. Je ne saurais mieux donner une idée de leur manière de procéder qu'en empruntant au compte rendu d'une conférence sur l'Astronomie, qui se faisait dernièrement dans la Salle du Boulevard des Capucines, les détails qui vont suivre.

L'orateur commença par poser en principe que, lorsque l'angle sous lequel nous voyons le soleil diminue d'une seconde, cette concentration du soleil suffit pour produire une quantité de chaleur capable d'entretenir la vie à la surface de la terre pendant dix-huit mille ans. D'où il suffit de savoir de combien de secondes a diminué le diamètre apparent du soleil depuis que la terre s'est détachée de cet astre, pour connaître le nombre d'années qui correspond à chaque époque géologique. Ce nombre, à dater du moment où la végétation a paru sur le globe, équivaudrait au chiffre de 11,064,560,000 ans, qui serait celui de l'âge du monde.

Et comme l'"auditoire, un instant stupéfait, semblait prêt à se « cabrer » devant toute cette fantasmagorie, l'orateur ajouta d'un ton ironique et avec une bonhomie feinte : « Vous voyez qu'il y a quelque écart entre ces données de la science et les affirmations de Moïse. qui n'accorde à l'âge du monde que six mille ans. »

L'effet prévu arriva. L'assistance de rire ! Sans doute le contraste ainsi présenté était risible. Seulement êtes-vous bien sûr qu'ici le rire ne se soit pas trompé d'adresse?

Car enfin, où donc avez-vous vu que Moïse ait renfermé dans une limite de six mille ans l'Age du monde?

D'abord il n'assigne aucune date aux deux ères qui viennent de nous occuper, l'ère de la création et l'ère des six jours. Sous ce rapport donc toute latitude est laissée aux faiseurs de système, mais à la condition qu'ils n'y mêleront pas son nom.

C'est seulement à partir de la troisième Ère cosmogonique, celle qui commence à Adam, que l'on peut trouver dans la Genèse les éléments d'une date à assigner, non pas, remarquez-le bien, à l'Âge du monde, mais à l'Antiquité de l'Homme. Or, ce sont là deux choses que l'on a trop souvent confondues dans un intérêt que chacun comprend. C'est même pour éviter toute confusion de ce genre que nous allons traiter à part cette troisième Ère sous le titre : l'Antiquité de l'homme.

DE L'ANTIQUITÉ DE L'HOMME.

Il n'existe pas de chronologie biblique ; calculs qui ont servi à l'établir ; causes d'erreur ; déclaration de Cuvier ; objections réfutées ; les Tables astronomiques des Indiens ; Bailly, Voltaire et Laplace ; les Zodiaques de Denderah et d'Esné ; Dupuis et Biot ; les Inscriptions hiéroglyphiques ; Champollion ; Lucrèce n'admet pas l'extrême antiquité de l'homme.

Nous avons établi que l'homme appartient à l'époque quaternaire [1]. Quant à son antiquité, il n'existe pas à cet égard de Chronologie biblique « C'est une erreur de croire, dit Mgr Maignan, que la foi catholique enferme l'existence de l'homme dans une durée qui ne peut dépasser six mille ans. L'Église ne s'est jamais prononcée sur une question aussi délicate. »

Et en effet Moïse n'assigne aucune date à la création de l'homme ; il en donne seulement les éléments. Voici comment on a procédé pour arriver à sa fixation.

On a pris les âges des patriarches et on les a addi-

---

1. M. l'abbé Bourgeois veut même le faire remonter jusqu'à l'époque tertiaire, mais son opinion a été vivement combattue au Congrès de Bruxelles de 1872, et j'avoue être également du nombre de ceux qui ne sauraient la partager.

tionnés ensemble, en ne tenant compte que des années pendant lesquelles ils vivaient séparément. Mais il eût fallu démontrer qu'il n'y a eu aucune lacune dans la généalogie qu'en donne la Genèse. Or, un jésuite allemand, le P. Von Hummelauer, vient de prouver qu'il manque plusieurs anneaux à la chaîne qui sert de base à ces calculs.

Notez également qu'il existe une différence d'environ deux mille ans entre la chronologie des Septante et celle de la Bible Hébraïque, reproduite par notre Vulgate. De ces chiffres, quels sont les vrais? Ne seraient-ils même pas tous plus ou moins sujets à révision? Car enfin on compte plus de cent cinquante versions différentes, toutes fondées sur des variantes du texte biblique.

La date de 4000 ans est celle qu'on admet généralement, mais on peut très bien ne pas s'en tenir à ce nombre et placer la création à 6000 ans avant l'ère chrétienne, en acceptant la chronologie des Septante, comme le fait le Martyrologe romain. On le peut d'autant mieux que, dans l'état actuel des recherches scientifiques et historiques, il n'est pas démontré que l'homme remonte au delà de cette date.

« S'il y a, dit Cuvier, quelque chose de constaté en géologie, c'est que l'existence de l'homme, à la surface du globe, ne peut remonter beaucoup au delà de cinq à six mille ans. »

Sur quels documents historiques s'appuie-t-on généralement pour justifier des dates infiniment reculées? Ce sont surtout : les Tables astronomiques des Indiens; les Zodiaques d'Esné et de Denderah et les Inscriptions hiéroglyphiques. Voyons quelle en est la valeur vraie.

Tables astronomiques des Indiens. — Bailly fut le premier qui invoqua ces fameuses Tables pour faire remonter dans un éloignement incalculable l'origine

des sociétés humaines. Il se livra à cet égard à des
suppositions tellement chimériques, que le bon sens
de Voltaire lui-même ne put y tenir, et qu'il le réfuta
par des sarcasmes [1] à sa façon :

« Rien jusqu'à présent ne nous est venu de la Scythie,
écrivait-il, si ce n'est des tigres qui ont ravagé et dévoré nos troupeaux ; mais devons-nous supposer que ces
tigres soient sortis de leurs repaires avec des ca-
drans et des astrolabes? Qui a jamais entendu dire
qu'aucun philosophe grec ait été chercher la science
dans le pays de Gog et de Magog ? »

Un adversaire plus redoutable que Voltaire, si toutefois la science est plus redoutable que l'épigramme,
le célèbre Delambre, confondit Bailly par des observations tellement précises et motivées qu'elles restèrent
sans réponse.

Laplace lui-même, malgré son amitié pour Bailly,
s'éleva contre cette fabuleuse antiquité des Tables astronomiques des Indous. « En ceci, dit-il, je m'éloigne,
quoique à regret, de l'opinion d'un illustre et malheureux ami. »

Enfin les plus savants astronomes de la France et de
l'Angleterre déclarèrent plus tard, par l'organe de
Maskeline et de Klaproth, que « les Tables astronomiques
des Indiens, auxquelles on avait attribué une antiquité
prodigieuse, AVAIENT ÉTÉ CONSTRUITES DANS LE SEPTIÈME

---

1. Comprend-on que Bailly, qui devait se montrer un jour si
grand devant la mort, ait répondu aux sarcasmes de Voltaire par
des platitudes dans le genre de celles-ci : « *Les Brahmes seraient
vraiment fiers, s'ils savaient qu'ils possèdent un tel apologiste.
Plus éclairé qu'ils ne peuvent l'avoir jamais été, vous possédez la
réputation dont ils jouissaient dans l'antiquité. Les hommes vont
maintenant à Ferney, comme autrefois à Bénarès; mais Pytha-
gore aurait été mieux instruit par vous*, CAR LE TACITE, L'EURIPIDE
ET L'HOMÈRE DU SIÈCLE VAUT, A LUI SEUL, TOUTE CETTE ANCIENNE ACADÉ-
MIE, » etc., etc.

siècle de l'ère vulgaire, et qu'on s'était plu ensuite, par des calculs de fantaisie, à les reporter à des époques ridiculement antérieures. »

Zodiaques de Denderah et d'Esné. — Ne parlons que du Zodiaque de Denderah, celui d'Esné ayant donné les mêmes résultats. Voici en peu de mots l'historique de ce Zodiaque dont on voulut faire, de même, une arme contre la Genèse.

Lors de l'expédition d'Égypte, on découvrit dans un temple de Denderah des zodiaques peints ou sculptés, offrant les mêmes figures des constellations zodiacales que nous employons aujourd'hui, mais distribuées d'une façon particulière. Ils furent soumis aux calculs des savants, et il parut en résulter que ce temple était bâti au moins depuis sept mille ans, ce qui confondait la chronologie de Moïse. Dupuis soutint même que ces zodiaques avaient plus de vingt-cinq mille ans, et il se hâta d'en tirer le parti que l'on devine dans son livre de l'*Origine des cultes*.

Cependant, le planisphère circulaire ayant été apporté à Paris, M. Biot osa prétendre, dans un ouvrage fondé sur des mesures précises et des calculs pleins de sagacité, que ce planisphère représentait tout simplement l'état du ciel tel qu'il avait lieu *sept cents ans avant Jésus-Christ.*

Cela donna l'éveil sur l'époque de la construction des temples ; on copia les inscriptions grecques gravées sur les monuments, et Champollion fut chargé de déchiffrer celles qui étaient exprimées en hiéroglyphes. Alors, il fut évident pour tout le monde que *le temple de Denderah avait été construit sous les Romains*, que son portique était consacré au *salut de Tibère* et que le planisphère lui-même portait le titre d'autocrator *qui se rapporte à Néron.* Enfin, dans un cercueil de momie rapporté de Thèbes, contenant le corps d'un jeune homme *mort sous Trajan*, on trouva un Zodiaque divisé au même point que celui de Denderah.

Ainsi de SEPT MILLE ANS pour quelques-uns et de VINGT-CINQ MILLE pour quelques autres il fallut se rabattre à DIX-HUIT SIÈCLES !

Inscriptions hiéroglyphiques. — Nous venons de dire que c'est Champollion qui déchiffra les hiéroglyphes du fameux Zodiaque. Qui donc, plus que l'auteur d'une des plus merveilleuses découvertes de notre siècle, avait qualité pour réfuter les attaques dirigées contre Moïse?

Mais Champollion ne s'en est pas tenu là; il a prouvé de plus qu'aucune inscription hiéroglyphique n'est en désaccord avec la chronologie indiquée par la Genèse. Voici comment il s'exprime :

« J'ai démontré, dit-il, qu'aucun monument égyptien n'est réellement antérieur à l'an 2200 avant notre ère. C'est certainement une haute antiquité, *mais elle n'offre rien de contraire aux traditions sacrées, et j'ose même dire qu'elle les confirme sur tous les points.* C'est, en effet, en adoptant la chronologie et la succession données par les monuments égyptiens, que l'HISTOIRE ÉGYPTIENNE CONCORDE ADMIRABLEMENT AVEC LES LIVRES SAINTS....

« Le chef de la dynastie des Diospolitains, dite la dix-huitième, est le *rex novus qui ignorabat Joseph* de la Bible; c'est celui qui réduisit les Hébreux en esclavage.

« La captivité dura autant que la dix-huitième dynastie, et ce fut sous Rhamsès V, dit Aménophis, au commencement du quinzième siècle, que Moïse délivra les Hébreux.

« *Ceci se passait dans l'adolescence de Sésostris, qui succéda immédiatement à son père, et fit des conquêtes en Asie,* PENDANT QUE MOÏSE ET ISRAEL ERRAIENT DURANT QUARANTE ANS DANS LE DÉSERT. *C'est pour cela que les Livres saints ne doivent point parler de ce grand conquérant.*

« Tous les autres rois, nommés dans la Bible, se retrouvent sur les monuments égyptiens, dans le même ordre de succession et aux époques précises ou les Livres saints les placent. J'ajouterai même que la Bible en écrit mieux les véritables noms que ne l'ont fait les historiens grecs. »

Mais bornons là nos citations. Elles suffisent pour prouver, une fois de plus, que les faits invoqués contre Moïse tournent le plus souvent au contraire contre ses détracteurs.

— Il n'est pas jusqu'au paganisme lui-même qui ne proteste contre cette extrême antiquité de l'homme. « Quant à moi, dit Lucrèce, je pense que l'Univers est dans sa jeunesse, la Nature dans sa fraîcheur, et que leurs commencements ne datent pas de bien loin. »

> Verum, ut opinor, habet novetatem summa recensque
> Natura mundi est, neque pridem exordia cepit.

Et il appuie son opinion sur des motifs que je recommande aux méditations de nos libres-penseurs.

MOISE JUGÉ PAR LA SCIENCE.

Ce qu'il faut voir dans Moïse ; opinion des savants ; Champollion ; Buffon ; Linné ; Cuvier ; Ampère ; Marcel de Serres.

Nous venons de faire ressortir l'accord si parfait qui existe entre la Genèse et la géologie. Il y a réellement dans cet accord quelque chose qui étonne et qui confond la raison. Comment ! toute science a eu ses débuts, disons le mot, son enfance : l'astronomie a été long-temps l'astrologie, et, hier encore, la chimie s'appelait l'alchimie. Et voilà que les Livres saints sont d'emblée de véridiques et irréfutables annales !

C'est qu'il ne faut pas voir seulement dans Moïse le

biographe de l'homme et l'historien de la nature : il faut voir en lui par-dessus tout le chroniqueur inspiré des *gestes* de Dieu. Aussi sa grande image se dresse-t-elle, comme un phare splendide, au-dessus de l'abîme des temps, pour nous en dévoiler les mystères et nous en faire sonder les profondeurs.

Ainsi s'explique ce concours de savants empressés à lui rendre et justice et hommage.

Écoutons Champollion : « Je serais curieux, dit-il, de savoir ce qu'auraient à répondre ceux qui ont malicieusement avancé que les études égyptiennes tendent à altérer les croyances dans les documents historiques fournis par les livres de Moïse. L'application de ma découverte vient au contraire irrévocablement à leur appui. »

Écoutons Buffon : « La description de Moïse est une narration exacte et philosophique de la création de l'univers entier et de l'origine de toutes choses. »

Écoutons Linné : « Il est matériellement démontré que Moïse a écrit, non sous la seule inspiration de son génie, mais sous la dictée même de l'auteur de la nature. »

Écoutons Cuvier : « Moïse nous a laissé une cosmogonie dont l'exactitude se vérifie chaque jour d'une manière admirable. Les observations géologiques récentes s'accordent parfaitement avec la Genèse sur l'ordre dans lequel ont été créés successivement tous les êtres organisés. »

Écoutons Ampère : « L'ordre d'apparition des êtres organisés est précisément l'ordre des Six Jours, tel que nous le donne la Genèse. Ou Moïse avait dans les sciences une instruction aussi profonde que celle de notre siècle, ou il était inspiré. »

Écoutons Demerson : « Nous ne pouvons trop remarquer cet ordre admirable parfaitement d'accord avec les plus saines notions qui forment la base de la géologie positive. Quel hommage ne devons-nous pas rendre à l'historien inspiré ! »

Écoutons enfin Marcel de Serres : « Si l'on considère que la géologie n'existait pas à l'époque à laquelle a été écrit le récit de la création, et que les connaissances astronomiques étaient pour lors peu avancées, on est porté à conclure que Moïse n'a pu deviner si juste que par suite d'une révélation. »

Tel est Moïse jugé par la science.

— Je m'arrête, car que pourraient ajouter quelques noms de plus à de si imposants témoignages ? D'ailleurs, ceux-là mêmes qui attaquent Moïse auraient peut-être divinisé son génie, comme celui des Socrate et des Marc-Aurèle, s'ils n'avaient vu en lui en quelque sorte le précurseur du Christ. C'est que Notre-Seigneur l'a dit : « Si vous croyez en Moïse, vous devez croire en moi, car c'est de moi qu'il a parlé. » *Si crederitis Moysi, crederitis forsitan et mihi : de me enim ille scripsit.*

Non, Moïse n'a pas plus besoin d'être défendu qu'il n'a besoin d'être vengé. Il brille d'un tel éclat, par la splendeur de ses œuvres, qu'on lui appliquerait volontiers ce que le poète a dit de l'astre du jour :

> Le dieu, poursuivant sa carrière,
> Versait des torrents de lumière
> Sur ses obscurs blasphémateurs.

LA CRÉATION D'APRÈS DARWIN

LES TROIS DOGMES DU DARWINISME,

La Genèse de Darwin ; elle comprend trois dogmes ; pourquoi nous
ne parlerons que de deux ; Lucrèce.

Procédons maintenant à l'égard de Darwin comme
nous l'avons fait à l'égard de Moïse ; exposons sa « Genèse
de la Création » et soumettons-la de même au contrôle
de la science. Je dis sa Genèse de la Création. C'est que
nous savons déjà qu'il en a imaginé une qui est le contre-pied de celle de Moïse, et que l'on peut ramener aux
trois dogmes suivants :

ÉTERNITÉ DE LA MATIÈRE. — GÉNÉRATION SPONTANÉE.
— TRANSFORMISME.

De ces trois dogmes nous ne traiterons que les deux
derniers, le premier échappant à toute démonstration
autre que l'application des lois de la logique et du bon
sens. Mais ces lois suffisent parfaitement pour prouver
que la matière ne saurait avoir existé de toute éternité, car enfin :

Il n'y a pas d'effet sans cause : or la matière est un
effet, puisqu'elle est finie et imparfaite : donc elle doit
avoir une cause qui ne saurait être que Dieu, le seul

être infini et parfait. D'où nous concluons qu'elle n'est pas éternelle.

Quel raisonnement les Darwinistes opposent-ils à ce simple syllogisme? Aucun. Ils se contentent d'affirmer que « toute matière existe de toute éternité, parce qu'on ne saurait comprendre comment elle aurait eu un commencement. »

Ils tranchent aussi cavalièrement la question de la fin de la matière, en affirmant de même que « la matière ne périra jamais, parce qu'on ne comprend pas comment elle pourrait être anéantie. »

Éternité d'origine! Éternité de durée! Ainsi se trouve résolu, par une double affirmation dépourvue de toute espèce de preuve, le grave problème de l'infini appliqué à la matière.

N'essayons pas de lutter contre des adversaires qui se retranchent toujours derrière le célèbre axiome de Lucrèce : « La Divinité elle-même n'aurait jamais pu rien tirer du néant » :

> Nullam rem e nihilo gigni divinitus unquam.

Seulement ils oublient ou ils ignorent que, dans un moment de franchise, Lucrèce lui-même a fait les significatifs aveux que voici :

« Cependant, si la terre et le ciel n'ont pas eu de commencement, et qu'ils aient existé de toute éternité, pourquoi, avant la guerre de Thèbes et la ruine de Troie, d'autres poètes n'ont-ils pas chanté d'autres exploits? »

> Interea, si nulla fuit genitalis origo
> Terrarum et cœli, semperque æterna fuere,
> Cur supra bellum Thebarum et funera Trojæ
> Non alias alii quoque res cecinere poetæ ?

Quoi qu'il en soit, nous laisserons de côté, je le répète, l'Éternité de la matière, pour ne nous occuper que de la GÉNÉRATION SPONTANÉE et du TRANSFORMISME.

DE LA GÉNÉRATION SPONTANÉE.

Ce qu'on entend par génération spontanée ; toute l'antiquité y a cru ; la terre envisagée comme mère commune ; Épicure ; Plutarque ; Aristote ; Lucrèce ; Ovide ; quelques Pères de l'Église ; thèse des Darwinistes.

On appelle Génération spontanée *la production d'un être nouveau sans intervention de parents, et par la seule force de la matière.*

Toute l'antiquité y a cru ; seulement elle n'y voyait qu'une manifestation de la vertu fécondante de la terre, qui était regardée alors, suivant la belle expression de Lucrèce, comme « la mère commune et le tombeau commun de toutes choses » :

Omniparens eadem rerum commune sepulchrum.

Il est de fait que, pour un œil superficiel, tout paraît en venir, et en venir spontanément. Ainsi quand on voit, chaque année, tout renaître avec le printemps, il semble très naturel d'admettre que c'est la terre elle-même qui, par ses seules ressources, fournit à toutes ces existences.

Cette impression générale passa de bonne heure dans la philosophie. Épicure est le premier qui lui donna la forme dogmatique ; Plutarque renchérit encore sur Épicure ; il n'est pas jusqu'à Aristote qui n'ait commis la même méprise. Comment s'étonner dès lors que les poètes, ces amants du merveilleux, aient accueilli la génération spontanée avec enthousiasme ?

Lucrèce affirme très sérieusement que, « de son temps encore, la terre produisait une foule d'animaux par l'action combinée de la pluie et de la chaude vapeur du soleil » :

> Multaque nunc etiam existunt animalia terris,
> Imbribus et calido solis concreta vapore.

Malheureusement, ajoute-t-il, « ce sont de petits animaux, tandis que, dans sa première énergie, la terre avait enfanté les grandes espèces » :

> Vix animalia parva creat quæ cuncta creavit
> Sæcla, deditque ferarum ingentia corpora partu.

Du temps d'Ovide, elle ne produisait plus que des .... rats. On les voit, dit le poète, s'échapper du sol, « leur partie antérieure vivant déjà, alors que la postérieure n'est qu'une fange grossière ».

> Altera pars vivit, rudis est pars altera tellus.

Il est vrai qu'il raconte des choses bien plus extraordinaires encore à propos de la décomposition de certains animaux. Qui ne connaît l'aventure d'Aristée pleurant la mort de ses abeilles, et le conseil que Protée lui donna d'immoler un taureau pour réparer ses pertes?

« Le berger obéit, dit le poète : des entrailles putréfiées de la victime s'élança tout un essaim en bourdonnant. Une seule mort engendra mille vies » :

> Jussa facit pastor : fervent examina putri
> De bove. Mille animas una necata dedit.

—Mais restons-en là de ces « histoires ». Peut-être même n'en aurais-je rien dit, si je n'avais tenu à établir que, dans toutes ces prétendues naissances spontanées, c'est la vie latente que l'on suppose passer à l'état de vie active, et non la matière inerte que l'on dote de la vie elle-même. Ainsi s'explique comment plusieurs Pères de l'Église, se plaçant au même point de vue, y ont cru également.

Tout autre, au contraire, est la thèse des Darwinistes. Pour eux, le Créateur n'est rien et la matière est tout. C'est la matière qui possède en elle, sans l'avoir reçue de personne, sa puissance génératrice, et c'est par ses seules ressources qu'elle donne la vie. Tel est le système qu'il nous faut maintenant réfuter.

Commençons tout d'abord par établir qu'il est une loi qui domine toute la genèse des espèces ; c'est celle-ci :

LE PREMIER ÊTRE VIVANT N'A PU NAITRE SPONTANÉMENT DE LA MATIÈRE.

LE PREMIER ÊTRE VIVANT N'A PU NAITRE SPONTANÉMENT DE LA MATIÈRE.

Pourquoi le premier végétal n'a pu naître spontanément ; conditions atmosphériques d'alors ; nécessité d'une semence ; comment les Darwinistes expliquent sa formation : les milieux ; il en est des animaux comme des plantes ; impuissance de la matière à rien créer ; nécessité d'une intervention directrice ; prétendue force plastique de la matière ; quatre corps simples suffisant à tout : un livre qui se fait tout seul.

Je pose donc en loi que le premier être vivant n'a pu naître spontanément de la matière. Comme preuve et justification de cette loi, il me suffira de rappeler dans quelles conditions la vie, à l'origine des temps, s'est manifestée sur le globe.

Les premières espèces vivantes qui ont paru furent les végétaux. D'où venait le premier végétal ?

Il ne pouvait être le produit d'une graine, puisque, aucune plante de son espèce n'ayant vécu avant lui, l'hypothèse d'une semblable graine serait une absurdité.

Il ne pouvait venir davantage d'un germe préexistant

soit dans l'atmosphère, soit dans la terre elle-même, à cause de l'état d'incandescence du globe. C'est ce que confirme pleinement l'expérience que voici :

Prenez de la matière organique quelconque et soumettez-la à l'action de la flamme dans un tube de verre ; bien avant qu'elle ait même pu approcher de la température qui régnait alors, elle se volatilise et disparaît.

Ainsi donc, tant pour les plantes que pour les animaux, les conditions atmosphériques rendaient à cette époque toute existence impossible. Car enfin :

L'eau et l'air sont nécessaires au développement et à la vie de tout végétal ;

L'eau, l'air et les végétaux sont nécessaires au développement et à la vie de tout animal.

Or, toutes ces choses faisaient défaut. Il n'y avait même pas autant dire d'atmosphère, car on ne saurait appeler atmosphère une immense buée, n'offrant rien de commun avec l'air respirable.

Si donc on rejette toute création, on en est réduit à admettre que *le premier végétal a été le produit d'une première semence, issue de la matière*, laquelle semence a dû de même à la matière son développement ultérieur. C'est précisément ce que soutient l'école darwinienne, et voici comment elle raisonne :

« La terre s'étant refroidie, la vapeur d'eau qui l'entourait s'est condensée à sa surface de manière à former un milieu favorable. Puis ce milieu, par une force occulte, y a rapproché, réuni, combiné les éléments nécessaires pour constituer un être vivant. Alors, par une succession de changements physico-chimiques, un végétal imparfait d'abord a pu naître et se perfectionner ensuite jusqu'au point où nous le voyons aujourd'hui. »

Une semblable explication, qui suppose deux choses, la formation de toutes pièces d'une première semence, puis son perfectionnement successif, n'a même pas pour elle le mérite de la vraisemblance. Mais enfin prenons-la pour un instant au sérieux.

Vous prétendez que la semence s'est produite dès l'instant où les forces physico-chimiques ont été à même d'agir sur la matière placée dans un milieu favorable. Mais d'abord il eût été bon de nous dire en quoi a consisté ce fameux milieu : or, vous n'en parlez pas. La chose cependant en valait la peine, car il ne s'agit de rien moins ici que d'une merveille. Quoi de plus merveilleux, en effet, que de voir un atome de matière organique arriver on ne sait d'où, croître on ne sait pourquoi, puis devenir on ne sait comment le centre de développement d'un arbre magnifique !

Mais ce n'est pas tout. Cet arbre va lui-même produire des graines qui deviendront arbre à leur tour, et chaque génération nouvelle apportera ainsi son contingent de semences, de manière à assurer la perpétuité de l'espèce.

Sans doute l'intelligence humaine parvient à saisir, dans une certaine mesure, le développement et les attributs des êtres créés ; mais l'enchaînement des phénomènes qui les relient et leurs manifestations tout à la fois si compliquées et si simples sont autant d'actes postérieurs à la formation de l'être lui-même.

Laissons donc de côté cette prétendue vertu génératrice de la matière, organisant de toute pièce et animant d'emblée le premier végétal. La chose, je le répète, est tellement impossible, que l'énoncé seul d'une pareille hypothèse équivaut à sa réfutation.

Ce que nous venons de dire des plantes s'applique tout aussi bien aux animaux. Il suffit, pour que l'assimilation soit complète, de substituer au mot « graine » le mot « œuf ». Tout animal, en effet, provient d'un œuf, comme tout végétal provient d'une graine. Or, pas plus pour l'œuf que pour la graine la vie n'a pu résulter de la rencontre fortuite et du concours accidentel des forces de la matière.

Voyons maintenant quelles conséquences en découlent au point de vue de la thèse que nous combattons.

Le premier travail qui a utilisé la matière et ses forces pour en faire un être vivant, n'ayant pas été un travail spontané, a été nécessairement un travail dirigé. Or, toute direction implique une intervention intelligente. Et quelle intelligence n'a-t-il pas fallu pour doter ainsi la matière de la vie, et surtout pour lui donner la faculté de reproduction qu'elle devra posséder indéfiniment dans la longueur des siècles!

Nous voilà donc forcément amenés à reconnaître l'intervention directrice d'une intelligence supérieure.

J'admire réellement la désinvolture avec laquelle les darwinistes prétendent expliquer la génération spontanée à l'aide d'un mot aussi solennel que creux : *la force plastique de la matière*. Ils ne savent donc pas quelle somme de difficultés présente la formation du moindre être vivant! Je veux à cet égard leur rappeler quelques principes de chimie élémentaire.

Sur environ soixante-cinq corps simples qui entrent dans la composition de notre planète, quatre seulement constituent la substance de tout ce qui a vie : ce sont l'oxygène, l'hydrogène, l'azote et le carbone. Ainsi ce sont ces quatre corps qui, combinés deux à deux, trois à trois, quatre à quatre, le carbone toujours, représentent l'essence de toute matière organique. Problème immense, travail merveilleux dont on ne saurait mieux se faire l'idée qu'en songeant que quelques lettres de l'alphabet suffisent de même, par l'artifice de leurs combinaisons, pour former tous les mots, tous les idiomes, tous les dialectes du langage humain.

Et vous prétendez qu'il suffit d'abandonner à eux-mêmes les quatre corps simples que je viens de nommer pour qu'ils façonnent à eux seuls et de toute pièce un être vivant! Autant dire qu'en mettant ensemble une plume, du papier et de l'encre, il en sortira au bout de peu de temps un volume. Hélas! que n'en est-il de la sorte! Cela m'éviterait la peine de composer celui que j'écris actuellement pour vous réfuter.

VARIATIONS DE DARWIN ET DE SON ÉCOLE SUR LA GÉNÉRATION SPONTANÉE.

Darwin nie la génération spontanée : puis il l'admet ; divagations de ses adeptes : Büchner ; Moleschott ; Strauss ; Burmeister ; Vogt : remarques judicieuses de Flourens ; de Fénelon ; d'Agassiz ; un langage sensé après des balivernes.

Nous venons d'établir, à l'aide d'arguments empruntés à la logique des faits, que nul être vivant n'a pu naître spontanément de la matière.

Tel a été tout d'abord également l'avis de Darwin : témoin ce qu'il écrivait en 1863 dans l'Athonæum :

« Y a-t-il un fait, l'ombre d'un fait autorisant à croire que des éléments inorganisés ont pu, sans quelque être organisé, produire un être vivant, sous l'influence seule des forces connues? PRÉSENTEMENT UN TEL RÉSULTAT EST INCONCEVABLE POUR NOUS. »

Mais, depuis lors, ses idées et son langage se sont singulièrement modifiés, car voici comment, dix années plus tard, il s'exprimait dans son livre de l'*Origine des espèces* :

« LE PREMIER ÊTRE VIVANT QUI AIT PARU SUR NOTRE PLANÈTE, SOIT A L'ÉTAT DE CELLULE, SOIT A L'ÉTAT D'ŒUF, EST NÉ DE LA MATIÈRE PAR L'ACTION RÉCIPROQUE ET COMBINÉE DES DIVERS AGENTS PHYSIQUES ET CHIMIQUES. »

Je laisse à d'autres le soin d'expliquer ces variations et ces désaccords. Qu'il me suffise de dire que cette dernière opinion de Darwin est devenue la base de son système et le mot d'ordre de son école. Ainsi Büchner et Moleschott appellent la « vertu génératrice de la matière un *postulat de la science.* » De même Strauss, le fameux Strauss, enseigne, toujours *au nom de la science*, que L'HOMME A PU NAITRE SPONTANÉMENT DE LA TERRE.

« C'est ainsi, dit-il, que le ténia se forme spontanément en nous : or, ce n'est pas un petit animal que le ténia, en comparaison de l'homme, puisqu'il parvient à une longueur de vingt pieds et parfois même de soixante aunes. »

Il n'y a qu'un malheur pour ce rapprochement entre le ver solitaire et nous, rapprochement si flatteur pour notre espèce, c'est que la prétendue naissance spontanée du ténia doit être reléguée, comme le reste, au chapitre des fantaisies.

Enfin Vogt a le triste courage d'écrire les divagations que l'on va lire : « *Il n'est pas douteux que le darwinisme ne congédie le créateur personnel, et ne laisse pas la moindre place à un pareil être dans l'apparition des espèces.* » J'ai appelé cela divagations ; je devrais employer un terme bien plus sévère.

Pourquoi donc s'obstiner ainsi, contre toute vraisemblance, à doter la matière de la faculté génératrice? Burmeister, dans son *Histoire de la Création*, si répandue en Allemagne, va nous en donner le motif avec une franchise quelque peu brutale :

« *Ne voulant pas*, dit-il, *avoir recours aux miracles et aux mystères*, NOUS SOMMES OBLIGÉS, *pour expliquer l'apparition sur la terre des premières créatures organisées*, de REVENIR A LA VERTU GÉNÉRATRICE DE LA MATIÈRE ELLE-MÊME. »

Soit. Seulement je ferai remarquer qu'en refusant d'attribuer à Dieu la création des premiers êtres organisés on n'échappe ni aux miracles ni aux mystères : on substitue tout simplement à ceux de la Genèse, qui ont au moins pour eux la logique des faits, les mystères erronés et les miracles impossibles des cosmogonies athées.

Mais on va plus loin encore.

Ainsi, les mêmes hommes qui acceptent si facilement que la matière inerte puisse s'organiser d'elle-même pour constituer un être vivant, ne repousseront pas seulement toute idée d'une création directe ; ils repousseront jusqu'à l'hypothèse que la matière qui a été douée de la vie, mais qui l'a perdue, puisse la recouvrer. Demandez-leur plutôt ce qu'ils pensent de la résurrection de Lazare. Et cependant le fait de la résurrection est bien peu de chose à côté de ces créations de toute pièce.

Comparons les situations.

Quand un corps ressuscite, il ne fait en définitive que récupérer le jeu et le fonctionnement de ses ressorts, puisque ces ressorts lui ont survécu.

Quand, au contraire, la matière inerte s'organise pour créer un corps, il faut tout d'abord que les ressorts se forment. Canaux sanguins, cordons nerveux, os, ligaments, muscles, fibres, etc., tout doit se constituer à l'aide de matériaux bruts et amorphes. C'est seulement quand cette constitution a été obtenue qu'apparaît la vitalité.

Dans le premier cas donc, vous n'avez qu'un seul miracle, la restitution de la vie.

Dans le second, vous en avez deux, la création des ressorts, puis leur animation par le souffle vital.

Et vous admettez, sans sourciller, ces deux derniers miracles, ou plutôt vous vous en faites les perrains, tandis que vous niez énergiquement le premier ! C'est bien toujours le mot de Pascal : « Incrédules, les plus crédules. »

« Quelle absurdité, s'écrie à ce propos M. Flourens, d'imaginer qu'un corps organisé, dont toutes les parties ont entre elles une connexion, une corrélation si admirablement calculée, si *savante*, puisse être produit par un assemblage aveugle d'éléments physiques ! Ce corps organisé aurait puisé la vie dans des éléments qui en étaient dépourvus ! On fait venir le mouvement de l'inertie, la sensibilité de l'insensibilité, la vie de la mort ! Et on appelle cela du progrès ! »

Fénelon emploie une autre forme d'argument que son apparente bonhomie ne rend que plus piquante.

« Depuis, dit-il, qu'il y a sur la terre des hommes soigneux de conserver la mémoire des faits, on n'a jamais vu ni lion, ni tigre, ni sanglier, ni ours, se former par hasard dans les antres ou dans les forêts. On ne voit pas non plus de production fortuite de chiens ou de chats ; les bœufs et les moutons ne naissent jamais d'eux-mêmes dans les étables et dans les pâturages. »

Donnons enfin la parole à M. Agassiz ; c'est incontestablement, comme naturaliste et comme penseur, l'un des hommes les plus compétents pour juger la question qui nous occupe.

« Les physiciens et les chimistes savent parfaitement bien, dit-il, ce que peuvent produire l'électricité, la lumière ou le galvanisme ; ils connaissent quelles sont les combinaisons possibles entre des éléments chimiques, et n'ignorent pas que ces combinaisons et ces causes diffèrent essentiellement de celles dont nous voyons les effets dans le règne animal aussi bien que le règne végétal.

« Je prétends par conséquent qu'il n'est pas logique d'attribuer à rien de semblable la création des êtres vivants.

« Je ne puis concevoir qu'une chose possible, c'est

l'intervention de l'esprit dans la production de tout ce qui existe. Or l'esprit n'est pas une manifestation de la matière : c'est quelque chose qui en est indépendant[1].

« Sa liberté est sans limites ; il maintient sans limites son indépendance de certaines influences qui, par moments, l'obsèdent.

« C'est avec cette étendue et d'une manière semblable que je conçois l'intervention de l'esprit dans la production d'êtres vivants sur un plan disposé et suivi depuis l'origine, en vue d'une fin qui est l'homme. »

Ainsi s'expriment Flourens, Fénelon et Agassiz. Je ne sais si vous êtes impressionnés comme moi, mais ce langage simple et mesuré, ces déductions logiques, cette tendance de l'âme à ne pas trop s'incorporer à la matière, tout cela, venant après les balivernes du Darwinisme, vous soulage et vous récrée comme au sortir d'un cauchemar. J'ai éprouvé, pour mon compte, en transcrivant ces lignes, quelque chose d'analogue à ce que je ressentais en Égypte, lorsque, après une longue marche à travers le désert, j'arrivais à l'un de ces endroits ombragés qu'on appelle des « Oasis ».

Bien entendu, cette protestation de la science et du bon sens n'a pas arrêté Darwin. Comment eût-il pu en être autrement? Toute sa doctrine repose sur l'éclosion spontanée d'un premier germe dont le développement ultérieur constituera toutes les espèces animales : supprimez cette éclosion, ou attribuez-la, non plus aux forces de la matière, mais à l'acte réfléchi d'un créateur, il n'y aura plus de Darwinisme.

Heureusement ces considérations ne sauraient nous

1. La Fontaine a dit :

> Un *esprit* vit en nous et meut tous nos ressorts.

Il n'a fait du reste que traduire ici la pensée de Virgile :

> Mens *agitat molem et magno se corpore miscet.*

toucher ; ou plutôt, si, elles nous touchent, mais par un motif tout autre que celui de Darwin, puisqu'elles sont le renversement de ses théories.

Aussi répéterons-nous, une fois encore, avec tous les naturalistes que n'aveuglent pas la manie des systèmes ou la passion antireligieuse :

Nul être vivant n'a pu naître spontanément de la matière.

LA GÉNÉRATION SPONTANÉE DEVANT L'ACADÉMIE DES SCIENCES.

Nombre prodigieux d'animalcules répandus dans l'espace ; jamais d'éclosion spontanée ; M. Pouchet soutient le contraire ; débat qui s'ensuit ; prix proposé ; il est décerné à M. Pasteur ; réclamation de M. Pouchet ; l'Académie nomme une commission ; nouveau triomphe de M. Pasteur ; méprises faciles avec le microscope ; animalcules ressuscitants ; d'autres incombustibles ; d'autres traversant les filtres et le mercure ; d'autres charriés par l'air ; la génération spontanée condamnée sans appel.

Dieu, en créant le monde, y a prodigué la vie avec tant d'abondance qu'il semblerait presque que chaque molécule de la matière est animée. Ainsi, quand on examine au microscope une goutte de vinaigre, un grain d'amidon, une parcelle de fromage, on voit des myriades d'animalcules « grouiller » sous l'objectif de l'instrument. Il n'y aurait donc rien de surprenant à ce que, sous l'influence de certains agents physiques, ces animalcules éprouvassent, à la manière d'un germe qui se développe, divers changements de valeur et de forme, d'où résulteraient les apparences d'une génération spontanée. Je dis les apparences. C'est que cette *force plastique* de la matière proviendrait du fait même de la création, puisque, nous l'avons surabondamment prouvé, l'état d'incandescence primitive du globe rendait originairement toute vie impossible. Conclure autrement serait donc un manque absolu de logique.

Mais l'école de Darwin n'a même pas cette dernière ressource. La génération spontanée, à quelque épreuve qu'on la soumette, donne constamment des résultats négatifs. C'est ce qui va ressortir des faits qu'il nous faut maintenant exposer.

En 1858, M. Pouchet, professeur de zoologie à Rouen, présenta un mémoire à l'Académie des Sciences dans lequel se trouvait la déclaration que voici :

« La matière organisable, placée dans des conditions physiques et chimiques convenables, jouit de la propriété de s'organiser spontanément, et de manifester tous les phénomènes caractéristiques de la vie; des animaux et des végétaux d'une petitesse extrême peuvent naître de la sorte, sans être le produit d'aucun corps vivant. »

MM. Claude Bernard, Dumas, de Quatrefages et Payen, combattirent la thèse de M. Pouchet, en s'appuyant sur leurs propres expériences, et signalèrent de plus les causes d'erreur dont il n'avait pas su se garantir. C'est alors que l'Académie proposa l'examen de la question en litige comme sujet d'un de ses prix.

En 1862, elle décerna ce prix à M. Pasteur[1], « *dont les expériences avaient été faites de manière à éviter toutes les causes d'erreur qu'il semblait possible d'imaginer.* »

Voilà un jugement qui, si je ne me trompe, ressemble singulièrement à un hommage.

Je ne puis, du reste, comme complément de renseignements, que renvoyer au rapport de mon illustre et

---

1. C'est à M. Pasteur également que la Chambre a voté, en 1875, une récompense nationale pour des découvertes d'un autre genre, qui ont puissamment enrichi l'industrie, mais dont la science n'a pas moins bénéficié.

regrettable ami, Claude Bernard, qui, dans cette circonstance comme toujours, a su se montrer le digne élève de notre maître commun, Magendie[1]. Le digne élève, ai-je dit. Ce serait peut-être ici le cas d'appliquer, en changeant les noms (*mutato nomine*), ce mot d'un ancien à propos d'Homère et de Virgile : « Si c'est Magendie qui a fait Claude Bernard, c'est son plus bel ouvrage. »

Quoi qu'il en soit, l'exactitude des résultats annoncés par M. Pasteur et les conclusions du rapport furent contestés par MM. Pouchet, Joly et Musset : de longs débats s'ensuivirent; c'est alors que l'Académie, mise de nouveau en demeure de s'expliquer, chargea une commission composée de chimistes, de physiciens et de naturalistes, de reprendre la question en sous-œuvre, et de voir enfin de quel côté se trouvait la vérité.

Les expériences de M. Pasteur furent donc répétées sous les yeux de ces nouveaux juges : or, ceux-ci reconnurent combien étaient exacts les faits annoncés par ce savant.

« Ainsi, conclut M. Milne-Edwards, l'hypothèse de la production d'êtres vivants par de la matière morte, ou qui n'a jamais vécu, n'est pas seulement inutile pour expliquer la multiplication des animalcules microscopiques dont les infusions se peuplent si souvent au contact de l'air : elle est aussi en désaccord avec les faits bien constatés.

« Les êtres organisés, dans l'état actuel de notre globe, reçoivent toujours la vie de corps déjà vivants, et, grands ou petits, ne naissent pas sans avoir des ancêtres. »

Voilà le démenti que cette fameuse doctrine, si nécessaire au Darwinisme, de la « Génération spon

---

1. Claude Bernard était préparateur du cours de Magendie, au Collège de France, alors que j'en rédigeais les leçons.

tanée », s'est attiré de la part du corps savant le plus haut placé de notre époque.

Je n'oserais affirmer que M. Pouchet, quelle qu'ait été d'ailleurs l'indépendance de son caractère, se soit rendu aux raisons de l'Académie. C'est que la question de science est toujours, même à l'insu de l'auteur, plus ou moins doublée d'une question d'amour-propre ; ajoutons que, sur ce terrain du microscope, les méprises sont d'autant plus faciles que les lois qui régissent le « petit monde » présentent certains caractères particuliers que n'offrent pas celles qui régissent le « grand ». Citons quelques exemples :

Dans presque toutes les expériences qu'on invoque à l'appui de la doctrine des générations spontanées, on suppose que la totalité des êtres vivants ou des germes viables, que pouvaient contenir les solutions où se montrent des infusoires, avait été détruite par la chaleur ; mais, dans certaines circonstances, la puissance vitale résiste à l'action de températures bien supérieures à celles que l'on emploie d'habitude. Ainsi les rotifères, les tardigrades et autres animalcules dits « ressuscitants », peuvent être transformés par la torréfaction en une poussière d'apparence inerte, sans cesser pour cela d'être aptes à reprendre une vie active dès qu'ils retrouvent la quantité d'eau nécessaire au jeu de leurs organes. Ce sont autant de petits Phénix qui, à un moment donné, renaissent de leurs cendres.

De même, certains infusoires, au moment où la chaleur commence à les pénétrer, laissent suinter de leur corps une matière coagulable qui, en se solidifiant, les rend incombustibles. Ils peuvent ainsi supporter, sans en être autrement émus, des températures supérieures à 100 degrés ; M. Balbiani en a même vu revenir à la vie active après être restés *pendant sept ans* dans un état de mort apparente. Ne sont-ce pas là également

de petites Salamandres, dignes de servir de pendants à
nos petits Phénix?

Ce n'est pas tout.

D'autres animalcules, trompant toutes les prévisions,
ne sont nullement arrêtés, ni leurs œufs non plus, par
les filtres les plus fins; on ne saurait donc considérer
comme exempt de tout corps vivant un liquide qui a
été clarifié par ce moyen mécanique.

D'autres traversent impunément la couche de mercure qui devait les asphyxier.

D'autres enfin se glissent, à l'aide d'une simple bulle
d'air, à l'intérieur des appareils les mieux clos: or,
les expériences de M. Pasteur ont appris que l'air est
saturé d'une prodigieuse quantité de germes[1], qui
deviennent promptement des animalcules.

Ce sont donc là autant de causes d'erreur qui prouvent que les opinions de M. Pouchet n'avaient aucun
caractère sérieux. Aussi peut-on regarder la question
des générations spontanées comme ayant reçu de l'Académie des sciences une condamnation sans appel.

NÉCESSITÉ D'UN CRÉATEUR.

Intervention nécessaire de l'Esprit; Louis Racine; noms différents donnés au Créateur: Dieu, le Hasard, la Nature.

Nous venons de voir que, contrairement aux assertions de Darwin et de son école, aucun être vivant n'a
pu naître spontanément de la matière, et qu'il faut for-

---

1. Chacun peut se faire une idée, sans avoir besoin de recourir
au microscope, de la quantité énorme de corpuscules que contient
l'atmosphère : il suffit pour cela d'examiner un rayon de soleil
quand il pénètre, par une fente, dans un endroit obscur. Le cône
lumineux qu'il représente a l'aspect d'une sorte de nuage où s'a-
gitent et s'entre-croisent en tous sens des myriades de petits corps
dont les germes en question constituent l'un des éléments.

cément admettre l'intervention de l'Esprit : d'où la nécessité d'un Créateur.

Ce créateur se manifeste aux yeux de tous et sous les formes les plus variées par la splendeur et la magnificence de ses œuvres. Louis Racine l'a dit :

> Oui, c'est un Dieu caché que le Dieu qu'il faut croire,
> Mais, tout caché qu'il est, pour révéler sa gloire,
> Quels témoins éclatants devant moi rassemblés !
> Répondez, cieux et mer, et vous, terre, parlez.

Sans doute ils ont parlé et ils parlent encore aujourd'hui le même langage. Seulement ce langage a été très diversement interprété : d'où les différents noms par lesquels on a désigné le Créateur. Les uns l'ont appelé Dieu, d'autres le *Hasard*, d'autres enfin, la *Nature*. Voyons quelle est la valeur de ces dénominations, et quelle est celle qui mérite de nous fixer.

DIEU.

Moïse le premier se sert du mot Dieu ; comment Ovide l'employait ; le Dieu inconnu d'Athènes ; Platon à Denys de Syracuse ; magnifiques développements donnés par Bossuet ; ces développements sont d'accord avec la science.

Moïse, le premier, désigna le Créateur par le mot *Dieu* et, depuis lors, le peuple israélite lui a toujours conservé ce nom, avec son caractère d'unité, à travers tous les âges[1].

Ovide l'appelait *Dieu* également ; seulement, parmi les divinités de l'Olympe, il n'en voit aucune qui lui

---

1. C'est ce que constate, non sans étonnement, l'historien Tacite. « Les Juifs, dit-il, ne reconnaissent qu'*un Dieu*; ce Dieu est tout-puissant, éternel ; il ne saurait ni changer ni mourir (*Judæi* unom numen *intelligunt ; summum illud et æternum neque mutabile, neque interiturum*).»

paraisse mériter plus qu'une autre de porter ce titre. Aussi se contente-t-il de dire : « Dieu, QUEL QU'IL FUT » : *Quisquis fuit ille Deorum.*

Nous retrouvons, de même, le mot *Dieu* gravé sur le frontispice d'un temple d'Athènes. Là encore, on ne sait à qui l'appliquer et on en fait publiquement l'aveu : d'où l'inscription célèbre : « *Au Dieu inconnu* », dont saint Paul tira si magnifiquement parti dans sa prédication au milieu de l'Aréopage.

Rappelons enfin ce que Platon écrivait à Denis de Syracuse : « Remarquez bien ceci : mes lettres sérieuses commencent par ce mot : *Dieu;* les autres par ceux-ci : les *Dieux.* »

Il était réservé au Christianisme de ramener le mot « Dieu » à sa signification originelle, en spécifiant le sens qu'il faut y attacher. C'est ce que Bossuet, ce grand maître dans l'art d'expliquer l'histoire tant sacrée que profane, va nous développer dans ce style qui n'appartient qu'à lui, et dont il a malheureusement emporté le secret.

« Le Dieu, dit-il, qu'ont toujours servi les Hébreux et les Chrétiens, est infiniment au-dessus de ce premier moteur que les philosophes ont connu sans l'adorer, et qui n'était souvent que la raison humaine divinisée.

« Ce Dieu dont Moïse a raconté les merveilles n'a pas seulement arrangé le monde : il l'a fait tout entier dans sa matière et dans sa forme. Avant qu'il eût donné l'être, rien ne l'avait que lui seul. Il nous est représenté comme Celui qui a fait tout de sa parole, à cause qu'il a fait tout par raison et sans peine, et que, pour faire de si grands ouvrages, il ne lui en coûte qu'un mot, c'est-à-dire qu'il ne lui en coûte que de le vouloir.

« En faisant le monde par sa parole, Dieu montre que rien ne le peine ; en le faisant à plusieurs reprises,

il fait voir qu'il est le seul maître de sa matière, de son
action, de toute son entreprise...

« Les peuples et les philosophes qui ont cru que la
terre mêlée à l'eau, et aidée de la chaleur du soleil, avait
produit d'elle-même, par sa propre fécondité, les plantes et les animaux, se sont grossièrement trompés.
L'Écriture nous fait entendre que les éléments sont
stériles, si la parole de Dieu ne les rend féconds. Ni la
terre, ni l'eau, ni l'air, n'auraient jamais eu les plantes
ni les animaux que nous voyons, si Dieu, qui en avait
fait et préparé la matière, ne l'avait encore formée par
sa volonté toute-puissante, et n'avait donné à chaque
chose les semences propres pour se multiplier dans
tous les siècles.

« Mais ce que nous enseigne l'Écriture sur la création de l'univers n'est rien en comparaison de ce qu'elle
dit de la création de l'homme.

« Jusqu'ici Dieu avait tout fait en commandant. Mais,
quand il s'agit de produire l'homme, Moïse lui fait
tenir un nouveau langage : « Faisons l'homme, dit-il, à
« notre image et ressemblance. » Dieu tient conseil en
lui-même, comme pour nous faire voir que l'ouvrage
qu'il va entreprendre surpasse tous les ouvrages qu'il
avait faits jusqu'alors.

« Pour former le corps de l'homme, Dieu lui-même
prend de la terre, et cette terre, arrangée sous une telle
main, reçoit la plus belle figure qui eût encore paru
dans le monde.

« Mais la manière dont il produit l'âme est beaucoup
plus merveilleuse ; il ne la tire point de la matière :
c'est un souffle de vie qui vient de lui-même. Cette âme,
dont la vie devait être une imitation de la sienne, qui
devait vivre comme lui de raison, qui lui devait être
unie en le contemplant et en l'aimant et qui, pour cette
raison, était faite à son image, ne pouvait être tirée de

la matière. Dieu, en façonnant la matière, peut bien former un beau corps, mais, en quelque sorte qu'il la tourne et retourne, jamais il n'y trouvera son image et sa ressemblance. L'âme faite à son image et qui peut être heureuse en le possédant doit être produite par une nouvelle création ; elle doit venir d'en haut, et c'est ce que signifie ce souffle de vie que Dieu tire de sa bouche. »

Ainsi s'exprime Bossuet.

J'ajouterai, pour tout commentaire, que ces magnifiques pages, écrites il y a quelque chose comme deux siècles, ont reçu des sciences physiques modernes la plus éclatante des consécrations. A ce point de vue, elles pourraient aussi bien être signées Cuvier, de Blainville ou Flourens.

C'est que la vérité n'a pas plus de date qu'elle n'a d'âge : elle est éternelle.

Or, qu'a-t-on voulu substituer à cette grande, à cette magnifique idée de Dieu qui résume et comprend tout ? Nous venons de le dire : deux mots vides de sens : le *Hasard* ou la *Nature.*

LE HASARD.

Les atomes crochus d'Épicure et de Lucrèce ; une anecdote chez le baron d'Holbach ; l'abbé Galiani ; la nature pipée ; l'école positiviste ; le hasard nié par Platon ; par Aristote ; une tirade de Voltaire.

Je doute que le système d'Épicure et de Lucrèce , qui attribue la création du monde à l'effet du Hasard, compte aujourd'hui de nombreux adeptes. On croira difficilement aux « atomes crochus qui, à force de se joindre et de s'agencer dans une infinité de déclinaisons et de mouvements aveugles, auraient formé tout ce

qui existe sous la voûte des cieux et les cieux eux-
mêmes [1]. »

Aussi, pour toute réfutation de ce système, peut-on
lui opposer l'anecdote que voici :

« Dans la société du baron d'Holbach, après un dîner
fort assaisonné d'athéisme, Diderot proposa de nommer un « avocat de Dieu », et l'on choisit l'abbé
Galiani. Il s'assit et débuta de la sorte :

« Un jour, à Naples, un homme prit devant nous six
« dés dans un cornet et paria d'amener rafle de six ;
« il l'amena du premier coup. Je dis : « Cette chance
« est possible. » Il l'amena une seconde fois ; je dis la
« même chose. Il remit les dés dans le cornet trois,
« quatre, cinq fois, et toujours rafle de six. « *Sangue di*
« *Bacco* ! m'écriai-je, les dés sont pipés ! » Et ils l'étaient.

« Philosophes, quand je considère l'ordre toujours
« renaissant de la nature, ses lois immuables, ses révo-
« lutions toujours constantes dans une infinie variété,
« cette chance unique et conservatrice d'un monde tel
« que nous le voyons, qui revient sans cesse, malgré
« cent autres milliers de chances de perturbation et de
« destruction possibles, je m'écrie : « Certes la nature
est pipée ! »

Cette saillie aussi originale que juste ne mit pas sans
doute les rieurs du côté de l'athéisme.

---

1. Lucrèce qui, dans ses plus grands écarts, sait embellir tout
ce qu'il touche du charme de la poésie, trouve dans l'agitation des
corpuscules que traverse un rayon de soleil, et que nous citions
comme preuve de l'existence des germes, l'image de ces luttes de
la matière. « On les voit, dit-il, changer mille fois de route, frappés
de coups imperceptibles qui les rejettent en arrière, les poussent
tantôt à droite, tantôt à gauche, de tous côtés, en tous sens : or ces
écarts, ces mille détours, proviennent du choc des atomes » :

> Multa videbis enim, plagis ibi percita cæcis,
> Commutare viam, retroque revulso reverti,
> Nunc huc, nunc illuc, in cunctas denique parteis,
> Scilicet hic a principiis est omnibus error.

Oui. Mais, depuis que cette anecdocte a été produite, l'école de Darwin a pris pied dans la science, affectant des allures doctrinales, dans le but peut-être de masquer le vide de la pensée par la solennité de la forme. On comprend dès lors que l'anecdote relative à l'abbé Galiani pourrait ne pas paraître une réfutation assez sérieuse. Faisons donc intervenir des autorités dont nos adversaires eux-mêmes reconnaîtront la gravité.

Platon disait : « Vous jugez que j'ai une âme intelligente, parce que vous apercevez de l'ordre dans mes paroles et dans mes actions ; *vous devez juger également, en voyant l'ordre de ce monde, qu'il procède d'une âme souverainement intelligente.* »

Aristote disait également : « C'est une croyance ancienne, transmise partout des pères aux enfants, que *c'est Dieu qui a tout fait et qui conserve tout. Le hasard n'y est pour rien.* »

Voltaire a reproduit cette même pensée d'une manière qui frappe plus vivement peut-être, en ce qu'elle précise davantage les objets :

« Les chaînes de montagnes qui couvrent, dit-il, les deux hémisphères, et plus de six cents fleuves qui coulent jusqu'aux mers, du pied de ces rochers ; toutes les rivières qui descendent de ces mêmes réservoirs, et qui grossissent les fleuves après avoir fertilisé les campagnes ; des milliers de fontaines qui partent de la même source et qui abreuvent le genre animal et végétal ; *tout cela ne paraît pas plus l'effet d'un cas fortuit et d'une déclinaison d'atomes* que la rétine qui reçoit les rayons de la lumière, le cristallin qui les réfracte, l'enclume, le marteau, l'étrier, le tambour de l'oreille qui reçoit les sons, les routes du sang dans les veines, la systole et la diastole du cœur, ce balancier de la machine qui fait la vie. »

Enfin, a dit avec infiniment de raison M. Thiers, « une

intelligence supérieure est saisie, à proportion même de
sa supériorité, des beautés de la création. »

Il ajoute : « Le général Bonaparte disait un jour à
Monge, celui des savants de cette époque qu'il aimait le
plus : « Tenez, Monge, ma religion à moi est bien simple.
« Je regarde cet univers si vaste, si compliqué, si
« magnifique, et je me dis qu'il ne peut être l'effet du
« hasard, mais l'œuvre quelconque d'un être inconnu,
« tout-puissant, supérieur à l'homme autant que l'uni-
« vers est supérieur à nos plus belles machines. Or je
« vous défie tous de me prouver le contraire. »

Que répondre à d'aussi solides arguments, présentés
au nom de la philosophie, de la science et du bon sens ?
Et qui donc oserait encore prononcer sérieusement
le mot de Hasard ?

LA NATURE.

Substitution de la nature à Dieu ; Sénèque s'en indigne ; Silius
Italicus n'est pas moins énergique ; Cuvier la traite de puérile ;
Darwin au contraire l'exalte ; il en fait une déesse ; souvenir
d'une fête de gouvernement provisoire ; le mot Dieu consacré
par l'usage ; le mot nature en est le synonyme ; un enterrement
civil ; royaume des taupes opposé au royaume des cieux.

Nous avons dit que le matérialisme a voulu remplacer
le mot « Dieu » par le mot « Nature ». Ce n'est pas
d'aujourd'hui seulement qu'il a tenté cette substitution,
car voici comment s'exprime Sénèque :

« Qu'est-ce que la *Nature*, si ce n'est Dieu, la raison
divine répandue dans l'univers ? Mortel ingrat, tu
t'abuses quand tu dis : « Je ne dois rien à Dieu, mais
à la *Nature* », car il n'y a point de Nature sans Dieu (*non
est Natura sine Deo*). Appelle-le Nature, Destin, Fortune,
qu'importe ! Ce sont tous noms du même Dieu, qui manifeste diversement sa puissance. »

Silius Italicus a dit également : « Hélas ! la première cause des crimes des mortels insensés, C'EST D'AVOIR MÉCONNU QUE LA NATURE, C'EST DIEU : »

> Heu ! primæ scelerum causæ mortalibus ægris
> Naturam nescire Deum. . . . .

On répondra peut-être que Sénèque était un philosophe et Silius Italicus un poète ; que, par conséquent, leur autorité en fait de science est nulle.

Soit ; et cependant ce n'est pas ici de la science abstraite, c'est de la science à la portée de tous. Donnons donc la parole à Cuvier. On ne lui reprochera pas, à celui-là, de ne pas être un savant, car c'est sans contredit le plus grand naturaliste des temps modernes et, on peut le dire, des temps anciens, sans même en excepter Aristote.

Voici donc comment il s'exprime :

« Par une de ces figures pour lesquelles toutes les langues ont eu un certain faible, la *Nature* a été personnifiée ; les êtres vivants ont été appelés les *œuvres de la Nature*...

« En considérant ainsi la *Nature* comme un être doué d'intelligence et de volonté, on a pu dire *qu'elle veille sans cesse au maintien de ses œuvres ; qu'elle ne fait rien en vain ; qu'elle agit par les voies les plus simples*, etc.

« On voit COMBIEN SONT PUÉRILS LES PHILOSOPHES QUI ONT DONNÉ A LA NATURE UNE ESPÈCE D'EXISTENCE INDIVIDUELLE, DISTINCTE DU CRÉATEUR, DES LOIS QU'IL A IMPOSÉES AU MOUVEMENT, DES PROPRIÉTÉS OU DES FORMES DONNÉES PAR LUI AUX CRÉATURES. »

Le maître a parlé, et parlé dans des termes qui ne sauraient prêter à l'équivoque.

Darwin ne se plaindra pas, j'espère, que je lui oppose des autorités peu dignes de lui.

Et pourtant qui sait ? Son école le proclame bien

l'émule de Cuvier! Au besoin elle mettra son livre sur *l'Origine des Espèces* au-dessus du *Discours sur les Révolutions du globe.* Il est vrai qu'on rencontre des gens qui préfèrent l'*Énéide travestie* de Scarron à la sublime épopée de Virgile.

Mais enfin laissons parler Darwin lui-même, puisque c'est lui qui est en cause. J'extrais, un peu au hasard, le passage suivant de son livre :

« La *Nature*, dit-il, ne s'inquiète point des apparences, sauf dans les cas où elles sont de quelque utilité pour les êtres vivants. Elle peut agir sur chaque organe interne, sur la moindre différence organique ou sur le mécanisme vital tout entier. L'homme ne choisit qu'en vue de son propre avantage, et la *Nature* seulement en vue du bien de l'être dont elle prend le soin. Les caprices de l'homme sont si changeants, sa vie si courte ! Comment ses productions ne seraient-elles pas imparfaites, en comparaison de celles que la *Nature* peut perfectionner pendant des périodes géologiques tout entières? »

Ne dirait-on pas que Darwin a voulu se donner l'étrange plaisir de prendre le contre-pied et de faire la contre-partie de tout ce qu'a dit et fait Cuvier?

Car enfin dame Nature représente bien ici une Déesse de l'antique Olympe ; il est à regretter seulement qu'il ne nous ait pas renseignés davantage sur son individualité.

Serait-ce par hasard la même que j'ai vue, en 1848, figurer au Champ de Mars dans la grande fête donnée par le Gouvernement provisoire en l'honneur de l'*Agriculture?* La déesse en question était bien réellement, d'après le programme, l'emblème de la Nature, dans sa signification la plus haute. Elle se tenait majestueusement assise sur une espèce de trône, dressé au milieu d'un char symbolique, que traînaient des bœufs aux cornes dorées ; seulement, au lieu d'une seule divinité, elle en représentait trois. C'étaient : l'Abondance, reconnaissable à ses « puissantes mamelles » ; Bacchus, à ses airs avinés ; Vénus, à ses regards lascifs et provocateurs. C'est que, — prononçons le mot bien bas, — on était allé chercher la Déesse dans un lupanar.

Mais quittons les fictions mythologiques pour revenir au point où nous avions laissé la discussion sur le mot Nature.

Nous disions donc que Cuvier qualifie de *puérile* cette prétention de vouloir substituer sans cesse le mot « Nature » au mot « Dieu ». Tout esprit sensé sera de son avis. C'est comme si, dans un débat juridique, on affectait de dire le « Code », à l'exclusion du mot « Législateur » : mais est-ce que, si vous n'aviez pas eu de Législateur, vous auriez eu un Code?

Laissons donc de côté ces subtilités et ces arguties indignes d'un débat sérieux. Ce sont des mots et des phrases, mais rien de plus :

> Sunt verba et voces, prætereaque nihil.

Lorsque l'astronome dit que le soleil « se lève » ou qu'il « se couche », croyez-vous donc qu'il ignore que ces phénomènes ne sont pas le fait de l'astre du jour, mais qu'ils sont dus au mouvement giratoire que notre planète accomplit toutes les vingt-quatre heures sur son axe? Il sait tout cela mieux que personne, mais il préfère se conformer à « l'usage »; ce grand arbitre, dit Horace, de la manière dont il convient de s'exprimer » :

> . . . . Sic volet usus,
> Quem penes arbitrium est et jus et norma loquendi.

De même, puisque l'usage, d'accord en cela avec la

raison et la logique, a consacré le mot Dieu pour désigner le Créateur de toutes choses, vous pouvez prononcer ce mot sans crainte aucune de vous compromettre
aux yeux des athées et des matérialistes. Moi, qui ne suis
ni matérialiste ni athée, je prononce bien le mot « Nature », à titre de synonyme. Faites comme moi, ou plutôt faites comme tout le monde ; parlez la langue que la
science a toujours parlée.

D'ailleurs soyez tranquilles : il arrivera un moment,
moment inévitable (*ineluctabile tempus*), où vous aurez
le moyen de tout réparer, car, comme le dit encore
le poëte, « nous devons à la mort et nous et ce qui est à
nous » :

> Debemus morti nos nostraque....

Demandez alors, comme consécration suprême de vos
opinions darwinistes, à être enterré civilement.

Un enterrement civil ! Voilà aujourd'hui la grande re-
cette pour obtenir la faveur et au besoin les ovations[1]
du populaire. Cela se comprend. Cet hommage à la
matière, et à la matière putréfiée, qu'est-ce donc, sinon
un signe des temps et une sorte d'emblème de la dégradation de certains esprits ?

Faites-vous donc enterrer civilement. Vous vous
montrerez de la sorte conséquent avec vous-mêmes ;
vous aurez de plus la satisfaction posthume, en con-
fiant ainsi directement votre dépouille à la terre, d'opposer, par un piquant contraste, le royaume des taupes
au royaume des cieux.

1. Ainsi s'explique l'espèce d'apothéose faite à Michelet. Or, notez que ce qu'on applaudissait en lui, ce n'était pas l'écrivain élo-
quent de plusieurs belles pages de notre histoire, mais l'auteur
licencieux et ramolli de ces créations fantasques, parfois même burlesques, qui ont pour titre : l'*Insecte*, l'*Oiseau*, la *Femme*, et dont
personne ne se souvient aujourd'hui.

. DU TRANSFORMISME

Transformisme synonyme de métamorphose ; poème d'Ovide ; Darwin aurait pu lui emprunter son invocation ; bases de son système : lui-même les déclare monstrueuses ; à quoi tiennent nos desti - nées ; la Sélection naturelle et la Lutte pour la vie.

Maintenant que nous en avons fini avec la Génération spontanée, cette première étape du système de Darwin, arrivons au Transformisme, que nous avons dit en représenter la seconde.

Nous savons déjà qu'on appelle TRANSFORMISME la série de changements que tout être vivant est censé avoir subis pour passer d'une espèce à une autre espèce, avant d'être arrivé à sa constitution définitive. Seulement pourquoi avoir créé un mot nouveau pour désigner une chose qui l'est si peu ? Car, enfin, l'expression vraie serait « *Métamorphoses* », les évolutions décrites par Darwin étant de même nature que celles qu'Ovide à chantées dans le poème qui porte ce nom. Aussi le naturaliste anglais aurait-il pu emprunter à Ovide son invocation et s'écrier avec lui :

« J'entreprends de chanter les Métamorphoses qui ont revêtu les corps de formes nouvelles. Dieux, qui avez présidé à ces changements, inspirez mes accords... »

Que sont en effet, sinon des métamorphoses, les

In nova fert animus mutatas dicere formas
Corpora. Di, cœptis, nam vos mutatis et illas,
Aspirate meis. . . . .

transformations que Darwin a indiquées comme base de son système et qu'il résume comme il suit :

« Toutes les espèces vivantes dérivent, par *mutations successives*, d'espèces fossiles antérieures. Ainsi, en remontant toujours, à travers les générations, les époques géologiques, on trouve que la chaîne des êtres devient de plus en plus élémentaire. On arrive ainsi à un type unique, sorte de vésicule germinative qui a été le point de départ de tout être vivant. »

Eh quoi! vous écrierez-vous peut-être, la grande classe des VERTÉBRÉS à laquelle nous appartenons procéderait tout entière d'un même aïeul!

Parfaitement. C'est même pour prévenir à cet égard toute équivoque que Darwin commente et complète sa pensée de la manière que voici :

« L'OPINION QUE DES ANIMAUX AUSSI DISTINCTS LES UNS DES AUTRES QU'UN SINGE, UN ÉLÉPHANT, UN OISEAU-MOUCHE, UN SERPENT, UN CRAPAUD, UN POISSON, ETC., ONT PU DESCENDRE TOUS D'UN MÊME ANCÊTRE, POURRA PARAITRE MONSTRUEUSE A TOUS CEUX QUI N'ONT PAS SUIVI LES RÉCENTS PROGRÈS DE L'HISTOIRE NATURELLE... »

Oh! oui, cela pourra paraître monstrueux. A cet égard, je m'inscris en tête de cette classe d'ignorants qui sont restés en dehors du progrès des sciences naturelles, et qui voient dans ces allégations autant de monstruosités.

Mais enfin il ne s'agit pas ici de mes impressions personnelles. La question est beaucoup plus générale, chacun ayant intérêt à savoir pourquoi il est né homme plutôt que serpent, poisson, oiseau-mouche ou crapaud. Et dire qu'il a plané sur nos destinées la même incertitude que sur le marbre du statuaire !

Car, enfin, Darwin le déclare en toutes lettres, l'in-

Sera-t-il dieu, table ou cuvette?

dividualité de chaque être vivant est la conséquence
des conditions physiques où a été originairement
placé l'ovule dont il émane. Cet ovule s'est-il trouvé
dans un endroit humide, il deviendra poisson ; dans
un endroit aéré, il deviendra oiseau ; dans un endroit
obscur, il deviendra taupe ; dans un endroit sablonneux, il deviendra dromadaire : ainsi se seraient formées les espèces vivantes. Si maintenant ces conditions
physiques viennent à changer pendant la période d'évolution de l'ovule, celui-ci en suivra les phases en ce
sens que, ayant débuté animal d'une espèce, il pourra
finir animal d'une autre, après avoir parcouru ainsi
presque tout le cycle zoologique.

— Nous voilà donc parfaitement renseignés sur
la manière dont Darwin comprend la formation des
êtres vivants. Laissons-le maintenant nous expliquer
comment, une fois formés, ils se développent.

Ce second ordre de phénomènes est dû, suivant
lui, à l'action incessante de deux lois qu'il intitule :

« SÉLECTION NATURELLE (*natural selection*),

« LUTTE POUR LA VIE » (*struggle for existence*).

Voyons quel sens il attache à ces lois.

SÉLECTION NATURELLE.

Ce qu'on entend par sélection naturelle ; le progrès organique,
oiseaux qui se font la cour ; danses et cotillons ; ménages modèles ; célibataires et vieilles filles ; unions mal assorties ; Darwin
et sa traductrice.

Tous les êtres organisés, dit Darwin, se transforment
constamment depuis des myriades de siècles, sous l'empire de la loi de la Sélection naturelle. Or, par sélection
naturelle, il faut entendre la loi qui conserve les variations utiles à l'espèce et qui élimine les déviations

nuisibles. C'est à cette loi que serait dû le progrès organique.

Darwin part de là pour établir comment s'opère le progrès. A l'en croire, tous les êtres vivants ont la faculté de choisir librement et spontanément la compagne avec laquelle ils doivent s'unir pour la propagation de l'espèce ; mais encore faut-il que celle-ci ait donné son consentement : c'est alors aux mâles à faire valoir leurs avantages, ou, comme il le dit très nettement, « à faire leur cour ».

« Que de fois, s'écrie-t-il à propos des oiseaux, les ai-je vus prendre les poses les plus bizarres et se livrer aux gestes les plus excentriques devant un corps de femelles assemblées ! Ces dernières, de leur côté, ne restaient pas insensibles à ces démonstrations, et, quand elles avaient fait leur choix, elles y répondaient par des signes d'intelligence et même des agaceries ; seulement ces choix ne portaient jamais que sur les prétendants les plus gracieux et les mieux tournés. »

Ainsi s'exprime Darwin. Je ne le suivrai pas plus longtemps sur ce terrain, où il semble se complaire : car enfin y a-t-il un mot de vrai, un seul, dans toutes ces peintures plus ou moins anacréontiques ? Sans doute la plupart des oiseaux se marient entre eux et ils ont cela de commun avec beaucoup d'autres espèces animales ; leur union pourrait même servir de modèle à plus d'un ménage[1] : témoin la colombe, qui est passée sous ce rapport à l'état de légende. Mais, quant aux minauderies et aux ronds de jambe qui, d'après Darwin, précéderaient l'hymen, j'ai eu beau regarder, j'avoue,

___

1. Darwin a fait à cette occasion une remarque assez piquante. D'après lui, la civilisation exercerait sa dissolvante influence jusque sur les oiseaux. Ainsi le canard qui, à l'état sauvage, est monogame, aussitôt qu'il a respiré l'air de nos basses-cours, se lance dans une polygamie déplorable.

pour mon compte, n'avoir jamais rien vu de semblable. J'aurais été charmé, cependant, d'être témoin de quelques-uns de ces cotillons dansés en plein air par d'aussi étranges exécutants.

Il paraît, du reste, qu'il en est un peu de la gent ailée comme des humains : tout le monde ne trouve pas ainsi à se caser, surtout ceux ou celles qui ne paient pas de mine : tel sera le coq sans crête, le paon sans queue, le moineau sans plumes. Il y a des mâles qui restent forcément célibataires, comme il y a des femelles qui restent forcément.... vieilles filles. Darwin remarque à cette occasion combien la nature est plus sage et plus prévoyante que l'homme.

« Pourquoi, dit-il, permettons-nous le mariage aux bancals, aux bossus, aux manchots, aux culs-de-jatte, etc., et cela au grand détriment de notre espèce? » Mais il ne va pas plus loin.

Mme Clémence Royer, sa traductrice, et probablement aussi l'interprète moins scrupuleuse de sa pensée, ne veut, au contraire, ni de ces réserves ni de ces demi-mesures. Non seulement elle prohibe de semblables unions, mais elle refuse le droit de vivre à tout être qui naît contrefait. Décidément le proverbe italien a raison : *Traduttore, traditore.*

LUTTE POUR LA VIE.

La vie est un combat ; les plus forts dévorant les plus faibles ; la lutte perfectionnant les espèces ; les transformant ; fantasmagorie ; ce qui caractérise les œuvres de la nature.

« La vie est un combat. » Darwin s'est approprié cet axiome spiritualiste en le matérialisant. Voici, en effet, comment il s'exprime :

« A mesure que l'espèce grandit et se multiplie, ses

besoins augmentent sans que ses ressources s'accroissent
dans la même proportion. Il en résulte bientôt la difficulté de s'approvisionner : de là des « Luttes pour la
vie ». Les plus forts nécessairement l'emportent sur les
plus faibles : par conséquent, la génération vigoureuse
que nous avons dit être issue de mariages si parfaitement assortis reste seule maîtresse du terrain. Voilà
donc un premier pas de fait dans l'amélioration de la
race.

« Cependant cette génération vigoureuse ne tardera
pas à procréer à son tour des rejetons plus vigoureux
encore, lesquels, ayant plus de besoins à satisfaire,
auront de même plus à lutter pour l'existence. Le résultat de ces nouvelles luttes tournera forcément aussi
à leur avantage, par l'anéantissement des parents plus
faibles dont ils auront reçu le jour : d'où un nouveau
perfectionnement de l'espèce. Supposez maintenant que
les mêmes hécatombes se reproduisent pendant des
milliers d'années, et vous arriverez, par ces extinctions
et ces rénovations successives, à la formation des types
contemporains. »

Ainsi, d'après Darwin, chaque nouvelle génération
apporte à l'espèce à laquelle elle appartient un progrès
de plus. Par conséquent, le monde physiologique offri-
rait l'inverse de ce qui se passe dans le monde moral,
si tant est, comme l'affirme Horace, que « nos ancêtres,
inférieurs à leurs aïeux, aient créé en nous une race
pire encore, dont la descendance ira toujours en dégé-
nérant » :

> Ætas parentum pejor avis tulit
> Nos nequiores, mox daturos
> Progeniem vitiosiorem.

Il n'y a qu'un malheur pour le triomphe de ce magnifique système, c'est qu'il reçoit des faits le démenti
le plus absolu. Si en effet la Lutte pour la vie avait

10.

donné constamment l'avantage au plus fort sur le plus faible, c'est le plus faible qui aurait dû succomber et le plus fort qui aurait dû survivre : or, c'est précisément l'inverse qui a eu lieu. Ainsi l'Ichthyosaure et le Plésiosaure, parmi les monstres marins, le Dinothérium, le Mastodonte et le Mammouth, parmi les monstres terrestres, ont disparu en entier de la surface du globe ; et cependant, à en juger par leur ossature, ce devaient être de bien terribles lutteurs ! Au contraire, de simples fourmis continuent de vivre paisiblement là où vivaient, il y a des milliers d'années, leurs premiers aïeux.

Darwin tire encore de ces prétendues luttes pour la vie de graves conséquences, car c'est par elles qu'il prétend expliquer, non plus seulement le perfectionnement des espèces, mais leur transformation.

« Tout nouvel être, dit-il, présente nécessairement quelques variations. Or, ces variations, pourvu qu'elles soient utiles à l'individu chez lequel elles se produisent, se transmettent généralement à sa postérité. Et comme elles s'accentuent de plus en plus, à mesure qu'elles se répètent, il en résulte qu'elles finissent à la longue par créer des espèces et des races. »

Darwin se livre à cet égard aux calculs les plus fantaisistes. A l'en croire, chaque intervalle, figurant une somme de variations suffisantes pour former une espèce bien tranchée, peut représenter mille générations, ou mieux encore, dix mille ; il peut même en représenter un million et jusqu'à cent millions. C'est à vous donner le vertige.

Ai-je besoin d'ajouter que tout ce miroitement de chiffres est de la pure fantasmagorie ? Ce qui caractérise les œuvres de la nature, nous le verrons bientôt, ce n'est ni leur perfectionnement ni leur métamorphose ; c'est leur stabilité.

L'HOMME

Deux versions sur l'historique de l'homme : celle de Moïse
et celle de Darwin.

Maintenant que Darwin, en nous indiquant par quels
procédés les espèces se forment et se transforment, nous
a donné la clef de son système, il nous faut voir ce
système à l'œuvre. Nécessairement c'est par l'homme
que nous commencerons cette étude, sa préséance sur
tous les animaux lui donnant les titres voulus pour
cela.

Nous allons donc faire l'historique de ce qu'il fut à
l'origine des temps et des changements qu'il subit plus
tard, si tant est qu'il en ait éprouvé quelques-uns.

Ici encore nous nous retrouvons en face de deux versions, celle de Moïse et celle de Darwin. Exposons
d'abord celle de Moïse.

LE PREMIER HOMME D'APRÈS MOISE.

L'homme fut créé à l'état d'homme fait ; pourquoi il ne pouvait
être un enfant ; peinture de cet âge par Lucrèce ; il admet que
la terre sécrétait du lait ; cette hypothèse prise au sérieux ; la
fin du petit être eût toujours été malheureuse ; le premier
homme dut être plus qu'un homme ; notions anticipées qu'il
reçut du Créateur ; nécessité d'une révélation.

J'ai à peine besoin de rappeler que, d'après la version
de Moïse, le premier homme sortit des mains du Créateur à l'état d'homme fait et que, de plus, il avait reçu

une étincelle de cet esprit divin qui gouverne et qui
régit les mondes. C'est que, lui aussi, allait avoir un
monde à régir et à gouverner. Or, en l'absence même
des témoignages historiques, le bon sens seul indique
qu'il n'aurait jamais pu accomplir sa mission, s'il n'eût
eu son entier développement physique et n'avait été
doué des plus hautes facultés de l'intelligence.

Rappelons dans quelles circonstances l'homme parut
sur la terre.

Déjà elle était peuplée de toutes les espèces animales,
féroces ou domestiques, dont la géologie nous montre
les irrécusables débris et, pour quelques-unes, les fossiles gigantesques. Il fallait donc qu'arrivé le dernier
il prît place parmi elles; il fallait, de plus, que cette
place fût la première, puisqu'il était dans sa destinée
de leur commander en maître et de se faire obéir en
roi. Or que de dangers à éviter et de problèmes à résoudre!

On comprend déjà que l'homme ne pouvait être un
enfant. Je n'en veux d'autre preuve que la peinture
si saisissante que Lucrèce a donnée de cet âge.

« Tel, dit-il, qu'un nocher que les flots en courroux
ont lancé sur la grève, l'enfant gît à terre, tout nu, ne
trouvant aucun secours dans sa vitalité; dès que la Nature, l'arrachant avec effort des flancs maternels, le
livre à la lumière du jour, il remplit de ses vagisse-
ments lugubres le lieu qui le reçoit. Et il a raison, tant
il lui reste dans la vie de maux à traverser [1]!... »

Si, en effet, on admettait que l'homme eût pu naître

---

1.   Tum porro puer, ut sævis projectus ab undis
      Navita, nudus humi jacet, infans, indigus omni
      Vitali auxilio, quum primum in luminis horas
      Nixibus ex alvo matris Natura profudit,
      Vagituque locum lugubri complet. Et æquum est,
      Cui tantum in vita restet transire malorum!...

à l'état de première enfance, il faudrait supposer que la terre aurait sécrété tout exprès pour lui un lait capable de le nourrir, jusqu'au jour où il aurait été en mesure de pourvoir lui-même à sa propre subsistance. Hélas! pourquoi faut-il que j'ajoute que Lucrèce n'a pas reculé devant une pareille énormité?

« Lorsque, dit-il, les germes des enfants, arrivés à maturité, sortaient du sol pour s'épanouir à l'air, la Nature, concentrant ses efforts, forçait la terre à s'entr'ouvrir pour livrer passage à un suc semblable à **du** lait. De même aujourd'hui les femmes, quand elles enfantent, se gonflent de cette douce liqueur, par l'afflux des sucs alimentaires vers la mamelle[1]. »

Ainsi la « fécondité » du sol cesse d'être une métaphore. La terre est bien réellement une « mère nourricière »; ses « entrailles » engendrent de gros bébés et son « sein » représente une vraie mamelle. Et dire que toutes ces folies sont débitées en vers admirables!

Mais, même en admettant comme vraie cette hypothèse, la fin du malheureux petit être n'en eût pas été moins misérable. Il se fût nécessairement produit à ses dépens quelqu'un de ces drames comme on en observe trop souvent dans nos campagnes, alors qu'on a oublié de fermer la porte qui fait communiquer la basse-cour avec le bâtiment où se trouve un berceau. Le premier animal venu, peut-être quelque animal immonde, n'aurait fait de notre petit aïeul autant dire qu'une bouchée. C'est que déjà les louves, toutes prêtes à allaiter les Romulus, devaient être chose rare.

---

1. Quos ubi tempore maturo patefecerat œtas,
    Infantum, fugiens humorem, aurasque petissens,
    Convortebat ibi Natura foramina terræ,
    Et succum verris cogebat fundere apertis,
    Cur similem lactis; sic, ut nunc femina quæque,
    Quum peperit, dulci repletur lacte, quod omnis
    Impetus in mammas convertitur ille alimenti.

Il nous faut donc forcément en revenir à la version de Moïse, et admettre que notre aïeul fut d'emblée un homme.

Oui, il fut un homme ; il fut même plus qu'un homme, dans l'acception ordinaire du mot.

Quelque parfaite, en effet, que vous supposiez son organisation physique et intellectuelle, il se serait encore trouvé très au-dessous de sa tâche, s'il n'eût reçu par anticipation de son Créateur certaines notions que procurent seules la pratique, l'habitude, l'expérience.

Ainsi, avec quoi se vêtir? Où se loger? De quels aliments faire usage et à quelle préparation les soumettre? Puis, comment fixer son choix parmi tous ces animaux, les uns devant continuer de vivre en liberté, d'autres subir le joug pour partager ses labeurs, d'autres devenir ses compagnons, j'ai presque dit ses amis? La terre elle-même, à quel mode de culture la livrer? Enfin, ce sera peu d'avoir ainsi pourvu aux exigences du moment, il lui faudra se préoccuper encore des besoins et des éventualités de l'avenir, toutes choses, je le répète, que l'homme, à ses débuts dans l'existence, ne pouvait puiser dans son propre fonds.

D'où la nécessité de notions primitives venant directement de Dieu, disons le mot, d'une RÉVÉLATION.

LA RÉVÉLATION.

La révélation figurée par la statue de Pygmalion ; idée que s'en faisaient les anciens ; Socrate ; Platon ; Cicéron ; Lucain ; opinion des modernes ; développements par Voltaire ; quelques autres témoignages ; le surnaturel ; M. Guizot.

La Révélation qui a doté le premier homme des hautes facultés dont il avait besoin pour remplir sa mission a été figurée, par la mythologie païenne, sous la forme d'un feu sacré que Pygmalion aurait dérobé au ciel pour en animer sa statue d'argile.

L'homme, lui aussi, est une statue d'argile ; mais le feu qui l'anime, et qui est comme le foyer d'où émanent tous les dons de l'esprit, de l'intelligence et du cœur, ce feu, il ne l'a pas dérobé ; il l'a reçu directement de Dieu par la révélation.

Ce sont là des vérités tellement primordiales que l'Antiquité elle-même, par les seules ressources de la philosophie, était parvenue à les comprendre.

Socrate enseignait que « les anciens, *plus proche des dieux*, nous avaient transmis les connaissances sublimes *qu'ils en avaient reçues.* »

« Les premiers hommes, a dit Platon, *sortis immédiatement des mains de Dieu, ont dû parfaitement le connaître comme leur propre père.* »

« Nos premiers ancêtres, a dit également Cicéron, *étant plus près de l'origine et de Dieu, savaient mieux ce qui était vrai.* »

Enfin, Lucain, l'auteur de la *Pharsale*, va jusqu'à prononcer le mot de *révélation* : « Dieu, dit-il, *révéla* à l'homme, en lui donnant la vie, tout ce qu'il lui importait de connaître » :

> . . . . . . *Dixit* que simul nascentibus auctor
> Quidquid scire licet.

Voilà pour la philosophie antique.

La philosophie moderne, même par l'organe du plus grand ennemi du catholicisme, est bien obligée de reconnaître les mêmes faits. Voici, en effet, comment s'exprime Voltaire :

« Il est clair que l'homme n'a pu *par lui-même* avoir été instruit de tout cela. L'esprit humain n'acquiert aucune notion que par l'expérience ; nulle expérience ne peut nous apprendre, NI CE QUI ÉTAIT AVANT NOTRE

EXISTENCE, NI CE QUI EST APRÈS. Les plus grands philosophes n'en savent pas plus sur ces matières que les plus ignorants des hommes. Il en faut revenir à ce proverbe populaire : *La poule est-elle avant l'œuf ou l'œuf avant la poule?* Le proverbe est bas, mais il confond la plus haute sagesse, QUI NE SAIT RIEN SUR LES PREMIERS PRINCIPES DES CHOSES SANS UN SECOURS SURNATUREL. »

Je ne relèverai qu'une phrase de cette déclaration si remarquable de Voltaire, c'est celle où il dit : « Nulle expérience ne peut nous apprendre, ni ce qui était avant notre existence, ni ce qui est après. »

NI CE QUI EST APRÈS! Et, en effet, ainsi que l'a dit un poète :

> Quel homme a jamais su, par sa propre lumière,
> Si, lorsque nous tombons dans l'éternelle nuit,
> Notre âme avec nos sens se dissout tout entière,
> Si nous vivons encore ou si tout est détruit?

C'est que nous ne portons rien en nous, ni en dehors de nous, du moins quant aux apparences de notre nature humaine, qui puisse nous donner l'idée absolument certaine que notre âme est immortelle. Quand l'homme meurt, son corps se détruit, et rien ne dit à nos sens que cette destruction n'est pas aussi définitive que celle de la bête ou de la plante. Laissons André Chenier nous développer cette pensée, dans sa belle « Imitation d'Homère » :

> Humains, nous ressemblons aux feuilles d'un ombrage
> Dont au faîte des cieux le soleil remonté
> Rafraîchit dans nos bois la chaleur de l'été ;
> Mais l'hiver, accourant d'un vol sombre et rapide,
> Nous sèche, nous flétrit ; et son souffle homicide
> Secoue et fait voler, dispersés dans les vents,
> Tous ces feuillages morts qui font place aux vivants.

Il résulte donc des témoignages que nous venons

d'indiquer, et qui sont d'autant moins suspects qu'ils émanent des sources les plus différentes, que c'est à l'acte *surnaturel* appelé Révélation que le premier homme a dû de pouvoir remplir sa mission sur la terre, et de connaître quel avait été son passé et quel devait être son avenir. Et qu'on ne m'accuse pas d'abuser ici du mot « surnaturel. » Nous venons d'entendre Voltaire s'en servir; M. Guizot a dit dans le même sens :

« Le *surnaturel* donne seul la solution de l'origine et des destinées de l'homme. Ceux-là mêmes qui nient son intervention dans notre monde et dans notre histoire sont contraints de s'arrêter devant le berceau *surnaturel* de l'humanité, impuissants à en faire sortir l'homme sans la main de Dieu [1]. »

L'HOMME DE LA DÉCHÉANCE

L'homme antédiluvien; doutes de Cuvier sur son existence; elle est démontrée par les fossiles; le troglodyte; inventaire de la grotte d'Aurignac; squelettes humains; ossements d'animaux; échantillons de l'industrie humaine; état particulier des os; huttes enfumées; singulier mode d'éclairage; l'Eden d'après Moïse et Ovide; à l'âge d'Or succéda l'âge de Pierre.

Maintenant que nous venons de dire ce qu'était le premier homme au sortir des mains du Créateur, arrivons à la seconde phase de son existence, ou plutôt voyons ce qu'est devenue sa race.

Nous savons déjà son entière submersion, sauf une famille, par le déluge. Nous avons établi également que le fait du déluge était passé à l'état de croyance universelle.

Mais alors est intervenue la géologie qui, ne rencontrant pas, parmi les débris fossiles des animaux, de détritus de l'homme, en a conclu que l'homme lui-même

1. Guizot, l'*Église et la Société chrétienne,* en 1861

devait être postérieur à ce grand cataclysme. Or la géologie est une science avec laquelle il faut compter, car, si nous invoquons son témoignage lorsqu'il nous est favorable, comment le récuser par cela seul qu'il peut paraître contraire?

Ce qui rendait la chose plus grave encore, c'est la réserve extrême avec laquelle Cuvier s'exprimait sur l'homme antédiluvien. Voici ses propres paroles :

« Je ne veux point conclure que l'homme n'existait point du tout avant l'époque du grand cataclysme. Il pouvait habiter quelque contrée peu étendue, d'où il a repeuplé la terre après ces évènements terribles ; peut-être aussi les lieux où il se tenait ont-ils été abîmés, et ses os ensevelis au fond des mers actuelles. »

C'était donc là, pour qui sait lire entre les lignes, un désaccord sinon un conflit des plus regrettables. Heureusement il devait se résoudre de la manière indiquée par Mme Swetchine dans une phrase justement célèbre, que tout homme de science et de conscience devrait avoir constamment présente à la mémoire :

« Lorsque, écrivait-elle, deux vérités en présence paraissent opposées, il ne faut toucher ni à l'une ni à l'autre, et se dire qu'il y en a une troisième, restée encore dans le secret de Dieu, et qui se révélera pour les concilier. »

C'est effectivement ce qui est arrivé pour le cas qui nous occupe. L'Homme antédiluvien a existé bien réellement[1], ainsi que l'a démontré M. Boucher de Perthes par sa découverte, en 1845, d'une mâchoire humaine dans le terrain diluvien de Moulin-Quignon, près d'Abbeville ; ainsi que le prouvent également les nombreux fossiles que l'on rencontre tous les jours dans des terrains antérieurs à l'inondation du globe.

1. Voir, pour les détails sur l'*Homme antédiluvien,* l'APPENDICE qui termine ce volume.

Il résulte, de plus, des documents fournis par l'inspection de ces terrains, que les hommes d'autrefois habitaient des cavernes. C'est du reste ce que la tradition avait appris depuis longtemps. Aussi Homère les désigne-t-il sous le nom de *Troglodytes*, mot dont l'étymologie grecque signifie « habitants des cavernes. »

On retrouve la même qualification dans Pline.

Si maintenant nous voulons avoir une idée de l'existence qu'on menait dans ces cavernes, il nous suffira de faire l'inventaire de l'une d'elles, la nature de son « mobilier » indiquant suffisamment le genre de vie de ses hôtes.

Nous prendrons comme spécimen la *Grotte d'Aurignac* (Haute-Garonne). C'est celle où l'on a trouvé le plus de squelettes humains. Dix-sept! C'est celle également où les fouilles habilement dirigées par M. Édouard Lartet ont amené les résultats les plus curieux. En voici un aperçu sommaire :

On y a découvert d'abord quelques débris des dix-sept squelettes humains que l'on avait inhumés dans le cimetière de la paroisse, peu de temps auparavant, sans en soupçonner l'origine ni surtout la haute valeur historique. Puis, plus profondément, apparurent des couches d'ossements de nombreuses espèces animales, les unes éteintes, les autres encore vivantes. C'étaient, comme espèces éteintes : grand ours, mammouth, rhinocéros, grand tigre, hyène des cavernes, cerf gigantesque ; et, comme espèces encore vivantes : aurochs, renne, cheval, âne, chevreuil, sanglier, renard, loup, chat sauvage, blaireau-putois. Vous eussiez dit un diminutif de l'arche de Noé.

Parmi ces ossements se trouvaient, confondus pêle-mêle, de nombreux échantillons de l'industrie humaine, savoir : une centaine de silex bien taillés, figurant des couteaux, des poinçons, des armes de différentes sortes;

deux blocs, de silex également, qui paraissaient avoir été des projectiles de frondes ; des têtes de flèches, façonnées grossièrement, sans ailes ni barbes, et dont quelques-unes semblaient avoir subi l'action du feu, comme si elles étaient restées dans le corps de la bête pendant sa cuisson ; un poinçon en bois de chevreuil, très soigneusement appointé, qui avait dû servir à percer des peaux d'animaux pour les coudre ; enfin, des lissoirs en bois de renne, ressemblant beaucoup à ceux qu'emploient encore les Groënlandais pour rabattre les coutures de leurs grossiers vêtements.

Quelques-uns de ces ossements étaient en partie carbonisés, d'autres seulement roussis, d'autres enfin n'avaient nullement subi l'action du feu. Tous les os à cavité médullaire étaient brisés longitudinalement, indice certain que cette opération avait été faite pour en extraire la moelle. Un certain nombre d'entre eux offraient des entailles peu profondes, attestant l'effet d'un instrument tranchant qui aurait servi à en détacher les chairs ; chez quelques autres ces entailles n'étaient autres que l'empreinte des dents d'un animal qui était venu les ronger, probablement après le départ de l'homme. Il a été facile de reconnaitre à ses « laissées » que cet animal était l'Hyène des cavernes.

Nous venons de dire que les ossements des animaux qui avaient servi à l'alimentation de l'homme étaient tous brisés dans le même sens, c'est-à-dire en long.

Une autre particularité qui s'y rattache, c'est que ces ossements avaient tous appartenu à la tête ou aux membres. Pourquoi cela ? C'est que les chasseurs, quand ils venaient de tuer un animal, ne prenaient pas la peine de le transporter en entier dans leur demeure : ils le dépeçaient sur place, n'emportant avec eux, outre les chairs, que la tête et les membres, parce qu'ils savaient devoir y trouver la cervelle et la moelle, dont ils étaient très friands. C'est un peu comme procèdent aujourd'hui les chasseurs de Buénos-Ayres, qui se contentent d'enlever la peau des bœufs qu'ils ont tués, abandonnant les débris de l'animal sur le lieu même de son trépas. Ajoutons que cet usage de casser les os à moelle existe encore chez les Groënlandais et les Esquimaux, pour lesquels la moelle est de même le mets de prédilection.

L'homme troglodyte laissait amonceler dans sa demeure la dépouille des animaux, aussi bien que les détritus de ses repas. La malpropreté était donc poussée chez lui aux dernières limites. Qu'on se figure la hutte enfumée d'un Lapon.

« Enfumée » n'est point ici, comme on pourrait le croire, une épithète banale; elle peint très bien, au contraire, l'atmosphère de la pièce. On a trouvé, en effet, de petits ossements carbonisés qui prouvent que l'homme primitif employait le même mode d'éclairage que les habitants des îles Féroë. Ce mode consiste, comme on le sait, à convertir le corps d'un pingouin en une véritable lampe. Il suffit pour cela de le vider et d'introduire dans son bec une mèche allumée qui s'alimente avec la graisse de l'oiseau qu'elle fait fondre comme elle s'alimenterait avec de l'huile.

Telle était la demeure ou plutôt tel était l'antre, le repaire, le bouge qu'habitaient nos premiers parents.

Nos premiers parents, ai-je dit; je me trompe : ce n'étaient pas là nos premiers parents; c'étaient simplement leurs fils dégénérés.

Nos premiers parents, au sortir des mains du Créateur, furent placés au contraire dans un lieu de délices, où ils ne devaient connaître ni les rudes labeurs, ni les dures nécessités de l'existence. Ce lieu de délices, dont le nom seul réveille en nous comme de lointains et impérissables souvenirs, était le Paradis terrestre ou Éden.

Moïse nous en donne une description pleine de charme qu'Ovide, à son insu, n'a fait que reproduire, en la décorant de toutes les splendeurs de la poésie.

« On y jouissait, dit-il, d'un printemps perpétuel, et la tiède haleine des zéphirs caressait doucement les fleurs écloses sans semence » :

> Ver erat æternum, placidique tepentibus auris
> Mulcebant Zephiri natos sine semine flores.

« La **terre**, vierge encore, et respectée du soc de la charrue et de toute autre atteinte, fournissait spontanément d'elle-même d'abondantes moissons » :

> Ipsa quoque immunis, rostroque intacta, nec ullis
> Saucia vulneribus, per se dabat omnia tellus.

J'abrège, car ces ravissantes peintures, que semble traverser je ne sais quel souffle biblique, sont restées présentes à la mémoire de tous.

Mais, hélas! nous écrierons-nous à notre tour avec un autre poète :

> Comment en un plomb vil l'or pur s'est-il changé ?

Comment la postérité d'Adam a-t-elle pu se trouver réduite à la condition misérable que nous venons de dire, et dont il est facile, par la pensée, de faire revivre la navrante réalité?

C'est que la punition divine qui frappa l'homme, au moment de la chute originelle, l'atteignit au même degré dans son corps et dans son âme, joignant à la dégradation physique la dégradation morale. Selon l'arrêt porté, il mangea désormais bien réellement son pain à la sueur de son front, et ce fut seulement au prix des travaux les plus pénibles et des épreuves les plus douloureuses qu'il put fournir à sa demeure, à sa conservation, à son vêtement. C'est ainsi qu'à l'*Age d'Or* succéda l'*Age de Pierre*[1].

LE PREMIER HOMME D'APRÈS DARWIN.

La version de Darwin ; une difficulté ; il n'admet pas de premier homme ; l'être humain est un composé d'animaux ; trois périodes dans son évolution ; pourquoi nous ne parlerons que de deux ; caractère de notre argumentation.

Nous venons d'établir ce qu'avait dû être le premier homme d'après Moïse, et le degré d'abjection dans lequel sa descendance était tombée par le fait de la faute originelle.

Donnons maintenant la parole à Darwin. C'est à son tour de nous exposer dans quel état était l'homme lorsqu'il fit sa première apparition sur notre planète, et ce que devint sa descendance.

Malheureusement nous nous heurtons ici tout d'abord non pas précisément contre une querelle de mots, mais contre la difficulté de savoir ce qu'il faut entendre par « Premier homme[2] ». Darwin, nous le savons, n'admet pas que l'espèce humaine ait été représentée originairement par un type dont la descendance ne serait que la reproduction. Il veut au contraire qu'avant d'être devenu l'homme que nous avons dit l'être humain ait passé par une série d'espèces animales qui ont apporté chacune leur contingent à sa formation. Il est donc presque impossible d'indiquer à quel moment l'homme

---

1. Consulter, pour plus de détails, la description de l'*Age de Pierre*, dans l'APPENDICE qui termine ce volume.

2. Hæckel nie carrément son existence. « La transformation, dit-il, a eu lieu avec tant de lenteur et d'une manière si insensible, que l'on ne peut en aucune façon parler *d'un premier homme* (*von einem ersten Menschen*).

l'a emporté assez sur la bête pour mériter réellement le titre d'homme.

C'est un peu la situation de « l'homme demi-bœuf et du bœuf demi-homme », dont parle Ovide dans un vers célèbre surtout par sa bizarrerie :

Semi-bovemque virum, semi-virumque bovem.

Il nous faut donc accepter la discussion sur le terrain où Darwin la place. Nous ne saurions, toutefois, malgré notre vif désir d'être complet, le suivre au milieu du dédale de métamorphoses par lesquelles il nous fait passer à travers toute la filière zoologique ; force est de nous restreindre.

Précisément, il admet deux grands temps d'arrêt dans nos évolutions. Le premier correspond à la période où nous étions Poissons ; le second, à la période où nous étions Singes.

Il y a bien une troisième période, intermédiaire aux deux autres, celle où nous étions Marsupiaux ; mais Darwin lui-même y attache peu d'importance, car il se contente de la mentionner, sans en faire le sujet d'un chapitre à part.

Nous imiterons sa réserve, ce qui simplifie de beaucoup notre tâche. Ne parlons donc que de « *l'Homme-Poisson* » et de « *l'Homme-Singe.* »

Mais avant d'aller plus loin je crois devoir revenir encore sur la pensée à laquelle j'ai obéi en entreprenant ce travail, l'énoncé de ces deux chapitres pouvant laisser croire, par son étrangeté, que j'ai voulu faire une œuvre de fantaisie. Il n'en est rien. Je me propose, au contraire, dans cette appréciation du darwinisme, d'employer des arguments très sérieux, car je les emprunterai à la science, appuyée sur les autorités les plus compétentes et les découvertes les plus modernes.

Si donc le lecteur sent parfois, à certains passages, son front se dérider, qu'il n'oublie pas que c'est Darwin lui-même qui, par son genre d'argumentation, m'a donné forcément la note de ma réplique. Mais ces concessions faites aux exigences de la situation n'ôteront rien à mon travail de son caractère pratique et réfléchi.

Ceci dit — et cette déclaration était nécessaire pour prévenir toute équivoque sur mes intentions et mon but — j'arrive à « l'Homme-Poisson. »

L'HOMME-POISSON.

Horace un peu devin; nous descendons de l'amphioxus; c'était une sorte d'anchois, notre aïeul trignant dans l'huile; poumons devenus branchies; fossette transversale; écailles et épiderme; ichthyose; locutions familières prouvant notre métamorphose.

Lorsque Horace, au début de son *Art poétique*, imagine « une femme aux traits admirables, dont le corps se terminerait honteusement par une affreuse queue de poisson » :

> . . . . Turpiter atrum
> Desinat in piscem mulier formosa superne,

il croyait ne faire qu'une peinture de fantaisie. Il esquissait, au contraire, par anticipation, la silhouette de nos grands parents, avec cette différence, toutefois, que ceux-ci, au lieu d'être moitié poisson, étaient poisson tout entier. En vérité, ces poètes sont toujours quelque peu devins.

Quant à nous, qui ne saurions prendre ainsi l'imagination pour guide, nous devons tout prosaïquement nous demander quel était le poisson, puisque poisson il y a, qui fut notre premier aïeul.

Surtout, n'allez pas d'avance vous monter la tête ni

vous figurer, dans votre folle présomption, que vous descendez de quelque espèce noble, telle que, par exemple, le turbot, le saumon ou la dorade. Non ; notre origine est beaucoup plus humble. Darwin nous apprend que nous eûmes tout simplement pour ancêtre un AMPHIOXUS.

Un amphioxus ! Voilà un chef de race dont j'ai vainement cherché les quartiers de noblesse dans l'*Armorial* de d'Hosier, voire même dans la *Cuisinière bourgeoise*. Son nom n'y est même pas prononcé ! Heureusement, Darwin, qui a ses annales à lui, va nous donner tout un complément de renseignements héraldiques.

« L'amphioxus, dit-il, est un très petit poisson, du volume à peu près d'un anchois, qui est surtout remarquable par ses caractères négatifs ; à peine peut-on dire qu'il possède un cerveau, une colonne vertébrale, un cœur : aussi les naturalistes l'avaient-ils rangé parmi les vers. »

« COMME IL PULLULAIT DANS LES PREMIÈRES PÉRIODES GÉOLOGIQUES, ON EST EN DROIT DE CONCLURE QUE TOUS LES MEMBRES DU RÈGNE VERTÉBRÉ, Y COMPRIS L'HOMME, EN DESCENDENT. C'EST DONC GRACE A L'AMPHIOXUS QUE NOUS AVONS PU METTRE LA MAIN SUR LE FIL QUI DEVRA NOUS CONDUIRE POUR REMONTER LA CHAINE DES ÊTRES. »

Voilà un petit poisson qui, tout petit qu'il est, me fait l'effet d'être un bien gros personnage, puisqu'il n'est rien moins que le premier de notre race. Toutefois, l'avouerai-je ? ce rapprochement avec l'anchois me chiffonne quelque peu ; c'est au point que je ne puis plus voir servir d'anchois sur une table sans une sorte de serrement de cœur, car je me figure aussitôt apercevoir mon aïeul, baignant dans l'huile, à l'état de hors-d'œuvre.

Puis, on ne saisit pas non plus très bien, tout d'abord, quelle ressemblance extrême rattache l'amphioxus à notre espèce. Sans doute on voit bien qu'il y a quelque chose; seulement, quand on en arrive aux détails, on est prêt à se sentir ébranlé. Comment expliquer, par exemple, que le poisson respire par des branchies et l'homme par des poumons?

« Rien de plus simple, vous répond Darwin. Les branchies et les poumons sont deux organes parfaitement identiques par leurs fonctions et leur structure. La seule différence, c'est que, chez le poisson, ils sont logés à l'extérieur, entre les ouïes, et, chez l'homme, à l'intérieur, dans la poitrine. Mais reprenez les choses au début et puis laissez agir la période évolutionniste : il arrivera un moment où, chez le poisson, les ouïes se fermeront, et alors l'air, ne trouvant plus d'issue de ce côté, refoulera peu à peu les branchies vers la poitrine; quand elles y seront tout à fait descendues, les branchies prendront le nom de poumons et le poisson sera en voie de devenir homme : de cette manière, l'assimilation des deux organes sera complète. »

Et, comme dernière preuve de l'excellence de sa théorie, Darwin ajoute :

« N'avez-vous pas remarqué que, chez l'embryon humain, il existe de chaque côté du cou une petite fossette transversale? Cette petite fossette n'est autre que la cicatrice de la fente occupée par les ouïes avant que les branchies ne devinssent poumons. »

Il y a bien encore, diront quelques esprits frondeurs, le chapitre des écailles. «Mais, répond Darwin, personne n'ignore que notre épiderme n'est autre qu'une série d'écailles qui se recouvrent comme les tuiles d'un toit. C'est au point qu'il existe une maladie de la peau caractérisée par le redressement de ces écailles, et qu'on appelle précisément *ichthyose* (de ἰχθύς, poisson). »

Décidément, douter encore serait y mettre de la mauvaise grâce, peut-être même de la mauvaise foi :

aussi, pour mon compte, je m'avoue vaincu et convaincu.

Je veux même, abondant dans le sens de Darwin, lui suggérer un genre de preuves auxquelles il n'a peut-être pas songé. On dit tous les jours, dans le monde des finances, que tel individu a « fait le plongeon », et, dans le monde politique, que tel autre « nage entre deux eaux ». Ces métaphores ne seraient-elles pas une sorte de réminiscence de notre premier état, alors que nous habitions l'élément humide?

Mais en voilà assez sur l'Homme-Poisson. J'ai hâte d'arriver à l'Homme-Singe, car celui-là est notre aïeul beaucoup plus immédiat.

L'HOMME-SINGE.

Une peinture magistrale de Darwin; notre grand-père singe; notre grand'mère guenon; de la recherche de la paternité; aïeul simio-humain; le Petit Chaperon rouge; Perrault naturaliste.

Voici la peinture magistrale qu'en trace Darwin et qu'on ne saurait trop méditer :

« LES PREMIERS ANCÊTRES DE L'HOMME ÉTAIENT COUVERTS DE POILS ; LES DEUX SEXES PORTAIENT LA BARBE ; LEURS OREILLES ÉTAIENT POINTUES ET MOBILES ; ILS AVAIENT UNE QUEUE DESSERVIE PAR DES MUSCLES PROPRES ; LEUR PIED, A EN JUGER PAR L'ÉTAT DU GROS ORTEIL, DEVAIT ÊTRE PRÉHENSIBLES ; ILS VIVAIENT HABITUELLEMENT SUR LES ARBRES, DANS QUELQUE PAYS CHAUD, COUVERT DE FORÊTS ; LES MALES AVAIENT DE GRANDES CANINES QUI LEUR SERVAIENT D'ARMES FORMIDABLES ... » (*Tout le reste à l'avenant.*)

Que dites-vous de ce tableau? Quel coup d'œil d'ensemble! Quelle précision dans les détails! Rien n'est omis.

Je ne nie pas qu'à la rigueur on ne pût rêver mieux en fait d'ancêtres : mais qu'importe ! Ce n'est pas vous qui rougirez de vos vieux parents par cela seul que le sort et la fortune leur auront été contraires. Laissons aux parvenus ces défaillances de cœur et ces trahisons de sentiment. Quant à moi, je me flatte de comprendre tout autrement le culte de la famille, et, s'il est vrai que notre grand-père fût un singe et notre grand'mère une guenon, qu'ils reçoivent ici le tendre hommage de ma sympathie et de mes respects.

J'y mets toutefois, bien entendu ; une condition, c'est que la parenté aura été parfaitement établie. La chose en vaut la peine ; d'ailleurs, ce n'est pas là un de ces cas où la recherche de la paternité est interdite. Malheureusement, c'est ce dont Darwin se préoccupe le moins ; on dirait même que chez lui la voix du sang a seule parlé, tant il s'abstient de donner la moindre preuve. Il dit simplement :

Sic oculos, sic ille manus, sic ora ferebat,
« Ce sont ses yeux, ses mains ; c'est le même visage.

Je le soupçonnerais également de s'être un peu trop souvenu d'un de ces délicieux contes qui, même au delà du détroit, ont dû bercer son enfance, comme ils ont bercé la nôtre. Ainsi la description de notre ancêtre *simio-humain*, comme il l'appelle quelquefois (de *simius*, singe), ressemble trait pour trait au signalement du loup, déguisé en « mère-grand », dans le *Petit Chaperon rouge*.

Il est vrai que Perrault mérite de compter parmi les naturalistes de l'école de Darwin, la plupart de ses métamorphoses, celle, entre autres, où l'Ogre se change en lion, puis en souris, à l'instigation du *Chat botté*, rivalisent avec les plus belles conceptions du maître.

Quoi qu'il en soit, nous voilà suffisamment rensei-

gnés sur ce qu'on peut appeler notre « état civil » :
Nous descendons du singe.

CLASSE DE SINGES A LAQUELLE NOUS APPARTENONS.

Singes connus des anciens; découverte des singes anthropomorphes; ils se divisent en catarrhins et platyrrhins; nous descendons des catarrhins; probablement des chimpanzés; notre généalogie d'après Hæckel.

C'est déjà un grand pas de fait que de savoir qu'un
singe fut notre aïeul, mais il ne serait pas mal non
plus que Darwin nous fît connaître la classe de singes
à laquelle nous appartenons. Cette question, comme
toutes celles du reste qui regardent ces rapprochements entre l'homme et le singe, est d'autant plus de
son ressort que c'est une question toute moderne,
l'antiquité n'ayant pu avoir aucune idée de ce genre
de parenté. En voici le motif :

Les anciens ne connaissaient que trois espèces de
singes. La première espèce (*Bifacus* d'Aristote) est le
singe commun de l'Afrique septentrionale, que l'on
apportait fréquemment en Grèce, comme on en amène
aujourd'hui en Europe pour les exercices de la rue ou
les exhibitions foraines; la seconde espèce est le *Cebus*
ou Sapajou, qui est très commun sur la côte de Barbarie, et se fait remarquer par sa longue queue et son
museau pointu ; enfin la troisième espèce est le *Babouin*
ou singe à « Tête de Chien » (cynocéphale), qu'on voit
si souvent représenté sur les vieux monuments d'E-
gypte. Or, aucun de ces singes ne possède rien qui
rappelle les traits de l'homme. Ainsi s'explique comment les anciens ont dû ignorer l'Homme-Singe.

Mais, lorsque la découverte du passage aux Indes
Orientales par le Cap eut appris qu'il existait, dans

l'Inde et sur la côte d'Afrique, d'autres espèces de singes bien supérieures à celles qu'on avait connues jusqu'alors, on ne fut pas médiocrement étonné de voir que ces nouveaux singes offraient certaine ressemblance avec l'homme. Cette ressemblance parut surtout très marquée chez l'Orang-outang de Borneo et le Chimpanzé de la côte de Guinée : aussi s'empressa-t-on de leur donner le titre de *Singes anthropomorphes* (de ἀνθρόπος, homme, et μόρφη, forme). Enfin l'assimilation sembla complète quand on eut découvert une troisième espèce de singe, étroitement liée aux précédentes, le Gorille[1] ; c'est alors que l'on commença à prononcer le nom d'Homme-Singe.

Dès l'instant donc où Darwin a tenu à ce que nous descendissions d'un singe, l'espèce était toute trouvée : ce singe ne pouvait être qu'un singe anthropomorphe.

Cette espèce de singes est désignée encore sous le nom de singes *Catarrhins* (à nez effilé) ou de l'Ancien Monde, pour les distinguer des singes *Platyrrhins* (à nez épaté) ou du Nouveau Monde.

Il existe, de plus, entre ces deux ordres de singes, une différence assez tranchée dans la dentition. Les premiers possèdent, comme l'homme, dix dents molaires à chaque mâchoire; les seconds, au contraire, en possèdent douze : nouveau motif pour nous ranger dans la catégorie des premiers.

Restait un dernier point à élucider — et ce n'était pas le moins important — celui de savoir quelle est,

---

1. Il n'est point prouvé pour moi cependant que les Anciens n'aient pas connu le gorille. Ainsi Hannon parle *d'une espèce d'hommes, petits et velus, incapables de parler et d'un caractère sauvage et indomptable*, dont le signalement me parait s'appliquer à cette variété de singes. Mais Hannon n'y voyait qu'une race particulière d'hommes, et il n'a pas songé un instant à en faire un composé mixte d'homme et de singe, *car le mot singe n'est même pas prononcé.*

parmi les singes anthropomorphes, la variété d'où nous procédons. Ici, la question s'embrouille quelque peu, même dans l'esprit de Darwin.

« Il est assez difficile, avoue-t-il, de décider si l'homme descend de quelque espèce comparativement petite comme le chimpanzé, ou d'une aussi puissante que le gorille. Toutefois, comme un animal grand et féroce comme le gorille, pouvant par conséquent se défendre contre tout ennemi, serait probablement devenu moins sociable et aurait inspiré moins de sympathie et d'égards à ses semblables, il y a eu avantage pour l'homme à devoir son origine à un être comparativement faible, tel que le chimpanzé. »

J'en demande bien pardon à Darwin, mais les raisons qu'il invoque ici pour motiver son choix me paraissent très contestables. Ne perdons pas de vue que les singes sont de leur nature très querelleurs ; sous ce rapport, leur descendance — si tant est que nous méritions ce titre — a peu dégénéré. Or, la crainte inspirée par la force est le plus puissant porte-respect, si même ce n'est le seul, surtout pour les sociétés qui commencent : l'affection vient plus tard, quand elle doit venir. Je crois donc, tout bien pesé, qu'il y eût eu plus d'avantage pour l'homme à descendre du gorille.

Telle est du reste l'opinion de Hæckel. Il semble même avoir eu à cet égard des renseignements tout particuliers, car voici comment il s'exprime :

« La monère, cette cellule originaire de tout ce qui a vie, après avoir traversé, en se transformant, une vingtaine d'étapes d'existences animales, est devenue *prosimia* ou demi-singe ; de prosimia, *menocerca* ou singe à queue ; de menocerca, *singe anthropoïde*, comme le GORILLE ; de singe anthropoïde, *singe-homme*, et enfin de singe-homme, L'HOMME.

Mais ce sont là des questions de détail qui, tout intéressantes qu'elles puissent être, s'effacent devant le grand fait de l'origine de notre espèce. Nous venons de le voir : Un singe fut notre aïeul.

Prenons-en acte et recueillons-nous, car c'est le cas ou jamais de nous appliquer la maxime antique : « Connais-toi toi-même. »

COMMENT LE SINGE EST DEVENU HOMME.

Le changement fut graduel ; la réforme commença par les dents ; preuves tirées du rire ; singe chevaleresque ; deux mains devenues deux pieds ; origine de la station verticale ; les dents font disparaître la queue ; Toinette de Molière ; les oreilles se transforment ; la peau devient glabre ; notre aïeule épilée ou tondue.

Ce changement du singe en homme ne s'est pas opéré tout d'un coup, comme par la baguette d'un enchanteur ; cela est fort heureux, car la réciproque serait par trop à redouter. Voyez donc si, nous étant couché homme, nous allions, quelque beau matin nous réveiller singe ! Mais, je le répète, nous pouvons être tranquilles à cet égard. C'est Darwin lui-même qui va nous rassurer, en nous indiquant par quelles nuances insensibles a eu lieu la métamorphose.

La chose, tout d'abord, paraît quelque peu compliquée. Ainsi, nous venons de voir que notre aïeul avait des oreilles pointues et mobiles, quatre mains, une queue, de longs poils, certains crocs et autres particularités ou enjolivements qui font complètement défaut à notre espèce. Comment tout cela s'est-il modifié ?

D'après Darwin, la réforme aurait commencé par les dents, et il l'explique de la manière que voici :

« Les formidables canines dont les mâles étaient pourvus leur aidaient à se défendre et au besoin à attaquer. Mais il arriva une époque où, s'étant graduellement habitués à se servir de pierres, de massues et autres

armes, ils employèrent de moins en moins leurs mâchoires et leurs dents. Il en résulta que dents et mâchôi-
res se réduisirent jusqu'à ce qu'elles fussent ramenées
aux proportions qu'elles ont actuellement. »

Ainsi s'exprime Darwin. Surtout ne riez pas, car il
verrait dans votre rire même un argument de plus en
faveur de sa thèse.

« C'est que, dit-il, pour donner à votre physionomie
une expression ironique, vous contractez inconsciem-
ment vos muscles élévateurs (*snarling muscles* de sir
Ch. Bell), révélant ainsi votre propre ligne de filiation,
puisque VOUS DÉCOUVREZ VOS DENTS, TOUTES PRÊTES A L'ACTION,
COMME LE CHIEN QUI SE DISPOSE A COMBATTRE. »

Par exemple, voilà une drôle de manière de rire, et,
si c'est ainsi que rit Darwin, je ne lui en fais pas mon
compliment ; mais continuons.

Nous venons de voir que les formidables canines qui
garnissaient les mâchoires de nos aïeux constituaient
primitivement l'arme particulière aux mâles. Pourquoi,
demanderez-vous, les femelles en étaient-elles dépourvues ?

Je serais d'autant plus curieux d'en connaître la
raison qu'elles aussi devaient pourvoir à leur défense.
Sans doute les mâles, obéissant à un sentiment que par
anticipation j'appellerai « chevaleresque », se char-
geaient volontiers de ce soin, mais ils n'étaient pas
toujours au logis, ce logis n'étant le plus souvent qu'un
tronc ou une branche d'arbre. Qui donc, eux absents,
devait garantir leurs tendres moitiés des injures et
même des outrages ?

Mais abstenons-nous de réflexions ; elles nous feraient
perdre de vue la série de changements que le singe dut
subir pour devenir homme, et que nous avons tant
intérêt à connaître. Contentons-nous donc d'enregistrer
ces changements, dans l'ordre indiqué par Darwin.

Nous avons dit que la réforme des dents fut la première. Cette réforme amena forcément celle des mains. Darwin va nous en donner la raison :

« Tant que nos ancêtres vécurent dans les arbres, leurs mains, façonnées surtout pour grimper, représentaient des espèces de « crochets de préhension ». Mais lorsque, renonçant à se servir de leurs dents comme des carnassiers, ils se furent accoutumés à fabriquer leurs armes, ces pratiques, par l'attention et le soin qu'elles réclamaient, déterminèrent dans leurs mains des changements très notables. Ces changements, les voici :

« D'abord les mains supérieures, originairement si maladroites, acquirent de jour en jour une plus grande habileté, jusqu'à ce qu'elles devinssent cet admirable instrument qui devait assurer à l'homme la domination de l'univers.

« Quant aux mains inférieures, à mesure que les mouvements de plus en plus répétés du tronc obligèrent de prendre un point d'appui sur le sol, elles s'indurèrent par leur face palmaire, et leurs articulations perdirent de leur flexibilité. Il arriva ainsi un moment où la peau qui recouvrait ces parties devint épaisse et résistante et où le gros orteil cessa d'être opposable : dès lors, ce ne furent plus des mains, ce furent des pieds. »

Et la station verticale, comment fut-elle substituée à la marche à quatre pattes ?

Toujours par le fait de la réforme des dents. Laissons encore parler Darwin :

« A mesure, dit-il, que nos ancêtres, cessant d'user de leurs dents comme armes, se redressèrent chaque jour davantage pour mieux lancer les pierres et manier avec plus d'aisance la massue et la fronde, il en résulta pour eux l'habitude de se tenir de plus en plus fermes sur leur pieds. C'est à cette habitude, devenue chaque jour plus familière, qu'ils durent de devenir bipèdes. »

Mais la fameuse queue, comment disparut-elle? Ce fut encore là une affaire de dentition.

Pour le coup, vous écrierez-vous peut-être, voilà qui devient par trop fort ! Les dents sont donc pour Darwin ce que le poumon était pour Toinette dans la scène du *Malade imaginaire?* — Précisément. Jugez-en plutôt :

« Lorsque, dit-il, nos ancêtres simio-humains eurent substitué aux DENTS (*c'est bien cela*) des armes plus complètes, ils n'allèrent plus chercher dans les arbres un refuge contre leurs ennemis qu'ils pouvaient attendre et combattre de pied ferme. Aussi leur queue, qui leur servait surtout, en s'enroulent autout des branches, à prendre leur élan, s'atrophia peu à peu par défaut d'action et fut ainsi ramenée aux proportions d'un simple coccyx. »

Voilà donc la métamorphose du singe en excellente voie. Patience. Darwin l'aura bientôt complétée.

Savez-vous, par exemple, par quel mécanisme il explique que nos aïeux virent leurs oreilles perdre leur excès de longueur et leur mobilité? La chose est bien simple.

C'est que, dès l'instant où ils régnèrent en maîtres sur les autres espèces animales, et que leur autorité ne fut plus contestée, ils cessèrent d'être sur un éternel « qui-vive ». Non seulement les jours se passèrent sans alertes, mais même, pour employer un terme familier, ils purent dormir la nuit « sur leurs deux oreilles »; celles-ci alors, n'étant plus constamment dressées (*arrectis auribus*), s'atrophièrent comme leur queue pour devenir ce que nous les voyons aujourd'hui.

Enfin, nous n'avons pas oublié que nos grands parents avaient le corps tout couvert de poils. Comment expliquer la nudité actuelle de notre peau?

A cet égard, Darwin imagine plutôt des hypothèses un peu vagues qu'il ne donne des solutions. Voici, en effet, comment il s'exprime :

« L'homme n'est pas le seul animal qui soit nu. Les baleines et l'hippopotame le sont presque autant que lui ; il est vrai que leur peau est protégée par un revêtement épais de *lard* qui remplit le même but que la fourrure des phoques et des loutres. Mais les éléphants et les rhinocéros, dont la peau est également glabre, n'ont pas cette protection contre le froid. Seulement, comme certaines espèces éteintes, qui vivaient autrefois sous un climat arctique, étaient alors couvertes d'une longue laine ou de poils, il semblerait que les espèces actuelles des deux genres ont perdu leur revêtement pileux sous l'influence de la chaleur. »

Darwin se demande alors si c'est que l'homme aurait perdu le sien pour avoir primitivement habité un pays tropical.

Cette question, il paraît tout d'abord disposé à la résoudre par l'affirmative ; puis il se ravise, pour cette raison surtout que « les singes actuels, quoique habitant diverses régions chaudes, sont couverts de poils, ce qui est fortement contraire à la supposition que l'homme ait été dénudé par l'action du soleil. »

Voici, en définitive, l'opinion à laquelle il croit devoir s'arrêter :

« Je suis, dit-il, tout disposé à croire que l'homme, ou plutôt la femme primitive, a dû se dépouiller de son revêtement pileux DANS UN BUT D'ORNEMENTATION. »

A la bonne heure ! j'aime mieux cela. Ce petit grain de coquetterie chez notre aïeule est d'autant plus excusable que, l'eût-elle voulu, elle ne pouvait chercher à plaire à aucun autre qu'à son mari, puisqu'ils étaient les deux premiers de leur race.

Seulement, pauvre femme, quel mal elle dut se donner !

Car ce n'était pas une médiocre besogne que de s'épiler ainsi tout le corps. Peut-être cependant existait-il déjà quelques-unes de ces pâtes ou poudres, comme nous en voyons tous les jours annoncer dans le même but, bien que plus restreint, « l'exhaussement du front » !

J'inclinerais plutôt à penser qu'à ces époques primordiales on se contentait tout simplement de quelque procédé analogue à celui qu'emploient ces artistes en plein vent dont l'enseigne porte stéréotypés ces mots sacramentels : « *Tond les chiens et...* » Mais, même en supposant notre aïeule ainsi tondue, les bénéfices de l'opération n'auraient pu profiter qu'à elle seule, et nullement à sa descendance, qui eût continué de naître avec ses téguments pileux, absolument comme naît avec ses deux bras un fils dont le père était manchot, avec ses deux yeux un fils dont le père était borgne. C'eût donc été sans cesse à recommencer, et par suite le problème, posé par Darwin, de la nudité de notre peau, attend encore une solution.

Cette solution, du reste, ainsi que toutes les autres du même genre, c'est à Darwin et non à moi qu'il incombe de la chercher. Qu'il me suffise donc d'avoir donné la clef de son système, et indiqué par quelle série de mutations le singe s'est transformé en homme.

Comme les détails qui précèdent sont tellement incroyables qu'on pourrait supposer qu'ils sont faits à plaisir, je crois devoir rappeler que cette description de l'Homme-Singe et des changements subis par le singe pour devenir homme est empruntée en entier au livre de Darwin sur la *Descendance de l'Homme*.

N'EST-CE PAS PLUTOT L'HOMME QUI
EST DEVENU SINGE?

Critique du système de Darwin : le mien en est l'opposé ; comment j'explique que l'homme devint quadrupède ; puis quadrumane : mécanisme de la formation de ses crocs ; de l'allongement de ses oreilles ; de la production d'une fourrure ; d'une queue ornée de callosités ; en quoi l'avantage me reste.

Quelque satisfaisante que puisse paraître la théorie de Darwin, il est cependant un reproche que je me permettrai de lui adresser ; c'est celui-ci :

Le singe, pour devenir homme, est obligé de subir certaines mutilations qui, tout en s'effectuant graduellement et sans secousses, n'en sont pas moins étranges. Ainsi, il a fallu lui retrancher la queue, lui raccourcir les oreilles, lui rogner les dents et lui supprimer deux mains sur quatre : c'est beaucoup ; mais, chose bien plus grave, c'est donner à entendre que la nature a dépassé le but, puisque, pour créer un second être, elle se voit forcée d'émonder le premier.

Le reproche, comme on le voit, est sérieux. Pourquoi aussi Darwin n'a-t-il pas interverti les rôles, je veux dire, ne fait-il pas plutôt descendre le singe de l'homme que l'homme du singe? Avec ce simple changement, tout se concilie, tout s'enchaîne, tout s'explique : il évite de plus à la nature un véritable « pas de clerc. »

Ce qu'il n'a pas fait, je vais le tenter moi-même, et cela, en me contentant de copier ses procédés. Puissé-je ne pas me montrer trop indigne de mon modèle !

— Je suppose donc, puisque Darwin rejette l'hypothèse d'une création directe, que c'est le singe qui descend de l'homme, et voici comment je comprends qu'ait dû se faire la transformation.

Un mauvais sujet, comme il y en a eu à toutes les

époques, même les plus primitives, ayant commis un crime, s'est réfugié dans une forêt pour se soustraire à la vindicte des lois. Vainement on l'a poursuivi ; il a échappé à toutes les recherches : mais, traqué comme une bête fauve, il mènera désormais la plus misérable des existences. Vous voyez déjà quelles en seront les conséquences pour son organisation corporelle.

Tantôt, pour se cacher, il rampe dans des cavernes ou se tient blotti sous des broussailles, ce qui, à la longue, lui courbe l'épine et lui fait perdre l'attitude verticale, pour l'obliger à marcher à quatre pattes : le voilà devenu quadrupède.

D'autres fois, il cherche un refuge dans les arbres ; mais alors, à force de grimper et de s'accrocher aux branches, ses pieds se courbent et, le pouce devenant opposable, ils ne tardent pas à se changer en mains : le voilà devenu quadrumane.

Comment se nourrira-t-il ? Je ne lui vois d'autres ressources que de s'attaquer aux animaux eux-mêmes pour en faire sa pâture, en usant des mêmes armes dont ceux-ci se serviront pour se défendre, à savoir les dents et les mâchoires : il arrivera donc un moment où, par le fait de ces luttes et de ces combats, ses canines représenteront de formidables crocs.

Mais il ne pourra se soustraire à tant d'ennemis que grâce à une extrême vigilance : de là l'obligation pour lui d'être constamment aux aguets : il n'y a donc pas lieu de s'étonner que ses oreilles s'allongent pour percevoir les moindres bruits, et deviennent mobiles pour mieux les recueillir.

On comprendra de même que, privé de vêtements et souvent d'abris, son corps devra se recouvrir d'une sorte de fourrure, pour se garantir du froid ; il suffira pour cela de se rappeler cette remarque d'Owen, cité par Darwin, que « les éléphants qui, dans l'Inde, habitent des districts élevés et frais, sont plus velus que ceux qui résident dans des pays plus bas. »

Enfin, comment ne pas admettre qu'à force de se tenir assis, comme un chien sur sa queue, — attitude si favorable pour le repos comme pour l'observation à distance, — il en résultera une irritation du coccyx devant nécessairement aboutir à la formation d'un appendice caudal? Songez donc que le coccyx, chez l'homme, n'est autre qu'une queue rudimentaire; on y trouve, en miniature, tous les osselets dont se compose cet organe : il suffira, par conséquent, que ceux-ci grandissent et s'allongent pour devenir une queue véritable. C'est l'histoire d'une lorgnette qu'on tenait fermée dans son étui, puis dont on développe les pièces pour l'accommoder aux exigences de la vision.

Il y aura, de plus, cette particularité que la queue, par le frottement sur le sol des surfaces où elle s'implante, ne tardera pas à s'enjoliver des callosités qui, chez le singe, en constituent l'auréole.

Eh bien! que dites-vous de tout cela? Il me semble que voilà un personnage assez bien réussi ! Je me flatte même d'avoir sur Darwin cet avantage capital que je n'ai rien corrigé du plan primitif de la nature : je l'ai simplement retouché.

CHANGEMENT EN SINGES DE LA POPULATION DE TOUTE UNE ILE.

Ovide donne raison à mon système ; l'île de Pithécuse ; ses habitants changés en singes ; détails et réflexions.

Je feuilletais dernièrement les *Métamorphoses* d'Ovide, lorsque le hasard m'a fait tomber sur un passage qui m'a fourni la preuve que ce n'est pas l'homme qui descend du singe, mais bien le singe qui descend de l'homme. Ainsi le poète parle d'une île dont Jupiter aurait changé la population tout entière en singes, comme punition de ses crimes. « C'est, dit-il, l'île de Pithécuse, aux collines stériles, dont le nom rappelle celui de ses habitants » :

> . . . . Sterilique locatas
> Colle Pithecusas, habitantum nomine dictas.

Effectivement, Pithécuse, du mot grec πίθηκος, signifie singe; cette île est située dans le golfe de Naples, et se nomme aujourd'hui Ischia.

Chose bizarre! J'ai visité plusieurs fois l'île d'Ischia à cause de ses importantes sources minérales; je l'ai même décrite assez au long dans mon *Guide aux eaux*, en indiquant qu'elle s'appelait autrefois Pithécuse : or, ni ce nom, ni aucune tradition dans l'île, ne m'avaient mis sur la voie du grand événement rapporté par Ovide. C'est que, d'abord, la population actuelle n'offre plus dans ses traits rien qui ressemble au singe; c'est que, de plus, elle a tout intérêt à faire oublier le châtiment infligé autrefois par Jupiter à ses ancêtres.

Ce châtiment, voici comment Ovide le raconte :

« Leurs bras, dit-il, commencèrent à se hérisser de poils noirs; leurs mains se courbèrent et leurs ongles s'allongèrent en griffes, de manière à représenter des pieds » :

> Brachia cœperunt nigris horrescere pilis,
> Curvarique manus et aduncas crescere in ungues,
> Officioque pedum fungi.

Jupiter aplatit de même leur nez, sillonna de rides leur visage et, comme ils ne s'étaient servis de la parole que pour le parjure, il les en priva, « ne leur laissant, dit le poète, qu'un cri rauque pour se plaindre » :

> Posse queri tantum rauco stridore reliquit.

Voyons! N'ai-je pas eu raison de dire qu'Ovide donnait pleinement gain de cause à mon système? Remarquez en effet qu'ici c'est bien l'homme qui se change en singe, et non le singe qui se change en homme; j'ai même vainement cherché dans le même poète aucun exemple de ce dernier genre de métamorphoses. Ainsi se trouve confirmée ma théorie, et la joie que j'en ressens tempère un peu mes regrets de ce que, la priorité en revenant à Ovide, je n'ai pas le droit de la signer de mon nom.

DE L'ÉLÉPHANT ET AUTRES AIEUX POSSIBLES
DE L'HOMME.

Transformation de l'éléphant; comment sa trompe se change en nez; ses défenses en dents; réduction du volume de ses jambes; suppression de sa queue; éléphant ayant avalé un rossignol; l'Homme-Chien; le singe a pour lui l'opinion; locutions qui le prouvent.

Si Darwin n'avait pas pris l'initiative de notre parenté avec le singe, et que, par conséquent, j'eusse été libre dans mon choix, j'aurais probablement songé à l'éléphant comme aïeul de l'homme, à cause de son remarquable développement intellectuel.

Mais, direz-vous peut-être, il y a autre chose chez lui de non moins développé que l'intelligence : c'est le corps. Comment en réduire assez les proportions pour les ramener aux nôtres?

Laissez-moi faire; vous allez voir que, grâce aux procédés de Darwin, rien ne sera plus simple.

Supposez, par exemple, que l'éléphant s'accoutume à se servir directement de sa bouche, au lieu de sa trompe, pour saisir les objets : celle-ci, dépossédée de ses fonctions d'organe intermédiaire, perdra graduellement de sa longueur et de son diamètre pour devenir un nez très présentable.

Il en sera de même de ses défenses, qui rappellent si bien les formidables canines dont Darwin gratifie nos aïeux; dès l'instant où vous lui aurez appris les usages de la bouche, vous supprimerez la déglutition gloutonne pour la remplacer par une mastication régulière : à dater de ce moment, le jeu des lèvres, leur allongement pour boire, et les mouvements de la langue pour bien lier les aliments, exerceront sur les défenses une pression continue et douce qui les ramènera bientôt aux proportions de dents ordinaires.

Il n'y aura pas plus de difficulté pour les jambes, dont nous réduirons le volume, comme nous le réduisons dans la maladie appelée précisément « éléphantiasis ».

L'obstacle viendrait-il de la queue? Mais elle n'existe autant dire qu'à l'état de soupçon ; rien de plus simple, par conséquent, que d'en faire rentrer les anneaux dans leur gaîne et d'en effacer ainsi jusqu'aux vestiges ; il suffira pour cela de l'immobiliser.

Surtout respectez l'œil ; il est petit, sans doute : mais quelle finesse et quelle placidité dans le regard!

Je ne nie pas que l'ampleur de l'abdomen ne menace d'opposer quelque résistance ; mais on sait à quoi s'en tenir aujourd'hui sur ces fameuses « tailles de guêpe », qu'on n'obtient en général qu'au prix de la déformation du foie, de la compression de l'estomac et de la gêne apportée au jeu de la poitrine.

Mieux vaut encore, en fait d'exagérations, un peu trop de cette bonne rotondité, qui est, au contraire, si parfaitement compatible avec le fonctionnement régulier de nos organes. D'ailleurs, qui donc, parmi les personnes sensées, songera jamais à vous reprocher votre corpulence? On y trouverait au besoin motif à compliment : témoin cette définition, d'une touche si charmante, que Mme de Girardin avait donnée de la célèbre cantatrice Alboni : « C'est un éléphant qui a avalé un rossignol. »

Je trouvais donc, dans ce noble animal, toutes les conditions désirables pour en faire notre ancêtre.

Plus tard, il est vrai, mes idées se sont un peu modifiées ; c'est quand j'ai eu visité l'*Homme-Chien*, qui a été l'objet à Paris d'une si bruyante exhibition : il semblait effectivement y avoir là l'étoffe d'un aïeul. Mais je ne m'en suis pas occupé davantage, car, à la réflexion, je n'ai vu dans cette ressemblance avec l'homme qu'une anomalie fortuite et bizarre [1], tandis que l'éléphant nous offre des caractères permanents et typiques.

Est-ce à dire que je me flatte de supplanter Darwin en substituant mon éléphant à son singe ? Loin de moi cette prétention ! j'ai voulu seulement faire, à titre d'essai, une nouvelle application de son système ; d'ailleurs je connais trop les tendances de l'opinion en faveur de

---

1. Ces sortes d'anomalies sont loin d'être rares. Ainsi Edward Lambert est resté célèbre sous le nom de « Lambert-porc-épic ». Né en 1717 de parents parfaitement sains, il ne présenta rien de remarquable pendant les neuf premières semaines qui suivirent sa naissance. A cette époque, sa peau commença à brunir et à s'épaissir de plus en plus ; à quatorze ans, il fut présenté à la Société royale de Londres et voici ce qui fut constaté : Le visage, la paume des mains et la plante des pieds n'offraient chez lui rien d'anormal ; mais tout le reste du corps était couvert d'une carapace brunâtre, épaisse d'un pouce et plus, irrégulièrement fendillée et qui, sur les flancs, était divisée de manière à figurer grossièrement les piquants d'un *porc-épic :* d'où son surnom. Tous les ans, cette carapace tombait par suite d'une sorte de mue ; la peau paraissait saine et lisse, mais bientôt elle reprenait son étrange enveloppe. Lambert était du reste très gai et parfaitement portant. Il se maria et eut six enfants qui tous présentèrent ces mêmes piquants vers la peau ; malheureusement les renseignements manquent sur ce qu'est devenue plus tard cette intéressante famille.

12.

la race simienne pour chercher à la détrôner. Il est
même tellement reçu aujourd'hui que cette race l'emporte sur la nôtre par les ressources de son esprit que,
quand on compare les deux races entre elles, c'est toujours au singe qu'on attribue le beau rôle. N'entendez-
vous pas, à tout instant, des propos de ce genre : « Fin
comme un singe; malin comme un singe; rusé comme
un singe »?

Il est vrai que l'expression de « vieux singe », lancée
sous forme d'apostrophe, a quelque chose de moins flatteur.

RÉSUMÉ DES PRINCIPES QUI FORMENT LA BASE DU DARWINISME.

> La lutte pour la vie est un roman où l'on s'entre-dévore; la sélec-
> tion naturelle un roman où l'on se fait la cour; chorégraphie
> déhanchée; une pastorale véritable.

Mais ne nous égarons pas plus longtemps, sur les
pas de Darwin, dans les applications fantaisistes de son
système. Revenons au système lui-même et aux principes qui en forment la base.

Nous savons quels sont ces principes : ce sont la
« Lutte pour la vie », et la « Sélection naturelle ».
Nous savons, de plus, quel sens leur attacher; il me
paraît utile toutefois, avant d'aller plus loin, d'en donner un résumé succinct.

La Lutte pour la vie, nous nous le rappelons, est une
sorte de roman médiocrement ingénieux, par lequel les
animaux sont censés, depuis leur première apparition
sur le globe, avoir consacré leurs facultés et leurs loi-
sirs à s'entre-dévorer. Il y a surtout cette particularité
très essentielle que, le plus fort l'emportant constamment sur le plus faible, il se trouve rester le seul sur-

vivant, et, par conséquent, le seul chargé de la reproduction. Chaque génération qui se succède bénéficie nécessairement de ce monopole : ainsi s'expliquerait la formation des belles espèces.

Si encore, en avançant ces étrangetés, Darwin avait eu le mérite de l'invention! Mais non : tout cela est « renouvelé des Grecs », car c'est l'histoire de ce qui se passait chez les Spartiates.

On sait, en effet, qu'en vertu d'une loi spéciale, tout enfant né chétif ou difforme devait être sacrifié immédiatement dans l'intérêt de la chose publique et de la race; mais la nature, cette *alma parens*, comme l'appelaient les Anciens, n'a rien à voir avec des pratiques aussi barbares. Laissons donc de côté ces prétendues Luttes pour la vie.

Quant à la Sélection naturelle, c'est un roman d'un autre genre, où domine surtout l'élément burlesque. Ainsi, dans les entrevues préliminaires de certains oiseaux qui doivent sceller leur union, nous n'avons pas oublié ces poses, ces œillades et ces ronds de jambe des mâles à l'adresse des femelles, non plus que les répliques de celles-ci par des coquetteries correspondantes. Mais, si vous vouliez absolument faire de l'églogue, pourquoi ne pas prendre tout simplement la nature sur le fait?

Tenez, connaissez-vous rien de plus touchant et de plus délicat que les attentions du rossignol pour sa compagne? Le jour même où elle va pondre, il se place sur une branche voisine, et là, pour charmer ses ennuis, il entonne ses plus délicieuses mélodies, qu'il continuera nuit et jour, en les variant, tant qu'elle restera confinée au logis par la nécessité de couver ses œufs; il ne les interrompt par intervalle que pour aller les couver à son tour, lui rendant ainsi de ces petits services qu'on se doit entre époux.

Voilà de ces gracieux tab'eaux qu'il vous fallait imiter, au lieu d'aller emprunter vos pastorales à je ne sais quelle chorégraphie déhanchée des bals publics et des barrières.

Combien Virgile a été mieux inspiré lorsqu'il représente le pauvre volatile ne faisant plus entendre que de plaintifs accents, parce que la main du laboureur a précipité hors du nid toute la petite couvée, avant même qu'elle eût ses premières plumes!

> Qualis populea mœrens philomela sub umbra,
> Amissos queritur fetus. . . . .

Je n'achève pas la citation latine, car il n'est personne qui ne la sache par cœur; je n'essayerai même pas de la traduire, car il est de ces choses qu'il faut lire dans la langue même où elles ont été écrites, pour bien en apprécier le charme et les beautés.

— Mais en voilà assez sur tout ce jargon de *Luttes* et de *Sélections*, qu'on ne comprend pas tout d'abord avant qu'on vous l'explique, et que l'on comprend encore moins quand on vous l'a expliqué. Malheureusement, ce qui n'est que trop intelligible, c'est le parti qu'ont su en tirer les matérialistes.

MATÉRIALISME ET DARWINISME.
UNE TRADUCTRICE A LA MER.

Comme quoi Darwinisme et matérialisme ne font qu'un; déclaration atténuante de Darwin : son attitude piteuse devant Buchner; Mme Clémence Royer; une furie à la mer.

Voilà plusieurs fois déjà que je rapproche les mots de *matérialisme* et de *darwinisme*; j'ai même déclaré précédemment qu'ils sont l'équivalent l'un de l'autre.

Mais la chose est-elle bien prouvée? Prenons garde de donner à nos adversaires l'épithète de « matérialistes », comme ils nous lancent à nous l'épithète de « cléricaux », et cela sans en justifier le sens, plutôt par conséquent comme arme de guerre que comme argument sérieux.

Encore une fois donc, le système de Darwin conduit-il fatalement au matérialisme?

Ce qui pourrait à cet égard faire naître des scrupules, c'est cette déclaration de Darwin lui-même, qui figure en tête de l'Introduction de son livre sur l'*Origines des espèces* :

« Je ne vois aucune raison pour que les vues exposées dans cet ouvrage blessent les sentiments religieux de qui que ce soit. »

Or, lorsque Darwin s'exprime de la sorte, il doit être cru sur parole, personne n'ayant titre pour suspecter sa bonne foi. Seulement, il est une logique beaucoup plus impitoyable encore que celle des intentions et des phrases : c'est la logique des faits. Hé bien! tel est chez Darwin le besoin de popularité que la peur de ses disciples l'entraine parfois à des actes d'une condescendance on ne plus regrettable. Citons-en un exemple :

Il avait parlé, dans la première édition de son livre, du « *Créateur dont le* souffle *donna primitivement la vie à un petit nombre de formes organisées, ou même à une seule, de laquelle toutes les autres sont dérivées.* »

Grand émoi aussitôt dans le camp de ses disciples. C'est au point que l'un d'eux, Buchner, alla jusqu'à déclarer dans une conférence publique que, « s'il avait parlé du Créateur, c'était pour ménager les croyances bibliques de ses concitoyens, même au détriment de la vérité. »

Quelle fut l'attitude de Darwin en face d'une imputation aussi grave? Hélas! elle fut des plus piteuses.

« On m'a reproché, dit-il, de m'être servi d'une expression du Pentateuque, en parlant d'une forme primitive qui reçut le *souffle de la vie*. Dans un ouvrage purement scientifique, j'aurais du peut-être employer une autre expression, mais elle me sembla propre à indiquer l'aveu de notre ignorance sur l'origine de la vie, comme sur l'origine de la force et de la matière. »

Aussi Mme Clémence Royer s'est-elle empressée de faire suivre cette déclaration de Darwin des réflexions que voici :

« La doctrine de M. Darwin est essentiellement hétérodoxe et inconciliable, non seulement avec les textes de l'Ancien Testament, mais encore avec les dogmes que l'on a voulu déduire du Testament Grec. Il proteste en vain que son système n'est en aucune façon contraire à l'idée divine. Sa théorie est foncièrement et irrémédiablement hérétique. »

Il me paraît de toute évidence qu'ici Mme Clémence Royer a complètement raison.

Je sais bien qu'on lui a reproché d'être parfois un traducteur peu scrupuleux, et de prendre trop souvent « sous son bonnet » des allégations erronées qu'elle attribue ensuite faussement à Darwin. Il est de fait qu'il est impossible de pousser plus loin la haine, la sauvagerie antireligieuse. On dirait presque qu'elle a eu à cœur de montrer « jusqu'où peut aller la furie d'une femme » :

> . . . . Furens quid fœmina possit.

Jetons-la donc à la mer.... par métaphore, bien entendu. J'en ferai d'autant mieux mon deuil que je m'intéresse, en général, fort peu aux femmes esprits forts, lors même que, pour complaire à notre sexe, elles affectent, comme le faisait l'auteur d'*Indiana*, des allures viriles et des costumes masculins.

Maintenant donc que Mme Royer n'existe plus pour nous, qui consulter pour connaître enfin la doctrine exacte de Darwin? Mais ceux-là mêmes qui s'en sont faits les apôtres, les LIBRES-PENSEURS.

LES LIBRES-PENSEURS.

Signification vraie du mot libre-penseur; sens qu'y attachent ceux qui le prennent pour devise : l'idée de Dieu et les progrès de la science; comment on s'improvise naturaliste; Moïse en cause.

Oui, sans doute, la pensée est libre, comme sont libres les actes de la volonté qu'elle éclaire. C'est même cette double liberté qui forme la base de tout édifice social, en ce qu'elle implique la responsabilité de l'homme, tant au point de vue de la justice humaine que de la justice divine.

La liberté de nos pensées et de nos déterminations est même la preuve la plus évidente de l'immatérialité de notre âme. C'est que l'âme est si peu emprisonnée dans la matière qu'elle possède le privilège de s'en dégager quand elle le veut, pour s'élever dans des régions où les passions terrestres ne sauraient l'atteindre. Il semble même qu'elle en revienne plus pure, comme ayant été se retremper à la source divine dont elle émane. Sous ce rapport, je réclame, moi aussi, le titre de libre-penseur; c'est même celui dont je m'honore le plus.

Mais est-ce ainsi que l'ont compris les hommes qui précisément l'ont pris pour devise? Bien au contraire : qui dit « libre-penseur » dit ennemi juré de tout ce qui est spiritualisme. Le libre-penseur ne reconnaît d'autre culte que celui de la matière, d'autres lois que celles qui la régissent, d'autre destinée que le néant. Et en cela il est conséquent avec lui-même, puisque, pour lui, comme pour d'Alembert, Dieu est une *hypothèse* dont on peut à la rigueur se passer.

Le libre-penseur pousse même les choses si loin qu'il veut que l'idée seule de Dieu entrave les études et les progrès de la science.

Voilà encore une de ces accusations qu'il m'est impossible de prendre au sérieux, car, enfin, en quoi la pensée du savant sera-t-elle moins libre ou moins lucide, parce qu'il saura qu'une cause première et non une cause fortuite a présidé aux destinées du monde ? Le souvenir de l'invention de Watt n'empêche pas plus le mécanicien de diriger sa locomotive que le souvenir de l'invention de Morse n'empêche le préposé d'expédier ses télégrammes.

Il devra en être de même pour le savant par rapport au Créateur des forces tant physiques que vitales dont il étudie l'action dans ses œuvres. D'ailleurs, pour tout ce qui touche aux points litigieux de la science, l'enseignement catholique lui-même ne proclame-t-il pas, de la manière la plus absolue, la complète liberté de discussion ? *In dubiis libertas.*

Quoi qu'il en soit, puisque le libre-penseur traite de rêveries les croyances des autres, et qu'il n'admet rien autre que la nature, il n'y a pas lieu de s'étonner qu'il s'intitule naturaliste, et naturaliste de l'école de Darwin, comme étant celle qui, par ses excentricités, répond le mieux à ses instincts. Peut-être cependant pousse-t-il un peu trop loin l'indépendance de la pensée, lorsqu'il va jusqu'à s'affranchir de toute étude, et par suite de toute notion en histoire naturelle. Il est vrai qu'il y trouve l'avantage que les difficultés pas plus que les objections ne sauraient l'émouvoir ; il ne les comprend pas ! Dans sa ferveur de nouvel initié, il n'a qu'un but, la propagation des nouveaux dogmes.

Parmi ces dogmes, il en est un surtout dont il se fait plus volontiers l'apôtre : c'est celui qui nie que l'homme puisse descendre de Dieu.

Mais, si l'homme ne descend pas de Dieu, de qui donc descend-il, car, n'ayant pu se donner le jour à lui-même, il faut bien qu'il ait eu une origine quelconque? C'est nécessairement à Darwin qu'il emprunte la réponse. Nous la connaissons déjà : L'HOMME EST UNE DESCENDANCE DU SINGE.

Voilà donc notre libre-penseur devenu l'un des paladins de la nouvelle croisade contre Moïse.

Et qu'on ne croie pas qu'en faisant ainsi intervenir le nom de Moïse je force les rapprochements, ou je m'amuse à faire de la peinture de fantaisie. Non. C'est bien réellement l'historien sacré qu'on trouve toujours moyen de remettre en cause. Je n'en veux d'autre preuve que les déclarations et les aveux de la PRESSE MATÉRIALISTE.

LA PRESSE MATÉRIALISTE; M. FRANCISQUE SARCEY.

Une traduction de l'*Origine des espèces* ; enthousiasme de M. Francisque Sarcey ; son lyrisme à l'endroit de Darwin ; c'est qu'il a supprimé la Bible; son mépris pour tout ce qui n'est pas du système ; sa compétence contestée ; un nouvel Ovide exilé chez les Scythes ; quelques conseils sous forme de maximes.

Si, parmi les publications qui influencent le plus l'opinion, je mets ainsi en avant la Presse matérialiste, c'est que, pour nombre de personnes, la lecture du journal tient lieu aujourd'hui de toute littérature et de toute source d'instruction. Voyons donc quel est le langage tenu par cette Presse.

Je prendrai comme spécimen le journal *le XIXe Siècle*. C'est peut-être, de toutes les feuilles de la même nuance, celle où les attaques contre la Bible sont dirigées avec le plus d'ardeur, de constance et de perfide habileté. Donnons la parole à M. Francisque Sarcey, son rédacteur principal.

« Je viens, écrivait-il en juin 1876, d'achever la lecture de l'ADMIRABLE livre que Darwin a écrit sur l'*Origine des Espèces,* et dont notre collaborateur Barbier a donné une traduction nouvelle TOUT A FAIT REMARQUABLE PAR SA CORRECTE ET ÉLÉGANTE FACILITÉ. »

Voilà donc un document qui peut nous inspirer toute confiance et pour le fond et pour la forme.

Mais M. Francisque Sarcey ne s'en est nécessairement pas tenu là. Après avoir rendu ainsi justice au mérite de la traduction, il a donné son avis sur le livre et sur l'auteur ; cet avis, voici comment il le formule :

« LE LIVRE SUR L'ORIGINE DES ESPÈCES EST UN CHEF-D'ŒUVRE, ET L'AUTEUR A CERTAINEMENT ACCOMPLI DANS LES SCIENCES UNE RÉVOLUTION AUSSI ÉTONNANTE QU'IL Y EN AIT JAMAIS EU DANS LA SUITE DES SIÈCLES !

« DARWIN N'EST PAS SEULEMENT UN PATIENT OBSERVATEUR : C'EST ENCORE UN HOMME D'INTUITION DONT LE GÉNIE VA PLUS LOIN QUE LES FAITS, ET QUI OUVRE A CHAQUE INSTANT, SUR LES OBSCURES PROFONDEURS DE L'INCONNU, DES PERCÉES LUMINEUSES... »

Je m'arrête, car j'ai besoin de reprendre haleine. C'est que ce dithyrambe en l'honneur de Darwin m'est tombé en pleine poitrine au moment où j'y étais le moins préparé, puisque je m'occupais, au contraire, à cette même date, de la réfutation de son système. Puis, quel enthousiasme ! quelle fougue !

Il est à regretter seulement que M. Francisque Sarcey ait omis de spécifier le caractère scientifique de la *révolution que Darwin a opérée ainsi dans les sciences.* Je n'y vois, moi, que la substitution du règne de la fantaisie au règne de la logique et du bon sens.

Quant au génie — le génie ! — « qui va plus loin que les faits », la remarque est fort juste, en ce sens du moins qu'au lieu de s'adapter aux faits il en reste toujours très éloigné.

Bien entendu, M. Francisque Sarcey ne s'arrête pas en si beau chemin :

« DARWIN, dit-il, A RENOUVELÉ LA SCIENCE ; IL A IMPOSÉ SON NOM A UNE THÉORIE QUI A CHANGÉ LA FACE DES CROYANCES DE L'HUMANITÉ ; IL A ÉBRANLÉ LA FOI EN UN VIEUX RECUEIL DE LÉGENDES JUIVES, FORT RESPECTABLE SANS DOUTE, MAIS QUI, EN FAIT DE SCIENCE, A TOUTE L'AUTORITÉ DES CONTES DE MA MÈRE L'OIE. »

Voilà donc enfin l'explication de tout ce lyrisme à l'adresse de « l'admirable livre » du « patient observateur » et de « l'homme d'intuition ! »

« DARWIN A CHANGÉ LA FACE DES CROYANCES DE L'HUMANITÉ. »

Donc il a aboli ce qui forme la base du Christianisme, et tout spécialement la *spiritualité de l'âme.*

« DARWIN A ÉBRANLÉ LA FOI EN UN RECUEIL DE VIEILLES LÉGENDES JUIVES.... » (Ma plume se refuse à transcrire le reste ; c'est déjà trop d'une fois.)

Donc, en supprimant la Bible, *il a supprimé Dieu de la Création*, pour tout rapporter à la force plastique de la matière.

Que faut-il de plus pour être un grand naturaliste et, qui plus est, un grand homme? Jamais en effet révolution, tant par ses principes que par ses visées, ne fut plus radicale que celle-là.

Eh mais! Mme Clémence Royer a-t-elle jamais fait dire autre chose à Darwin ? Ce n'était donc pas la peine de tant la malmener, la pauvre femme, car enfin son seul crime est d'avoir déclaré avant d'autres que le triomphe du Darwinisme est bien réellement le triomphe du matérialisme.

Ce triomphe, paraît-il, est beaucoup plus complet qu'on ne le croit généralement et que je ne l'aurais cru moi-même, car voici ce qu'ajoute M. Francisque Sarcey :

« Darwin est le chef, il est le guide aux pas de qui on s'attache en Angleterre, en Allemagne, en Amérique, dans tout l'univers pensant. Et une DEMI-DOUZAINE DE FRANÇAIS IGNORANTS ET DE FRANÇAISES ÉVAPORÉES s'imaginent l'avoir suffisamment réfuté et réduit ses admirateurs au silence en le traitant d'*Arrière-singe!* Quelle pitié! »

Ainsi donc, nous ne sommes plus que DOUZE en France qui n'ayons pas encore embrassé le culte du nouveau dogme! C'est maigre; j'aurais pensé que nous étions davantage. Si du moins la valeur des personnages compensait quelque peu leur infériorité numérique! Mais, pas d'illusion possible. M. Francisque Sarcey vient de nous le dire, en termes peut-être un peu crus: Toute la partie masculine est « ignorante », et toute la partie féminine « évaporée ». C'est ce qui lui arrache cette exclamation dédaigneuse, mais naturelle: « Quelle pitié! »

Que va faire maintenant la petite bande? Ses rangs vont-ils encore s'éclaircir? Je ne peux nécessairement répondre de mes coreligionnaires. Quant à moi, je suis bien décidé, du moins jusqu'à nouvel ordre, à tenir bon,

> Et, s'il n'en reste qu'un, je serai celui-là.

Seulement, pourquoi nous reprocher avec tant d'amertume d'appeler Darwin « Arrière-singe »? Mais, en agissant ainsi, nous ne faisons qu'user de la plus légitime des représailles. N'est-ce pas Darwin qui nous a dit et ressassé sur tous les tons que « notre aïeul paternel étant un chimpanzé et notre aïeule maternelle une guenon, nous mêmes étions des singes »? Nous nous sommes contentés de lui répondre: « Et vous, donc? » Je cherche ici vainement où est l'injure.

Maintenant que M. Francisque Sarcey s'est diverti

tout à son aise à nos dépens, qu'il me permette de lui adresser une simple question.

Il nous traite d'ignorants. Mais est-il bien sûr, lui, d'avoir les connaissances voulues pour juger une science aussi abstraite et aussi ardue que la physiologie comparée, sur laquelle repose tout le Darwinisme? Il est littérateur avant tout: par conséquent, sa compétence en histoire naturelle peut être contestée.

Il dit avoir lu en entier le livre de l'*Origine des Espèces*. C'est là de sa part un bien grand acte de courage, ce livre, dans beaucoup d'endroits, ayant dû être pour lui une sorte d'hébreu mâtiné de sanscrit. Comment! c'est à peine si nous autres, « qui sommes du bâtiment, » pouvons toujours en saisir le sens!

M. Francisque Sarcey, faisant cette lecture, me représente involontairement Ovide exilé chez les Scythes. « Je suis un barbare ici, s'écriait le poète, car personne ne me comprend » :

> Barbarus hic ego sum, quia non intelligor illis.

M. Francisque Sarcey, lui aussi, a pu se croire un instant transporté en pleine Scythie, avec cette différence toutefois qu'au lieu d'être incompris, c'est lui qui ne comprenait pas.

Que ne laisse-t-il aux gens du métier l'étude de ces graves problèmes dont Cuvier a dit: « Ce sont les points les plus ardus de la science »?

On voit, du reste, rien qu'à la légèreté de ses jugements et à l'exagération de ses éloges, qu'il n'a pas l'habitude de parler le langage sévère et mesuré que comportent ces matières. Mieux vaut donc qu'il retourne à la littérature où il s'est fait une réputation méritée. Je lui recommande surtout nos vieux auteurs classiques; cela lui reposera son esprit, comme cela me repose le mien, dans mes rares moments de loisir, de tout le fatras du romantisme moderne. Il y trouvera d'ailleurs des préceptes et des maximes dont chacun peut toujours faire son profit.

Ainsi, par exemple, Boileau a dit quelque part :

> Avant donc que d'écrire apprenez à penser.

Horace a dit également, et Boileau après lui :

> Sumite materiam vestris qui scribitis æquam
> Viribus. . . . .

> « Et consultez longtemps votre esprit et vos forces. »

Horace a dit encore :

> Cur nescire pudens prave quam discere malo ?

« Pourquoi, par une fausse honte, aimer mieux ignorer une chose que l'apprendre ?

Je pourrais multiplier ces citations, mais je m'arrête, m'en rapportant à M. Francisque Sarcey, qui pourra certainement les compléter mieux que personne et les appliquer à qui de droit.

UN MOT SUR LITTRÉ.

Littré matérialiste et athée ; sa préface des œuvres d'Auguste Comte ; s'il était darwiniste ; sa ressemblance avec le singe ; ce que l'histoire préfère enregistrer.

Les darwinistes font sonner bien haut le nom de Littré et l'inscrivent avec orgueil en tête de leurs patrons. Il est de fait que ce nom est tellement inféodé aujourd'hui à celui de Darwin et à son système, qu'il semble qu'on ne puisse le prononcer sans voir miroiter aussitôt comme la silhouette d'un singe. Et cependant il n'est pas démontré pour moi que Littré fût bien réellement « ce qu'un vain peuple pense ».

Sans doute il réunissait, au plus haut degré, toutes les *qualités* qui caractérisent d'ordinaire les opinions transformistes qu'on lui attribue. Ainsi, il était matérialiste ; de plus, il était athée : lui-même l'a proclamé à chaque page, je pourrais dire à chaque ligne de ses doctes écrits. Je n'en veux d'autre preuve que la déclaration suivante qu'on lit dans sa « Préface des œuvres d'Auguste Comte » :

« Le monde est constitué par la matière et par les forces de la matière ; au delà de ces deux termes, « matière et forces », la science positive ne connaît rien ».

Littré, en tenant ce langage, ne faisait en quelque sorte que formuler les idées de son ancien maître, Auguste Comte. Il est vrai que celui-ci poussait le matérialisme et l'athéisme jusqu'à l'ahurissement.

Mais enfin tout cela ne prouve pas que Littré acceptât positivement, comme on l'affirme, d'avoir eu un singe pour aïeul ; ses amis prétendent même qu'il s'en défendait.

Savez-vous ce qui, à défaut de toute profession de foi positive de sa part, a contribué le plus à vulgariser cette croyance ? C'est la ressemblance qu'on s'est plu à établir entre lui et le chimpanzé[1] ; on veut qu'il en ait

---

1. Littré était, du reste, le premier à rire de cette singulière ressemblance : témoin l'autorisation donnée par lui à un journal de publier la charge qui le représente sous l'aspect d'un singe en grande tenue de membre de l'Institut, laquelle charge se vendait et se vend encore — je l'ai achetée — chez tous les marchands d'estampes. Voici, en effet, ce qu'on lit au bas de la vignette, avec le fac-simile de son écriture :

« *J'autorise le Journal à publier ma charge.*

« Versailles, 29 mai 1876.

« E. LITTRÉ. »

eu les grandes lignes du visage, certaines attitudes et jusqu'à la démarche. On pourrait ajouter qu'il en a eu aussi quelque peu la malice, ainsi que le prouve le tour — je pourrais employer un terme plus sévère — qu'il a joué à Nysten, en lui attribuant, après sa mort, sous prétexte de rééditer son « Dictionnaire, » des opinions matérialistes qu'il n'avait jamais eues de son vivant, et contre lesquelles sa veuve a protesté.

Chose bizarre et qui prouve ce que valent parfois les renommées! C'est probablement à cette parenté plus ou moins avouée avec le singe que Littré devra que son nom reste populaire. On aura oublié déjà ses doctrines subversives, dont il paraît du reste qu'au lit de mort il a fait bon marché, puisqu'il a réclamé l'assistance d'un prêtre, qu'on se souviendra encore de l'accoutrement burlesque dont l'ont affublé les caricaturistes.

Ainsi est faite l'histoire; elle néglige l'événement pour n'enregistrer que l'anecdote. Qui parlerait aujourd'hui d'Alcibiade, s'il n'eût coupé la queue à son chien, de Dagobert, s'il avait mis certain vêtement à l'endroit, ou de M. de la Palisse, si on ne lui eût prêté tant de reparties plus que naïves[1]?

Mais en voilà assez sur ces digressions: elles finiraient par nous faire perdre de vue l'objet actuel de notre travail, la réfutation du Darwinisme.

---

1. Et cependant chacun de ces hommes a eu sa valeur et sa notoriété. Ainsi, par exemple, M. de la Palisse, dont on a réussi à faire le type du niais, n'était autre que Jacques de Chabannes, seigneur de la Palisse, *maréchal de France, gouverneur du Bourbonnais, de l'Auvergne, du Forez, du Beaujolais, du Lyonnais,* etc..... Il contribua beaucoup à la victoire de Marignan et périt glorieusement à la défaite de Pavie.

RÉFUTATION DU DARWINISME

Darwinisme et Contes de fées ; nécessité d'une réfutation ; art de Darwin pour présenter les choses ; comment son école les rend acceptables ; le sérieux mêlé au burlesque.

Réfuter le Darwinisme ! Mais à quoi bon ? vous écrierez-vous peut-être. On réfute une théorie hasardée ; on réfute une doctrine dangereuse ; on réfute même au besoin un système absurde, mais on ne réfute pas des Contes de fées.

Si, on les réfute, ou plutôt il en est qu'on doit réfuter : tel est le Darwinisme.

C'est que son auteur est un homme d'un grand talent et d'un incontestable savoir, qui possède mieux que personne l'art de revêtir des formes sévères de la science les produits les plus bizarres de son imagination fantaisiste. Je ne saurais mieux comparer ses écrits qu'à cette orfévrerie de ruolz dont un métal brillant dissimule le peu de valeur intrinsèque, mais qui, pour être distinguée de l'orfévrerie vraie, exige un œil exercé. Aussi est-ce parmi les demi-savants et les gens du monde, là par conséquent où les surprises sont les plus faciles, que sa doctrine compte les plus fervents adeptes.

Ce qui ne contribue pas peu non plus à la vulgariser, c'est qu'on se garde bien de l'exposer dans toute sa crudité. On y fait de savantes coupures et d'habiles retouches. Quel livre, par exemple, oserait reproduire

textuellement le chapitre que nous avons cité des
« Changements du singe en homme » ? Mais, dès la première page, le lecteur, se croyant mystifié, jetterait
le volume avec horreur et mépris.

On passe donc sous silence toutes ces folies, bien
qu'elles forment la base du système. En revanche, on
accommode une sorte de darwinisme « expurgé » qui
n'effarouche personne, et où l'on fait sonner bien haut
les grands mots de : *Loi du progrès* — *Affranchissement
de la pensée* — *Flambeau de la science* — *Ténèbres de
l'ignorantisme*, etc. A l'aide de ce procédé on va loin.
Songez donc qu'on s'adresse à des esprits prévenus,
qui ne demandent qu'un prétexte pour exclure la Divinité de toute ingérence dans les choses humaines !

Il connaissait bien son public, le novateur anglais,
lorsqu'il lui criait : « Lequel aimez-vous le mieux, être
faits à l'image de Dieu ou à l'image du Singe ? » Et tous
de répondre : « A l'image du Singe ! » Cela devait être.
La foule, que la passion aveugle, préférera toujours
Barabbas au Christ.

Le Darwinisme est donc un de ces systèmes que le
ridicule ne suffit pas pour tuer, et qui réclament par
suite une réfutation plus sérieuse. Ne lui a-t-on pas
accordé les honneurs de l'Exposition universelle[1] !

Malheureusement, quand on en arrive à cette réfutation, on se trouve en face d'une difficulté d'un autre
ordre et qui n'est pas la moindre.

Darwin, contrairement à ce que font d'habitude les
chefs d'école, commence par établir certaines théories
auxquelles il s'efforce ensuite de rattacher les faits, au
lieu de prendre tout d'abord les faits pour point de
départ, puis de chercher à les formuler en théories. Il

----

1. Voir à l'APPENDICE l'article intitulé: *Le Darwinisme à l'Exposition universelle.*

en résulte qu'on ne sait jamais ni où le trouver ni comment le saisir, perdu qu'il est dans les espaces.

Je ne doute pas qu'il croie avoir réellement observé ce qu'il a simplement conjecturé. Aussi ses livres sont-ils pleins de faits qui leur donnent une apparence de solidité massive ; seulement les ressemblances partielles ou transitoires y tiennent lieu de preuves directes de filiation.

Mais ce qui contribue le plus à dérouter la critique, c'est que, chez Darwin, l'élément burlesque l'emporte tellement sur l'élément sérieux qu'il vous faut à tout instant, comme dans les idylles et les romans héroï-comiques,

> Passer du grave au doux, du plaisant au sévère.

Et cela au moment où le sujet y prête le moins. On se trouve ainsi forcément ramené sur le terrain de la fantaisie, alors qu'on aurait tout intérêt à rester sur celui de la réalité.

Quoi qu'il en soit, puisque j'ai tant fait que de commencer, il me faut bien aller jusqu'au bout. Et comme, en définitive, toute discussion exige une méthode, il m'a paru que la plus pratique consistait à prendre à partie quelques-unes des propositions les plus aventureuses et à leur opposer, pour toute réfutation, certains grands principes ayant pour eux l'autorité de la science, le témoignage des faits et la sanction du temps.

LE MONÈRE OU GÉNITEUR UNIVERSEL.

Historique du monère ; sa filiation ; les protistes ; notre aïeul fut un asticot ; l'homme hermaphrodite ; puis père nourricier ; puis nourrice sèche ; rapprochements avec les crapauds mâles.

Il ne saurait être question ici de l'ancêtre direct et spécial de l'homme, Darwin ne nous ayant rien laissé ignorer à cet égard. Nous savons parfaitement qu'avant de devenir hommes nous avons été poissons, puis marsupiaux, puis singes : il n'y a donc plus à y revenir.

Le « Géniteur » dont il s'agit maintenant est le père commun de TOUTES les espèces animales qui, depuis l'origine du monde, ont paru sur le globe. Il a reçu de Hæckel le nom de Monère. Voici, en peu de mots, son historique.

Le Monère a été retiré des profondeurs de la mer. Sa grosseur est celle d'une tête d'épingle. Il est uniquement formé d'albumine, sans aucune enveloppe et sans trace d'organisation intérieure, mais il s'organise au besoin. Pour se mouvoir, il projette au dehors des appendices digitiformes, qui deviennent ses organes de locomotion et disparaissent au repos. Pour se nourrir, il se frotte aux particules organiques qui flottent dans l'eau ; sa surface s'irrite et les absorbe. Quant à sa reproduction, elle se fait par dédoublement.

Supposez au Monère un noyau et une enveloppe, vous aurez un nouvel être un peu supérieur qu'on a nommé *Amœba*. L'Amœba, le Monère et d'autres êtres de même provenance forment le groupe des *Protistes*.

Darwin tire de cette filiation ou plutôt de cette fantasmagorie les déductions suivantes :

« LES PREMIERS ANCÊTRES DONT NOUS RETROUVONS TRACE ONT CONSISTÉ EN UN GROUPE D'ANIMAUX MARINS RESSEMBLANT AUX LARVES DES ASCIDIENS. »

Les larves des ascidiens ! Mais qu'est-ce qu'une larve ? Je copie la définition qu'en donne le Dictionnaire d'Histoire naturelle :

« LARVE : Insecte, tel qu'il est au sortir de l'œuf, et vulgairement appelé *asticot*. »

Quelle chute, grand Dieu ! LE GÉNITEUR UNIVERSEL UN ASTICOT !... Nous n'en sortirons donc pas de toute cette affreuse parenté ! J'aimais encore mieux l'amphioxus. Songez donc que vous allez d'un mot bouleverser toute

une industrie des plus intéressantes, celle des pêcheurs
à la ligne. Quel est celui d'entre eux qui ne sentira pas
la « gaule » lui échapper des mains, quand il apercevra ainsi le doyen de tout ce qui respire accroché à
son hameçon?

> .   .   .   .   .   Avus suspensus ab hamo.

Mais enfin, arrivons à ce qui nous concerne plus personnellement et voyons comment se comportera la descendance de cet étrange aïeul.

« L'homme, dit Darvin, a été autrefois HERMAPHRODITE
ANDROGYNE. »

Voilà qui promet.

Darwin entre, à ce propos, dans certains détails techniques quelque peu scabreux, que je ne crois point devoir reproduire, puis il continue :

« Le soupçon m'est souvent venu à l'idée que, longtemps après que nous avions cessé d'être hermaphrodites, LES DEUX SEXES AVAIENT ENCORE SÉCRÉTÉ DU LAIT ET NOURRI LEURS PETITS. »

Bon ! Nous voilà maintenant devenus « pères nourriciers. » J'avais bien entendu parler de Silène, comme ayant rempli ces fonctions près de Bacchus, mais je n'avais lu nulle part que cela eût été jusqu'à l'allaitement.

« Vers quelle époque, se demande encore Darwin, avons-nous cessé de sécréter du lait, en d'autres termes, sommes-nous passés à l'état de nourrices sèches » ?

Il présume que ce fut à dater du moment où les femelles, procréant moins de petits, n'eurent plus autant besoin de l'aide des mâles. « L'inactivité des glandes mammaires entraîna, dit-il, chez ceux-ci leur atrophie. » Cela me paraît assez logique.

« Mais, remarque Darwin, si nous sommes déshérités maintenant des douceurs et des jouissances de la maternité dans ce qu'elles ont de plus intime, on voit encore par comparaison avec certains animaux que nous les avons connues autrefois. » Et il cite, à cette occasion, de touchants exemples empruntés à des espèces qu'il déclare voisines de la nôtre, ou par lesquelles nous avons dû passer :

« Les mâles des poissons syngnathes reçoivent, dit-il, dans leurs poches abdominales, les œufs de leur femelle qu'ils font éclore eux-mêmes et qu'eux-mêmes ils nourrissent ensuite....

« Certains autres poissons mâles couvent les œufs dans leur bouche ou dans leurs cavités branchiales avec des précautions merveilleuses....

« Il est des crapauds mâles (*drôles d'aïeux encore que ceux-là!*) qui prennent les chapelets d'œufs aux femelles et les enroulent délicatement autour de leurs pattes, où ils les tiennent jusqu'à ce que les têtards soient éclos....

« Certains oiseaux mâles accomplissent sans aides tout le travail de l'incubation de l'œuf.... etc. »

Mais je n'en finirais pas, si je voulais suivre Darwin sur ce terrain, tant il semble s'y complaire par les exemples qu'il multiplie. Mieux vaut donc attaquer d'autres points plus essentiels parmi ceux qui nous restent à traiter. Commençons par ce qu'il appelle les « Variétés transitoires. »

LES VARIÉTÉS TRANSITOIRES.

Ce qu'on entend par variétés transitoires ; leur signification ; M. de Barrande ; de Valroger ; impossibilité d'en trouver de traces ; une grenouille fossile avec son têtard ; il n'y a de transitoire que le Darwinisme.

Bien que nous sachions déjà ce qu'il faut entendre par les mots « Variétés transitoires », laissons encore Darwin nous en expliquer le sens et la portée. Voici comment il s'exprime :

« Toutes les espèces animales actuellemeut existantes proviennent des espèces primitives à l'état embryonnaire ; c'est par l'évolution successive de chaque nouveau sujet qu'elles ont fini par atteindre, en se transformant, le type qui les caractérise aujourd'hui. Et comme la nature ne procède jamais par bonds (*natura non facit saltus*), l'espèce qui suit n'est point complètement isolée de celle qui la précède : elle s'y rattache par certains individus mixtes qui tiennent de l'un et de l'autre : ce sont les *Variétés transitoires* ».

Rapprochons maintenant cette déclaration de Darwin de ce que nous avons dit plus haut des fossiles ensevelis dans les entrailles mêmes de notre planète, et de leur disposition par étages sous les alluvions qui les isolent.

« Les fossiles, d'après la place qu'ils occupent, indiquent l'ordre dans lequel telle espèce a disparu, puis telle autre a paru sur le globe ; ce sont, par conséquent, comme les médailles des anciens jours qui éclairent le géologue, absolument comme les médailles des anciens règnes éclairent le numismate. »

Voilà donc la question ramenée aux termes d'une véritable enquête. Il est de toute évidence que, si le système de Darwin est vrai, on devra rencontrer, entre chaque plan de fossiles, les espèces intermédiaires qu'il suppose avoir ménagé les transitions.

Or, la paléontologie donne à toutes ces hypothèses les démentis les plus formels. Voici en effet ce qu'elle nous apprend :

NULLE PART ON N'A TROUVÉ LA MOINDRE TRACE D'UN SEUL DE CES ÊTRES DONT L'EXISTENCE, SI POSITIVEMENT AFFIRMÉE PAR DARWIN, FORME LA BASE DE SON SYSTÈME.

Et cependant ce ne sont pas les recherches qui ont manqué. Jugez-en plutôt :

M. de Barrande, dans ses intéressantes études sur les Trilobites, les a fait porter sur 350 espèces : or il n'a rencontré aucune nouvelle forme spécifique offrant un caractère permanent de variations.

« On a exploré, dit M. de Valroger [1] dans son excellent livre sur la *Genèse des espèces*, les terrains paléozoïques dans les Iles Britanniques, en France, en Allemagne, en Espagne, en Portugal, en Sardaigne, dans les Alpes, en Saxe, en Bohême, en Scandinavie, en Russie, sur un très grand nombre de points de l'Asie, dans les deux Amériques, dans l'Afrique méridionale et en Australie. Les flores et les faunes fossiles, partout recueillies dans ces terrains, ont été soigneusement décrites, et celles qui appartiennent à une localité non moins minutieusement comparées avec celles des autres contrées.

« Les régions où l'on a étudié les terrains secondaires, tertiaires et quaternaires, sont encore plus nombreuses. On y a ainsi découvert plus de vingt-cinq mille espèces fossiles !

« *Or, ces espèces sont distribuées dans un ordre tout différent de celui qu'elles devraient présenter, si les théories transformistes étaient fondées. Elles offrent, de plus, au lieu de caractères vagues et incertains, des caractères aussi définis dans leur genre que ceux des espèces actuelles, ce qui prouve que ce sont des créations primordiales et non des dérivations.* »

Ainsi donc, les explorations que relate M. de Valroger, et qui devaient servir de sanction à la théorie de Darwin, ont abouti au contraire à une dénégation absolue de cette théorie. Ce résultat du reste rentre assez dans les habitudes du système.

---

1. De Valroger, dont je fus le compatriote, le condisciple et l'ami, est mort dans le courant de l'année 1876. Écrivain distingué et savant naturaliste, il s'était révélé de bonne heure, ayant été, avec Bernard Burke, aujourd'hui roi d'armes d'Irlande, l'un des plus brillants élèves de notre lycée de Caen.

M. de Valroger ajoute :

« IL NE S'EST PAS RENCONTRÉ, DANS CETTE IMMENSE AGGLO-
MÉRATION DE MATÉRIAUX, UNE SEULE ESPÈCE DE FORME TRAN-
SITOIRE.

« UNE SEULE ! »

Voilà donc ce qu'a produit cette fameuse « Loi de transformation », doublée de ses deux inévitables acolytes :
là « Lutte pour la vie » et la « Sélection naturelle. »

> *Parturient montes, nascetur ridiculus mus.*
> (La montagne en travail enfante une souris.)

Et encore, ici, la souris est de trop.

Que répond Darwin à d'aussi accablants témoignages?
Il est bien forcé de convenir que la manière la meilleure de justifier sa théorie serait d'opposer fossiles à
fossiles ; malheureusement il lui est impossible de
mettre la main sur un seul,

> Et cet heureux phénix est encore à trouver.

Pardon! il est trouvé. Seulement il représente un
argument de plus à opposer au système de Darwin.

J'ai déjà parlé, à propos de la création des animaux
tertiaires (*voir* page 61), de la curieuse découverte faite
par M. Mayer d'un double fossile, admirablement conservé, figurant une grenouille et son têtard. Il en a
donné le dessin. Cette grenouille et ce têtard sont
absolument identiques à ceux que nous avons sous les
yeux tous les jours. Comment expliquer que cette transformation de têtard en grenouille se soit perpétuée
ainsi depuis tant de siècles, de telle sorte que la grenouille n'ait pu encore s'affranchir des « langes » du
têtard pour naître d'emblée grenouille, et conquérir
ainsi son indépendance d'origine et de race?

C'est que, contrairement aux allégations de Darwin,
les lois du Créateur sont fixes et immuables. La grenouille

continuera donc de passer par l'état de têtard, comme
le papillon, cet autre spécimen de transformisme, continuera de passer par l'état de chrysalide, et il n'y aura
en définitive de transitoire dans tout cela que les théories de Darwin.

SUBMERSION DES VARIÉTÉS TRANSITOIRES.

Doléances de Darwin ; il a recours à une hypothèse ; submersion des
continents ; là gisent les variétés transitoires ; Agassiz ; nécessité
d'un nouveau déluge ; le rôti de Mme de Maintenon.

Dans l'impossibilité où il se trouve de rencontrer ne
fût-ce qu'un échantillon des espèces transitoires,
Darwin s'en prend aux fossiles eux-mêmes. C'est leur
submersion qui rend toute recherche vaine et stérile.
Mais laissons-le nous exposer lui-même ses doléances.

« Si, dit-il, ma théorie est vraie, il est tout à fait certain qu'avant la formation des couches siluriennes
inférieures, où se trouvent actuellement des fossiles,
de longues périodes se sont écoulées, aussi longues et
peut-être plus longues que celles qui ont suivi cet âge
silurien.

« Or, pendant cette longue succession d'âges inconnus,
le monde doit avoir fourmillé d'êtres vivants, passés
successivement à l'état de fossiles. Pourquoi ne trou-
vons-nous pas ces assises fossilières, preuves matérielles
des périodes primitives ?

« C'est une question à laquelle je ne saurais « complètement » répondre. »

(*Complètement* est joli ; mais c'est *aucunement* qu'il
fallait dire.)

« Il est vrai, continue-t-il, qu'une très petite partie
du monde a été étudiée avec soin. (*Mais pas si petite.*)
Cependant la difficulté de rendre compte de l'absence
des fossiles qui, d'après ma théorie, doivent nécessai-

rement avoir été accumulés avant l'époque silurienne, est, je l'avoue, des plus graves. Le problème peut continuer à servir d'objection valable contre mon système.

« Cependant, pour bien montrer qu'il peut recevoir quelque jour sa solution, JE ME PERMETTRAI UNE HYPOTHÈSE. »

Parfait! Voilà toujours bien Darwin. Pour défendre une première conjecture impossible à vérifier, il en invente une nouvelle, dont la vérification sera tout aussi impossible. Mais enfin quelle est donc cette fameuse hypothèse[1]?

« A UNE ÉPOQUE INCOMMENSURABLEMENT RECULÉE, dit-il, AU DELA DES TEMPS SILURIENS, DES CONTINENTS ONT PEUT-ÊTRE EXISTÉ OÙ DES OCÉANS S'ÉTENDENT AUJOURD'HUI, TANDIS QUE DES MERS SANS BORNES ONT RECOUVERT PEUT-ÊTRE LA PLACE DE NOS CONTINENTS ACTUELS OÙ SE TROUVENT DES GISEMENTS DE FOSSILES. »

Que de « peut-être » pour aboutir à une impossibilité et à un non-sens! Comment! « C'est la SUBMERSION DES CONTINENTS où se trouvent les FOSSILES de la première époque qui empêche de découvrir ces fossiles, en rendant les fouilles impraticables! » Il vous faut par conséquent un nouveau déluge pour que, « les terres reprenant leur ancienne place et les mers leurs anciens bassins, vous retrouviez les fossiles qui manquent à votre appel! »

Ceci nous donne un spécimen des procédés habituels de Darwin. Agassiz dit à cette occasion :

« Darwin, par le dédain qu'il affecte pour les preuves matérielles, rappelle cette école de penseurs qui,

---

1. Un savant éminent, M. Faye, a dit: « Le véritable homme de science sait ce que valent les hypothèses. Il se gardera bien d'y attacher d'autre prix que celui d'un moyen commode de fixer les idées; et surtout il ne raisonnera jamais à perte de vue sur de pareilles bases. »

s'inspirant de Schelling, appliquèrent sa philosophie à l'histoire naturelle. Alors aussi on vit acclamer une doctrine TOUTE FAITE, embrassant la nature entière, et n'offrant d'autres garanties que l'infatuation de ses auteurs. Je crois qu'il en sera de l'enseignement de Darwin comme de celui de cette secte. »

Je suis tout à fait de l'avis d'Agassiz. Je remarquerai, à ce propos, qu'il y a toujours, dans ce que dit Darwin, sinon un fond, du moins une apparence de vrai, dont il est le premier la dupe, car il bâtit là-dessus tout un échafaudage de systèmes plus inacceptables les uns que les autres.

Ainsi, on ne saurait nier que certaines mers occupent aujourd'hui l'emplacement de certaines terres. « J'ai vu moi-même, dit Ovide, ce qui était autrefois un sol très solide converti en un golfe » :

> Vidi egomet quod erat quondam solidissima tellus
> Esse fretum....

Le même phénomène continue, maintenant encore, de se produire sous nos yeux, sur une plus ou moins grande échelle, ne fût-ce que sur les côtes de la Normandie où, chaque année, la mer empiète très sensiblement sur la terre ferme.

Par contre, il existe des endroits où c'est le sol qui avance, tandis que la mer recule.

> Et la terre s'accroît par le décroît des eaux[1].

---

1. Quel est l'auteur de ce vers qui traduit si heureusement le *decrescentibus undis* du texte latin ? Je pourrais le donner à deviner en mille : c'est Chapelain, le même

> Qui, de son lourd marteau martelant le bon sens,
> A fait de méchants vers douze fois douze cents.

N'importe ! J'aimerais encore mieux avoir fait la *Pucelle* de Chapelain que la *Pucelle* de Voltaire, car enfin on pardonne de méchants vers, mais on ne pardonne pas une méchante action.

Mais les « submersions des continents », pas plus que les « submersions des fossiles, » n'ont rien à voir avec toutes ces petites « tempêtes dans un verre d'eau. » Les riverains seuls y sont intéressés, suivant qu'ils perdent des terrains ou gagnent des alluvions.

Arrêtons-nous donc. Ce n'est pas que Darwin n'entre ici dans des considérations fort ingénieuses ; seulement il use un peu du procédé de Mme Scarron, depuis Mme de Maintenon, racontant à ses convives d'émouvantes histoires pour leur faire oublier le rôti qui ne devait point paraître. Seulement ici le rôti, c'est l'espèce transitoire.

Quoi qu'il en soit, Darwin, médiocrement rassuré sur le succès de son « hypothèse », a recours, comme argument de renfort ou de rechange, à une « métaphore, » qu'il emprunte à M. Lyell : c'est celle des «Archives de la nature. »

MUTILATION OU PERTE DES ARCHIVES DE LA NATURE.

Une métaphore ; c'est plutôt une calembredaine ; phrases à la turque ; M. de Pixérécourt et sa bibliothèque ; un dialogue à propos des Archives de la nature ; mésaventures d'un volume ; sa prétendue mutilation ; le petit coup de marteau des savants ; un peintre fantaisiste.

Voici cette métaphore :

« Je regarde, dit Darwin, les *Archives naturelles* de la géologie comme des mémoires tenus avec négligence, pour servir à l'histoire du monde, et rédigés dans un idiome *mutilé* et presque *perdu*. De cette histoire nous n'avons que le dernier volume, qui contient le récit des événements passés dans deux ou trois contrées ; même de ce volume on a conservé seulement ici et là un court chapitre, et de chaque page quelques lignes seules restent lisibles. Les mots de la langue lentement changeante dans laquelle cette obscure histoire est écrite représentent les changements des formes de la vie ensevelies dans nos strates superposées.... »

Pardon ! J'ai appelé cela une « métaphore. » J'efface le mot pour le remplacer par celui de « calembredaine, » qui, moins euphonique, peint beaucoup mieux la situation.

Vous parlez de mutilation et de perte des Archives de la nature ! Les Orientaux, eux aussi, quand ils sont dans l'embarras, se tirent d'affaire par quelques phrases approchantes : « Dieu est Dieu ; Mahomet est son prophète ; Ce qui est écrit est écrit. » Tout ce que vous voudrez : seulement les formules turques et autres *ejusdem farinæ* n'ont pas encore cours forcé dans la science à titre d'argument.

Non, l'explication donnée par Darwin n'en est pas une, ou du moins n'est pas une réponse sérieuse. Que vous déploriez, d'une manière générale, les inconvénients attachés à la perte ou à la détérioration des livres, rien de plus juste. Je suis d'autant plus de votre avis que j'ai été tenté bien des fois d'inscrire, en tête de ma bibliothèque, cet « *Avis au lecteur* » que de Pixérécourt, le célèbre auteur dramaturge des boulevards, avait fait graver à l'endroit le plus apparent de la sienne :

> Tel est le triste sort de tout livre prêté :
> Souvent il est perdu, toujours il est gâté.

Mais, je le répète encore, si le principe en soi est vrai, l'application qu'en a faite Darwin « n'était pas à sa place », *non erat his locus*.

Car enfin le livre de la nature, puisque livre il y a, ne se compose ni de volumes isolés, ni de pages indépendantes, ni de lignes détachées ; il représente un ensemble de chapitres que Darwin affirme précisément être unis par des liens indissolubles. Ces liens, que nous avons dit s'appeler « Variétés transitoires », font même tellement corps avec les chapitres, que la même catastrophe qui fera disparaître les uns anéantira forcément les autres. Ainsi, en fait de salut ou de perte du volume, pas de fractionnement possible : tout ou rien.

Cette question des « Archives de la nature » est un point capital dans la doctrine que je réfute ; par suite, il ne saurait y avoir place à aucune équivoque. C'est ce qui m'engage à présenter ma pensée, non plus seulement sous forme de raisonnement, mais sous forme de dialogue.

Je suppose donc que Darwin rencontre un de ses amis, et qu'il s'établit entre eux la conversation suivante :

Darwin. — « Il faut avouer que je n'ai pas de chance ; j'avais un livre auquel je tenais beaucoup, et on me le rend tout massacré.

L'ami. — Cela ne m'étonne pas ; on n'en fait jamais d'autres.

Darwin. — Oui. Mais, ce qu'il y a de plus étrange, c'est que les feuillets impairs sont les seuls qui manquent, tandis que les feuillets pairs restent au contraire intacts.

L'ami. — Je ne vous comprends pas, car enfin le feuillet impair et le feuillet pair ne forment qu'une feuille unique, puisque ce sont les deux côtés de la même feuille.

Darwin. — Laissez-moi achever, et vous verrez que c'est la chose la plus compréhensible du monde. Il y a une page de détruite sur deux : le *recto* existe, pas le *verso*. Comprenez-vous maintenant?

Mais ce n'est pas tout. Figurez-vous que, pour comble

de guignon, les pages conservées sont précisément celles qui condamnent mon système, tandis que les pages manquantes sont celles, au contraire, qui devaient en assurer le triomphe. »

L'ami réfléchit un instant, regarde son interlocuteur pour bien s'assurer qu'il parle sérieusement, puis, voyant qu'effectivement il ne bronche pas, il le quitte, sous un prétexte quelconque, murmurant entre ses dents : « Décidément ces savants ont tous un petit coup de marteau. »

Le poète l'avait dit déjà : « Le bon Homère lui-même sommeille quelquefois » :

. . . . . Quandoque bonus dormitat Homerus.

Cela est vrai ; seulement il s'appelle Homère ; d'ailleurs ses petits sommes ne sont point de longue durée. Ici, au contraire, il s'agit, non pas de rêves intermittents, mais d'une rêvasserie continuelle, qui fait de l'individu un second Épiménide.

Cette persistance de Darwin à annoncer l'existence de certains êtres dont il ajourne toujours l'exhibition me rappelle une petite anecdote bien connue, mais qui trouve ici sa place si naturellement qu'on m'excusera de la rappeler :

Un peintre avait exposé une simple toile, qu'entourait un cadre magnifique, sur lequel on lisait : *Passage de la mer Rouge.* « Pourquoi, lui dit-on, cette inscription, puisque votre toile ne représente rien ? — Comment ! elle ne représente rien ! C'est que vous ne savez pas chercher. — Alors, cherchons ensemble. Où sont les Hébreux ? — Ils sont déjà passés. — Et les Égyptiens ? — Ils ne sont pas encore arrivés. — Et la mer ? — Elle est retirée. » Ainsi s'expliquait la nudité de la toile.

Ce peintre fantaisiste n'était-il pas quelque peu parent de Darwin?

COMMENT LES ESPÈCES SE TRANSFORMENT.

Les précurseurs du transformisme ; de Maillet ; son poisson volant ; Robinet ; Lamarck ; ses rêveries sur les effets de l'habitude ; la puissance du temps d'après Darwin ; fausses applications et faux raisonnements ; M. Renan ; son charabia ; une illusion d'optique.

Nous venons d'établir que les espèces ne se transforment pas, l'intermédiaire obligé pour ces transformations étant un être imaginaire. Et cependant il nous faut maintenant examiner avec Darwin par quel mécanisme elles se transforment ! Bien entendu, nous renvoyons à qui de droit la responsabilité de ces contradictions, nous contentant d'en prendre acte et de décliner à leur égard toute solidarité.

Disons d'abord que la première idée du transformisme appartient à de Maillet. Voici comment il s'exprime dans un livre publié en 1748, après sa mort, et intitulé *Telliamed*, qui est l'anagramme de son nom :

« Un poisson volant, entraîné par l'ardeur de la chasse ou de la lutte, tomba loin du rivage dans des roseaux, où il continua de vivre. Alors, sous l'influence de l'air, ses nageoires pectorales se changèrent en ailes, ses ventrales en pieds, ses écailles en plumes ; son corps se modela ; le cou et le bec s'allongèrent, et le poisson se trouva devenu oiseau[1]. »

Robinet vint ensuite. Son livre, publié en 1768, a pour titre : *Essais de la nature qui apprend à faire l'hom-*

---

1. Il était du reste le premier à rire de ces rêveries, que les Darwinistes ont prises au sérieux, car il dédie son livre à l'ombre de Cyrano de Bergerac, mort fou, et s'exprime ainsi : « C'est à vous, illustre Cyrano, que j'adresse mon ouvrage. Puis-je choisir un plus digne protecteur de toutes les folies qu'il renferme »?

me. Ce titre seul indique les drôleries, dans le genre de celles de de Maillet, contenues dans l'ouvrage.

Mais ce que je ne saurais m'expliquer, c'est qu'un naturaliste de la valeur de Lamarck ait pu se laisser égarer à son tour par de semblables fantaisies. Pour lui *l'habitude* est le grand facteur de tout ce qui existe. Citons au hasard quelques exemples :

« Il y a des oiseaux à jambes courtes et des oiseaux à jambes longues. Le martinet les a très courtes, parce qu'il s'est plus appliqué à voler qu'à marcher ; l'échassier les a très longues, parce qu'il s'est plus appliqué à marcher qu'à voler.

« La girafe n'ayant pas voulu paitre à terre, mais se nourrir des feuilles des arbres, son cou s'est énormément allongé pour les saisir.

« La taupe, au contraire, ayant préféré vivre sous terre dans les ténèbres, a fini par perdre les yeux. »

Il y a ainsi toute une longue liste d'animaux ayant chacun des signalements et des commentaires de cette force. Mais, par égard pour la mémoire de Lamarck, j'en resterai là de mes citations.

Toutes ces élucubrations, qu'on dirait datées de Charenton, nous rendent la transition facile pour nous ramener à Darwin. Nous savons déjà, par le portrait qu'il nous a fait du « Changement du singe en homme », qu'il emprunte un peu de droite et de gauche pour façonner son personnage. Mais le grand facteur pour lui, c'est la PUISSANCE DU TEMPS.

« Tous les êtres organisés, dit-il, se transforment incessamment depuis des *milliards* de siècles. Descendues d'un commun parent, les espèces se multiplient en divergeant graduellement, tout en conservant par héritage quelque caractère commun. Les extinctions d'espèces élargissent toujours de plus en plus les lacunes qui séparent les divers groupes de chaque classe ;

quant aux espèces persistantes, elles subissent, à la longue, l'action modificatrice du temps. C'est ainsi que les membres supérieurs qui servaient de pieds aux espèces-mères peuvent, par le cours prolongé des modifications, s'adapter chez un descendant à servir de mains, chez un autre de nageoires, et chez un autre d'ailes. »

Ainsi raisonne Darwin. Pour moi, j'y vois bien moins un raisonnement qu'une manière d'éluder l'intervention divine, car enfin les variations accidentelles, quel que soit leur nombre, et de quelque temps qu'elles disposent, ne sauraient suivre aucun plan, si leur multitude inintelligente n'est pas dirigée, utilisée, par une intelligence capable de s'en servir pour atteindre ses fins et réaliser son but.

La « Sélection » universelle et constante, telle que la comprend Darwin, suppose donc un esprit tout-puissant, présent partout, toujours attentif à choisir, à conserver et à combiner les variétés conformes à ses desseins. Aucune loi abstraite, aucune force aveugle ne peut remplir le rôle de cette Providence souveraine.

« Mais, ajoute Darwin, chaque organe, aussi bien que chaque instinct, est la résultante d'un grand nombre de combinaisons partielles, à peu près comme toute grande invention mécanique est la résultante du travail, de l'expérience, de la raison et même des erreurs de beaucoup d'ouvriers. »

C'est le même vice de raisonnement sous une autre forme : aussi reproduirai-je la même réponse.

Les ouvriers qui contribuent ainsi aux grandes inventions mécaniques par leur travail, par leur expérience, par leur raison et même par leurs erreurs, sont plus ou moins intelligents, et le résultat définitif est surtout l'œuvre d'un esprit supérieur qui recueille, combine et féconde les matériaux élaborés.

M. Renan, qu'on est toujours sûr de voir mêler son mot aux questions qui sapent nos croyances, a résumé cette prétendue action insensible et impersonnelle dans une phrase à effet, qui vise à la profondeur, mais qui n'est que creuse :

« LÉ TEMPS, dit-il, EST LE FACTEUR UNIVERSEL, LÉ GRAND COEFFICIENT DE L'ÉTERNEL DEVENIR. »

Quel charabia! Comme si la durée des êtres contingents expliquait leur origine! M. Renan a, du reste, d'autant plus qualité pour se faire l'auxiliaire de Darwin, que son livre de *Jésus*[1] est, comme solidité, logique et portée, l'équivalent du livre de l'*Origine des espèces*.

Darwin insiste tout particulièrement sur les *milliards* d'années dont il gratifie si généreusement l'Age du monde. Laissons passer ce chiffre. Et après? « Le temps ne fait rien à l'affaire. »

Réfléchissez donc que, depuis six mille ans au moins, ainsi que l'atteste la géologie d'accord avec la Bible, les lois posées par le Créateur n'ont jamais varié. Pourquoi voulez-vous qu'antérieurement elles aient offert de si étranges changements? Pourquoi surtout ne faites-vous dater ces changements qu'à partir du moment où, de votre propre aveu, toute vérification matérielle est devenue impossible? Nul n'a le droit d'invoquer l'inconnu au profit de ses idées et d'imposer les chimères qu'il se forge comme base d'un système.

Darwin, par l'espèce d'éblouissement que lui causent ces MILLIARDS d'années, me semble être le jouet de la même illusion d'optique que celui qui contemple une longue avenue dont les arbres lui paraissaient se toucher à l'extrémité opposée. Lui aussi croit voir les

---

1. Je me suis expliqué déjà sur la valeur ou plutôt sur la nullité de ce livre, dont personne heureusement ne parle plus aujourd'hui, dans un opuscule intitulé: *Les Hallucinés et les Hallucinées de M. Renan.*

espèces animales, aujourd'hui distinctes, se toucher et se confondre à l'extrémité des ÉPOQUES INCOMMENSURABLES qui marquent l'âge de notre planète. Il oublie cette loi géométrique que deux parallèles, quelque prolongées qu'on les suppose, ne sauraient jamais se rejoindre.

DES MÉTHODES EN HISTOIRE NATURELLE.

Nécessité d'une méthode en toute science ; Darwin opposé à Cuvier.

Dans toute science, il faut nécessairement une méthode. L'histoire naturelle est peut-être celle qui en a le plus besoin, car il s'agit de réunir et de classer des êtres très nombreux, le plus souvent étrangers les uns aux autres, et parfois séparés par les plus singuliers contrastes. Seulement tout repose sur le choix même de la méthode.

Ainsi nous avons vu, dans l'exposé des faits qui précèdent, à quels résultats différents sont arrivés Cuvier et Darwin, bien que placés sur le même terrain, le terrain de l'observation. Ces différences étaient, on peut le dire, dans la logique des choses, par suite de la différence même des méthodes qu'ont suivies ces deux naturalistes.

Ces deux naturalistes ! Est-ce que, moi aussi, je mettrais sur la même ligne deux noms si bien faits, dans cette circonstance du moins, pour s'exclure ! Nullement. Si je les rapproche, c'est uniquement pour en faire mieux ressortir encore l'opposition.

Je disais donc que Cuvier et Darwin sont arrivés à des résultats tout à fait différents, ce que j'attribue aux différences mêmes de leurs méthodes. Ces méthodes, comparons-les entre elles. Il en ressortira une connaissance plus exacte des faits ; il en ressortira surtout de graves enseignements sur les dangers qu'il y a de vouloir substituer ses propres lois à celles du Créateur.

MÉTHODE DE CUVIER ET MÉTHODE DE DARWIN.

Base de la méthode de Cuvier; un animal reconstruit avec un os; tout un monde inconnu révélé; Darwin n'a pas de méthode; il prend la création à rebours; son peu de souci des objections; erreurs physiologiques; renouvellement des solides et des liquides; le couteau de Jeannot; méthode d'autruche subtituée à la méthode naturelle.

Cuvier, nous nous le rappelons, a pris pour point de départ l'anatomie et la physiologie comparées : il s'est dit que, dans une machine aussi compliquée et néanmoins aussi essentiellement unie que celle qui constitue le corps de tout animal, toutes les parties devaient nécessairement être disposées les unes pour les autres, de manière à se correspondre et à s'ajuster entre elles pour former, par leur ensemble, un système unique.

Une seule partie ne pourra donc changer de forme, sans que toutes les autres en changent aussi: de la forme de l'une d'elles on pourra donc conclure la forme de toutes les autres.

Supposez un CARNIVORE.

Il aura nécessairement des *organes des sens* et des *organes du mouvement;* il aura des *doigts*, des *dents*, un *estomac*, des *intestins*, disposés pour apercevoir, pour atteindre, pour saisir, pour déchirer, pour digérer une proie; et toutes ces conditions seront rigoureusement enchaînées entre elles, car, une seule manquant, toutes les autres seraient sans effet, sans résultat : l'animal ne pourrait subsister.

Supposez, au contraire, un HERBIVORE.

Tout cet ensemble de conditions sera nécessairement changé. Les *dents*, les *doigts*, l'*estomac*, les *intestins*, les *organes du mouvement*, les *organes des sens*, toutes ces parties auront pris de nouvelles formes, et ces formes nouvelles seront toujours proportionnées entre elles, et relatives les unes aux autres.

De la forme d'une seule des parties de l'animal, de la forme des *dents*, par exemple, on pourra donc conclure, et conclure avec certitude, la forme des *pieds*, celle des *mâchoires*, celle de l'*estomac* et celle des *intestins*, toutes ces parties se déduisant les unes des autres : or, telle est la rigueur, telle est l'infaillibilité de ces déductions, qu'on a vu, ainsi que je l'ai dit, Cuvier reconnaître un animal par un seul os, par une seule facette d'os.

Cette méthode de démêler les os confondus ensemble et de rapporter chaque os à son espèce, une fois conçue, ce ne fut plus par espèces isolées, ce fut par groupes, par masses, que reparurent toutes ces populations éteintes, monuments antiques des révolutions du globe : on put dès lors se faire une idée, non seulement de leurs formes extraordinaires, mais de la multitude prodigieuse de leurs espèces.

Ce monde inconnu, révélé aux naturalistes, est, sans contredit, la découverte la plus brillante dont puisse s'honorer l'esprit humain. C'est ce qui a porté si haut la méthode à laquelle Cuvier a attaché son nom; méthode tellement acceptée par tous aujourd'hui qu'il est inutile que nous insistions davantage à son sujet.

— Parlons maintenant de la méthode de Darwin.

Mais d'abord il n'est pas démontré pour moi que sa manière d'opérer mérite le nom de « méthode », car qui dit méthode implique nécessairement certain ordre et certain plan, d'après certaines règles; ici, au contraire, rien de tout cela. De la fantaisie que rien n'explique, et du burlesque que rien ne motive : voilà tout le système. Ce système a pour point de départ l'inconnu, pour pièces justificatives l'introuvable, et pour conséquences forcées l'impossible ou l'absurde. On dirait que Darwin s'est donné la mission de prendre la création à rebours et de réhabiliter le chaos.

Citons quelques exemples de sa manière la plus habituelle de procéder.

Il propose d'abord ses hypothèses sous une forme prudente et presque timide. Mais peu à peu il s'enhardit et insinue ses conjectures les plus paradoxales comme possibles ; bientôt il les tient pour certaines : enfin il les suppose démontrées et il raisonne en conséquence ; finalement il n'admet pas qu'un vrai savant puisse penser autrement que lui, et il traite avec dédain ceux qui s'obstinent à garder encore des opinions opposées.

Ces changements de ton sont gradués de manière à communiquer l'enthousiasme de l'auteur à ses disciples susceptibles de fascination. Ceux-ci se sentent fascinés, parce qu'il est fasciné lui-même.

Tel est le charme qu'ont pour Darwin ses propres hypothèses que les objections les plus fortes ne font aucune impression sur son esprit. Ces objections, il les expose avec une extrême loyauté et cherche longuement à les résoudre. Parfois il avoue ne point posséder encore une solution satisfaisante ; mais il déclare aussitôt que cela n'ébranle aucunement sa confiance, et il le prouve par sa persistance dans les mêmes idées.

---

1. Voici en quels termes M. Agassiz, qui cependant n'est pas un des détracteurs de Darwin, juge son système :

« JE CROIS CE SYSTÈME CONTRAIRE AUX VRAIES MÉTHODES DONT L'HISTOIRE NATURELLE DOIT S'INSPIRER ; JE LE CROIS PERNICIEUX ET FATAL AUX PROGRÈS DES SCIENCES. »

Ainsi, malgré tous les démentis donnés par la paléontologie, il s'obstine à dire que les espèces animales se sont accrues par gradations successives; il soutient de même qu'elles se sont perfectionnées par degrés, encore bien qu'il soit démontré que toutes aient apporté originairement le sceau de leur perfectionnement individuel.

D'ailleurs, en quoi donc un animal est-il plus parfait qu'un autre? Il serait plus exact de dire qu'ils sont tous également parfaits en ce sens que tous remplissent, avec une même perfection, le rôle qui leur a été assigné dans l'ordre de la nature.

Serait-ce que la supériorité d'un animal se jugerait d'après son plus grand développement corporel? Mais l'être le plus petit est souvent celui dont l'organisation est la plus merveilleuse, et, comme l'a dit le poète :

> C'est dans un faible objet, imperceptible ouvrage,
> Que l'art de l'ouvrier me frappe davantage.

Disons enfin qu'il est une raison physiologique que Darwin semble avoir méconnue, et qui prouve mieux qu'aucune autre que tout cet échafaudage de suppositions et d'hypothèse n'est qu'une pure fiction; cette raison, la voici :

Darwin établit, comme base de son système, qu'il ne s'agit pas seulement d'une simple modification des espèces, mais bien de leur transformation radicale. Ainsi, de larve on devient poisson, de poisson reptile, de reptile oiseau et d'oiseau mammifère; il en résulte forcément ce phénomène inouï que chacune de ces métamorphoses entraîne, toutes les fois qu'elle se répète, un renouvellement complet des solides et des liquides.

Je dis que les solides et les liquides doivent se renouveler complètement.

Pour les solides, la chose et de toute évidence. Il suffit de se rappeler que les os et la chair d'un animal diffèrent essentiellement des os et de la chair d'un autre animal. Les différences ne portent pas seulement sur la disposition des cellules et l'agencement des fibres : le miscroscope montre qu'elles portent jusque sur la trame même des organes. Tout animal, pour passer d'une espèce à une autre, perdra donc forcément son organisation matérielle propre, pour revêtir celle de l'animal dans lequel il s'incorporera.

Voilà pour les solides. Quant à ce qui est des liquides, l'évidence n'est pas moindre. Prenons le sang comme exemple.

On sait que ce n'est pas un fluide homogène, mais qu'il contient en suspension des myriades de petits corps appelés « globules » ; je ne saurais mieux en donner l'idée qu'en les comparant à ces paillettes d'or qui nagent dans l'eau-de-vie de Dantzig. Ces globules sont appropriés par leur volume et leur forme au diamètre des infiniment petits vaisseaux qu'ils doivent traverser. Lenticulaires chez l'homme, elliptiques chez les oiseaux, ovoïdes chez les batraciens, il varient ainsi suivant chaque espèce. Ils varieront donc également toutes les fois que l'espèce changera. C'est ce qui explique pourquoi, dans les opérations de transfusion qu'on a tout récemment réhabilitées, on ne peut injecter dans les veines d'un homme d'autre sang que du sang humain, sous peine de déterminer dans la circulation les désordres les plus graves, par l'arrêt des globules dans les vaisseaux capillaires.

Il en est donc des liquides comme des solides, toute nouvelle métamorphose devant amener forcément leur changement intégral : or cela se répétera ainsi plusieurs fois chez chaque individu jusqu'à sa fixation définitive comme espèce. Mais c'est l'histoire de la lame et du

manche du couteau de Jeannot, élevée à la hauteur
d'un principe !

Voilà cependant où la manie des systèmes peut conduire les esprits les plus distingués. On violente les
faits, on violente jusqu'au sens commun, et cela pour
aboutir aux conceptions ridicules dont nous venons de
donner le lamentable et trop véridique tableau.

— Essayons maintenant de caractériser par un mot la
méthode de Cuvier et la méthode de Darwin.

Dans la première, on prend pour point de départ
l'observation de ce qui est et l'étude de ce qu'on voit ;
mettant ensuite à contribution toutes les données que
fournissent l'anatomie et la physiologie comparées,
ainsi que la géologie fossile, on arrive, par des déductions logiques, à constituer un tout homogène.

Dans la seconde, au contraire, on s'isole du monde
matériel et visible pour se recueillir dans son imagination et se bercer de ses chimères. C'est identique-
ment le procédé de cet oiseau du désert, dont parlent
les voyageurs, qui se place la tête sous l'aile pour
qu'aucune impression du dehors ne vienne troubler sa
sérénité.

La première de ces méthodes est connue sous le nom
de « *Méthode naturelle* » ; nous proposons, pour la
seconde, celui de « *Méthode d'autruche* ».

LA SCIENCE VRAIE SUBSTITUÉE A L'HYPOTHÈSE.

Assertions de Darwin réfutées ; affirmation des vérités contraires ;
inutile de revenir sur la nécessité d'une création ; reste à prouver la fixité des espèces.

Nous nous sommes attaché jusqu'à présent à réfuter
les assertions de Darwin et nous croyons avoir démontré
qu'elles ne reposent sur rien absolument de sérieux ni

parfois de raisonnable. Nous pourrions donc à la rigueur en rester là. Mais ne perdons pas de vue que nous ne sommes pas seulement en face d'un homme, car cet homme s'appelle « Légion » :

> . . . . Uno avulso, non deficit alter.
> « Quand l'un vient à manquer, un autre le remplace. »

Aussi n'est-ce pas assez d'avoir fait ressortir toute l'inanité des théories darwiniennes : il nous faut, de plus, affirmer les vérités contraires, en d'autres termes, remplacer l'hypothèse par la vraie science. Toutefois, afin d'éviter d'inutiles redites, commençons par faire la part de ce qui n'a plus besoin de preuves d'avec ce qui comporte encore un complément de démonstrations.

La question des « Générations spontanées » est chose jugée, et jugée sans appel. Les expériences si concluantes de M. Pasteur et les débats académiques auxquels elles ont donné lieu y ont porté le coup de grâce. C'est au point que ses derniers partisans ne combattent plus que pour ce que j'appellerais volontiers, s'il s'agissait d'une meilleure cause, l'honneur du drapeau.

Nous pouvons donc regarder la NÉCESSITÉ D'UNE CRÉATION comme un premier point parfaitement établi.

Maintenant, comment les êtres, une fois créés, ont-ils perpétué leur race? Il semble bien évident que le mode employé de nos jours doive être le même que celui qui a existé dès l'origine, puisque ce qui constitue le cachet des lois portées par le Créateur, c'est leur immutabilité. On doit, par suite, se croire autorisé à conclure de ce qui se passe aujourd'hui à ce qui s'est passé autrefois, à savoir que les espèces ne changent pas.

Oui, mais, malgré la logique de ces raisonnements, le fait est contesté par Darwin et son école, qui admettent au contraire que les espèces se transforment.

Ainsi donc, il nous reste encore un point à établir, c'est celui qui a trait à la FIXITÉ DES ESPÈCES.

Afin de ne rien omettre d'essentiel dans notre démonstration, nous reprendrons l'être tout à fait à ses débuts dans la vie, ou, pour nous servir d'un terme de circonstance, nous le reprendrons *ab ovo*.

DE L'ŒUF, POINT DE DÉPART DE TOUT ÊTRE VIVANT.

Première loi ; un axiome d'Harvey ; ce qu'on entend par œuf ; tous les germes se ressemblent ; action prédominante d'un esprit organisateur ; une comparaison de saint Augustin ; deuxième loi ; nécessité d'un mâle et d'une femelle ; troisième loi ; tout nouvel être reproduit le type de sa race ; comme quoi Adam et Ève ont forcément existé.

La science moderne a érigé en loi le célèbre axiome d'Harvey : *Omne vivum ex ovo;* « TOUT ÊTRE VIVANT PROVIENT D'UN ŒUF. »

Cet axiome parut longtemps un peu trop absolu, mais les récentes découvertes de l'embryologie ont démontré qu'il n'est que l'expression vraie d'un fait universel. Toutefois, avant d'aller plus loin, expliquons-nous sur le sens qu'il faut donner au mot « œuf ».

Dans le langage vulgaire, on désigne par le mot œuf un corps arrondi, plus ou moins volumineux, qui renferme le germe d'un oiseau. Pour le physiologiste, le nom d'œuf se donne à tout rudiment analogue d'un nouvel être organisé qui donne naissance au produit de la conception. A ce dernier point de vue, tous les animaux sans en excepter aucun sont reconnus ovipares, avec cette seule distinction que, dans les uns, ceux qu'on appelle les *Ovipares proprement dits*, l'œuf sort avant le développement du fœtus, et que, dans les autres, les *Vivipares* ou *Mammifères*, le petit ne sort que quand le développement du fœtus est complet.

La loi qui préside au mécanisme de la génération des êtres ne saurait donc être mieux exprimée que par la formule d'Harvey :

« Tout être vivant provient d'un œuf. »

Mais cet œuf, tant qu'il n'est encore qu'à l'état de germe, ne représente qu'un globule incolore, inerte, sans caractères déterminés ; quelque habitude que vous ayez de manier le microscope, vous n'arriverez jamais à distinguer le germe d'un oiseau de celui d'un poisson ou de celui d'un mammifère.

Dès lors la manière dont les organes sortent graduellement d'un tout d'apparence homogène ; les changements, les complications, les rapports, les fonctions qui s'établissent à chaque nouvelle phase ; la façon dont, finalement, le jeune animal revêt sa forme et sa structure définitives pour devenir un être nouveau et indépendant, prouvent qu'il y a dans l'œuf une abstraction fort extraordinaire, due à l'action préexistante d'un esprit organisateur. D'où il faut conclure que tout animal porte en soi le principe même de son individualité.

Ainsi se trouve justifiée cette comparaison si pittoresque et si juste de saint Augustin :

« De même, a-t-il dit, que chaque graine porte en elle, sans qu'on les voie, toutes les choses qui se développeront avec le temps pour former un arbre, de même on doit se représenter le monde, lorsque Dieu le créa dans son ensemble, comme possédant d'emblée tout ce qui avait été fait en lui et avec lui, bien avant que l'action du temps n'en révélât l'existence[1]. »

Mais revenons à notre étude de l'œuf.

----

1. *Sicut in ipso grano invisibiliter erant omnia simul quæ per tempora in arborem surgerent, ita ipse mundus cogitandus est, cum Deus simul omnia creavit, habuisse simul omnia quæ in illo et cum illo facta sunt, priusquam per temporum moras ita exorirentur.*

Cet œuf renferme donc tous les rudiments d'un nouvel être. Seulement ce nouvel être ne pourra naître à la vie qu'autant que l'œuf lui-même aura été fécondé, ce qui indique l'existence d'un mâle et d'une femelle. Il résulte en effet des recherches des naturalistes modernes que la réunion des deux sexes sur le même individu, l'hermaphrodisme, comme on l'appelle, est chose excessivement rare. D'ailleurs elle ne s'observe pas dans la classe des Vertébrés, celle précisément à laquelle nous appartenons.

D'où cette seconde loi, non moins importante que celle d'Harvey :

Tout être vivant provient d'un père et d'une mère.

Ce n'est pas tout encore. Les travaux modernes ont prouvé également que tout nouvel être appartient à la même espèce que l'œuf qui l'a produit. Ainsi l'œuf fécondé d'un poisson donnera naissance à un poisson ; l'œuf fécondé d'un oiseau donnera naissance à un oiseau ; l'œuf fécondé d'un mammifère donnera naissance à un mammifère : et ce nouveau poisson, ce nouvel oiseau, ce nouveau mammifère représentera constamment le type de sa race.

D'où cette troisième loi, non moins essentielle que les deux premières :

Tout être vivant appartient a la même espèce que ses géniteurs.

Faisons maintenant l'application de ces lois, *sur lesquelles tout le monde est d'accord*, à l'espèce humaine, pour rechercher son origine.

Nous n'avons point à nous préoccuper ici de ce que Moïse a pu dire de la création de l'homme, de ce que Darwin a pu imaginer de ses transformations, enfin de ce que nous avons dit nous-même de son état au sortir des mains du Créateur. Non, la question n'est plus là, Elle se trouve ramenée tout entière à un simple pro-

blème d'histoire naturelle dont la solution va nous être
donnée par les lois qui précèdent. Voici en effet comment nous raisonnerons :

Le premier œuf humain a donné naissance à un premier enfant ; il a fallu pour cela le concours d'un père
et d'une mère ; ce père et cette mère ont appartenu forcément à l'espèce humaine : donc Adam et Ève ont
existé.

QUELQUES PARTICULARITÉS RELATIVES A L'ŒUF.

*Impossibilité de distinguer l'œuf fécondé de celui qui ne l'est pas ;
de l'incubation ; la chaleur seule agit ; l'œuf de l'oiseau ; sa protection assurée ; aliments calculés ; sécrétion du lait pour les vivipares ; les causes finales ; sollicitude des géniteurs ; quelques
exemples pris au hasard ; réhabilitation de l'huître par M. Coste ;
curieuse expérience d'Aristote sur les pigeons ; il n'est pas de
petit fait dans les sciences.*

Tout ce qui touche à l'œuf offre un tel intérêt, parfois même une telle importance, que nous croyons
devoir revenir encore sur certaines particularités qui
s'y rattachent.

L'impossibilité que nous avons signalée de distinguer
l'œuf d'une espèce de l'œuf d'une autre espèce existe
au même degré pour l'œuf fécondé et celui qui ne l'est
pas. Rien ne trahit leur différence d'état, et il n'y a
d'autre pierre de touche que l'incubation. Si l'œuf soumis à l'incubation n'est pas fécondé, il ne tarde pas à
se corrompre. S'il est fécondé, l'incubation y produit à
l'instant même tout un travail intérieur qui se termine
par l'éclosion d'un nouvel être.

Qu'a-t-il fallu pour amener ce résultat ? Un peu de
chaleur. Ce que la mère donne à l'œuf en le couvant,
c'est uniquement de la chaleur. Aussi les œufs d'une
espèce peuvent-ils être couvés par les animaux d'une

autre espèce : par exemple, les œufs d'une cane par une poule et réciproquement. Toute chaleur est bonne pour cet usage. De là ces incubations artificielles, connues déjà de l'ancienne Égypte, où je les ai vues pratiquées aux mêmes lieux qu'autrefois [1], et qui, aujourd'hui en France, constituent toute une industrie.

Je regrette que les termes un peu techniques dont il me faudrait nécessairement user ne me permettent pas de décrire les évolutions diverses par lesquelles le germe passe d'une vie latente à une vie active. Je ne saurais toutefois ne pas indiquer quelques-unes des précautions minutieuses dont la nature entoure l'œuf. Prenons comme specimen celui de l'oiseau.

Et d'abord, pour des organes aussi frêles que le sont ceux du nouvel être, une enveloppe commune et protectrice était nécessaire. Cette enveloppe est la *coquille*. Au moyen de sa coquille, l'œuf peut résister aux agents de destruction qui l'environnent.

En second lieu, il fallait que le nouvel être fût préservé du contact des autres parties qui composent l'œuf, et garanti des chocs et des secousses du dehors. C'est le liquide dans lequel il nage, et qu'on appelle le *blanc*, qui remplit ces importantes fonctions.

En troisième lieu, l'œuf étant complétement séparé de sa mère, s'il n'y avait pas eu dans l'œuf même une provision de nourriture, comment le fœtus eut-il vécu ? Aussi le *jaune* contient-il une provision de matière nutritive telle qu'il la fallait pour le jeune être. Cette provision a été si bien calculée que le fœtus trouve dans l'œuf tout juste ce qu'il lui faut de nourriture pour le temps de son développement. Est-elle épuisée, aussitôt il brise sa coquille avec son bec et sort de sa prison qui, sans cela, deviendrait pour lui une « tour de la faim ».

---

1. C'est surtout dans les environs du Caire, aux endroits décrits par Strabon et par Pline, que se trouvent les fours à éclosion.

Dans les vivipares, chose admirable ! il se développe
parallèlement à la croissance du fœtus, non pas en lui,
mais dans sa mère, un organe destiné à préparer son
aliment après sa naissance : cet organe est la *mamelle*,
cet aliment est le *lait*.

En face de ces précautions et de ces prévisions, n'est-
il pas manifeste que les fonctions sont le but, la *fin* des
organes, et ne sommes-nous pas fondé à dire que la
physiologie est parfois la démonstration la plus évidente
des *causes finales ?*

Cette sollicitude que la nature déploie à l'égard de
l'œuf, nous la retrouvons dans la tendresse instinctive
et éminemment pratique des géniteurs, soit pour éviter
les agents physiques qui pourraient lui nuire, soit pour
utiliser ceux qui doivent en favoriser l'éclosion. Citons
de même quelques exemples pris un peu au hasard
parmi les diverses espèces animales.

Les oiseaux construisent leurs nids de manière à préserver leur couvée des atteintes de la pluie et du souffle
de certains vents, tout en ménageant l'accès de l'air et
de la lumière ; les reptiles terrestres enterrent leurs
œufs à une profondeur habilement calculée, pour les
soustraire à toute action variable de l'humidité, de la
chaleur ou du froid ; les poissons les déposent dans les
endroits où ils sont le moins exposés aux causes si
nombreuses de destruction qui les entourent ; enfin,
qui le croirait ? celui de tous les animaux à qui M. Coste,
juge si compétent en pareille matière, décerne la palme
de cette sorte de prescience, c'est.... l'huître.

. . . . On ne s'attendait guère
A voir une *huître* en cette affaire.

Que de ressources, que d'habiletés déploie effectivement ce précieux mollusque !

D'abord il fait choix d'un rocher parfaitement à l'abri

des courants trop rapides et du choc trop direct des vagues ; puis il y dépose, non pas indifféremment sur telle ou telle surface, mais là ou les aspérités rendront l'adhérence plus facile, ses ovules qu'enveloppe un enduit visqueux. Le niveau où aura lieu ce dépôt indique une profonde connaissance des marées ; il est combiné de telle sorte que le « frai » n'est jamais à sec, même par les eaux les plus basses, tandis que, quand la mer bat le plein, la couche d'eau qui le recouvre n'est jamais assez épaisse pour intercepter complétement le passage des rayons et de la chaleur solaires.

Puis, plus tard, quels soins pour élever la jeune famille! Quelle sollicitude pour la nourrir!

Je ne saurais, à cet égard, trop vous engager à lire les pages si bien senties et si émouvantes de M. Coste. Elles sont la réhabilitation de cet intelligent bivalve, trop légèrement jugé par la foule, et qui ne mérite réellement qu'un seul reproche, celui de coûter beaucoup trop cher.

Mais je n'en finirais pas, si je voulais, non pas épui-ser, mais seulement effleurer les divers sujets qui se rattachent à ces questions d'ovologie. Qu'il me suffise de citer en terminant une curieuse et jolie expérience d'Aristote, qui prouve que tout est calculé dans la nature.

On sait que le pigeon produit deux œufs, l'un mâle, l'autre femelle ; cela est invariable. Aristote voulut savoir quel était celui des deux sexes qui naissait le premier. Il trouva que toujours le premier œuf donnait le mâle, et toujours le second la femelle.

Ainsi donc, dans l'espèce pigeon, la loi générale est que toute couvée produise un couple et que ce soit le mâle qui ait constamment le pas.

Le philosophe ou plutôt celui qui se croit philosophe dédaigne ces faits qu'il regarde comme petits et puérils. Savoir quel est celui des deux sexes qui naît le premier : qu'importe ! s'écriera-t-il. Mais tout résultat fourni par l'observation scientifique a son utilité. « Un des plus beaux privilèges de la pensée, a dit M. Flourens, est de s'élever par l'étude comparée des faits, même les plus petits, à la connaissance de quelque loi de la nature, chose toujours très grande ».

TOUT ÊTRE VIVANT CONSERVE SON INDIVIDUALITÉ ORIGINELLE.

Une allégation de Darwin réfutée; la matière obéit à la vitalité; jamais de permutations entre espèces; toutes restent fidèles à leur organisation primordiale; Agassiz; preuves empruntées aux polypes; l'individualité du germe ne dévie jamais.

Quelque habiles, quelque ingénieuses que soient les mesures prises par les animaux pour garantir leur progéniture, il y aura toujours quelque chose de plus puissant que leurs prévisions, c'est l'action incessante ou brusque des éléments. Or, s'il est vrai, ainsi que le prétend Darwin, que l'ovule n'appartienne, originairement, à aucune espèce pas plus qu'à aucune autre, qu'il n'existe en lui aucun principe inné, et que, s'il devient tel animal plutôt que tel autre, c'est uniquement le résultat des milieux au sein desquels il s'est développé et a grandi, le moindre incident qui modifiera les conditions primordiales du germe amènera la perte de son individualité. Or, qu'apprend l'observation ?

Elle donne à toutes ces élucubrations de Darwin le démenti le plus formel.

Jamais on ne voit aucun être vivant sortir du plan établi pour sa classe, ni produire autre chose que ce qu'il est lui-même; en d'autres termes, jamais il ne perd son individualité originelle.

Chaque pièce, chaque rudiment qui entre dans la composition du germe a si bien sa destination marquée d'avance, que les premières évolutions de l'animal amènent des assimilations différentes, bien que puisées aux mêmes éléments chimiques.

Voici, par exemple, du phosphate de chaux. Tant que la vie ne l'a point touché, il reste le même comme cristallisation et comme agencement moléculaire; mais, intervienne la vitalité, à dater de ce moment il subit les plus étranges métamorphoses.

Le poisson en fait ses épines, et chaque poisson fait les siennes à sa manière; la tortue en fait sa carapace, le limaçon sa coquille, mais toujours sur le même plan; enfin l'homme, semblable en cela à tous les vertébrés, en fait la charpente de son squelette.

La matière, loin d'avoir une « volonté » en elle, obéit donc servilement à la vitalité. Sans doute elle possède certaines forces, l'électricité, la chaleur, les affinités chimiques; mais ces forces restent latentes tant qu'une puissance supérieure, la vitalité, ne les met pas en jeu; il faut même, pour qu'elles ne s'égarent pas au milieu des phases si variées de la production des espèces, que cette même puissance en règle et en dirige l'action.

Ainsi, tout ce qui respire, *omne vivum*, commence avec l'œuf et reproduit, à chaque génération, tous les changements de développement et de transformation qui sont caractéristiques de sa race. C'est par milliers que l'on compte les différentes espèces animales répandues sur notre planète et appartenant à différents types : or, chacune de ces espèces présente une même ligne de développement et y reste constamment fidèle.

Tout moineau commence par être œuf et subit les diverses évolutions qui appartiennent au genre moineau, jusqu'à l'époque où il est capable de produire lui-même des œufs, qui passeront à leur tour par la même filière.

15.

Tout papillon vient de l'œuf qui engendre la chenille, laquelle chenille se change en chrysalide pour aboutir au papillon qui pond des œufs, et ces œufs parcourront des phases identiques.

Il en sera de même pour toutes les autres espèces animales, quel que soit le degré d'humilité ou de perfection de leur type. Jamais vous n'apercevrez de ces permutations dont parle Darwin, et qui feraient qu'un être quelconque, à un moment donné de l'évolution de l'œuf dont il émane, perdit son individualité pour revêtir celle d'un autre.

C'est ce qui a fait dire à Agassiz, sous forme d'aphorisme :

« Depuis l'introduction première, en ce monde, des animaux, il n'apparaît pas le plus petit indice qu'une espèce se soit jamais transformée en une autre. »

Nous dirons de notre côté :

Puisque les animaux qui vivent aujourd'hui ne sont pas susceptibles de changer et ne passent pas de l'un à l'autre, est-il logique de prétendre que ceux des âges reculés sont devenus ce que nous les voyons maintenant, par suite de changements accomplis dans les générations successives ? Les lois de la nature ont-elles donc tellement changé elles-mêmes, que ce qui ne se fait pas actuellement se soit fait autrefois ? Pareille assertion n'est ni acceptable ni même discutable.

De même que le cycle accompli par chaque animal, depuis son départ de l'œuf jusqu'à sa condition parfaite, retourne au plan imprimé par le Créateur, de même les diverses constitutions fossiles dont nous trouvons les débris jusque dans les roches indiquent une même identité d'organisation primordiale et de développement ultérieur.

Par conséquent, ce qui ne se fait pas aujourd'hui n'a pu se faire autrefois, quelque antiquité que vous attribuiez au monde; c'est ce que prouve le plus simple raisonnement.

Ainsi, est-il possible de dire que les animaux qui furent contemporains sont descendants les uns des autres, ou que des animaux qui ont apparu à la même époque aient échangé leur individualité? Certainement non. Il y a eu tout autant de commencements qu'il existe de représentants de chaque classe.

Voyez les polypes; il ont existé depuis l'origine : or, ils se sont maintenus à travers les âges et les diverses révolutions du globe, en restant toujours polypes.

« Sans doute, répond Darwin; mais les polypes de la période la plus ancienne appartiennent aux types les plus bas, et les polypes vivant actuellement occupent un rang beaucoup plus élevé. Donc, tous ces types se sont perfectionnés, puisque les changements subis ont conduit à un type d'un ordre supérieur. »

Cette objection n'a rien de fondé; elle repose sur des apparences illusoires ou de fausses interprétations.

En effet, si nous trouvons aujourd'hui des polypes supérieurs à ceux qui existaient jadis, nous avons, TOUT A CÔTÉ D'EUX, des polypes aussi bas d'organisation que les plus anciennement connus. Qui aurait pu donner ainsi à certaines formes le don et la faculté de devenir quelque chose de plus haut, et à certaines autres formes l'intention et les moyens de rester, au contraire, à un niveau inférieur? Nous trouvons, je le répète, les formes les plus humbles coexistant CÔTE A CÔTE avec les formes les plus élevées. Il y aurait donc eu, d'après la doctrine de la transformation, des êtres capables de se changer eux-mêmes en même temps qu'ils restaient ce qu'ils étaient, et les mêmes influences auraient produit sur certains d'entre eux un changement qu'elles empêchaient de s'opérer sur d'autres!

Rien de cela n'est possible, et une doctrine, en opposition si flagrante avec les faits, ne saurait être la fidèle interprète de la nature.

D'ailleurs, ces différences dans le développement des types portent sur de simples détails et non sur l'essence même de leur personnalité. Ne voit-on pas également tous les jours, dans une même famille qui compte plusieurs enfants, les uns devenir forts et robustes, les autres rester chétifs et malingres? Que peut-on en conclure contre leur ordre de filiation et leur degré de parenté?

Ainsi donc, l'individualité du germe ne saurait être détournée des voies qu'à tracées d'avance la main du Créateur; il y a là une barrière qui vous arrêtera toujours, à quelque artifice même que vous ayez recours pour l'éluder. Est-ce que, pour ne citer qu'un de ces artifices, quand vous faites couver des œufs de canard par une poule, il arrive jamais que vous obteniez des petits poulets au lieu de canetons?

UNITÉ DE STRUCTURE DES ESPÈCES ANIMALES; IDENTITÉ DES TYPES.

Darwin a méconnu le plan de la création; Newton l'esquisse; Buffon en fait une peinture admirable; un seul mot à rectifier; le plan du Créateur ne se déforme jamais; son unité reste toujours la même; un axiome scientifique; Darwin le remplace par une énormité; difficulté de prouver ce qui n'a pas besoin de preuves.

Ce qui a dû causer l'erreur de Darwin et l'amener à poser en loi, comme point de départ de son système, cette grosse hérésie que « tous les êtres vivants proviennent d'un géniteur commun, dont ils seraient la subdivision, j'allais dire la menue monnaie, » c'est qu'effectivement ils offrent tous, dans leur structure anatomique comme dans le jeu de leurs fonctions, certaine identité de types qui dénote, de la part du Créateur, une parfaite unité de plan. Ainsi le bras de l'homme, la patte antérieure de l'animal, l'aile de l'oiseau et la nageoire pectorale du poisson, ne sont, à vrai dire, que le même membre accommodé, dès l'origine, aux usages qu'il était dans sa destinée d'accomplir. La nature marche ainsi par des gradations inconnues; elle passe d'une espèce à une autre espèce et souvent d'un genre à un autre genre, par des nuances imperceptibles, mais sans jamais s'écarter entièrement de son plan primitif, et surtout sans jamais rien confondre.

Newton est un des premiers qui ait signalé cette uniformité de structure dans le corps des animaux.

« En général, dit-il, les animaux ont deux côtés, l'un droit et l'autre gauche, formés de la même manière; et, sous ces deux côtés, deux jambes par derrière, et deux bras, ou deux jambes ou deux ailes par devant. Sous les épaules, et entre les épaules, un cou qui tient par en bas à l'épine du dos, avec une tête par-dessus où il y a deux oreilles, deux yeux, un nez, une bouche et une langue dans une même situation ».

Tel est le tableau esquissé par Newton en termes un peu secs, qui rappellent par leur laconisme et leur concision la formule des théorèmes.

Buffon va reproduire la même image, mais avec cette richesse d'expression et cette ampleur de style qui étaient le cachet de son talent :

« Prenant, dit-il, son corps pour le modèle physique de tous les êtres vivants, et les ayant mesurés, sondés, comparés dans toutes leurs parties, l'homme a vu que la forme de tout ce qui respire est à peu près la même; qu'en disséquant le singe on pouvait donner l'anatomie de l'homme; qu'en prenant un animal on trouvait toujours le même fond d'organisation, les mêmes sens, les mêmes viscères, les mêmes os, la même chair, le même mouvement dans les fluides, le même jeu, la même action dans les solides. Il a trouvé dans tous un cœur, des veines et des artères ; dans tous, les mêmes organes de circulation, de respiration, de digestion, de nutrition, d'excrétion ; dans tous enfin, une charpente solide, composée des mêmes pièces à peu près assemblées de la même manière.

« Ce plan toujours le même, toujours suivi de l'homme au singe, du singe aux quadrupèdes, des quadrupèdes aux cétacés, aux oiseaux, aux poissons, aux reptiles, ce plan, dis-je, bien saisi par l'esprit humain, est un exemplaire fidèle de la nature vivante, et la vue la plus générale sous laquelle on puisse la considérer.

« Lorsqu'on veut l'étendre et passer de ce qui vit à ce qui végète, on voit ce plan, qui d'abord n'avait varié que par nuances, se *déformer* par degrés des reptiles aux insectes, des vers aux zoophytes, des zoophytes aux plantes, et, quoique altéré dans toutes les parties extérieures, conserver néanmoins le même fond, le même caractère, dont les traits principaux sont la nutrition, le développement et la reproduction ; traits généraux et communs à toute substance organisée ; traits éternels et divers que le temps, loin d'effacer et de détruire, ne fait que renouveler et rendre de plus en plus évidents.

« Ne semble-t-il pas que l'Etre suprême n'a voulu employer qu'une idée, et la varier en même temps de toutes les manières possibles, afin que l'homme pût admirer également et la magnificence de l'exécution et la simplicité du dessein ! »

Ainsi s'exprime Buffon. Je n'ai qu'une rectification à faire dans tout cet admirable morceau, c'est à propos du passage où il est dit que « le plan se *déforme* ».

Non, le plan ne se déforme pas ; c'est seulement un autre plan substitué à celui-là, mais tout aussi parfait.

L'erreur de Buffon vient de ce que, de son temps, on ne connaissait réellement que l'anatomie des animaux vertébrés. Aussi voulait-on rattacher à leur classe les mollusques, les insectes et les zoophytes, qu'on appelait alors « animaux à sang blanc » et qu'on nomme aujourd'hui « animaux sans vertèbres ». C'est Cuvier qui a établi le premier que les animaux sans vertèbres forment des catégories à part, ayant chacune leur plan spécial comme les vertébrés.

Il n'y a donc pas un seul plan dans le règne animal ; il y en a QUATRE :

Le *plan des Vertébrés* ; le *plan des Mollusques* ; le *plan des Insectes* et le *plan des Zoophytes*.

Chacun de ces plans offre, pour les espèces qui le constituent, un caractère d'ensemble et d'unité qui le distingue des autres plans.

Mais Darwin, dominé par ses théories transformistes, a tout confondu, faisant passer de l'un à l'autre plan des êtres qui devaient rester isolés et distincts, et cela parce qu'ils offraient entre eux certaines ressemblances. C'est comme si, quand on compare un chalet et un palais, on soutenait que le palais a dû tout d'abord être chalet, parce qu'il présente, comme ce dernier édifice, des murs, des fenêtres, des portes, une toiture. Mais pourquoi supposer ces transitions de l'un à l'autre, au lieu d'admettre des constitutions primitivement distinctes ? Où donc surtout a-t-on vu que l'analogie des formes implique forcément l'identité des natures et la communauté des origines ?

Mais patience ; nous ne sommes pas au bout des surprises que nous ménage Darwin.

Ainsi, par exemple, il est une formule qui, jusqu'à présent, avait eu cours dans la science à titre d'axiome, c'est celle-ci :

« LES DESCENDANTS DE TOUS LES ÊTRES VIVANTS REPRO-

DUISENT L'IMAGE DES GÉNITEURS, ET LEUR FÉCONDITÉ EST LA GARANTIE DE LA CONSERVATION DES TYPES. »

Darwin a biffé cette formule d'un trait de plume, pour la remplacer par cette autre :

« LES ÊTRES ORGANISÉS QUI SE SUCCÈDENT PAR DESCENDANCE DIRECTE, LOIN DE REPRODUIRE LES CARACTÈRES ESSENTIELS DE LEURS ANCÊTRES, TENDENT AU CONTRAIRE A S'EN ÉLOIGNER ».

Que répondre à de pareilles énormités? Comment raisonner avec quelqu'un qui dit toujours « non » quand les autres disent « oui », et toujours « oui » quand les autres disent « non »? Or, notez que *les autres* s'appellent ici Buffon, Cuvier, de Blainville, Flourens, de Quatrefages; ils s'appellent surtout l'observation et le bon sens.

Me voilà donc tout dérouté. C'est que, s'il est une chose difficile à prouver, c'est précisément celle qui n'a pas besoin de preuves. Tout bien réfléchi, puisque nous sommes suffisamment édifiés sur l'unité de structure et l'identité de types des espèces créées, je ne vois rien de mieux à faire que de passer à l'examen des espèces elles-mêmes.

DES ESPÈCES ET DES RACES; CE QUI LES DIFFÉRENCIE.

Définition de l'espèce; définition de la race; Buffon; quelques exemples; l'espèce a pour caractéristique sa fixité; la race, sa variabilité; art des éleveurs; Darwin et ses pigeons; les hypogées d'Égypte; Lacépède et Geoffroy Saint-Hilaire; ibis embaumés et ibis vivants; les chauves-souris de M. Van Beneden; berceaux et tombeaux; flexibilité des espèces.

Nous avons employé jusqu'à présent, pour la commodité du langage, les mots *espèces* et *races* indifféremment l'un pour l'autre; en cela nous nous sommes conformé à l'usage. Mais, maintenant qu'il nous faut préciser les choses, montrons qu'au point de vue doctrinal ils ont une signification très différente.

On peut définir l'espèce :

« *La succession d'individus semblables issus d'une* PAIRE *primitive.* »

On peut définir la race :

« *La succession d'individus semblables issus d'une* ESPÈCE *primitive .*»

Ainsi l'*espèce* est le point de départ, la forme-mère ; quand ensuite, au milieu des individus dont elle se compose, apparaît une variété, cette variété prend le nom de *race*.

C'est ce qui ressort parfaitement de cette phrase de Buffon :

« *L'homme a créé des* RACES *dans* l'ESPÈCE *des chiens,* en choisissant et mettant ensemble les plus grands et les plus petits, les plus velus et les plus nus, etc. »

Ainsi le basset, l'épagneul, le griffon, la levrette, le boule-dogue et autres variétés, constituent les *races* d'une même *espèce*, l'*espèce* chien.

Je dirai la même chose de l'*espèce* chat, dont les *races* varient à l'infini, depuis le chat de gouttière jusqu'au chat angora ; la même chose de l'*espèce* mouton, dont la plus belle *race* est le mérinos ; la même chose de l'*espèce* poule, dont la *race* cochinchinoise est une des plus estimées, etc. ; il existe du reste peu d'*espèces* domestiques dont l'homme n'ait su ainsi façonner des *races*.

On peut donc se figurer les *espèces*, dont le type originaire n'a pas varié, comme un de ces végétaux dont la tige est tout d'une venue et ne présente aucune branche ; et, au contraire, les *espèces* à *races* plus ou moins nombreuses, comme un arbre dont le tronc se subdivise en branches secondaires, en rameaux et même en ramuscules plus ou moins multiples.

Ces distinctions entre les espèces et les races ne sont pas, je le répète, de simples subtilités de mots ; elles ont au contraire pour nous une importance capitale, en ce qu'elles sapent par sa base tout l'édifice élevé par Darwin.

C'est ce qui va ressortir des développements dans lesquels il nous faut maintenant entrer.

Il est deux grandes lois que nous devons tout d'abord bien établir, car elles donnent la clef de toute la filiation des êtres vivants. Ces lois, on peut les ramener aux deux formules que voici :

Ce qui caractérise l'espèce, c'est sa FIXITÉ ;

Ce qui caractérise la race, c'est sa VARIABILITÉ.

La première de ces lois est le correctif de la seconde. Ainsi on peut dire que, tandis que l'homme travaille à créer des races, la nature s'attache à maintenir intactes les espèces.

L'art des éleveurs ne saurait donc avoir pour but, car il n'a jamais pour résultat, de changer les caractères distinctifs des espèces ; il ne peut qu'en modifier les touches et les tons. Il est vrai que, dans ces limites, on arrive à des résultats parfois fort extraordinaires.

Veut-on, par exemple, faire disparaître un défaut, on croise pendant plusieurs générations des individus de la race défectueuse avec d'autres ayant les qualités opposées ; chaque nouvelle génération fait ainsi un pas de plus vers l'amélioration qu'on se propose.

Désire-t-on, au contraire, développer certaines perfections, on croise entre eux les individus les plus heureusement doués à cet égard ; on arrive à obtenir de même des produits de plus en plus parfaits.

C'est ainsi qu'en France Daubenton à créé la race des moutons mérinos ; en Angleterre, Bakwell celle du bœuf Dishley, et les frères Collins celle du bœuf Durham ; enfin sir John Sebright, le plus célèbre éle-

veur de pigeons que possède l'Angleterre, a pu écrire
cette phrase, que semble traverser je ne sais quelle
brise venant de la Garonne : « Je me fais fort en trois
ans de produire tel plumage qu'on m'aura indiqué,
mais il m'en faut six pour façonner un bec. »

Voilà sans doute des résultats fort étranges, et qui
prouvent que la chair elle-même peut être rendue mal-
léable. Ce serait presque le cas de s'écrier avec le poète :
« Rien n'est impossible à l'homme » :

     Nil homini arduum est....

Seulement, je ne saurais trop le répéter, cette puissance modificatrice que possède l'homme est toujours
restreinte dans les limites de la race, et elle n'efface
jamais complètement le cachet primordial qui est le
propre de l'espèce.

Qui le croirait? C'est à Darwin lui-même qu'on doit
surtout la preuve de ce dernier fait. Ainsi il a démontré,
de la manière la plus évidente, que les diverses races
de pigeons domestiques ou sauvages, — et il en décrit
plus de cent cinquante, — proviennent toutes d'une
espèce unique, le biset (*columba livia*), ce qui ne l'empêche pas de retomber presque aussitôt dans son éternel
refrain de permutations et de métamorphoses, et cela
parce qu'il s'obstine à confondre l'espèce avec la race.

Ainsi donc ce qui caractérise les espèces, c'est la fixité
de leurs types. Les nombreux fossiles qu'a reconstruits
le génie de Cuvier, lesquels fossiles forment autant de
familles distinctes qu'ils représentent de groupes, sont
l'éclatante confirmation de cette loi.

Nous en avons une preuve non moins évidente encore
dans ces hypogées que nous a légués l'antique Égypte ;
ce sont des collections merveilleuses, des musées véritables, qui ne le cèdent en rien aux collections et aux
musées souterrains dont la paléontologie nous a dévoilé

les trésors. Grâce aux pratiques de l'embaumement, usité alors sur une si grande échelle, qu'en plus de l'homme on l'appliquait à tous les animaux sans exception[1], on y retrouve intactes des générations tout entières éteintes depuis des milliers de siècles.

Si, comme dans la *Belle au bois dormant*, ces générations pouvaient tout à coup sortir de leur sommeil et de leur tombeau, pour se mêler aux espèces animales actuellement existantes, elles formeraient toutes entre elles un ensemble tellement homogène, qu'il serait impossible de distinguer les aînés des cadets.

Sur ce point, les recherches des modernes n'ont fait que confirmer les déductions tirées par Geoffroy Saint-Hilaire de ses belles et longues études dans les nécropoles de Thèbes, et que Lacépède résumait ainsi dans un Rapport resté célèbre :

« Il résulte de cette partie de la collection du *citoyen* Geoffroy que ces animaux sont parfaitement semblables à ceux d'aujourd'hui. »

(Le mot « citoyen » me dispense d'ajouter que ce rapport date de la première révolution.)

Cette similitude si parfaite, j'ai pu en juger par moi-même pendant mon séjour en Égypte, lors de l'inauguration du canal de Suez. Ainsi, en comparant des ibis embaumés, provenant de la grotte de Samoun, avec des

----

1. L'opération de l'embaumement en Égypte était par-dessus tout une mesure d'hygiène. Si en effet on eût confié simplement les corps à la terre, n'était-il pas à craindre que le Nil, à chacune de ses inondations, ne ravinât le sol au point de mettre à nu des détritus cadavériques qui, entraînés par les eaux, puis exposés à l'air, sous un ciel torride, dégageraient dans l'atmosphère des miasmes pestilentiels ? C'est ce qui arriva plus tard, sous la domination musulmane, quand on eut substitué l'enterrement simple à l'embaumement. Il fallut toute l'énergie de Méhémet-Ali pour forcer les fellahs à creuser des fosses suffisamment profondes pour mettre les corps à l'abri des atteintes du fleuve. Alors seulement l'Égypte recouvra ses conditions premières de salubrité.

ibis sculptés, tels qu'on les voit sur les obélisques, et des ibis pleins de vie, comme il y en a des légions sur le lac Menzaleh, je n'ai trouvé entre eux aucune différence appréciable: c'est toujours le même oiseau, aux formes gracieuses et sveltes et au port élégant. Or, ne perdons pas de vue qu'il s'agit ici d'une période de plus de cinq mille ans!

Enfin, on doit à un zoologiste éminent, M. Van Beneden, professeur à l'université de Louvain, la curieuse observation que voici :

Les chauves-souris, qui vivent aujourd'hui dans les grottes, sont exactement les mêmes que celles qui y vivaient aux époques primitives; la comparaison est d'autant plus facile que les mêmes espèces, qu'on me pardonne le mot, n'ont jamais *déménagé*, de telle sorte que le berceau du nouveau-né se trouve tout à côté du tombeau de l'aïeul. Or, les chauves-souris se nourrissent toutes de la même manière et préfèrent les mêmes insectes, ce qui a dû amener entre elles, pendant toute une longue série de siècles, de formidables « luttes pour l'existence ». Si donc la théorie de Darwin est exacte, il en sera résulté des changements correspondants dans la taille, la charpente, la structure, dans tout l'être, en un mot, des dernières générations. Et cependant ces animaux ont si peu varié qu'ils sont aujourd'hui *absolument les mêmes* qu'aux époques où le mammouth et l'ours des cavernes foulaient notre continent.

Ce que nous observons dans les chauves-souris, nous le constatons également pour toutes les espèces animales leurs contemporaines, tels que, par exemple, les mollusques terrestres.

Ainsi donc, ici encore, aucun fait ne peut être invoqué par Darwin à l'appui de sa thèse sur la variabilité des espèces par voie de transformation; par contre, tous les faits déposent en faveur de la thèse opposée, à savoir la permanence des espèces par la fixité des types.

Toutefois, je me hâte d'ajouter que la fixité des types n'implique nullement la similitude absolue de tous les représentants de chaque type. Les espèces chez lesquelles cette similitude existe et se maintient dans sa pureté originelle nous montrent sans doute la fixité dans sa forme la plus saisissante, mais il ne faudrait pas en conclure pour cela que c'est la seule possible. Il peut survenir naturellement et à la longue certaines modifications des types qui, entretenues par les mêmes causes et transmises par voie héréditaire, créeront des races; seulement ces races, nous le savons, ne prouveront rien contre la stabilité de l'espèce; elles attesteront simplement sa flexibilité. L'espèce se trouvera ainsi établie sur un plan beaucoup plus complexe, mais ce plan n'en restera pas moins toujours modelé sur le même type.

DU CROISEMENT ENTRE ESPÈCES DIFFÉRENTES. MÉTIS OU HYBRIDES.

Répulsion des espèces différentes pour les rapprochements; Duvernoy; Frédéric Cuvier; grave argument contre Darwin; les mariages forcés; affolement des animaux; tout métis est stérile; mules exceptionnellement fécondes; l'hybridité chez les anciens; titires et musmons; disparition de leurs races; l'hybridité de nos jours; les léporides; leur origine; M. Roux; Geoffroy Saint-Hilaire; une épreuve gastronomique; M. Florent Prévost; retour des hybrides aux types-parents.

Je viens d'établir que, contrairement aux affirmations de Darwin, les espèces animales ont pour caractère constant la fixité de leurs types. Ce qui assure et maintient cette fixité, c'est surtout que le rapprochement entre espèces différentes répugne aux animaux eux-mêmes.

« L'animal, disait Duvernoy, a l'instinct de se rapprocher de son espèce et de s'éloigner des autres, comme il a celui de choisir ses aliments et d'éviter les poisons. »

Frédéric Cuvier disait également : « Sans artifices ou sans désordre dans les voies de la Providence, jamais l'existence des hybrides n'aurait été connue. »

Cette répulsion des espèces dans le monde zoologique joue donc un rôle à peu près analogue à celui que joue la gravitation dans le monde sidéral ; elle maintient la distance reproductive entre les animaux, comme celle-ci maintient la distance physique entre les astres.

De ce premier fait, nous pouvons déjà déduire un argument très grave contre le système de Darwin.

D'après ce système, les transformations qui se sont opérées dans les organismes, à travers les âges, ont été le résultat du croisement successivement répété entre animaux d'espèces différentes : or ces animaux étaient nécessairement en liberté : comment donc admettre, je ne dis pas l'existence, mais seulement la possibilité de pareils croisements, puisqu'à l'état libre les animaux s'y refusent et même y répugnent ? Faut-il supposer, ici encore, le bouleversement de toutes les lois qui règlementent les corps vivants ?

Mais Darwin s'inquiète peu des objections. Il suit son idée, et invoque comme preuve certains produits que l'homme obtient effectivement quelquefois à l'aide de *mariages forcés* entre animaux d'espèces différentes.

Ce sont ces produits qu'on désigne généralement sous les noms de *métis* ou d'*hybrides*.

Parlons de la manière dont on les obtient.

On n'opère que sur des animaux qui, asservis déjà par la domesticité et l'esclavage, n'ont plus par conséquent la liberté d'expansion de leurs besoins naturels ; puis on profite du moment où l'instinct de la reproduction est arrivé chez eux à son maximum de paroxysme. L'animal affolé, *dont on a eu soin d'éloigner tous les animaux de son espèce*, ne trouvant plus à satisfaire normalement cet instinct, s'égare et transforme en époux de simples compagnons de captivité. Ce ne sont donc pas là de sa part d'étranges caprices, mais bien, de la part de l'homme, des surprises et presque des violences.

Ceci est tellement vrai qu'on a vu, par exemple, le chien et le chat, oubliant pour un instant leur haine séculaire, « faire bon ménage » dans le sens le plus *intime* du mot.

On a cité de même un cas d'union féconde, dans une ménagerie, entre un tigre et une lionne, ces ennemis irréconciliables du désert.

Qui sait? On en arrivera peut-être à faire mentir matériellement le précepte d'Horace : « Ne faites pas naître le serpent de l'oiseau, ni l'agneau du tigre [1] » :

> . . . . Non ut
> Serpentes avibus geminentur, tigribus agni.

Quel que soit du reste le procédé employé, on ne saurait méconnaître qu'on ne puisse quelquefois obtenir un produit résultant de l'union entre animaux d'espèces différentes. Voilà donc enfin le rêve de Darwin réalisé !

Oui, mais ce rêve n'aura, comme tous les rêves, qu'une durée éphémère, car le produit si péniblement obtenu ne saurait jamais « faire souche de race ». S'il est en effet un axiome ayant cours dans la science, c'est celui-ci :

Tout métis est stérile.

---

1. On a bien annoncé l'exhibition phénoménale du produit incestueux d'une carpe et d'un lapin ! Il est vrai qu'on ne vous montrait jamais que le père et la mère, prétextant toujours quelque excellent motif pour expliquer l'absence momentanée de l'enfant.

Citons comme exemple et comme preuve le mulet. D'abord c'est incontestablement le doyen des métis; — il était déjà connu des Hébreux avant l'époque du roi David; — à ce titre, il a le pas sur tous les autres; puis, c'est celui qui, par sa multiplicité, a offert et offre actuellement encore le champ le plus vaste aux observations.

Je dis donc que le mulet est stérile. S'il ne l'est pas toujours une première fois, sa fécondité est tellement restreinte qu'elle n'existe déjà plus pour la seconde génération : aussi a-t-elle été regardée de tous temps comme un véritable phénomène.

Aristote cite un cas de mule féconde, à titre de prodige, et Pline en cite un également qu'il qualifie de monstruosité.

Un fait analogue s'est produit, il y a quelques années, dans notre colonie d'Alger, et on s'explique parfaitement l'espèce d'épouvante qu'il jeta dans l'esprit superstitieux des Arabes. « Ils crurent, dit Gratiolet dans un Mémoire lu devant l'Académie des sciences, ils crurent à la fin du monde et, pour conjurer la colère céleste, ils se livrèrent à de longs jeûnes. Aujourd'hui encore, ils ne parlent de cet événement qu'avec une terreur religieuse. »

Ainsi donc la fécondité du mulet ou plutôt de la mule [1] est chose tellement exceptionnelle, qu'elle n'infirme aucunement la règle que « *tout métis est stérile.* » Je ne dis pas qu'elle la confirme, car je n'ai jamais compris comment une exception peut confirmer une

---

1. Cette faculté de se reproduire, quelque rare qu'elle soit, n'existe que chez la mule. On ne connaît pas un seul fait établissant que le mulet possède de même quelque aptitude à la reproduction. Ces différences s'expliquent par certaines modifications d'organes que la science constate chez ce dernier animal, et dont la description ne serait pas ici à sa place.

16

règle. Il me semble au contraire qu'elle l'infirme au point que, si elle se répète, elle la détruit.

Ces questions d'hybridité qui, dans ces derniers temps surtout, ont si vivement préoccupé nos éleveurs, avaient été l'objet de la part des anciens d'intéressantes recherches. Disons un mot des résultats auxquels 'ils étaient parvenus.

Leurs essais portèrent principalement sur les croisements entre l'espèce ovine et l'espèce caprine; les produits de ces croisements reçurent les noms de *Titires* et de *Musmons*. Un poëte du septième siècle, Eugenius, auteur d'une très curieuse pièce de vers : *De ambigenis,* va nous renseigner sur leur filiation.

« On appelle *Titire* celui qui a pour père une brebis et un bouc, et *Musmon* celui qui est né d'une chèvre et d'un mouton » :

> *Titirus* ex ovibus oritur hircoque parente ;
> *Musmonem* capra vervecino semine gignit.

Voilà donc bien réellement des métis; mais qu'on n'oublie pas que ces métis étaient de même issus de rapprochements forcés, ou, comme les appelait Buffon, de « froides amours ». Livrés à leur seul instinct, leurs géniteurs n'auraient rien produit. Ainsi, dans le midi de la France, les moutons et les chèvres sont à chaque instant mêlés ensemble, conduits aux mêmes pâturages, renfermés dans la même étable, et cependant on ne voit JAMAIS apparaître parmi eux ni titires ni musmons.

J'ignore si ces hybrides ont joui autrefois d'une bien grande vogue. Tout ce que je puis affirmer, c'est qu'il n'en existe plus aujourd'hui en Italie un seul représentant ; personne même n'en parle, ne fût-ce qu'à titre de curiosité zoologique. Nouvelle preuve que ces *races* interlopes ne sauraient obtenir leurs grandes lettres de naturalisation dans la famille des *espèces* où elles se sont introduites par des pratiques frauduleuses.

— J'arrive maintenant à une classe d'hybrides dont on s'occupe beaucoup aujourd'hui en France : ce sont les « Léporides ».

Léporides. — On a donné le nom de « Léporides » (de *lepus*, *leporis*, lièvre) aux produits du croisement du lièvre et du lapin.

Leur existence fut tout d'abord annoncée comme un fait absolument nouveau : or cette prétendue nouveauté n'était autre qu'une vieille histoire remontant à quelque chose comme cent ans. Voici en effet ce qui se passait en 1774, dans une petite métairie, près du bourg de Maro, situé entre Nice et Gênes :

Une jeune hase, élevée avec un lapereau de son âge par l'abbé Dominico Cagliari, s'accoutuma si bien à son compagnon, qu'elle en eut deux fils qui semblèrent s'être partagé les caractères extérieurs du père et de la mère. Ainsi prit naissance une famille hybride.

Examinée en 1780 par un naturaliste de talent, l'abbé Carlo Amoretti, cette famille montra une grande variété de teintes et de mœurs. On y voyait des individus blancs, d'autres noirs, d'autre tachetés; certaines femelles, pour mettre bas, creusaient des terriers à la manière des lapins, les autres laissaient leurs petits à la surface du sol, comme font les lièvres : de là des relations délicates; parfois même des conflits : puis l'incompatibilité des caractères amena la brouille dans les ménages, et toute la petite colonie finit par se dissoudre, sans qu'on ait jamais su au juste comment s'étaient éteints ses derniers rejetons.

— Le côté historique de la question ainsi élucidé, arrivons à nos modernes léporides et voyons s'ils seront plus heureux que leurs aînés.

Les premières communications qui s'y rapportent furent faites en 1859 par M. Roux, alors président de la Société d'agriculture d'Angoulême, que ses propres expériences sur le croisement du lièvre et du lapin avaient conduit à créer une race toute nouvelle. Ses léporides avaient trois huitièmes de sang de lapin et cinq huitièmes de sang de lièvre, proportion, paraît-il, la plus favorable au maintien de l'espèce. D'après les détails qu'il donna sur place, ils acquéraient un poids plus considérable que celui de leurs ancêtres, lièvres ou lapins, offraient une chair qui, quoique blanche comme celle de ces derniers, était bien plus agréable au goût, puis enfin présentaient une fourrure supérieure à celle des plus beaux lièvres.

L'avenir de cette industrie paraissait donc assuré, et M. Roux s'en portait garant.

Malheureusement, toute médaille a son revers, même celle où brille l'effigie des léporides.

Ainsi, dès 1860, par conséquent un an seulement après les pompeuses déclarations de M. Roux, M. Isidore Geoffroy Saint-Hilaire déclarait, en plein Institut, que « *ces hybrides retournent assez promptement au type lapin, si, par de nouveaux accouplements avec le lièvre, on n'en renouvelle la race.* »

On sut ensuite que la mortalité faisait dans leurs rangs d'affreux ravages ; on apprit également que leur pelage si vanté n'était qu'une hideuse toison ; enfin, la Société d'Acclimatation de Paris, ayant examiné avec soin un des élèves les mieux réussis de M. Roux, et décidé que, comme complément d'études, elle le mangerait dans un repas de corps, il fut reconnu à l'unanimité qu'il ne différait en rien des lapins domestiques,

> Qui, dès leur tendre enfance, élevés dans Paris,
> Sentent encor le chou dont ils furent nourris.

La confiance dans les léporides se trouva donc fortement ébranlée.

Il était réservé à M. Florent Prévost, aide-naturaliste du Muséum, et savant aussi distingué que chasseur émérite, de détruire jusqu'aux dernières illusions à leur endroit. Voici, en effet, comment il s'exprimait, le 11 mars 1868, devant la Société d'Agriculture de Paris :

« J'ai quitté la séance de bonne heure pour aller, dans plusieurs marchés et chez quelques personnes, examiner tous les lapins morts ou vivants que j'ai pu rencontrer, afin de les comparer au léporide qui occupait la Société, quand j'en suis sorti. (*Un sujet hors ligne!*) Or, sur le grand nombre d'individus que j'ai observés, *huit ou dix avaient* ABSOLUMENT *les mêmes caractères que lui, et cependant ce n'étaient que des lapins domestiques.* »

On comprend l'effet que dut produire sur l'assistance cette terrible révélation, qui venait compléter si à point l'épreuve gastronomique.

Ainsi donc, la grande théorie de Darwin sur la permutation des espèces reçut encore ici ce qu'on pourrait appeler « le coup du lapin ».

Nouvel exemple à joindre à tant d'autres, que les espèces semblables possèdent seules la fécondité continue. Quant aux « produits obtenus par le rapprochement forcé d'espèces différentes » ils ne tardent pas à revenir par une loi constante et fatale, dite « Atavisme » ou « loi du Retour », aux *types-parents.*

Arrêtons-nous un instant sur ce dernier phénomène. Il est on ne peut plus digne de fixer l'attention en ce qu'il explique à lui seul pourquoi il est impossible d'obtenir une véritable race hybride, c'est-à-dire une suite de générations reproduisant d'une manière plus

ou moins complète les caractères mixtes empruntés à
deux espèces différentes.

ATAVISME OU LOI DU RETOUR.

L'atavisme est une loi générale ; aucun métis n'y échappe ; toute
modification de structure revient au type originel ; l'espèce seule
est immuable.

Le mot *Atavisme*, nous venons de le dire, désigne la
loi par laquelle tout animal hybride revient, à un moment donné, à l'une ou l'autre des deux espèces dont
il est originaire. CETTE LOI NE COMPORTE PAS D'EXCEPTIONS.

Aussi l'application que nous en avons faite aux léporides s'étend-elle également à tous les autres métis,
tels que, par exemple, ceux qui descendent du chien
et du loup. De même que les premiers redeviennent
lapin ou lièvre, de même les seconds redeviennent
chien ou loup. Jamais le produit intermédiaire que
Darwin appelle « transitoire » ne fait souche de race.

Ce dédoublement de l'individu prouve qu'il y avait
simplement chez lui juxtaposition et non fusion des
deux sangs.

Ce qui le prouve mieux encore, c'est que tout métis,
rentré ainsi dans la grande famille dont il était momen-
tanément sorti, ne conserve aucun stigmate de sa migration à travers une espèce étrangère. Ses fils et
arrière-petits-fils ou neveux doivent donc être considé-
rés comme des « pur sang ». D'où il résulte qu'aujour-
d'hui un bouc ou un bélier d'Italie, pris au hasard, est
bien réellement un *vrai* bouc et un *vrai* bélier, alors
même qu'il compterait parmi ses ancêtres quelqu'un
des Titires ou des Musmons chantés par Eugenius.

Ce n'est pas tout encore.

La nature pousse si loin la vigilance, je pourrais dire

les scrupules à l'endroit de la pureté de ses types,
qu'elle corrige et rectifie jusqu'aux moindres écarts
apportés par l'homme à la structure primordiale des
animaux de même espèce. Ainsi, tout le monde sait que
nos éleveurs parviennent à obtenir des bœufs sans cornes et des lapins aux oreilles gigantesques, dont la
descendance constitue des races. Ce sont là sans doute
de très insignifiantes anomalies. Hé bien! cessez de
maintenir ces races par de nouveaux croisements, ou
rendez ces animaux à la vie sauvage : le bœuf ne tardera pas à voir ses cornes repousser, et le lapin à
reprendre ses oreilles réglementaires,

Vous citerai-je d'autres exemples encore empruntés,
non plus seulement à quelques variétés individuelles,
mais à des espèces animales tout entières?

Nos chevaux, redevenus libres en Amérique, y ont
repris leur taille, qui est la moyenne, leur couleur
uniforme, qui est le bai châtain, et leur instinct, qui est
de vivre en troupes, conduits par un chef ; nos chiens
y ont perdu l'aboiement qu'ils avaient acquis par leur
fréquentation avec l'homme[1] ; enfin le cochon de nos
fermes y a repris les oreilles droites du sanglier, et ses
petits, la livrée du marcassin.

1. Le chien n'aboie pas naturellement ; la faculté d'aboyer lui
vient d'entendre la voix de l'homme et d'y répondre à sa manière :
cette faculté, il la perd ou la recouvre suivant qu'il retourne à
l'état sauvage ou revient à la domesticité. Ainsi, vers l'an 1710, les
Espagnols lâchèrent un certain nombre de chiens dans l'île de
Juan-Fernandez, dans l'espoir de détruire les chèvres sauvages ser-
vant au ravitaillement des corsaires qui venaient, dans le Pacifique,
guetter leurs galions et ravager leurs colonies. Leur but fut parfaitement atteint, en ce sens que les chiens eurent bientôt dévoré
toutes les chèvres. Mais, dès 1743, Ulloa constata qu'ils avaient entièrement perdu l'aboiement. Quelques-uns ramenés en Europe et
réunis à des chiens domestiques cherchèrent à les imiter ; « seulement ils s'y prenaient si maladroitement, dit l'auteur, qu'il s'é-
coula un temps assez long avant qu'ils eussent recouvré la voix de
leurs ancêtres. »

C'est que, si nous possédons l'art de faire les races, la nature se réserve toujours le moyen de les défaire, moyen dont elle use constamment.

D'où cette conclusion à laquelle il nous faut toujours revenir :

LES ESPÈCES SEULES SONT IMMUABLES, CAR ELLES ONT UNE ORIGINE PLUS ÉLEVÉE, LA MÊME MAIN, CELLE DU CRÉATEUR, QUI LES A MARQUÉES DE SON SCEAU, ASSURANT A TRAVERS LES AGES LEUR MAINTIEN INTÉGRAL.

LES PLANTES RÉGIES PAR LES MÊMES LOIS QUE LES ANIMAUX.

Transformisme appliqué aux plantes ; jamais de mélange à l'état sauvage ; expériences sur les espèces cultivées ; végétaux hybrides ; ils obéissent à la loi du retour ; les hypogées d'Égypte pains trouvés dans les tombeaux ; piquante anecdote sur les glumes ; le baobab du Cap-Vert ; autres arbres gigantesques ; graines trouvées dans le diluvium ; leur vertu germinative ; tout le règne végétal proteste contre le transformisme.

Darwin, dominé toujours par ses idées de transformation des espèces, a cru avoir trouvé la sanction de son système dans la comparaison de ce qui a lieu dans le règne végétal et dans le règne animal. Pour lui, la plante, aussi bien que l'animal, passe d'une espèce à une autre espèce avant d'atteindre son degré de fixité organique. Il a même publié sur cette prétendue analogie tout un gros volume intitulé : *De la Variation des Animaux et des Plantes*, dont j'extrais les propositions que voici :

Il n'est guère possible d'admettre que, pendant les changements nombreux que notre planète a éprouvés, et sous l'influence des migrations naturelles des plantes d'une terre ou d'une île à une autre, habitées par des espèces différentes, ces plantes n'aient pas subi des modi-

fications dans leurs conditions d'existence. On peut même dire que la nature, sous ce rapport, s'est livrée, dans le cours infini des temps, à des expériences gigantesques.

AINSI S'EXPLIQUE COMMENT LES ESPÈCES ONT VARIÉ CONSIDÉRABLEMENT, ET COMMENT CES VARIATIONS, DEVENANT HÉRÉDITAIRES, ONT CRÉÉ EN BOTANIQUE LES GENRES ET LES FAMILLES.

Ces allégations de Darwin sur le règne végétal ne sont pas plus fondées que ces mêmes allégations sur le règne animal : aussi peut-on les regarder comme une seconde édition des mêmes erreurs. Les ayant déjà réfutées, ma réponse sera nécessairement très courte, puisqu'elle comporterait les mêmes arguments.

Parlons d'abord des espèces végétales à l'état sauvage.

On ne voit pas bien tout d'abord comment, dans ces conditions, le mélange des races peut s'opérer spontanément, puisque la plante est fixée au sol et que ses étamines ainsi que ses pistils sont soudés à demeure et protégés par une double enveloppe, le calice et la corolle.

Oui, mais le vent secoue les anthères ouvertes, se charge du pollen qui s'en détache et vient le déposer sur des stigmates auxquels il n'était pas destiné ; les insectes, surtout ceux qui vivent de butin, pénètrent jusqu'au fond de la fleur, se couvrent de poussière fécondante et deviennent également de puissants agents de transmission. Ainsi s'explique comment la fécondation entre RACES s'opère à distance.

Je souligne le mot « races ». C'est que jamais elle ne s'opère entre ESPÈCES ; la science n'en possède pas un seul exemple.

Il en est donc de la plante à l'état sauvage comme de l'animal en liberté ; du moment où l'homme n'in-

tervient pas, il ne saurait se former d'unions entre
végétaux d'espèces différentes.

Mais la culture est aux plantes ce que la domestication est aux animaux. Qu'adviendra-t-il donc, si on expé-
rimente sur une espèce cultivée? Ici encore la fécondation sera excessivement rare et, pour l'obtenir, il faudra, comme pour les animaux, avoir recours à de certaines pratiques.

Il y a, par exemple, la greffe et l'écussonnage; mais
parlons seulement de la fécondation artificielle.

On commence par isoler complètement la fleur qui
doit jouer le rôle de mère, et on enlève avec grand
soin toutes ses étamines, avant que le pollen se soit
développé; on dépose ensuite sur le pistil avec un petit
pinceau le pollen emprunté au père, puis on maintient
l'isolement jusqu'à ce que la réussite de l'opération
paraisse hors de doute. Et cependant, en dépit de toutes
ces précautions, on échoue le plus souvent. Tant il est
vrai que l'hybridation, chez la plante comme chez l'animal, est absolument contraire aux lois fixées par le
Créateur pour la propagation des espèces !

Mais, enfin, voici un végétal hybride obtenu, n'importe par quel procédé. Que va-t-il devenir?

Il obéira, comme l'animal hybride, à la « loi du retour ». Sa graine sera inféconde ou, si elle ne l'est pas
tout à fait, elle ne reproduira pas indéfiniment le type
mixte de la plante dont elle émane. Ainsi, dès la première génération, un certain nombre d'individus, issus
de cette graine, offriront déjà tous les caractères de
l'une ou l'autre des deux espèces primitivement croi-
sées, et le phénomène se répétera de telle sorte qu'au
bout de trois ou quatre générations toute trace de croisement aura disparu.

Voilà des faits positifs, certains, qu'accepte tout botaniste au courant de la science; ce qui n'empêche pas

Darwin de poursuivre imperturbablement son idée, et d'affirmer tout le contraire.

Mais continuons notre parallèle entre les plantes et les animaux, et consultons, comme nous l'avons fait pour ces derniers, les hypogées d'Égypte.

On y a trouvé une foule de végétaux de la même classe que ceux qui croissent dans le voisinage, et on s'est assuré, en les comparant avec ces derniers, qu'aucune des espèces actuellement vivantes n'a changé depuis l'époque des premiers Pharaons. M. de Quatrefages rapporte même la piquante anecdote que voici :

« Le voyageur Heninken avait rapporté de la Haute Égypte des pains trouvés dans des tombeaux, datant des époques les plus reculées. Ces pains furent remis au célèbre botaniste Robert Brown, qui retira de leur pâte des glumes[1] d'orge parfaitement intactes. En les étudiant avec soin, il reconnut, à la base de ces glumes, un rudiment d'organe qu'on n'avait pas indiqué dans les orges de nos campagnes, et peut-être crut-il un moment avoir sous les yeux une preuve de variation de la plante dans ses enveloppes ; mais un nouvel examen lui fit retrouver dans nos orges ce même organe rudimentaire.

« Ainsi donc, ajoute M. de Quatrefages, l'étude attentive de ce débris d'une plante broyée *depuis cinq ou six mille ans* a révélé l'existence d'un caractère assez peu saillant pour avoir échappé à la loupe d'une foule de botanistes, *et qui n'en a pas moins traversé sans altération cette longue suite de siècles.* »

Mais, au lieu d'une plante broyée ainsi depuis cinq ou six mille ans, parlons de végétaux intacts, ayant quelque chose comme cet âge, et se portant au contraire à mer-

---

1. On appelle « glume » ou « balle » l'enveloppe extérieure de la fleur des graminées.

veille. La preuve, plus facile à vérifier, paraîtra sans doute plus concluante.

Adanson a mesuré au Cap-Vert un boabab dont le tronc avait vingt-deux mètres de circonférence ; en le comparant à des individus plus jeunes, dont il avait pu connaître l'âge, il estima que ce géant devait avoir vécu *plus de cinq mille ans.*

Golbery a observé un autre représentant de la même espèce plus monstrueux encore. Celui-ci atteignait trente-quatre mètres de pourtour : il devait par conséquent être, selon toute apparence, plus âgé que le précédent.

Enfin l'espèce de pin colossal, récemment découverte en Californie, le gigantesque *sequoia*, s'élève parfois à une hauteur de cent mètres, et présente, dit-on, une épaisseur de dix. On a compté les couches concentriques [1] d'un de ces immenses troncs ; on en a trouvé près de six mille. Cet arbre *datait donc du commencement du monde.*

Hé bien ! tous ces vétérans de la flore contemporaine ressemblent, aux dimensions près, aux plus jeunes arbres de même espèce qui les entourent, *et qui sont séparés d'eux par des milliers de générations.*

Remontons, si vous le voulez, plus loin encore. Passons... au déluge.

Certaines graines ont échappé, je pourrais dire ont

---

1. On sait que l'âge des arbres dicotylédonés se reconnaît au nombre de couches concentriques dont se compose leur tronc. Même parmi nos arbres européens il en est qui dateraient ainsi d'une époque très reculée. On a compté 280 de ces couches sur un if dont la circonférence était seulement de 1 mètre 50 centim. Un autre if, celui de Foullebec, dans l'Eure, avait, en 1822, 6 mètres 80 centim. de pourtour ; enfin l'if de Fortingall, en Écosse, atteint près de 10 mètres de circonférence. Deslonchamp en tire la conséquence que, si les conditions de développement ont été les mêmes pour ces différents arbres, l'if de Foullebec est âgé de onze à douze cents ans, et celui de Fortingall de plus de trois mille.

survécu au naufrage universel. Ainsi M. Michalet rapporte qu'aux environs de Dôle, en remuant les sables du *diluvium*, on en a découvert qui dataient d'un nombre de siècles indéfini, en tout cas bien antérieures aux temps qui nous séparent de la civilisation égyptienne, même à son aurore. Ces graines avaient conservé leurs vertus germinatives : semées sur un terrain convenable, elles ont produit des individus ayant absolument les mêmes caractères botaniques que ceux qui pullulaient aux environs ; la plante reparue de la sorte est le *Galium anglicum*.

Ainsi le règne végétal proteste, avec non moins d'ensemble et d'autorité que le règne animal, contre la prétendue loi de « Transformation des espèces. » La comparaison que Darwin avait voulu établir entre ces deux règnes, à l'appui de sa doctrine, en démontre au contraire, une fois de plus, la fausseté.

DU CLASSEMENT DES ESPÈCES ANIMALES D'APRÈS LEUR CARACTÉRISTIQUE.

Il n'y a pas d'espèce simio-humaine; le singe et l'homme forment deux espèces différentes; bases du classement du règne animal; quatre grandes divisions; chaque division a ses subdivisions; nous faisons partie des vertébrés-mammifères; ils comprennent neuf genres; caractéristique de chaque genre.

Maintenant que nous savons ce qui caractérise l'*espèce* et ce qui caractérise la *race*, appliquons ces données à l'homme, au point de vue de la thèse que nous réfutons.

D'après Darwin, le singe et l'homme auraient formé primitivement une même espèce, l'espèce simio-humaine. Plus tard cette espèce se serait dédoublée, pour donner naissance à la race humaine et à la race simienne. L'homme et le singe ne représenteraient donc pas deux

espèces différentes, mais bien deux races d'une même
espèce. Darwin du reste nous a déjà suffisamment édi-
fié sur ses idées à cet égard : « Nous appartenons à la
classe des singes. » Mais ce que nous avons surtout
intérêt à connaître, c'est moins ce qu'il pense que ce
qui est : or, c'est exclusivement là une question d'anatomie comparée. Voyons donc ce que dit cette science.

Elle donne à toutes ces allégations de Darwin le
démenti le plus formel. Seulement, pour mieux comprendre les motifs pour lesquels le Singe et l'Homme
forment bien réellement deux espèces distinctes, il me
paraît essentiel de rappeler tout d'abord, en quelques
mots, les bases sur lesquelles repose le classement des
espèces animales.

Ces espèces, ainsi que nous l'avons déjà dit, comprennent quatre grandes divisions, celle des VERTÉBRÉS,
celle des MOLLUSQUES, celle des INSECTES et celle des
ZOOPHYTES.

Chacune de ces divisions est formée sur un plan particulier et distinct, c'est-à-dire qui ne se laisse ramener par aucun point à celui des autres. Ainsi les vertébrés ont leur plan, les mollusques le leur, les insectes
et les zoophytes le leur également ; une sorte de cir-
cumvallation sépare chacun de ces divers plans, sans
qu'il soit possible, je le répète, de les rattacher entre
eux par aucun lien intermédiaire.

Au contraire, chaque plan pris isolément forme une
grande famille dont les divers membres, par les caractères communs qu'ils possèdent, offrent un certain air
de parenté ; mais, à côté de ces caractères communs, il
est des caractères différentiels qui empêchent de les
confondre et permettent de les subdiviser en *genres*.

Prenons, comme exemple de ces subdivisions, la
classe des animaux VERTÉBRÉS, puisque c'est celle à
laquelle nous appartenons.

Ces animaux se partagent, d'après leurs organes de la circulation et de la respiration combinés, en quatre genres : les MAMMIFÈRES, les OISEAUX, les REPTILES et les POISSONS.

Chacun de ces genres à son tour se subdivise en *sous-genres*, reconnaissables de même à certaines particularités d'organisation ; c'est ce qu'on appelle leur *caractéristique*.

Ne nous occupons que des MAMMIFÈRES, comme étant la section dont nous faisons partie.

— Les mammifères, par la combinaison des organes du toucher et de la manducation, comprennent neuf divisions, savoir :

L'*Homme* ou *Bimane*, qui a les trois sortes de dents (molaires, canines et incisives) et le pouce opposable aux DEUX extrémités antérieures seulement ; les *Singes* ou *Quadrumanes*, qui ont les trois sortes de dents aussi, et, de plus, le pouce opposable aux QUATRE extrémités ; les *Carnassiers*, qui ont encore les trois sortes de dents, mais qui n'ont plus de pouce opposable, par conséquent plus de mains, qui n'ont que des pieds, mais des pieds dont les doigts sont encore mobiles ; les *Rongeurs*, dont les doigts diffèrent peu de ceux des carnassiers, mais qui n'ont plus que deux sortes de dents, les molaires et les incisives ; les *Édentés*, dont les doigts sont déjà moins mobiles, plus enfoncés dans de grands ongles, qui n'ont jamais que des molaires et des canines, quelquefois que des molaires ou même point de dents du tout ; les *Marsupiaux* ou *Animaux à bourse*, petite chaîne collatérale aux trois ordres précédents, ou dont les uns répondent aux carnassiers, les autres aux rongeurs et les autres aux édentés ; les *Ruminants*, qui forment un ordre si distinct par leurs pieds fourchus, leur mâchoire supérieure sans vraies incisives, leurs quatre estomacs ; les *Pachydermes*, qui comprennent tous les autres quadrupèdes à sabots ; enfin les *Cétacés*, qui n'ont point du tout d'extrémités postérieures.

Mais je m'arrête, ces détails se trouvant dans tous les traités élémentaires. Et cependant, je le répète, j'ai cru devoir les rappeler ici, car il est essentiel de les avoir bien présents à·la mémoire pour comprendre la place que l'homme doit occuper parmi les espèces animales, en tant qu'animal lui-même.

L'HOMME-ANIMAL.

Comment les anciens définissaient l'homme ; une boutade de Boileau ; un correctif de Leibniz ; l'homme est un vertébré ; un mammifère ; il n'est pas un quadrumane ; avantage qu'il aurait à avoir quatre mains ; pourquoi on nous les attribue ; les primates ; une flagornerie grossière ; notre caractéristique

Commençons par être bien fixés sur ce qu'il faut entendre par l'Homme-Animal.

Les anciens définissaient l'homme un « ANIMAL RAISONNABLE. »

Nul doute que l'homme par sa structure corporelle soit un animal ; tout au plus pourrait-on lui contester l'épithète de « raisonnable », surtout quand on se trouve en face de théories semblables à celles qui nous occupent. Nous n'irons pas toutefois jusqu'à dire que ces théories l'exposent à ce qu'on lui applique cette boutade de Boileau :

> De tous les animaux qui s'élèvent dans l'air,
> Qui marchent sur la terre ou nagent dans la mer,
> De Paris au Pérou, du Japon jusqu'à Rome,
> Le plus sot animal, à mon avis, c'est l'homme.

D'autant plus qu'on pourrait nous répondre par ce correctif de Leibniz : « Le plus stupide des hommes est incomparablement plus raisonnable et plus docile que la plus spirituelle de toutes les bêtes, quoiqu'on dise quelquefois le contraire par jeu d'esprit. »

Remarquons seulement en passant, qu'en fait de définitions *philosophiques* de l'homme, il y en a un peu pour tous les goûts. Quant aux deux que nous venons de citer, tout ce qu'on peut en dire, c'est qu'il y a du vrai dans la première, et que tout est vrai dans la seconde.

Mais revenons à notre classement anatomique de l'homme. Dans quelle section d'animal devra-t-il être rangé? Voici la place que lui assignent les naturalistes de l'école de Darwin :

« L'HOMME EST UN ANIMAL VERTÉBRÉ, MAMMIFÈRE, DE LA CLASSE DES QUADRUMANES ET DE L'ORDRE DES PRIMATES. »

Examinons la valeur de chacun de ces termes qui, assure-t-on, résument le dernier mot de la science.

« *L'homme est un* VERTÉBRÉ. »

Cela est exact, car il possède la série d'osselets appelés « vertèbres » qui occupent la partie moyenne et postérieure de sa charpente osseuse et logent la moelle épinière : c'est là, nous le savons, un caractère commun à tous les animaux de cette division.

« *L'homme est un* MAMMIFÈRE. »

Cela est exact encore, car chaque sexe porte à la partie antérieure de la poitrine une double mamelle, qui, chez la femme, est en activité, et, chez l'homme, au repos. Je dis « au repos » par égard pour Darwin : nous savons, en effet, que, d'après lui, l'homme a partagé longtemps avec la femme la douce mission d'allaiter ses petits.

« *L'homme est un* QUADRUMANE. »

Voici, par exemple, où nous commençons à ne plus être d'accord. Pourquoi quadrumane? Où donc avez-vous vu que nous ayons quatre mains? Je vous garantis que, pour mon compte, je n'en ai que deux : si j'en avais quatre, je ferais une foule de choses auxquelles mes deux ne peuvent suffire. Et je ne serais pas le seul à bénéficier de cette disposition.

Voyez plutôt cette jeune fille à qui on demande « d'aller au piano. » Elle s'en défend, comme c'est l'usage, — et ce genre d'usage date de très loin [1], — sous prétexte qu'elle ne sait absolument rien par cœur, ou qu'elle n'a pas apporté sa musique, ce qui ne l'empêchera pas de *pianoter* ensuite toute la journée à vous assourdir.

Combien elle se ferait moins prier, si, gracieuse quadrumane, elle pouvait, d'emblée, exécuter à elle seule un morceau à quatre mains ! Ce qui la stimulerait, c'est que ce ne seraient plus seulement des félicitations qui l'attendraient : ce serait une ovation véritable. Sa mère, son heureuse mère, éprouverait elle-même « cette joie secrète et ces doux tressaillements que ressentait Latone » :

Latonæ tacitum pertentant gaudia pectus.

Mais laissons de côté ces images par trop séduisantes. Nous n'avons que deux mains; sachons en prendre notre parti. Pourquoi dès lors nous en octroyer si généreusement quatre ?

Le motif ne se devine que trop. Il faut absolument nous faire entrer dans la grande famille des singes, et, comme notre signalement n'est pas en règle, puisqu'il nous manque une paire de mains, on ne recule pas

---

1. « Tous les chanteurs, dit Horace, ont le même défaut. On est entre amis; priez-les de chanter, vous n'en tirerez rien; ne les priez pas, ils ne sauraient plus se taire » :

Omnibus hoc vitium est cantoribus: inter amicos
Ut nunquam inducant animum cantare rogati ;
Injussi nunquam desistant....

devant une surcharge, je devrais dire un faux, pour y faciliter notre admission. Cette paire, on nous l'ajoute, ce qui nous en fait quatre.

Il est vrai qu'on y met des formes : ainsi, on ne dit pas brutalement que nous occupons, dans la classe des quadrumanes, la section des bimanes — les mots « quadrumanes » et « bimanes » jureraient trop de se voir accouplés — on a recours à un euphémisme, on dit :

« *L'homme fait partie de l'ordre des* PRIMATES. »

Les « Primates ! » Cette expression est une vraie trouvaille ; elle a le grand mérite de ne signifier absolument rien, tout en ayant l'air de désigner quelque chose. Car, enfin, où voulez-vous en venir en disant que l'homme *prime* les singes, ses camarades ? Vous espérez donc, par cette flagornerie grossière, nous faire accepter pareille mésalliance !

Je sais que l'expression de *Primate* a été acceptée par quelques naturalistes éminents[1], mais elle n'en est pas meilleure pour cela. Qu'on me permette à cet égard une réflexion. Quand un homme d'esprit soutient un paradoxe, ce n'est pas le paradoxe qui gagne de la valeur, c'est l'homme d'esprit qui perd de la sienne, et qui finira par la compromettre tout à fait, s'il use un peu trop de ce genre de licence.

Je n'admets donc de la définition que ces seul mots : *L'homme est un animal vertébré-mammifère.* Sous ce rapport, il doit, comme tous les autres animaux de cette division, être classé d'après sa caractéristique. Cette caractéristique, quelle est-elle ? Nous la connaissons déjà d'après ce que nous avons dit plus haut du classement des espèces animales : il est BIMANE. Cependant

---

1. C'est Linné, je crois, qui le premier a rangé l'homme parmi les *Primates*. Il le distingue sous le nom d'*homme* SAGE, *homo* SAPIENS. Franchement il a lui-même médiocrement fait preuve ici de « sagesse » dans cette classification.

je crois devoir y revenir de nouveau, car c'est là un point sur lequel nous ne saurions être trop fixés.

L'HOMME-ANIMAL A POUR CARACTÉRISTIQUE D'ÊTRE BIMANE.

L'homme n'a que deux mains; c'est sa caractéristique; ce qu'on entend par main; quadrupèdes, quadrumanes et bimanes; un signalement ridicule; en quoi la main de l'homme diffère de celle du singe; elle représente un instrument merveilleux; Helvétius; Galien; la main du singe est un crochet de préhension.

L'homme étant le seul des animaux de la création qui ait deux mains et qui n'en ait que deux, sa caractéristique, c'est donc d'être BIMANE.

Ne sortons pas de là. C'est à l'existence de ces deux mains qu'il doit de former une espèce à part.

Puisque telle est l'importance des « mains, » je vais indiquer d'une manière bien nette ce qu'on entend par ce mot dans le langage anatomique.

Un membre qui possède un certain nombre de doigts se pliant d'une façon identique, mais dont un doigt peut être *opposé* aux autres doigts, et amené en contact avec chacun d'eux, ce membre est une main. Le pouce est cette partie de la main qui se plie ainsi dans toutes les directions par rapport aux autres doigts : aussi dit-on qu'il est « opposant. »

Au contraire, un membre terminé par des doigts qui sont tous à un même niveau, et qui se plient dans un même sens, est un pied. Vainement ici vous essayeriez d'opposer le pouce aux autres doigts; sa direction restera toujours la leur.

Les pieds et les mains offrent donc chacun des CARAC-TÈRES bien nets, et ce sont ces caractères, je ne saurais trop le répéter, qui forment la base du classement de certaines espèces. Ainsi :

Tous les animaux qui ont des pieds et non des mains à l'extrémité de leurs quatre membres sont des QUADRU-PÈDES.

Tous les animaux qui ont des mains et non des pieds à l'extrémité de leurs quatre membres sont des QUADRU-MANES.

Enfin tous les animaux qui n'ont de mains qu'à leurs deux membres supérieurs sont des BIMANES.

Pourquoi dès lors fusionner les bimanes dans l'ordre des quadrumanes? Autant, pendant que vous y êtes, les mettre dans l'ordre des quadrupèdes; ce serait tout aussi vrai et non moins original.

Si un officier s'avisait d'inscrire sur la feuille de route d'un de nos jeunes engagés volontaires une mention dans le genre de celle-ci : » Fait partie du 4ᵉ *dragons*, 6°*chasseurs à pied*, » il serait à l'instant mandé par son chef, qui lui administrerait une verte semonce, pour lui apprendre à ne point formuler des signalements ridicules, puisqu'on ne peut être à la fois dragon et chasseur à pied, le premier appartenant à la cavalerie, et le second à l'infanterie.

Que cet officier s'excuse de sa bévue, tout pourra s'arranger.

Mais, s'il s'avisait, au contraire, de prétendre la justifier, en soutenant, par je ne sais quels raisonne-ments, qu'on peut être à la fois chasseur à pied et dragon, on s'empressera de le révoquer d'office. Heureux encore si, en guise d'Invalides, on ne le dirige pas vers l'hospice de Charenton !

Pourquoi donc ce qui serait un non-sens dans les cadres de l'armée deviendrait-il une chose rationnelle dans les cadres du Darwinisme? Serait-ce qu'il y aurait deux logiques, l'une à l'usage des gens sérieux et l'autre des illuminés?

Non, encore une fois, puisque le singe a quatre mains

et que l'homme n'en a que deux, ils ne peuvent aucunement figurer dans la même classe.

Tant que vous n'aurez pas trouvé le moyen d'ajouter à l'homme deux mains, ou d'en retrancher deux au singe, homme et singe resteront forcément dans deux classes différentes.

Le plus simple raisonnement, le plus vulgaire bon sens, nous conduisent donc forcément à cette conclusion qui est le contre-pied de celle qu'a donnée Darwin :

L'homme ne saurait être rangé dans la classe des quadrumanes, PUISQU'IL A POUR CARACTÉRISTIQUE D'ETRE BIMANE.

Mais ce n'est pas seulement par le nombre des mains que nous différons de ces animaux ; nous en différons également par la manière dont elles sont conformées, par suite des fonctions qu'elles devraient remplir.

Dans une main régulière, la phalange de chaque doigt possède un ongle à surface plane, ou plutôt légèrement bombée, qui ne recouvre que la partie supérieure de cette phalange et surtout ne se recourbe jamais inférieurement : telle est la disposition de la main de l'homme.

Chez le singe, au contraire, le pouce est à peu près le seul doigt qui possède cette forme ; les autres doigts se terminent par des ongles recourbés et pointus : ce sont beaucoup moins des ongles que des griffes.

Ainsi la conformation des mains range l'homme dans une catégorie différente de celle du singe.

C'est même par suite de cette disposition privilégiée que, chez l'homme, la main représente un instrument merveilleux qui lui permet d'exécuter les actes les plus difficiles et les plus délicats. Helvétius n'a-t-il pas été jusqu'à dire que « l'homme ne doit qu'à ses mains la supériorité qu'il a sur la bête? »

Mais c'est là une exagération ridicule que Galien

combattait déjà dans Anaxagore. Voici en effet comment, il y a bientôt dix-huit siècles, s'exprimait cet homme éminent qui représente, avec Hippocrate, toute la médecine antique :

« La nature a donné au lion ses dents et ses griffes, au taureau ses cornes, au sanglier ses longues défenses saillantes. Quant à l'homme, comme il en a reçu la sagesse en partage, la nature, au lieu d'armes, lui a donné des mains qui lui suffisent pour toute espèce d'industrie; qui lui servent à se forger des lances, des javelots, des flèches; avec lesquelles il écrit les lois du gouvernement, dresse des autels aux dieux et leur érige des statues, rassemble ses réflexions et ses observations, et les perpétue en les écrivant : bienfait auquel la génération d'aujourd'hui doit de pouvoir s'entretenir avec Platon, Aristote, Hippocrate et les autres anciens.

« Mais, ajoute aussitôt Galien avec sa supériorité de vue habituelle, ce n'est pas parce que l'homme a des mains qu'il est l'animal le plus sage, comme le disait Anaxagore, c'est au contraire parce qu'il est le plus sage des animaux que la nature lui a donné des mains, comme Aristote le soutient plus justement. Ce ne sont pas les mains qui ont inventé les arts, c'est la raison; la raison se sert des mains, comme le musicien de la lyre, comme le maréchal des tenailles et comme l'orateur du larynx. »

Comment, après cette appréciation si belle, mais en même temps si mesurée du rôle réservé à la main de l'homme, oser parler encore de la main du singe et surtout la comparer à la nôtre?

D'ailleurs, Darwin l'a déclaré en toutes lettres, la main, chez cet animal, est avant tout un *crochet de préhension* destiné à saisir les objets, et non à les façonner; destiné surtout à lui fournir un point d'appui quand il grimpe dans les arbres ou saute de branches en branches. Je ne puis donc qu'opposer ici Darwin à lui-même pour sa propre réfutation.

PARALLÈLE ENTRE L'HOMME ET LE SINGE.

Les membres ; la station verticale ; l'articulation de la tête ; la direction de la face ; la disposition des pieds ; comparaison du cerveau ; son volume ; ses circonvolutions ; l'homme de Menton ; il n'offre aucun caractère simien ; M. Hamy ; le crâne de Neanderthal ; Apollon et Ésope ; l'homme seul a la faculté de parler ; le singe est muet ; Darwin en fait un professeur de langues.

Nous voilà donc enfin renseignés sur la place que nous occupons parmi les espèces animales. Nous appartenons à l'ordre des BIMANES, ou plutôt nous représentons cet ordre à nous seuls, puisque nous sommes les seuls qui ayons deux mains et qui n'en ayons que deux. C'est là un caractère anatomique indélébile, que nous avons apporté en naissant et que je serais tenté pour cela d'appeler notre « marque de fabrique. »

Ainsi donc, sous ce rapport, plus de confusion possible avec les singes.

Mais ce n'est pas seulement par le nombre et la conformation des mains que nous différons de ces animaux. c'est aussi par le mode du fonctionnement des membres auxquels elles sont fixées.

Ces membres ont, chez l'homme, une disposition à part. Ils occupent les deux côtés de la poitrine de manière à se mouvoir dans tous les sens, et, par leur mode d'articulation avec l'épaule, il n'est pas un point de tout le corps avec lequel ils ne puissent se mettre en contact pour accomplir les ordres de l'intelligence.

Chez le singe, au contraire, il n'y a réellement de mouvements possibles des membres que ceux de flexion et d'extension. Vainement il tenterait de leur en faire exécuter d'autres ; l'emboîtement des surfaces articulaires et l'agencement des liens qui les unissent y mettront obstacle. Ces membres n'étaient donc pas appelés aux mêmes usages que les nôtres, ce qui est un argument de plus contre l'assimilation des deux races.

Et la station verticale ?

La « station verticale », c'est-à-dire la faculté de nous tenir droits, est encore particulière à l'homme. C'est qu'il ne faut pas simplement y voir le résultat de l'éducation ou de l'habitude, mais la conséquence obligée de notre structure anatomique. Il nous manque en effet le ligament dorsal qui soutient, à la manière d'un bras de levier, la tête de tous les animaux destinés à marcher à quatre pattes. Notre tête doit donc se maintenir droite par son propre équilibre ; précisément, elle s'articule avec la colonne vertébrale de telle manière que cet équilibre ne peut être obtenu que si nous nous tenons droits nous-mêmes.

Le singe, au contraire, est pourvu de ce ligament dorsal ; il est même chez lui notablement développé, ainsi que les muscles du cou destinés aux mêmes usages. Notez encore que le mode d'articulation de sa tête avec la colonne vertébrale fait que, quand il est debout, il est obligé de la rejeter en arrière, sans quoi elle ne pourrait conserver son équilibre sur le corps. Aussi Du Chaillu a-t-il remarqué que le gorille, que l'on veut absolument rattacher à notre espèce, ne peut garder que très peu de temps l'attitude verticale.

Autre particularité. Chez le singe, la face est disposée de telle sorte que, quand il est à quatre pattes, elle regarde naturellement en avant, tandis que chez l'homme, placé dans les mêmes conditions, elle regarde le sol, et ce n'est qu'en la relevant qu'il peut voir devant soi.

Enfin il n'est pas jusqu'à la disposition des pieds qui ne prouve que chez l'homme la station verticale soit l'attitude naturelle et, chez le singe, l'horizontale. Dans cette dernière attitude, le pied du singe repose en entier et sans effort sur sa plante, tandis que celui de l'homme porte à faux sur sa pointe, d'où résulte le tiraillement douloureux des orteils.

Et le cerveau ? Car, comme c'est l'organe où réside la pensée, on veut absolument qu'il n'y ait aucune différence bien sensible entre le cerveau du singe et celui de l'homme. Voyons donc ce qui en est réellement.

D'abord le cerveau de l'homme offre un volume trois ou quatre fois supérieur à celui du singe, ce qui n'est déjà pas une présomption en faveur d'une répartition égale chez l'un et chez l'autre des facultés intellectuelles. Mais la manière dont se comportent les circonvolutions [1] crée une ligne de démarcation encore bien plus tranchée.

Chez le singe, les circonvolutions temporo-sphénoïdales, qui forment le lobe moyen du cerveau, paraissent avant les circonvolutions antérieures, qui forment le lobe frontal. Chez l'homme, au contraire, les circonvolutions frontales se montrent les premières et celles du lobe moyen ne deviennent apparentes qu'en dernier lieu. Comment admettre dès lors qu'un être organisé puisse descendre d'un autre être dont le développement est l'inverse du sien ? Il y a là un tel renversement de toute logique que ces différences seules suffiraient pour prouver que l'homme ne saurait compter parmi ses ancêtres un type simien quelconque.

Mais à quoi bon recourir ainsi à des démonstrations anatomiques quand il y a l'inspection directe, la confrontation ?

Prenons l'homme de Menton, ce vétéran de l'humanité. Il remonte aux âges où se serait opéré ce

---

1. On appelle « *circonvolutions* » les saillies ou reliefs que forme la surface du cerveau en rapport avec la cavité du crâne.

changement de l'homme en singe : par conséquent, surpris, on peut le dire, en flagrant délit de transformation, son squelette devra nous offrir des traces de cette métamorphose. Voyons donc ce qu'il en est.

Les mains n'offrent rien absolument de particulier. Les doigts ont la forme et la longueur des nôtres ; il y a le même nombre de phalanges ; le pouce est opposant : en un mot, c'est ce que j'appellerais la main de tout le monde.

Les pieds sont bien réellement aussi des pieds ; je veux dire que, dans le mode d'articulation du gros orteil, on ne trouve aucun indice de cette opposition qui fait des pieds une main et par suite de l'individu un quadrumane. L'homme primitif était donc simplement bimane comme vous et moi, puisque ses pieds n'offrent rien de commun avec ceux du singe.

Quant à la tête, ce qui frappe le plus, c'est son magnifique développement, la beauté de son ovale et l'harmonie de ses proportions. M. Rivière, qui en a mesuré l'angle facial, a trouvé qu'il se rapproche de 85 degrés. Voilà donc un crâne qui peut, sans désavantage, être comparé aux plus parfaits de la race caucasique. Où donc y trouver quoi que ce soit qui rappelle le front déprimé, les tempes massives et le caractère bestial de celui du singe?

Ainsi l'homme de Menton ne diffère en rien de l'homme de nos jours.

La même remarque s'applique aux autres fossiles humains, quel que soit le centre où on les ait découverts et la date à laquelle ils remontent. C'est au point que M. Hamy ne craint pas d'affirmer que leurs crânes — car ce sont surtout des crânes que l'on rencontre, — l'emportent très sensiblement comme conformation sur la plupart de nos crânes modernes.

Qu'il ne soit donc plus question de cette prétendue

infériorité des races humaines primitives, puisque, comparées aux nôtres, l'avantage resterait plutôt de leur côté. Mais ne tombons pas non plus dans l'excès contraire, en supposant qu'elles ne comptaient que des Apollons ou des Antinoüs. Non : il devait y avoir, comme aujourd'hui, des infirmes et des disgraciés. Témoin, par exemple, le crâne tant cité de Neanderthal, où, en effet, les sinus frontaux et les arcades sourcilières forment une saillie des plus étranges au-dessus de l'orbite. Seulement, raisonnons ici par analogie.

Nous aussi nous passerons quelque jour à l'état de fossiles, et, quelque jour aussi, la géologie s'occupera de nos débris : or, supposons que le hasard fasse qu'elle tombe sur la colonne vertébrale d'un bossu, en conclura-t-elle que notre génération tout entière n'était qu'un composé d'Ésopes ?

— Nous n'avons envisagé jusqu'ici que quelques points saillants de l'organisation physique de l'homme comparés à ce qu'on observe chez le singe. Combien le contraste serait encore plus marqué, si nous faisions entrer en ligne de compte le fonctionnement de certains organes ! Ainsi :

L'HOMME POSSÈDE SEUL LA FACULTÉ DE PARLER. Cette faculté est même tellement inhérente en lui, qu'on n'a jamais rencontré de peuplade, quelque stupide qu'on la suppose, qui n'ait possédé une langue quelconque.

Le singe, au contraire, est MUET, COMPLÈTEMENT MUET.

Et même, chose remarquable ! lui qui pousse si loin l'instinct d'imitation, il n'arrivera jamais à prononcer ne fût-ce qu'une syllabe. Sous ce rapport, il est inférieur à certains oiseaux [1], qui apprennent à répéter non

1. Si certains oiseaux parlent, aucun n'a une langue. L'erreur de ceux qui ont attribué un langage aux bêtes est de ne pas distinguer les voix, les cris, les accents *naturels* des animaux, du langage *artificiel*, des signes *arbitraires* de l'homme.

seulement des mots, mais des phrases entières. Il est même inférieur au phoque : n'en avons-nous pas vu qui disaient : Papa et Maman ?

Le singe NE SAIT PAS DAVANTAGE CHANTER, PAS DAVANTAGE SIFFLER.

Tout son appareil vocal et musical, qui, cependant, *sous le rapport anatomique, est la copie du nôtre,* semble donc frappé d'une sorte d'inertie. Pardon ! j'oubliais qu'il existe des singes HURLEURS.

Que répond Darwin à tout cela ? Darwin ! Il prend la thèse inverse et va même jusqu'à prétendre que c'est le singe qui a été notre « Professeur de langues ». Citons ses propres paroles : ce n'est pas le passage le moins curieux de son livre :

« Quelque animal simien, dit-il, plus sage que les autres, a eu l'idée d'imiter le hurlement d'un animal féroce pour avertir ses semblables du genre de danger qui les menaçait.

« IL Y A DANS UN FAIT DE CE GENRE UN PREMIER PAS VERS LA FORMATION DU LANGAGE; SA VOIX ÉTANT DE PLUS EN PLUS EXERCÉE, LES ORGANES VOCAUX SE SONT RENFORCÉS ET PERFECTIONNÉS. »

Comment trouvez-vous l'explication? Quant à moi, la plume m'en tombe littéralement des mains, et je renonce à pousser plus loin ce parallèle.

QUELQUES VÉRITÉS A L'ADRESSE DES SINGES.

Aucun rapprochement possible entre l'homme et le singe ; une question de sentiment; Victor Hugo ; comme quoi les singes sont d'affreuses vilaines bêtes; adieux que nous leur adressons.

Il résulte des détails qui précèdent qu'il n'existe entre l'homme et le singe aucun rapprochement possible, soit comme structure organique, soit comme actes fonctionnels.

Et cependant, dans un parallèle à sa manière, où il a pris pour point de départ les races les plus infimes de l'humanité, et pour aboutissants les groupes les plus élevés de l'espèce simienne, Darwin a voulu établir de l'un à l'autre des gradations successives telles que les deux races n'en feraient qu'une.

Mais, ainsi que l'a dit en termes si vrais M. Agassiz, « il lui a fallu, pour arriver à ce semblant de résultat, négliger les grandes différences fondamentales qui font que l'homme, quel que soit son degré de bassesse ou d'infériorité, est un homme, tandis que le singe, quel que soit le rang élevé qu'il occupe en tant que singe, n'est qu'un singe. »

Voilà donc la question de science complètement jugée. Reste maintenant la question de sentiment : sur celle-là, chacun doit être libre. Si vous avez tant à cœur de tenir du singe, tenez-en ; si même il vous plaît d'être singe tout à fait, soyez-le. Qu'il soit bien compris, toutefois, qu'en optant ainsi pour la nationalité simienne, vous n'engagez que vous seul.

Il s'en faut du reste que, même parmi vos amis les plus excentriques, tout le monde soit de votre opinion. Écoutez plutôt Victor Hugo, dans sa *Légende des Siècles :*

> Et lorsqu'un grave Anglais, correct, bien mis, beau linge[1],
> Dit : « Dieu t'avait fait homme, et moi je te fais singe,
> Rends-toi digne à présent d'une telle faveur, »
> Cette promotion me rend un peu rêveur.

Ce n'est pas rêveur qu'elle me rend, moi, c'est furieux, tant il me répugne de me voir associé à ces affreuses vilaines bêtes !

Oui, ces AFFREUSES VILAINES BÊTES ; je répète la phrase, et en l'accentuant plus fortement encore. C'est que,

---

1. « *Linge* » pour rimer avec « *singe* » ! Dans mon jeune temps, cela s'appelait une cheville. Mais essayez donc d'appliquer cette épithète au divin Olympio !

maintenant que je sais que les singes ne nous sont rien, je n'ai plus de ménagements à garder à leur endroit, et il y a trop longtemps que je me fais violence pour tarder davantage à leur dire carrément leurs vérités.

Ce sont certainement les animaux les plus laids, les plus sales, les plus cyniques, les plus dégoûtants de la création ; ils ne méritent même pas d'être appelés la caricature de l'homme.

De tout leur corps s'échappent une odeur et un essaim de vermine. Conçoit-on qu'à propos de cette vermine on ait voulu y trouver motif pour vanter leur tendresse à l'égard de leurs enfants ? Mais ces parasites qu'ils « épluchent » avec leurs dents et leurs ongles, qu'en font-ils, les malheureux ? Ils les mangent !... Ce n'est donc pas chez eux une affaire de cœur, mais bien de gloutonnerie.

On veut aussi qu'ils marchent absolument comme nous. Regardez-les plutôt : leur allure lourde et déhanchée n'indique-t-elle pas que ce sont de simples grimpeurs ?

Il n'est pas jusqu'à leur attitude droite qu'on n'ait voulu comparer à la nôtre ; mais, quand ils se dressent sur leurs pattes de derrière, ils ressemblent tout bonnement à un ours qui fait le beau.

Enfin, pourquoi prétendre que ce sont les seuls, dans toute la série animale, qui nous disputent le noble privilége d'élever vers le ciel l'*os sublime* dont parle le poète ? Et les poules ?

Qu'il ne soit donc plus question de ces repoussants quadrumanes, et ne nous occupons désormais que de l'homme.

C'est ainsi qu'en partant je leur fais mes adieux.

DES RACES HUMAINES

C'est une question toute moderne; histoires impossibles repro-
duites par Aristote et par Pline; plus tard par Rondelet; erreurs
basées sur des apparences; Voltaire et les Darwinistes; trois
grandes races humaines d'après Blumenbach; leurs traits particuliers; deux accessoires; les trois fils de Noé.

La question des Races humaines, de leur pluralité et
même de l'homme envisagé comme type, est une question
toute moderne. Les anciens n'avaient à cet égard que
des idées aussi bizarres que confuses. Privés des lumières
de l'anatomie comparée, qui seule peut donner les
éclaircissements voulus, et obligés de s'en rapporter
aux récits de voyageurs mal renseignés ou amis du
merveilleux, ils n'ont eu le plus souvent à enregistrer
que des fables ou des fictions.

Aristote, qui relève quelques erreurs d'Hérodote, en
adopte une foule d'autres qui les valent. Il croit, par
exemple, qu'il y a des peuples androgynes; il va même
jusqu'à distinguer chez le même individu deux seins
différents, « le sein droit, qui est celui de l'homme, et
le sein gauche, qui est celui de la femme » (*Dextra
mamma virilis, læva muliebris*).

Pline parle de peuples qui n'ont qu'un œil, de
peuples qui ont les pieds tournés en arrière, etc.; il
parle, sur la foi de Ctesias, de peuples qui, faute de
bouche, se nourrissent par l'odorat et la respiration,
et même de peuples sans tête et qui ont les yeux sur
les épaules. Or notez qu'il semble trouver tout cela on
ne peut plus naturel.

Les modernes n'y ont mis, d'abord, ni plus de mesure, ni plus de discernement. Ainsi Rondelet, cet excellent. mais trop crédule naturaliste, décrit gravement un *évêque* ou *moine marin*, « lequel avait, dit-il, sur un corps de poisson, face d'homme, mais rustique et mal gracieuse. »

Ce n'est, à vrai dire, qu'à dater de notre époque que, grâce aux progrès de l'anatomie et aux facilités des voyages, on a pu obtenir les documents voulus pour traiter pertinemment un aussi grave sujet.

Je dis que le sujet est grave. C'est qu'effectivement il soulève, à côté de la question scientifique, une question religieuse. Si les races humaines constituent autant d'espèces différentes, que devient l'unité de l'homme représentée originairement par Adam, puis plus tard par Noé? Que deviennent par conséquent les récits bibliques?

Il est de fait que, lorsque l'on compare nos populations, si fières des produits brillants de leur industrie, avec ces peuplades demi-sauvages qu'on dirait tenir de la brute, les apparences semblent être contre l'unité de l'homme. Aussi entendez-vous tous les jours nos darwinistes répéter avec Voltaire « *qu'il n'y a qu'un aveugle qui puisse douter que les Blancs, les Nègres, les Albinos, les Hottentots, les Lapons, les Chinois et les Américains, ne soient des races entièrement distinctes.* »

Et bien ! la science est cet aveugle, car elle est parvenue à remonter de ces diverses races au premier homme, avec assez de précision pour pouvoir affirmer que l'humanité tout entière descend d'un père unique.

Sans doute, ces races sont nombreuses, ce qui doit beaucoup compliquer le problème. Et cependant leur classement est plus facile et plus simple qu'on ne serait tout d'abord tenté de le croire, car elles se rapportent toutes à un même type.

L'ethnographe qui a le mieux étudié cette question est Blumenbach. Prenant pour point de comparaison la forme du crâne, ainsi que la couleur du teint, des cheveux et de l'iris, il distingue trois grandes races humaines : la Caucasique, la Mongolique et l'Éthiopique. »

La Caucasique présente un crâne en forme d'ovale, le front et le nez saillants, la face petite relativement au crâne. C'est la race à laquelle nous appartenons.

L'Éthiopique n'offre plus cet ovale du crâne. Chez elle, le crâne est aplati sur les côtés, la machoire supérieure saillante, le front reculé. Le nègre peut être cité comme spécimen.

La Mongolique se fait remarquer par une face élargie, un nez écrasé, des yeux plus ou moins obliques, une mâchoire supérieure moins saillante que dans la race éthiopique. A cette catégorie se rattachent les populations tartares.

Il y a bien, en plus de ces trois grandes races, la race *Américaine* et la race *Malaise;* mais nous ne nous y arrêterons pas, car elles n'offrent pas de caractères assez tranchés pour qu'on puisse les ranger dans un cadre à part. La race Américaine paraît être une dépendance de la race Mongolique, et l'on peut croire que la race Malaise n'est qu'un mélange des races Mongolique et Éthiopique.

Disons, en passant, que ces trois divisions des races humaines se trouvent précisément correspondre aux trois fils de Noé : Sem, Cham et Japhet.

Ce qui prouve la justesse de cette classification, c'est la sanction que lui ont donnée les hommes les plus compétents sur ces matières: les naturalistes, Cuvier en tête, par leurs études comparatives sur le règne animal ; les géographes, sur les pas de M. Walckenaer, par leurs recherches sur les communications entre les continents ; les navigateurs, sous la conduite de Dumont-d'Urville et de Freycinet, par l'inspection des traits et des habitudes des différents peuples du globe. Tous s'accordent à dire que ces trois divisions de la grande famille humaine ne sont que l'épanouissement d'une unité primitive.

C'est cette unité dont nous allons maintenant entreprendre à notre tour la démonstration.

UNITÉ DE L'HOMME.

L'homme forme une espèce à part : trois systèmes sur son origine : les préadamistes ; les polygénistes ; les monogénistes ; l'unité de l'homme acceptée par les principaux naturalistes ; quatre objections principales : une cinquième particulière à Darwin ; Darwin en désaccord avec lui-même.

Toutes les espèces animales ont des espèces voisines ou consanguines de la leur. L'homme seul forme une espèce à part, exclusive de toute autre. L'exclusivité n'appartient donc qu'à lui. C'est là du reste un point sur lequel tout le monde est d'accord, y compris même les darwinistes, du moins pour l'homme actuel.

Où le désaccord commence, c'est pour ce qui touche à l'*Unité de l'homme*. Les dissidents peuvent être rangés en trois classes : les Préadamistes, les Polygénistes et les Monogénistes.

« On appelle Préadamistes, dit M. l'abbé Vigouroux [1], ceux qui prétendent qu'il a existé avant Adam une race humaine qui aurait été créée le sixième jour, comme les animaux. On suppose qu'elle parut à la fois sur toute la terre et qu'elle ne fut pas submergée par le déluge. D'elle provinrent les Gentils, qu'il ne faut pas confondre avec les Juifs qui eurent Adam et Ève pour ancêtres ».

Ce système dont l'invention est due à Isaac la Peyrère (1655) ne repose que sur certains passages mal inter-

---

1. Voir son excellent Traité qui a pour titre : *Manuel biblique.*

prêtés de la Genèse. Aussi, après avoir eu, comme tous les faux systèmes, la vogue d'un moment, ne tarda-t-il pas à tomber dans un complet oubli dont on a essayé vainement de le faire sortir de nos jours. Nous n'en parlons donc ici que pour mémoire.

Les Polygénistes sont ainsi nommés parce qu'ils prétendent qu'il a existé originairement plusieurs espèces humaines parfaitement différentes et indépendantes les unes des autres. Ainsi s'explique, d'après eux, la diversité des peuples répandus actuellement sur la surface du globe.

Les Polygénistes sont la plupart des Américains. Leur erreur provient de ce qu'ils confondent l'espèce avec la race. Elle s'explique surtout par leur antipathie si prononcée pour les nègres.

Enfin il y a les Monogénistes. Ceux-là n'admettent qu'une seule espèce humaine, mais avec plusieurs races, appartenant toutes à une espèce unique et procédant d'un même tronc.

C'est cette unité de l'homme ainsi comprise qui est acceptée aujourd'hui par la très grande majorité des naturalistes, et des naturalistes les plus éminents. Elle a trouvé surtout dans M. de Quatrefages un très habile défenseur. Aussi ferons-nous à son important travail de nombreux emprunts.

Mais il nous faut parler d'abord des objections dont elle a été l'objet.

Ces objections portent sur quatre chefs principaux : la *Couleur de la peau;* la *Configuration physique;* la *Taille* et les *Obstacles géographiques.*

Il y a enfin une cinquième objection, qui appartient en propre à Darwin; celle-là porte sur les *Parasites de l'homme.*

Et cependant Darwin déclare ailleurs que les nombreux points de ressemblance entre les races humaines

sont dus probablement à ce qu'elles descendent d'une
FORME PARENTALE UNIQUE!

Comment expliquer cette contradiction? Peut-être
faut-il n'y voir que le désir d'être impartial, en reproduisant les opinions pour et les opinions contre. En
tous cas, comme l'école de Darwin admet généralement
la pluralité des espèces humaines, nous réfuterons
l'une après l'autre chacune des objections qu'elle fait
valoir à l'appui de sa thèse.

OBJECTIONS TIRÉES DE LA COULEUR DE LA PEAU.

Les nègres; saisissement produit par leur vue; action de la chaleur sur la coloration de la peau; Buffon; de quoi la peau se
compose; le pigmentum; rôle qu'il joue; il n'est pas l'apanage
exclusif du nègre; sa présence chez l'homme blanc; chambre
obscure de l'œil; Albinos; changements de teinte opérés par les
climats; blancs devenus noirs; Pruner-Bey; M. Reisset; noirs
devenus blancs; Hammer et Buffon; cheveux laineux; une
négresse blonde; raisin noir et raisin blanc.

C'est surtout la couleur noire de la peau qu'on a
invoquée contre l'unité de l'homme.

« Qui eût osé croire, s'écrie Pline, à l'existence des
Éthiopiens, avant de les avoir vus? » *Quis enim
Æthiopos, antequam cerneret, credidit?*

« Lorsque les Portugais, dit à son tour Raynal, ayant
dépassé le Niger, trouvèrent des hommes absolument
noirs, avec des cheveux crépus, ils doutèrent d'abord
s'ils ne devaient pas rétrograder. »

Aujourd'hui encore, nombre de personnes, peu au
courant, il est vrai, des données de la science, sont
tellement impressionnées par cette étrange coloration
de la peau, qu'il leur faut un Adam noir comme il
leur faut un Adam blanc. Et cependant il s'agit ici
d'un simple fait physique, dû presque uniquement aux
différences de température du climat.

Lorsque la chaleur est excessive, comme au Sénégal et en Guinée, les hommes sont entièrement noirs ; lorsqu'elle est un peu moins forte, comme sur les côtes orientales de l'Afrique, les hommes offrent une teinte moins foncée ; lorsqu'elle commence à devenir tout à fait supportable, comme en Barbarie, au Mongol, en Arabie, les hommes ne sont que bruns ; enfin, lorsqu'elle se rapproche de la moyenne, comme en Asie et en Europe, les hommes sont blancs.

Ainsi la chaleur est la grande cause qui modifie la couleur des hommes, et, quoiqu'il y ait un nombre presque innombrable de *races* et *sous-races* humaines, il n'y a cependant qu'une seule *espèce ;* il n'y a qu'un homme. C'est ce que Buffon a très élégamment exprimé dans une de ces deux phrases heureuses qui sont le cachet de son style :

« L'HOMME, BLANC EN EUROPE, NOIR EN AFRIQUE, JAUNE EN ASIE ET ROUGE EN AMÉRIQUE, N'EST QUE LE MÊME HOMME TEINT DE LA COULEUR DU CLIMAT. »

Ceci est si vrai que, pas plus chez le nègre que chez les autres races à teinte plus ou moins foncée, il n'existe de changements dans la texture anatomique des tissus. Tout se borne à certaines particularités d'un ordre tout à fait secondaire.

Essayons d'en donner la clef.

La peau, considérée dans son ensemble, se compose essentiellement de trois couches : l'épiderme, le derme et le corps muqueux de Malpighi.

L'*épiderme* est cette menbrane translucide et mince qui se soulève par l'action de la brûlure ou du vésicatoire, pour former ce qu'on nomme vulgairement une « cloche » ou une « ampoule ».

Le *derme* est ce tégument solide et résistant qu'on appelle le « cuir » chez les animaux, et la « peau », à proprement parler, chez l'homme.

Quant au *corps muqueux de Malpighi*, il est placé entre le derme et l'épiderme, et représente une continuité de cellules pressées les unes contre les autres, comme les alvéoles d'une ruche, et communiquant entre elles très librement.

C'est dans ces cellules que se trouve la matière colorante, semi-liquide et étalée en nappe, qu'on appelle *pigmentum*, et c'est dans ce pigmentum que s'opèrent les phénomènes de changements de coloration de la peau.

Puisque telle est l'importance de son rôle, entrons dans quelques détails sur la manière dont il se comporte suivant les différentes races.

Du pigmentum. — Chez le blanc, le pigmentum est presque incolore ou ne présente qu'une légère teinte brunâtre ; il se fonce chez les races jaunes et cuivrées, et chez les blancs eux-mêmes, quand ils ont le teint brun ; enfin, chez le nègre, il devient d'un noir plus ou moins accentué.

On voit à quoi se réduit ce phénomène de la coloration des races humaines. De l'une à l'autre, il n'y a pas apparition d'organes ou d'éléments organiques nouveaux. Tout réside dans le pigmentum qui, chez toutes, est le même par son siège et sa nature : seulement, à partir d'un terme moyen, il se fonce ou s'affaiblit, et passe d'une nuance à l'autre, de manière à devenir plus ou moins prédominant dans tel de ses éléments.

Mais, dira-t-on, la couleur noire constitue pour le nègre un cachet tout à fait à part, puisqu'elle se perpétue chez lui de génération en génération.

Cela est vrai ; ne voyez pas toutefois dans cette transmission un caractère de fixité propre à certaines organisations humaines. C'est tout simplement une affaire d'hérédité, comme on en rencontre tous les jours pour d'autres particularités, telles que, par exemple, la couleur des cheveux ou de la barbe, les parents transmettant à leurs enfants la teinte qu'ils ont reçue de leurs aïeux.

Le pigmentum est si peu l'apanage exclusif du nègre que vous en retrouvez des traces jusque chez l'homme blanc. Ainsi ces grains dits de « beauté, » ces taches de rousseur [1] ou de naissance, ces auréoles brunâtres qui, chez quelques personnes, entourent le mamelon et d'autres régions encore, qu'est-ce donc, sinon une sorte d'échantillon du pigmentum du nègre?

Il est même des points de notre individu où ce pigmentum existe d'une manière aussi constante que chez le nègre, et même est indispensable à l'exercice régulier de l'organe qui en est le siège ; cet organe, c'est l'œil.

On sait en effet que l'œil représente une chambre obscure, et que cette obscurité est due à une couche de pigmentum qui tapisse toute sa face intérieure. Que ce pigmentum se décolore, et la vision s'opérera difficilement ; c'est ce qui arrive chez l'Albinos.

Cette décoloration ne reste pas chez lui bornée à l'œil ; elle s'étend aux cheveux, aux sourcils, à la barbe et à tout l'ensemble des téguments. Quelquefois elle se montre héréditaire dans certaines familles.

— Nous avons attribué la couleur noire du nègre à l'intensité et à l'action continue de la lumière et de la chaleur atmosphérique.

Mais on a fait remarquer qu'il existe dans le Nouveau Monde un continent, voisin de la zone torride, où

---

1. On sait que les femmes blondes sont sujettes à se couvrir de taches de rousseur par l'action des rayons solaires. Le microscope apprend que le phénomène se passe à l'intérieur du pigmentum, lequel se trouve impressionné par la lumière, un peu comme s'impressionne la plaque du photographe.

ne se rencontre pas un seul nègre, la population appartenant à la « race jaune » : d'où on a conclu que l'explication basée sur le pigmentum était ici en défaut.

Je ne nie pas le fait; je conteste seulement les conclusions qu'on en a déduites, Il n'y a pas plus pour la race jaune d'organes nouveaux qu'il n'y en a pour la race noire, la teinte jaune comme la teinte noire provenant tout simplement d'une différence de ton dans la couleur du pigmentum. Pourquoi maintenant, à latitude égale, sera-t-on jaune en Amérique et noir en Afrique? C'est là l'effet de certaines actions climatologiques qui ne touchent pas au fond même du débat et qui doivent d'autant moins nous arrêter qu'il nous reste à traiter d'autres questions qui s'y rattachent au contraire entièrement.

Ainsi on a dit : Si réellement le climat exerce une action aussi marquée sur la coloration des races, nous devrons voir des phénomènes analogues se reproduire sous nos yeux par le seul fait d'un changement apporté d'une manière continue aux conditions climatologiques originelles.

C'est effectivement ce qui a lieu. Il est constant, par exemple, que des individus de race blanche ont tourné au nègre, par cela seul qu'ils avaient séjourné un certain temps sous un ciel beaucoup plus chaud que leur ciel natal.

Pruner-Bey dit avoir vérifié ce fait sur nombre de personnes. Il cite tout particulièrement le cas des frères d'Abbadie, de M. Schimper et de M. Baroni, à leur retour d'Abyssinie. Lui-même a vu son teint se bronzer, ses cheveux se foncer et devenir bouclés, de clairs et lisses qu'ils étaient habituellement, à la suite d'un séjour de trois années seulement à Tchama en Arabie.

Par contre, le nègre transporté en Europe verra sa

teinte caractéristique s'éclaircir, en commençant toujours par les parties les plus saillantes, telles que l'oreille et le nez. Ces changements peuvent aller jusqu'à donner à un individu toutes les apparences d'une race fort différente de la sienne.

C'est surtout en Amérique que ce dernier phénomène s'observe sur une grande échelle. « L'Africain, dit M. Reisset, arrivé dans le nord des États-Unis, perd au bout de peu de temps sa teinte noire pour tourner au grisâtre ; l'enfant né de nègre et de négresse *purs* reproduit le type de ses pareils, mais atténués : le teint général de sa peau s'est surtout singulièrement éclairci et le rapproche de plus en plus du blanc. »

Enfin la teinte noire est si peu inhérente à « l'essence » même de l'individu, qu'il pourra se faire qu'en dehors de toute action produite par un changement de climat la couleur de la peau se modifie spontanément, sans cause appréciable, par le fait d'une sorte de caprice de l'économie. Hammer et Buffon en citent deux cas trop curieux et trop concluants pour que je ne les reproduise pas ici.

Il s'agit d'un jeune nègre et d'une jeune négresse « pur sang ». Tous deux, vers l'âge de quinze ou seize ans, commencèrent à blanchir, le premier à la suite d'un léger accident, la seconde sans cause connue ; les phénomènes furent d'ailleurs à peu près identiques dans les deux cas. Le changement de coloration eut lieu d'une manière progressive. La teinte générale s'affaiblit d'abord, puis des taches blanches apparurent, grandirent peu à peu et envahirent le corps tout entier. Les villosités et les cheveux participèrent à ce changement et devinrent ou blancs ou blonds, là où la peau avait blanchi. Les deux individus conservèrent une santé parfaite, toutes leurs fonctions continuant à s'exercer très régulièrement. La peau surtout ne présenta jamais de traces de maladies ; elle était rosée et semblable en tout à celle d'un individu de race blanche.

Hammer et Buffon ont insisté, avec raison, sur ce dernier détail, qui prouve qu'il s'agit ici d'une simple affaire de pigmentum, et non d'aucune de ces affections cutanées qui changent la couleur de la peau en s'attaquant au derme.

Nous venons de voir, dans les deux faits ci-dessus, que la chevelure était devenue blonde en même temps que la peau devenait blanche. C'est que la matière colorante des cheveux est une sorte d'huile assez analogue au pigmentum de la peau : il n'est donc pas étonnant qu'elle ait subi, dans la transformation de nos deux négrillons, les mêmes influences que la peau elle-même.

Nous ferons remarquer, à propos des cheveux du nègre, que c'est bien à tort qu'on a désigné leur apparence crépue par une épithète qui les assimile à la toison de nos troupeaux : on dit des cheveux *laineux*. Ils ressemblent bien plutôt à du crin crispé, et ne sont en réalité que des cheveux ordinaires, seulement plus gros et plus rudes que les nôtres ; ajoutons qu'ils ont absolument la même composition chimique.

D'ailleurs, ne sait-on pas qu'il y a des personnes, surtout des femmes, dont les cheveux sont tellement ondulés, que cela rappelle la « tignasse » du nègre ?

Je me rappelle avoir vu, à un des derniers bal de l'Élysée, sous la présidence du maréchal Mac-Mahon, une jeune Écossaise, notablement belle, à qui sa chevelure, par sa disposition feutrée, donnait l'aspect d'une « négresse blonde. » Et cependant, il ne coulait dans ses veines aucune goutte de sang éthiopien !

— Je terminerai par un rapprochement emprunté au règne végétal que nous savons être régi par les mêmes lois que le règne animal.

La matière colorante du raisin noir est représentée

également par une sorte de pigmentum. Or le raisin noir et le raisin blanc ne forment bien réellement qu'une seule et même espèce. Pourquoi en serait-il autrement du nègre et de l'homme blanc ?

OBJECTIONS TIRÉES DE LA CONFIGURATION PHYSIQUE

Défiguration chez certains peuples ; c'est un simple enlaidissement des types naturels ; les milieux et leur action ; un exemple emprunté au Dr Hall ; les deux extrêmes offerts par la même race ; ce qu'il faut en conclure : nègres subissant la loi du retour ; ils se rapprochent des blancs : Européens éprouvant des influences inverses ; l'Anglo-Saxo-Américain ; le Yankee ; tous font partie de la grande famille humaine.

Mais ce n'est pas seulement par la couleur de la peau, c'est aussi par certaines particularités, rien moins que gracieuses, dans la conformation de la tête et du visage, que le nègre diffère du blanc. Ainsi, ce front fuyant, ce nez épaté, ces pommettes saillantes, ces lèvres épaisses, ce bas de la figure allongé en museau, tout cela donne à sa physionomie quelque chose de bestial. Mêmes remarques pour l'Australien, moins la couleur noire. Comment reconnaître dans ce signalement trop fidèle les traits si fins et les lignes si pures de la race caucasique ? Et cependant, malgré tous ces contrastes, la différence est moindre qu'on ne serait tout d'abord tenté de le croire.

Notons en effet que ce qui nous frappe chez ces populations dégradées, c'est plus encore la réunion de toutes ces laideurs que ces laideurs elles-mêmes, car nous les rencontrons en détail chez les individus de notre propre race. Combien en connaissons-nous, par exemple, qui ont du côté du front, du nez, des pommettes, des lèvres ou du bas du visage, quelqu'une des *défigurations* que nous avons dit caractériser la tête du

Nègre et de l'Australien ? Seulement, je ne saurais trop faire remarquer que tout ce qui se trouve rassemblé ainsi chez eux à l'état de capital se trouve réparti chez nous à l'état de petite monnaie ; mais, en réunissant cette petite monnaie, on reconstruit en entier le capital.

Il ne s'agit donc point ici, et c'est là le nœud de la question, il ne s'agit donc point ici de l'apparition de types nouveaux, mais uniquement de modifications en laid des types naturels.

Comment maintenant ces modifications sont-elles survenues ? Comment surtout comprendre qu'elles aient envahi des races tout entières ? J'en trouve la cause dans l'action des milieux où les individus se sont trouvés placés. Mais d'abord expliquons-nous sur ce qu'il faut entendre par le mot MILIEU.

Je désigne ainsi avec M. de Quatrefages *l'ensemble des conditions ou des influences quelconques, physiques, intellectuelles ou morales, qui peuvent agir sur les corps organisés.*

Citons maintenant, comme spécimen du mode d'action de ces milieux, le fait suivant que rapporte le docteur Hall dans son « *Introduction* » à l'ouvrage de Pickering :

« A la suite des guerres de 1641 et 1689 entre l'Angleterre et l'Irlande, de grandes multitudes d'Irlandais furent chassées des comtés d'Armagh et de Down, dans une région montagneuse qui s'étend à l'est de la baronnie de Flews jusqu'à la mer, et dans les comtés de Leitrim, Sligo et Mayo. Depuis cette époque, ces populations ont eu à subir presque constamment les effets désastreux de la faim et de l'ignorance, ces deux grands agents de dégradation. Aussi les descendants de ces exilés se distinguent-ils aisément des aînés de leur race par les caractères que voici :

« *La bouche est entr'ouverte et projetée en avant; les dents sont proéminentes, les gencives saillantes, les mâ-*

choires avancées, le nez déprimé. Tous leurs traits portent l'empreinte de la barbarie; la charpente même du corps a été altérée; la taille a été réduite à cinq pieds deux pouces; le ventre s'est ballonné, les jambes sont devenues cagneuses et les bras ceux d'un avorton. »

Ainsi s'exprime le docteur Hall. Or, toute personne un peu au courant des caractères qui distinguent les races humaines aura reconnu, dans cette description, les attributs réunis des populations nègres et des populations australiennes les plus infimes.

L'auteur ajoute : « Tout le monde sait que, dans d'autres parties de l'île, *là où la population n'a jamais senti l'influence de ces causes de dégradation*, la MÊME RACE *fournit des exemples parfaits de beauté et de vigueur physique et morale.* »

Voilà, ce me semble, qui doit convaincre les esprits, même les plus prévenus, de l'action qu'exerce l'influence des *milieux* sur les caractères anatomiques des races humaines.

D'où je conclus que :

L'ABATARDISSEMENT DES FAMILLES IRLANDAISES, PARQUÉES COMME UN VIL BÉTAIL DANS UN DISTRICT MISÉRABLE, EST L'IMAGE DE CE QUI A DÛ ARRIVER, AUX ÉPOQUES PRIMITIVES, A CERTAINES POPULATIONS EXPOSÉES SANS DÉFENSE A DES CLIMATS MEURTRIERS, OU MAL SUSTENTÉES PAR UN SOL NON ENCORE FAÇONNÉ A LA CULTURE.

D'où je conclus encore que :

L'ON PEUT EXPLIQUER PAR L'ACTION CONTINUE DE MILIEUX AUSSI DÉPLORABLES LA FORMATION DE LA RACE NÈGRE ET DE LA RACE AUSTRALIENNE.

— Si l'explication que je viens de donner est la vraie, en plaçant ces populations déshéritées dans le milieu où se sont trouvées, dès le principe, celles qui ont dû à cette circonstance de maintenir intacte la pureté de leur type, elles devront, en vertu de la « loi du retour », récupérer cette même pureté de type, puisqu'elles en avaient reçu, elles aussi, l'empreinte originelle.

C'est précisément ce qui arrive. Nous allons voir que les traits du nègre, — car c'est toujours lui qu'on prend comme point de comparaison, — nous allons voir que ses traits se modifient, comme s'est modifiée la couleur de sa peau, et qu'il vient un moment où ce n'est plus le même homme.

« M. Lyel a trouvé, dit le docteur Hall, par suite de nombreuses recherches faites auprès des médecins résidant dans les États à esclaves, et par le témoignage de tous ceux qui ont porté leur attention sur ce sujet, que, SANS AUCUN MÉLANGE DE RACES, *la tête et le corps des nègres placés en contact intime avec les blancs se rapprochent de plus en plus, à chaque génération, de la configuration européenne.* »

« On ne saurait nier, dit également M. Élisée Reclus, les progrès constants des nègres des États-Unis dans l'échelle sociale ; MÊME SOUS LE RAPPORT PHYSIQUE, ILS TENDENT A SE RAPPROCHER DE LEURS MAITRES. *Ils n'ont plus le même type que les nègres d'Afrique : leur peau est rarement d'un noir velouté, bien que presque tous leurs ancêtres aient été achetés sur la côte de Guinée ; ils n'ont pas les pommettes aussi saillantes, les lèvres aussi épaisses, le nez aussi épaté, la laine aussi crépue, la physionomie aussi bestiale, l'angle facial aussi aigu que leurs frères de l'Ancien Monde.*

« DANS L'ESPACE DE CENT CINQUANTE ANS, ILS ONT, SOUS LE RAPPORT DE L'APPARENCE EXTÉRIEURE, FRANCHI UN BON QUART DE LA DISTANCE QUI LES SÉPARAIT DES BLANCS. »

Eh quoi ! par le seul fait des influences du milieu dans lequel ils auront vécu, un siècle et demi leur aura suffi pour franchir le quart de la distance qui les séparait des blancs ! Mais alors il est permis de calculer qu'après une même période de temps répétée trois fois toute ligne de démarcation aura disparu entre les deux races. Comment s'obstiner à soutenir que ces deux races ne descendent pas d'un géniteur commun?

Citons encore un exemple — celui-là emprunté à notre propre race — sur l'influence que subit la configuration de l'homme, par le seul changement d'un climat en un autre climat qui le vaut.

Cuningham avait déjà remarqué qu'en Australie les caractères du type anglais sont entamés dès la première génération. « C'est au point, écrivait-il, qu'un jeune créole se reconnaît très facilement d'un individu du même âge né en Angleterre. »

Mais nulle part ce genre d'expérience n'a été fait sur une aussi grande échelle qu'en Amérique : c'est donc là qu'il nous faut chercher nos preuves.

Le docteur Pruner-Bey, qui est certainement l'homme qui a le mieux étudié ces questions, nous a donné de l'Européen émigré en Amérique un tableau si fidèle et un exposé si lucide, que je ne saurais mieux faire que de le transcrire ici textuellement :

« L'Anglo-Saxon-Américain présente, dit-il, dès la seconde génération, des traits du type indien qui le rapprochent des Lenni-Lenapes, des Iroquois, des Cherokees. Plus tard, le système glandulaire se restreint au minimum de son développement normal; la peau devient sèche comme du cuir ; elle perd la chaleur du teint et la rougeur des pieds qui sont remplacées, chez l'homme, par une teinte limoneuse, chez la femme, par une pâleur fade.

« La tête se rapetisse et s'arrondit ou devient pointue ; elle se couvre d'une chevelure lisse et foncée de couleur. Le cou s'allonge. On observe un grand développement des pommettes; les fosses temporales sont profondes, les mâchoires massives. Les yeux sont enfoncés dans des cavités très profondes et assez rapprochés l'un de l'autre ; l'iris est foncé, le regard perçant et sauvage. Le corps des os longs s'allonge, principalement à l'extrémité supérieure, si bien que la France et l'Angleterre fabriquent pour l'Américain des gants à part dont les doigts sont exceptionnellement allongés. Les cavités de ces os sont très rétrécies ; les ongles prennent facilement une forme allongée et pointue, etc. »

Je ne pousserai par plus loin ces citations, le passage que nous venons de reproduire faisant voir parfaitement qu'il s'est opéré chez le colon anglo-saxon une complète métamorphose.

Ainsi donc, il aura suffi d'un simple changement dans les milieux environnants, toutes les autres conditions de la vie sociale restant les mêmes, pour créer une nouvelle race, la race Yankee !

Les polygénistes prétendront-ils également que cette nouvelle race ne fait pas partie de la grande famille humaine ?

OBJECTIONS TIRÉES DES DIFFÉRENCES DE LA TAILLE.

Les variations portent sur le système osseux ; différences d'épaisseur des vertèbres ; taille des Patagons ; taille des Lapons ; taille des Boschimen ; moyenne entre ces tailles ; un ingénieux procédé de M. de Quatrefages.

J'ai quelque peine à prendre cette objection au sérieux, tant elle me paraît futile, et cependant il le faut, ne fût-ce qu'à cause de la phrase de Voltaire que nous avons citée, par laquelle il demande que les Lapons soient relégués dans une catégorie à part, à cause de leur petite taille. Voyons donc en quoi cette petitesse de taille peut devenir un argument contre l'unité des races humaines.

Toute variation dans la taille porte nécessairement sur le système osseux, qui constitue la charpente du corps, et plus spécialement sur la colonne vertébrale. Quant à la structure proprement dite du squelette, elle reste absolument la même comme nombre, comme disposition et comme forme des os; les proportions seules varient pour s'harmoniser avec la taille de l'individu. Aussi, lorsqu'on vient à comparer entre elles les diverses races humaines, est-il impossible d'indiquer quelque caractère anatomique fixe qui les différencie.

Je sais qu'on a signalé la saillie exagérée du talon comme particulière à la race nègre. Mais, si cette saillie existe chez le nègre d'Abyssinie, elle manque complètement chez le nègre de la côte occidentale d'Afrique, et, par suite, elle ne saurait être indiquée comme signe distinctif d'une espèce à part.

C'est donc principalement à la colonne vertébrale qu'il faut demander la cause des variations de la taille. Comme chez l'homme les vertèbres existent toujours en même nombre, les différences ne portent que sur leur plus ou moins grande épaisseur, laquelle épaisseur tient à l'évolution du corps même de l'os par le fait de la croissance. Si, comme cela se voit tous les jours, cette évolution est contrariée pour une raison quelconque et que l'homme reste enfant par la taille, devra-t-il pour cela être distrait de la race à laquelle il appartient par le sang pour aller prendre place dans une autre race? Pareille conclusion ne serait pas soutenable.

Je sais bien qu'en parlant de ces différences de taille on a surtout en vue non pas des individus isolés, mais des populations tout entières. Prenons donc, comme point de comparaison, les deux extrêmes, les Patagons et les Lapons.

La taille des Patagons avait été singulièrement exagérée par les premiers navigateurs. Ainsi Pigafetta, l'historien du voyage de Magellan, ne leur accordait pas moins de treize pieds (4ᵐ,20) de haut. Oviedo, l'historien du voyage de Loaysa, se montrait plus généreux encore : il parlait de quatorze et de quinze pieds : mais cette taille s'est trouvée très réduite à mesure que les observations ont été plus précises.

Voici les renseignements qu'Alcide d'Orbigny, qui a séjourné longtemps dans ce pays, nous a donnés sur ces prétendus géants.

Le plus grand Patagon qu'il ait mesuré avait cinq pieds onze pouces ($1^m,915$). Cinq pieds onze pouces ! Mais il n'est pas nécessaire d'aller jusqu'en Patagonie pour observer de semblables phénomènes ; nous en rencontrons tous les jours, à Paris, se promenant tranquillement, comme de simples mortels, sur nos boulevards. La moyenne obtenue par d'Orbigny a été de cinq pieds quatre pouces ($1^m,73$) : c'est la taille de nos grenadiers.

Les Lapons ont longtemps passé pour être les plus petits de tous les hommes. Capell Brooke, qui est resté tout un hiver parmi eux et a pu en mesurer un grand nombre, a reconnu que leur taille moyenne était de cinq pieds à cinq pieds deux pouces ($1^m,52$ à $1^m,65$).

Mais il y a plus petit encore que les Lapons, ce sont les Boschimen. Barrow, dont les mesures ont été prises dans un *kraal* de cent cinquante habitants, a trouvé que l'homme le plus grand n'avait que quatre pieds neuf pouces ($1^m,44$) ; la moyenne était de quatre pieds six pouces ($1^m,31$).

En comparant ces chiffres à ceux que nous citions tout à l'heure à propos des Patagons, on trouve que le rapport entre la plus grande taille et la plus petite est représenté par un et trois dixièmes, c'est-à-dire que la première est bien loin d'être double de la seconde. Or, pour peu qu'on se rappelle ce que nous avons dit de l'influence des *milieux*, on comprendra parfaitement ces variations.

Ainsi donc l'objection tirée des différences de la taille n'est pas, à vrai dire, une objection sérieuse. M. de Quatrefages a eu recours à un procédé fort ingénieux pour en faire ressortir la futilité.

Il a dressé un tableau comparatif de 160 races humaines et, les disposant par ordre de taille, il a démontré que, pour passer de l'une à l'autre, la différence de niveau n'est que d'un millimètre. Si donc vous tenez absolument à ce que la taille crée des espèces, à quel endroit de cette échelle établirez-vous votre marque pour les délimiter ?

OBJECTIONS TIRÉES DES OBSTACLES GÉOGRAPHIQUES.

Le plus grand obstacle, c'est l'homme ; martyrologe des voyageurs ; comment les continents se sont peuplés ; Océanie ; communications avec l'Asie par les Archipels ; éléments de population jetés sur la côte ; Amérique ; naturels du détroit de Behring allant d'une rive à l'autre ; Scandinaves abordant l'Islande et le Groënland ; gulf stream entraînant des navigateurs égarés ; un rapprochement emprunté au règne végétal.

Cette objection paraît tout d'abord beaucoup plus fondée que la précédente. Que n'a-t-on pas dit, en effet, des marais et des montagnes, des forêts et des déserts, comme ayant dû opposer des obstacles insurmontables à la marche et à l'expansion des races primitives?

Oui, sans doute, ce sont là de très grands obstacles; mais on a oublié dans cette énumération que le plus grand de tous vient bien plutôt de l'homme que de la nature. Est-ce que, sans les Touharecks, on ne sillonnerait pas aujourd'hui avec toute facilité le désert qui sépare l'Algérie du Sénégal? Consultez le martyrologe des voyageurs, et comparez le nombre de ceux qui ont péri de la main de leurs semblables avec ceux qui sont morts victimes de l'inclémence du climat ou des empêchements du sol, et vous reconnaîtrez que l'homme n'a pas d'ennemi plus redoutable à combattre que lui-même.

Avant donc que l'homme eût pénétré sous les diverses latitudes, qui eût arrêté la marche des premiers groupes humains vers telles ou telles contrées, puisque personne n'était là, soit pour leur en barrer le passage, soit pour leur en disputer la possession? La manière dont les colonies modernes ont progressé et se sont multipliées est un sûr garant qu'il a dû en être de même dès l'origine des temps. D'ailleurs, chacun sait que le besoin de connaître de nouveaux pays et de les assujettir à son empire est un sentiment inné chez l'homme.

Aussi a-t-on insisté plus particulièrement sur les obstacles créés par la présence des mers qui séparent et isolent les continents. On a nié surtout la possibilité du peuplement par migration de l'Océanie et de l'Amérique.

Ce genre d'objection a pu avoir quelque succès aux époques où l'on ne possédait pas de notions géographiques suffisantes sur les voies par lesquelles les continents peuvent communiquer entre eux; mais il n'en saurait être de même aujourd'hui que, grâce aux progrès de la navigation, ces voies sont si parfaitement connues. Peu de mots vont nous suffire pour le faire comprendre.

Parlons d'abord de l'Océanie.

Océanie. — Il suffit de jeter les yeux sur la carte pour voir combien l'Asie qui, de l'aveu de tous, a été le berceau de l'humanité, offre de communications faciles avec les îles et les archipels qui couvrent ces régions ; ces îles et ces archipels offrent de même une extrême facilité de passages de l'un à l'autre ; enfin les naturels qui les peuplent présentent tous les mêmes caractères physiques et parlent tous les dialectes de la même langue.

Ne croyez pas non plus qu'en fait de navigation ils en fussent restés à l'écorce flottante ou à la pirogue du sauvage. Non. Ils possédaient, lorsque les premiers Européens les visitèrent, des embarcations, je pourrais dire des vaisseaux véritables, dont plusieurs étaient parfaitement appropriés aux lointaines excursions. Ainsi s'expliquent ces luttes, ces guerres, ces invasions de territoires entre insulaires, et jusqu'à ces expéditions sur les rives asiatiques, dont les lieux qui en furent témoins ont conservé la trace et les souvenirs.

Puis, à côté de ces faits généraux, de ces actes prémédités, que de circonstances fortuites ont pu jeter tout à coup sur des terres inhabitées des éléments de population ! Ce seront surtout des courants sous-marins, des tempêtes, des cyclones ou tous autres accidents de mer. Ainsi, par exemple, Maï a retrouvé, douze ans après, trois de ses compagnons qui, partis de Melbourne, avaient franchi à la dérive le détroit de Cook, et avaient été jetés sur les côtes de la Nouvelle-Zélande.

Le peuplement de la Polynésie, par migrations venant des rives asiatiques, a donc été tellement dans la nature des choses, qu'il me paraît tout à fait superflu d'entrer sur ce sujet dans plus de développements.

Parlons maintenant de l'Amérique.

Amérique. — Buffon, vers le milieu du dernier siècle, avait déjà signalé combien le passage d'Asie en Amérique était facile par le détroit de Behring.

La connaissance de plus en plus complète des mers polaires et des races qui en peuplent les rivages a confirmé jusqu'à l'évidence cette remarque du grand naturaliste. En effet, le navigateur qui, longeant les îles

Aléoutiennes, se rend du Kamtchatka à la presqu'île d'Aliaska, se trouve au centre d'une sorte d'archipel tellement confus qu'il doit se sentir bien embarrassé pour déterminer la limite des deux continents. Veut-on une preuve de la facilité des communications de l'un à l'autre?

Les Tchouktchis, ces peuples originaires de l'Asie, étaient, de temps immémorial, campés à la fois sur les deux rives opposées du détroit qui sépare l'Asie de l'Amérique; IL LEUR A DONC FALLU, A UN MOMENT DONNÉ, PASSER CE DÉTROIT; une fois franchi, qui les a empêchés de se répandre sur le sol américain, qu'ils venaient d'aborder, et de devenir ainsi le noyau de toute une population?

Les communications de l'une à l'autre rive ont été de tous temps tellement faciles qu'aujourd'hui encore ces mêmes peuples se visitent fréquemment, soit comme relations de bon voisinage, soit pour traiter de leurs affaires commerciales, *en usant des mêmes moyens de navigation dont ils se servaient autrefois.*

A lui seul, cet exemple suffit pour montrer comment l'Ancien continent a pu verser dans le Nouveau les éléments d'une partie de la population qui couvre aujourd'hui son vaste sol.

Je dis « une partie de la population ». C'est que le détroit de Behring n'est pas la seule voie par où l'Amérique ait été accessible aux émigrants.

On a pu y pénétrer également par l'Islande et le Groënland, si tant est surtout que les Danois aient abordé les premiers le sol américain. Il semble résulter en effet des recherches de Rafn que, *dès avant l'an mille de notre ère*[1], le Groënland avait été colonisé par

1. Dans son *Histoire des Régions circumpolaires*, M. Frédéric Lacroix cite une bulle du pape Grégoire IV à Ansgarius, *datée de* 835, où il est question des missions d'Islande et du GROENLAND. Le

les familles scandinaves qui avaient fui en Islande la tyrannie d'Harald aux Cheveux-d'Or. Or Christophe Colomb n'aborda l'île de San Salvador qu'*en* 1495.

Enfin, on a découvert récemment dans l'Océan Pacifique un second *gulf stream* qui, passant au sud du Japon, se dirige vers l'Amérique, comme le premier va de Terre-Neuve aux côtes de l'Ancien Monde. Le *Courant du Tessan*, comme on l'appelle, a donc pu conduire, sur les côtes de la Californie, quelques jonques de navigateurs égarés[1], comme le gulf stream avait jeté sur la plage des Açores ces fruits et ces poutres travaillées, qui avertirent Colomb du voisinage de la terre qu'il cherchait.

Ainsi s'explique comment la Californie aura concouru aussi bien que le détroit de Behring et le Groënland au peuplement du Nouveau Monde. Et, comme sa population a le teint presque noir, il est probable que les émigrants dont elle descend étaient des nègres océaniens.

Sans doute il est difficile ou même impossible, parmi toutes ces races américaines, d'indiquer la source originaire de chacune. Mais qu'importe pour l'unité de l'homme, puisque, nous le savons, les changements survenus depuis sont le fait de l'influence des milieux !

— Qu'on me permette ici encore un rapprochement avec les espèces végétales, en prenant de même la vigne pour type. Chacun sait que les ceps, transportés dans d'autres pays, perdent au bout de quelque temps leurs

même auteur rappelle que La Peyrère a signalé une autre bulle, *antérieure à l'an* 900, où l'Islande et le Groënland sont également nommés. Probablement à cette époque on ignorait que le Groënland fît partie d'un continent véritable.

1. M. Bancroft rapporte que, depuis 1852, c'est-à-dire depuis la colonisation de la Californie par la race blanche, on a recueilli dans ce pays vingt-huit navires asiatiques dont seize contenaient encore le personnel qui les montait.

qualités premières, pour prendre celles du « terroir »
où ils ont été transplantés. N'est-ce pas un peu l'histoire des migrations humaines?

OBJECTIONS TIRÉES DE CERTAINS PARASITES DE L'HOMME.

Les poux ; M. Murray s'en fait l'historien ; leurs égarements ; comment ils deviennent juges de notre race ; leur fin lamentable ;
 jeunes filles et sangsues ; un dénouement grotesque.

Nous avons dit que cette dernière objection appartient en propre à Darwin ; voici comment il la libelle :

« M. Murray, dit-il, a examiné avec attention les poux
recueillis, dans différents pays, sur les diverses races
humaines, et il trouve qu'il diffèrent, non seulement
par la couleur, mais par la conformation de leurs
griffes et de leurs membres. Le chirurgien d'un balei-
nier lui a assuré, de plus, que, lorsque les poux dont
étaient infestés quelques habitants des îles Sandwich
s'égaraient sur le corps des matelots anglais, ils péris-
saient au bout de trois ou quatre jours. »

Darwin ajoute :

« Ce fait que les races humaines sont infestées de
parasites qui paraissent être spécialement distincts pourrait être avancé, avec quelque raison, comme un argument établissant que les races elles-mêmes devraient aussi
être considérées comme telles. »

Voilà le bouquet ! J'ignore ce que Darwin pense dans
le fond de l'objection, mais je comprends à merveille
qu'il l'ait distinguée entre toutes, comme formant le
digne couronnement de la série. Car enfin, faisons un
retour sur nous-mêmes :

Avoir pour premier ancêtre un asticot, pour aïeul de
seconde main une sardine, pour grand-oncle un marsu-

piau, pour chef de race un singe et pour juge en dernier
ressort un pou, que demander de plus? Aussi m'écrie-
rais-je volontiers avec le poëte :

> Grâce aux dieux, mon *bonheur* passe mon espérance.
> Oui, je te loue, ô ciel! de ta persévérance.

Mais enfin, pour parler sérieusement, autant du moins
qu'on le peut avec toutes ces fantasmagories, que signifie une objection de cette nature?

Comment! voilà des parasites qui, étant accoutumés à
une peau, s'avisent de vouloir en tâter d'une autre : ce
changement de régime ne leur réussit pas : ils meurent.
Sans doute, c'est là une fin fort lamentable, et, pour
mon compte, je les plains sincèrement. Mais, la question de sentiment mise de côté, en quoi cela prouve-t-il,
AVEC QUELQUE RAISON, contre l'unité de notre race?

Puisque Darwin aime les comparaisons empruntées
aux animaux les plus infimes, je vais lui répliquer à
mon tour par un exemple de même provenance.

Je prescrivis dernièrement des sangsues à deux jeunes
filles, sœurs jumelles, qui s'étaient blessées assez griè-
vement en tombant ensemble d'une balançoire. Chez
l'une, ces annélides « prirent » avec une véritable *furia*,
et « ne lâchèrent la peau que quand elles furent gorgées
de sang » :

> Non missura cutem nisi plena cruoris hirudo.

Chez l'autre, au contraire, elles firent les difficiles,
et c'est à peine si elles effleurèrent l'épiderme, *dente
superbo*. Cependant, ici encore, la peau semblait offrir
toutes les conditions voulues pour les mettre en appétit.

D'après votre manière d'argumenter, non seulement
ces deux jumelles ne seraient pas de la même famille,
mais même elles appartiendraient à des espèces animales complètement différentes. Est-ce assez absurde?

Réellement on ne sait jamais à quoi s'en tenir avec Darwin. C'est l'homme aux surprises. Il survient tout à coup, comme le *deus ex machina*, pour brusquer les dénouements et surtout pour leur donner une tournure grotesque.

L'UNITÉ DE L'HOMME PROUVÉE PAR LA FÉCONDITÉ DES RACES.

Preuves fournies par la communauté des langues ; pourquoi je n'en parle pas ; preuves fournies par les unions physiques ; Buffon ; unions toujours fécondes ; conséquences à en déduire ; avantages du croisement des races ; le type parisien ; inconvénients des mariages entre consanguins ; les Grands d'Espagne ; la loi religieuse d'accord avec une saine physiologie.

Maintenant que nous avons réfuté les principales objections qu'on a élevées contre l'unité de l'homme, nous pourrions à la rigueur en rester là, car la réponse à une objection devient un argument en faveur de la théorie contre laquelle elle était dirigée. Mais telle est l'importance du sujet que je ne veux rien omettre de ce qui peut porter la conviction dans les esprits. J'en arrive donc aux preuves directes.

J'avais décrit, dans la première édition de cet ouvrage, deux genres de preuves : les preuves fournies par la *Communauté des langues* et les preuves fournies par la *Fécondité continue des races*.

Je m'en tiens, dans celle-ci, à ce second ordre de preuve ; en voici le motif.

On m'a fait remarquer que peu de personnes sont au courant de la linguistique moderne. Ainsi, les trois langues auxquelles elle a ramené tous les idiomes connus, les langues *monosyllabiques*, les langues *agglutinatives* et les langues *flexionnelles*, réclameraient le secours d'une quatrième langue pour être bien comprises. Je vais donc me contenter de reproduire la déclaration suivante d'Alexandre de Humboldt, comme résumant parfaitement ma thèse :

« Quelque isolés que puissent paraître certains langages, quelque singuliers que soient leurs caprices et leurs idiomes, tous ont une analogie entre eux qui rappelle un origine commune [1] ».

Contentons-nous donc des preuves fournies par la fécondité continue des races. Celles-ci d'ailleurs sont tellement concluantes qu'elles peuvent parfaitement tenir lieu de tout autres.

Nous avons dit, en traitant des ESPÈCES et des RACES, que ce qui caractérise « l'espèce », c'est la propriété qu'ont les « races » qui en émanent de se croiser entre elles et de donner ainsi naissance à des produits indéfiniment féconds.

Ces caractères, nous les retrouvons intégralement chez l'homme, ainsi que le prouvent les unions physiques entre les divers peuples. Écoutons Buffon :

« Lorsque, dit-il, après des siècles écoulés, des continents traversés, et des générations déjà modifiées par l'influence des différentes terres, l'homme a voulu s'habituer dans des climats extrêmes, et peupler les sables du Midi et les glaces du Nord, les changements sont devenus si grands et si sensibles, qu'il y aurait lieu de

---

1. Cette unité d'origine des langues explique en partie, par leur unité de type, la faculté merveilleuse que possédait le cardinal Mezzofante de les parler toutes. J'ai beaucoup connu Son Éminence à Rome, en 1843. C'était sous le pontificat de Grégoire XVI. — Le pape alors était libre, et son pouvoir respecté à l'égal de sa personne... ! — Comme le Saint-Père aimait beaucoup à faire briller les « talents » du cardinal, il voulait qu'il se tînt à ses côtés dans les grandes réceptions du Vatican, et alors avait lieu la petite scène que voici : Chaque diplomate, après avoir été saluer Sa Sainteté, abordait le cardinal et lui adressait quelques paroles dans la langue de son pays. Celui-ci répliquait de suite dans la même langue, et cela avec une spontanéité parfaite et sans le moindre accent.

croire que le Nègre, le Lapon et le Blanc, forment des espèces différentes.

« Mais on s'est assuré que ce blanc, ce lapon et ce nègre, si dissemblants entre eux, peuvent cependant s'unir ensemble et propager en commun la grande et unique famille de notre genre humain. Il est donc certain que tous ne font que le même homme. »

Buffon reproduit cette même pensée ailleurs en termes non moins excellents :

« Si, dit-il, le Nègre et le Blanc ne pouvaient produire ensemble, si même leur production demeurait inféconde, si le Mulâtre était un vrai mulet, il y aurait alors deux espèces bien distinctes; le Nègre serait à l'homme ce que l'âne est au cheval; ou plutôt, si le Blanc était homme, le Nègre ne serait plus homme; ce serait un animal à part comme le singe, et nous serions en droit de penser que le Blanc et le Nègre n'auraient point une origine commune. *Mais cette supposition même est démentie par le fait.*

« Puisque tous les hommes peuvent communiquer et produire ensemble, tous les hommes viennent de la même souche et sont de la même famille. »

Ainsi nous pouvons regarder comme un fait parfaitement acquis à la science que non seulement l'homme forme une espèce à part, mais que cette espèce est une, en ce sens que les diverses races dont elle se compose contractent entre elles des unions indéfiniment fécondes.

Je dirai plus. Il importe dans l'intérêt des races elles-mêmes que ces unions, loin de rester confinées entre elles, soient le plus variées que possible. les « produits, » pour me servir des termes techniques, n'en devant être que meilleurs.

Voyez la population parisienne : on la cite avec raison, surtout pour ce qui est de l'élégance des formes, comme un type à part. C'est que rien n'est rare comme un Parisien pur sang, je veux dire, né d'un père et d'une mère de Paris; presque toujours l'un des deux est originaire de la Province ou de l'Étranger.

Citons, par opposition, les *Grands* d'Espagne. Ce terme forme même une sorte d'antiphrase, car ceux qu'il désigne ainsi, loin d'être « grands, » sont presque tous au contraire d'une taille assez petite. C'est que, de temps immémorial, la noblesse espagnole s'est mariée entre elle, ce qui a créé entre chaque famille une sorte de parenté. Or, on sait quels inconvénients sont attachés, en général, aux unions de ce genre.

Aussi la loi religieuse qui interdit le mariage entre consanguins ne repose-t-elle pas seulement sur de hautes considérations morales: elle est d'accord également avec les enseignements d'une saine physiologie.

En résumé donc :

LA FÉCONDITÉ CONTINUE ENTRE LES DIVERSES RACES HUMAINES CONSTITUE LE PLUS PUISSANT ARGUMENT EN FAVEUR DE L'UNITÉ DE L'HOMME.

INSTINCT ET INTELLIGENCE DES ANIMAUX.

Les facultés mentales de l'homme et des animaux d'après Darwin ;
ce qui distingue l'instinct de l'intelligence.

Darwin ne s'est pas occupé seulement de la structure corporelle des animaux, comparée à celle de l'homme, il a fait le même travail pour leurs facultés intellectuelles, et cela avec une adresse de rapprochements qui dénote réellement chez lui le génie du paradoxe. Voici, en définitive, à quelles conclusions il est arrivé :

« IL N'Y A AUCUNE DIFFÉRENCE FONDAMENTALE ENTRE L'HOMME ET LES MAMMIFÈRES LES PLUS ÉLEVÉS AU POINT DE VUE DE LEURS FACULTÉS MENTALES. »

Ainsi, d'après Darwin, homme et animal, nous ne faisons qu'un sous le rapport intellectuel. Prenons-en acte ; seulement, avant de discuter ce qu'il en est, commençons par être bien fixés sur ce qu'il faut entendre par « FACULTÉS MENTALES. »

On désigne ainsi deux attributs primitifs, l'*Instinct* et l'*Intelligence ;* mais, tout primitifs qu'ils sont, l'opposition la plus complète les sépare.

Tout dans « l'instinct » est aveugle, nécessaire et invariable : tout, dans « l'intelligence, » est électif, conditionnel et modifiable.

Tout dans « l'instinct » est inné, tout y est fatal ; tout dans « l'intelligence » résulte de l'expérience et de l'instruction ; tout y est libre.

Enfin tout dans « l'instinct » est personnel et limité, tandis que tout dans « l'intelligence » est général et perfectible.

Mais quittons ce langage abstrait qui n'est pas dans nos habitudes, et qui d'ailleurs aurait besoin de commentaires pour être compris. Arrivons donc tout de suite aux exemples : ils valent mieux que la meilleure des définitions.

Nous parlerons d'abord de l'*Instinct* des animaux, puis nous arriverons à leur *Intelligence*.

DE L'INSTINCT.

Ce qu'on appelle instinct ; exemples empruntés aux petits canards, aux nécrophores et aux pompiles ; perfection de certains actes instinctifs ; leur exécution est toujours machinale ; instinct chez les animaux migrateurs ; l'hirondelle en captivité.

On ne saurait nier que la plupart des animaux soient avertis, par une sorte d'intuition naturelle, des besoins du moment et des nécessités de l'avenir : c'est cette intuition naturelle qu'on appelle « Instinct. »

Qui ne sait que les petits canards, au sortir de l'œuf, se précipitent vers l'eau, comme étant leur élément, et que le petit poulain, à peine né, va saisir le mamelon de sa mère ?

Citons deux autres exemples moins connus, mais peut-être plus frappants encore, de ce que peut l'instinct.

Les *Nécrophores*, quand elles ont pondu leurs œufs, vont chercher de la chair morte et la placent tout à côté, afin que leurs petits, à peine éclos, trouvent leur nourriture toute prête ; quelquefois même elles pondent leurs œufs dans les cadavres eux-mêmes. Qui donc a pu leur apprendre que le seul aliment qui convienne à leur progéniture est la chair putréfiée ?

Les *Pompiles* offrent, en fait de prévoyance, quelque chose de plus merveilleux encore. Ainsi, tout carnivores qu'elles sont, elles savent — comment le savent-elles ? — que leurs petits seront au contraire herbivores en naissant : aussi disposent-elles, avant de mourir, car il n'est pas dans leur destinée de jamais les connaître, toute une provision de fourrages à leur portée.

Passons maintenant à un autre ordre d'animaux. Ceux-là, doués peut-être d'une prescience moins raffinée, se distinguent surtout par la difficulté et la perfection de leurs actes instinctifs.

L'oiseau devine qu'il a besoin d'un nid, et ce nid sera une merveille, par le choix et la combinaison des matériaux qu'il y fera entrer.

Le castor devine qu'il a besoin d'une cabane, et cette cabane sera une merveille [1], par les connaissances pro-

---

1. Flourens a raconté l'histoire d'un jeune castor qui, pris sur les bords du Rhône, fut transporté et allaité artificiellement dans le Jardin des Plantes. Il avait été mis dans une cage : par conséquent, il n'avait pas besoin de cabane. Cependant, dès qu'il put se procurer les matériaux voulus, il se mit à en bâtir une aussi bien réussie que celle des castors les plus exercés.

fondes en architecture qu'il déploiera pour sa construction.

Enfin l'araignée devine qu'elle a besoin d'une toile, et cette toile sera une merveille également, tant par son tissage que par sa réussite, qui est de servir de piége.

Voilà donc des facultés qui révèlent chez ceux qui les possèdent une grande dose d'intelligence. Et cependant cette intelligence, nous l'appelons INSTINCT. Pourquoi?

C'est que, quelque parfaits que soient les actes qui en sont l'expression, l'animal ne les a ni appris, ni calculés, ni prévus. Il en a apporté le germe en naissant, comme il a apporté le germe de son développement physique ultérieur ; puis il les a exécutés machinalement. La preuve, c'est que l'oiseau ne saurait faire autre chose que son nid, le castor, autre chose que sa cabane, l'araignée, autre chose que sa toile. Ainsi l'ont voulu leurs destinées ; *sic voluere fata.*

On ne saurait donc mieux comparer les animaux, accomplissant ainsi leurs actes instinctifs, qu'à une montre qui dévide régulièrement sa chaine, mais dont une main puissante, celle du Créateur, avait, longtemps d'avance, disposé les ressorts.

Autre remarque. L'instinct ne constitue pas seulement une propension innée à faire certaines choses, toujours les mêmes : il représente quelquefois aussi une force intermittente à laquelle l'animal n'obéit qu'à certains moments.

Voyez l'hirondelle en captivité. Vous aurez beau la séquestrer à l'intérieur des appartements, loin par conséquent des cris de ses camarades et des variations atmosphériques du dehors, toutes choses qui pourraient l'avertir, elle n'en éprouve pas moins, à l'époque habituelle des départs, une agitation fébrile toute particulière; elle se démène dans sa cage, cherche une issue, et, n'en trouvant pas, se précipite sur les barreaux avec assez de violence pour s'arracher les plumes et se mettre la poitrine tout en sang.

Le même phénomène s'observe, à un degré plus ou moins prononcé, chez tous les autres oiseaux migrateurs.

Tel est l'instinct. Parlons maintenant de « l'Intelligence. »

DE L'INTELLIGENCE.

L'intelligence est une faculté réfléchie ; elle peut s'ajouter à l'instinct ; elle peut en être indépendante ; les animaux haïssent ; sont reconnaissants ; se vengent ; sont sensibles à la louange ; influence de leur cohabitation avec l'homme ; le chien d'arrêt ; de berger ; de garde ; de l'aveugle ; du mont Saint-Bernard ; d'Ulysse ; un mot de Charlet ; la domesticité des animaux naît de leur sociabilité ; quelques exemples ; si le chat fait exception ; animaux apprivoisés et animaux asservis ; aucune espèce solitaire n'a donné de races domestiques.

L'intelligence, avons-nous dit, diffère de l'instinct en ce que c'est une faculté réfléchie.

Il peut se faire qu'elle vienne s'ajouter simplement à tel acte qui, dans le principe, avait été le produit de l'instinct. Ainsi, nous avons parlé de l'araignée, « dont la toile, suivant l'expression de Reimarus, est le modèle des rayons qui partent d'un centre. » Si je déchire cette toile, l'araignée la répare : mais elle ne la répare qu'à l'endroit déchiré, et ne touche point au reste. Il y a donc dans l'araignée l'instinct machinal qui fait la toile, puis intervient l'intelligence qui l'avertit de l'endroit à réparer, ainsi que de la nature de la réparation.

Mais l'intelligence peut s'exercer d'une manière complétement indépendante de l'instinct. Elle se traduit alors par des actes spontanés, qui indiquent chez l'animal une impressionnabilité comparable à la nôtre, et où nous retrouvons parfois nos sentiments et jusqu'à nos passions. Citons au hasard quelques exemples.

Les animaux aiment.

Je ne parle pas de ces attachements naturels entre individus de même espèce et surtout de sexe différent: je parle de ces liaisons fortuites qui ne reconnaissent d'autres causes que de mutuelles sympathies. On a vu longtemps au Jardin des Plantes une girafe et un chien qui étaient devenus amis inséparables; la nuit comme le jour, il vivaient côte à côte dans la même loge : la girafe surtout témoignait à son compagnon une tendresse excessive; éloignait-on celui-ci, elle devenait triste, et, si son absence se prolongeait davantage, elle en perdait l'appétit et le sommeil.

Les animaux haïssent.

Attachez deux chevaux l'un à côté de l'autre dans la même écurie; eussent-ils tous les deux un excellent caractère, il pourra se faire que, par incompatibilité d'humeur, ils se querellent, et bientôt, si vous n'intervenez, ils en arriveront aux ruades et aux morsures.

Les animaux sont reconnaissants.

Qui ne connaît l'histoire d'Androclès épargné, au milieu du cirque, par un lion qui, prêt à le dévorer, s'arrêta tout d'un coup et se roula à ses pieds en les léchant? C'est qu'il venait de reconnaître en lui le bienfaiteur qui l'avait débarrassé autrefois d'une épine et d'un abcès dans les déserts de la Nubie.

Les animaux se vengent.

Demandez-le plutôt à ces charretiers sauvages et stupides qui s'acharnent à maltraiter de pauvres bêtes; plus d'un a payé bien chèrement son ignoble brutalité, et ce n'est pas moi, en pareil cas, qui prendrai parti pour l'homme.

Enfin les animaux sont sensibles à la louange.

« Tel, dit Ovide, est l'oiseau de Junon (*le paon*). Si vous vantez son plumage, il l'étale avec orgueil; si vous le regardez en silence, il en cache les trésors » :

> Laudatas ostentat avis Junonia pennas;
> Si tacitus spectes, illa recondet opes.

« Et le coursier, continue le même poëte, combien, dans la lutte des chars, il aime les applaudissements donnés à sa crinière bien peignée et à sa fière encolure ! »

> Quadrupedes, inter rapidi certamina currûs,
> Depexaeque jubae plausaque colla juvant.

Ainsi donc l'animal ne possède pas seulement la faculté automatique appelée instinct : il possède de plus la faculté réfléchie appelée intelligence.

Mais c'est surtout sous l'influence de la domesticité, c'est-à-dire de sa cohabitation avec l'homme, que l'animal atteint le plus haut développement de ce que je serais tenté de nommer les dons de l'esprit et du cœur.

Voyez le chien d'arrêt. A peine il a flairé le gibier, qu'il hésite, ralentit le pas, regarde anxieusement autour de lui, rampe plutôt qu'il ne marche, puis enfin darde vers sa proie un œil immobile et profond qui a quelque chose de fascinateur. Parfois même il détourne doucement la tête vers son maître, et lui fait un signe qui veut dire: « C'est là ! »

Voyez le chien de berger. Quelle sollicitude et, en même temps, quel tact il déploie dans la surveillance du troupeau confié à ses soins ! Toujours sur le qui-vive, il le fait stationner sur les places autorisées, en l'éloignant impitoyablement des pacages interdits, et cela avec une sûreté de coup d'œil qui jamais n'est en défaut.

Parlerai-je du chien de garde? Sentinelle vigilante, il avertira de l'approche de l'ennemi et de l'imminence du danger par des aboiements formidables. Vainement vous tenterez d'acheter son silence par quelques friandises; il n'y touchera même pas [1]. Par contre, du plus loin qu'il flairera son maître ou même qu'il l'entendra, — car il le reconnaît rien qu'à son pas, — il saluera sa bienvenue par des grognements caressants.

Enfin, comment ne rien dire du chien de l'aveugle? Et cependant Buffon l'a oublié : d'où on a conclu, non sans raison peut-être, qu'il avait plus de style que de cœur. C'est que, de tous les êtres de la création, c'est celui qui a le plus de droits à notre sympathie, j'allais dire à nos respects, par la manière si délicate et si parfaite avec laquelle il remplit sa touchante mission.

Examinez sa démarche. Elle est lente, mesurée, interrompue par de petites poses, pour que l'infortuné dont il s'est fait le protecteur et le guide ait le temps de s'orienter et de reprendre haleine. Avec quel soin il évite les moindres obstacles du chemin et jusqu'aux plus petites inégalités du sol! Avec quelles précautions il traverse les rues et les carrefours! C'est qu'il lui faut prévenir tout choc, tout faux pas, toute rencontre.

Il n'est pas jusqu'à l'expression suppliante de son regard qui ne soit un appel fait à votre pitié pour que

1. Je sais que Cerbère se laissa corrompre par le gâteau de miel et de substances soporifiques que lui fit jeter Énée

> Melle soporatam et medicatis frugibus offam
> Objecit....

Ce gâteau, il l'engloutit dans sa triple gueule (*tria guttura pandens*), puis s'endormit dans son antre, ce qui permit au héros troyen de franchir les sombres bords. Mais Cerbère *avec ses trois têtes* n'appartenait pas plus à notre race canine que le singe, *avec ses quatre mains*, n'appartient à notre race humaine. L'honneur de nos chiens de garde reste donc parfaitement sauf.

vous laissiez tomber quelque menue monnaie dans la sébile qu'il vous tend d'une manière si humble.

Mais ce n'est pas tout. Que son maître vienne à succomber, qui vous dit qu'il aura le courage de lui survivre ? Oh ! oui, c'est là de l'intelligence, et de l'intelligence puisée aux meilleures sources.

Mais je n'en finirais pas, si je voulais énumérer tous les actes de dévouement ou d'affection que ce noble animal nous prodigue, en échange trop souvent des plus mauvais traitements.

Le chien de Terre-Neuve périra plutôt que de ne pas arracher à la mort l'individu qui se noie ; le chien du mont Saint-Bernard restera plutôt enseveli sous la neige que de ne pas en retirer le voyageur qu'a englouti la chute d'une avalanche ; enfin, qui n'a présent à la pensée l'émouvant épisode du chien d'Ulysse, reconnaissant son maître, bien que méconnaissable pour tous, et mourant de saisissement ?

N'est-ce pas Charlet qui a dit ce mot piquant : « Ce qu'il y a de meilleur dans l'homme, c'est le chien ? » Il est de fait que le chien, à certains égards, vaut infiniment mieux que l'homme ; ce n'est jamais lui qui trahira son bienfaiteur parce que la fortune l'aura trahi, ou qui déchirera la main qu'il caressait la veille.

On comprend donc que ce soit le chien que j'aie choisi comme type des animaux domestiques qui ont reçu l'intelligence en partage. Il en est d'autres toutefois parmi ceux-ci, qui mériteraient de même une mention à part : tel est le cheval, tel est surtout l'éléphant.

— Nous avons dit que c'est principalement par la domesticité que l'intelligence des animaux se développe. On se demandera sans doute pourquoi certaines espèces sont, seules, devenues domestiques, au milieu de tant d'autres demeurées sauvages.

Les naturalistes, jusque dans ces derniers temps, s'étaient peu occupés de la domesticité des animaux ; ils n'y voyaient qu'un effet de la puissance de l'homme sur les bêtes. Mais cette puissance ne suffit pas pour expliquer cette domesticité. Il y a une autre cause qui ressort du principe que voici :

La domesticité des animaux naît de leur sociabilité.

Il n'est pas une seule espèce, en effet, devenue domestique, qui, naturellement, ne vive en *société*, et, de tant d'espèces *solitaires* que l'homme n'aurait pas eu sans doute moins d'intérêt à s'associer, il n'en est pas une seule qui soit devenue domestique.

Citons quelques exemples, pris de préférence parmi les mammifères.

Le cheval, devenu par la domesticité l'associé de l'homme, l'est naturellement de tous les animaux de son espèce. Ainsi les chevaux sauvages vont par troupes ; ils ont un chef qui marche à leur tête, qu'ils suivent avec confiance et qui leur donne le signal de la fuite ou du combat.

La même remarque s'applique à l'éléphant qui pousse plus loin encore le sentiment de la discipline et de l'obéissance à son chef.

Le bœuf vit de même en société. Ne sait-on pas que c'est par milliers que, divisé par groupes, il peuple les savanes de Buenos-Ayres ?

Et le mouton, quel animal plus sociable ? Il nous suit aussi servilement qu'il suit le troupeau au milieu duquel il est né. C'est qu'il ne voit dans l'homme, pour nous servir d'une expression ingénieuse de F. Cuvier, que le *chef de sa troupe.*

Cette expression va même nous donner la clef de la théorie de la domestication des animaux.

L'homme n'est, pour les animaux domestiques, qu'un membre de la société ; tout son art se réduit à se faire accepter par eux comme associé, car, une fois devenu leur associé, il devient leur chef, leur étant aussi supérieur qu'il l'est par son intelligence.

Tous nos animaux domestiques sont donc, de leur nature, des animaux sociables.

Le chat semble, au premier coup d'œil, faire une exception, car l'espèce chat est solitaire. Mais le chat est-il réellement un animal domestique? Il vit auprès de nous, mais s'associe-t-il à nous?

« Les chats, a dit Buffon, quoique habitants de nos maisons, ne sont pas entièrement domestiques, et les mieux apprivoisés n'en sont pas plus asservis. »

Il y a dans l'opposition de ces deux mots, *apprivoisés* et *asservis*, le germe d'une vérité importante sur laquelle je vais m'expliquer, car elle n'est peut-être pas généralement bien comprise.

L'homme peut, en effet, *apprivoiser* jusqu'aux espèces les plus solitaires et les plus féroces [1]. Il apprivoise l'ours, le lion, le tigre; les anciens, qui aimaient surtout à parler aux yeux, ont eu des chars traînés par des tigres et des panthères. On voit tous les jours des ours qui obéissent à leurs maîtres, qui se plient à des exercices et même déploient certaine adresse. Et cependant aucune espèce solitaire, quelque facile qu'elle soit à apprivoiser, n'a pu être *asservie*, en ce sens qu'elle n'a jamais donné de race domestique.

---

1. L'homme n'a qu'un petit nombre de moyens pour agir sur les animaux. La faim est le premier de ces moyens, et l'un des plus puissants; c'est par la faim qu'on soumet les jeunes chevaux élevés dans l'indépendance. La veille forcée est un moyen plus puissant encore; nul n'abat plus l'énergie de l'animal et par conséquent ne le dispose plus sûrement à l'obéissance que la privation du sommeil. Par la faim, par la veille forcée, l'homme excite ainsi les besoins de l'animal, mais il ne les excite que pour les satisfaire. Ce n'est en effet que là où commence le bienfait de notre part, que commence réellement notre empire.

C'est qu'une habitude n'est pas un instinct. C'est par habitude qu'un animal s'apprivoise, et c'est par instinct qu'il est sociable. L'intelligence, toutefois, joue encore ici le rôle prédominant. Ainsi, moins il est facile à apprivoiser, et plus il conserve de sa férocité naturelle.

C'est ce qui explique ce mot d'un gardien du Jardin des Plantes à qui on demandait pourquoi, entrant si facilement dans la loge du lion et du tigre, il ne pénétrait jamais dans celle de l'ours blanc : « C'est que, dit-il, il est trop bête. »

Je ne m'étendrai pas plus longtemps sur l'instinct et l'intelligence des animaux, car je crois en avoir dit assez pour que Darwin ne m'accuse pas d'avoir rien dissimulé ni rien amoindri pour faire ressortir davantage la prééminence de l'homme. Je me suis simplement attaché, comme toujours, à rester dans les limites de ce qu'apprend l'observation.

Parlons maintenant de l'homme lui-même et des facultés qui lui assurent une supériorité hors ligne sur toutes les espèces animales.

FACULTÉS INTELLECTUELLES DE L'HOMME.

L'homme n'a que quelques instincts ; son intelligence ; comment elle supplée à l'insuffisance de ses ressources originelles ; exemples empruntés à l'aliment ; aux vêtements ; à l'abri ; à sa manière de guérir certains maux dont l'animal est exempt ; l'homme envisagé dans le rayonnement de sa puissance ; coup d'œil jeté sur les découvertes modernes ; Dieu a partagé avec lui quelques-uns de ses attributs.

L'homme, lui aussi, a des Instincts, mais à un degré bien moindre que l'animal ; c'est que, suivant la remarque de Cuvier, « l'Instinct existe en raison inverse du développement de l'Intelligence ».

Le premier acte de l'enfant qui vient de naître est un acte instinctif. Ainsi il allonge *instinctivement* les lèvres pour saisir le mamelon qui doit l'alimenter, et même il leur fait exécuter de petits mouvements de succion. Malheureusement — et c'est là un triste début pour son entrée dans la vie — malheureusement le sein qu'il rencontre est rarement le sein maternel.

Plus tard, l'homme manifeste d'autres instincts. Celui qui, à notre époque, domine tous les autres, c'est l'instinct de la popularité : ainsi le poète désertera les muses, l'avocat le barreau et le médecin ses malades, pour venir mendier les faveurs de la foule et en faire trop souvent, hélas! l'usage que chacun sait.

Mais c'est surtout par son Intelligence que l'homme se distingue des animaux. Il existe même à cet égard entre eux et lui une ligne de démarcation si marquée et si profonde que certaines personnes hésitent à leur appliquer le mot « intelligence », tant elles craignent qu'on y voie une sorte de concession faite aux opinions matérialistes! Pour nous, nous croyons ces scrupules exagérés. Rien en effet ne prouve mieux l'immense supériorité de l'homme sur l'animal que de les comparer entre eux pour l'exécution de certains actes qui leur sont communs, et de voir de quelle manière l'homme supplée par son intelligence à l'infériorité de ses ressources originelles par rapport aux autres êtres de la création.

Commençons par l'*Aliment*.

Les animaux se sustentent d'eux-mêmes. L'herbivore broutera la première herbe qu'il trouvera dans les champs ; le carnivore dévorera le premier animal qu'il pourra saisir ; puis tous les deux se désaltéreront à une source quelconque, l'eau étant et devant rester leur unique breuvage.

Et l'homme? Bien qu'il soit à la fois herbivore e carnivore, il sera fatalement condamné à périr de faim, s'il en est réduit aux seuls expédients des animaux de ces deux classes. Il ne peut, comme l'herbivore, pâturer simplement les herbages ; il ne peut, comme le carnivore, manger les chairs à l'état cru : il faut qu'il ait préalablement soumis l'un et l'autre aliment à l'action du feu. Mais ce feu, où et comment se le procurer?

C'est alors qu'intervient l'intelligence.

> Des veines d'un caillou qu'il frappe au même instant
> Il fait jaillir un feu qui pétille en sortant.

Le feu une fois obtenu, l'intelligence de l'homme lui fera connaître les divers modes de préparation de l'aliment les plus en rapport avec ses besoins et ses goûts. Elle lui enseignera de même à broyer le froment, à en extraire la farine et à en façonner le pain. Elle lui apprendra enfin à obtenir du raisin, de la pomme, de l'orge et autres substances fermentescibles, des boissons plus agréables que l'eau pure et souvent mieux en rapport avec les nécessités de son organisme.

Parlerons-nous du *Vêtement?*

L'animal n'en a nul besoin, la nature l'en ayant pourvu avec une sollicitude aussi prévoyante qu'éclairée. N'a-t-il pas, suivant les espèces et les climats, la plume, le poil, la laine ?

L'homme, au contraire, est nu, tout à fait nu. Or, il lui faut de toute nécessité un vêtement, soit pour se préserver des chaleurs excessives, soit pour combattre les froids trop intenses. Mais par quels moyens se le procurer ?

Ici encore l'intelligence les lui indiquera. C'est à elle qu'il devra de savoir emprunter aux végétaux leur principe textile, et aux animaux leur fourrure, pour les convertir en étoffes.

Et l'*Abri?*

La plupart des animaux savent s'en passer, organisés

qu'ils sont pour vivre au grand air. Ceux à qui il en faut en trouvent de naturels dans le tronc des arbres, sous les broussailles, à l'intérieur des grottes; au besoin même, ils se creuseront instinctivement des terriers.

Rien de tout cela ne saurait convenir à l'homme. Sans doute, nos ancêtres habitèrent des cavernes (d'où leur nom de *Troglodytes*), mais encore a-t-il fallu que leur intelligence leur apprît à les aérer suffisamment pour les besoins de la respiration, à les clore suffisamment pour les besoins de la sécurité, et à les approvisionner suffisamment pour les besoins de la subsistance.

Comparerons-nous les différences d'aptitudes de l'animal et de l'homme pour résister aux altérations de l'atmosphère?

L'animal se porte tout aussi bien au sein des marécages les plus pestilentiels qu'au milieu des bois et des plaines les plus salubres. Voyez les « Marais Pontins : les buffles, qui y vivent en liberté, sont remarquables par leur agilité et leur vigueur.

L'homme, au contraire, a tout à redouter des émanations paludéennes. S'il n'en est pas la victime, c'est que son intelligence lui a appris à fuir les lieux où règne la Malaria, au besoin à les assainir, et que, de plus, elle lui a fait connaître les propriétés médicinales de la plante la plus apte à la combattre.

Enfin, il n'est pas jusqu'à la facilité avec laquelle les blessures guérissent chez l'animal qui ne lui donne un avantage marqué sur l'homme. Supposez chez tous les deux une artère ouverte : le sang s'arrêtera naturellement chez le premier, tandis qu'il continuera de couler chez le second. D'où vient cette différence?

C'est que le sang de l'animal est beaucoup plus coagulable que celui de l'homme, et, par suite, beaucoup plus apte à former le caillot obturateur. L'homme serait donc destiné à périr d'hémorrhagie, si son intelligence ne lui apprenait à suspendre l'écoulement du sang, soit à l'aide de liqueurs astringentes versées sur la plaie elle-même, soit à l'aide de moyens contentifs, tels que la ligature du vaisseau.

— Restons-en là de ce parallèle entre l'animal et l'homme, ou plutôt complétons-le par un contraste.

Tandis que l'animal par lui-même n'est pas un être perfectible, l'homme au contraire accroît chaque jour la somme de ses connaissances et chaque jour enrichit son domaine par quelque nouvelle conquête. Contemplons-le un instant au milieu de ce que je serais tenté d'appeler le « rayonnement de sa puissance ».

La mécanique lui ouvre, à travers les isthmes et les montagnes, des chemins que la nature semblait avoir interdits au commerce du monde.

La physique transporte sa pensée, sur les ailes de l'électricité, d'un hémisphère à l'autre, avec la rapidité de la foudre ; il est vrai que l'électricité n'est autre que la foudre elle-même, rendue docile et intelligente. Au besoin, elle deviendra la parole : témoin les admirables applications que vient d'en faire la phonographie.

La chimie, pénétrant jusque dans l'essence même des choses, lui montre les plantes préparant, sous l'influence du soleil, les aliments des animaux, et la destruction des animaux restituant plus tard aux plantes les principes dont elles se nourrissent.

Grâce à la vapeur, il fend les eaux avec la même aisance qu'il sillonne la terre ferme, et les aérostats lui permettent de s'élever à des hauteurs telles que l'aigle lui-même ne saurait l'y suivre.

Parlerai-je du microscope qui lui a révélé l'existence de myriades d'êtres vivants que leur extrême petitesse semblait devoir, à tout jamais, soustraire à ses regards ?

Nommerai-je le télescope qui a fait briller à ses yeux

tout un monde d'astres nouveaux, perdus dans les espaces, et gravitant jusque dans les profondeurs de l'infini?

Le télescope surtout a quelque chose qui vous jette dans un ravissement voisin de l'extase. Il semble que l'âme, à mesure qu'elle s'élève dans ces régions éthérées, devient plus apte à sonder les mystères de la création. Ainsi ces globes immenses qui roulent au-dessus de nos têtes, nous en calculons les dimensions, la distance, la marche, le poids; nous arrivons même, à l'aide de l'analyse spectrale, à en reconnaitre la composition; enfin, par un véritable don de seconde vue, nous annonçons des centaines, des milliers d'années à l'avance, que tel phénomène céleste se manifestera tel jour, dans tel lieu et à telle fraction de seconde. Or, jamais le phénomène ne manque au rendez-vous fixé par l'astronome: témoin le dernier « Passage de Vénus ».

Ainsi, Dieu, se souvenant que l'homme a été fait à son image et qu'il l'a animé de son souffle, a voulu qu'il partageât avec lui quelques-uns de ses attributs. Il lui permet même de l'approcher de si près, qu'on serait tenté de croire que, renouvelant en sa faveur le miracle du Sinaï, il va lui donner sa face à contempler.

Un abime sépare donc nos facultés de celles des animaux. Tandis que Dieu n'a accordé qu'à un petit nombre d'entre eux une certaine somme d'*Intelligence* et qu'à tous il a prodigué l'*Instinct*, l'homme a reçu peu d'*Instincts*, mais au contraire a été comblé de tous les dons de l'*Intelligence*, ou plutôt il a reçu l'INTELLIGENCE elle-même, dans l'extension la plus magnifique du mot.

Aussi Darwin, en déclarant qu'il n'y a aucune différence fondamentale entre l'animal et l'homme, au point de vue des facultés mentales, dit-il quelque chose de renversant: seulement, il reste conséquent avec lui-même, puisque sa thèse consiste à prendre constamment le contre-pied de ce qui existe réellement dans la nature.

L'HOMME PAR SES FACULTÉS D'ÉLITE FORME UN RÈGNE A PART.

Facultés d'élite de l'homme: elles comprennent trois ordres de sentiments; ce sont elles qui lui assurent un règne à part.

Les facultés que nous avons dit élever l'homme si fort au-dessus de l'animal suffisent-elles pour l'en séparer entièrement, et pour constituer en sa faveur un RÈGNE à part? Oui, certainement. C'est au point qu'en admettant avec les naturalistes le dédoublement de l'homme en « homme-animal » et en « homme-intelligence », je crains presque d'avoir fait une concession regrettable. En voici le motif.

La classe d'animaux à laquelle l'homme se trouve ainsi appartenir comme *vertébré-mammifère* se compose d'espèces tellement dissemblables qu'il est placé côte à côte avec la baleine, l'éléphant, la chauve-souris et le putois. Sans doute, tout cela est très correct comme classification; mais ce qui l'est beaucoup moins, c'est la classification elle-même. Évidemment c'est rapprocher des êtres qui ont au contraire tout ce qu'il faut pour s'exclure.

Je sais bien qu'on invoque la « caractéristique ». Ainsi celle de l'homme est d'être *bimane*. Mais qu'importe une particularité si minime au point de vue de l'ensemble! D'ailleurs, il est certaines espèces auxquelles elle fait complètement défaut. Cuvier, par exemple, n'a jamais pu reconnaître de différences appréciables entre le squelette du cheval et celui de l'âne. Cependant, l'âne et le cheval forment des espèces complètement distinctes.

La vraie pierre de touche pour classer les espèces devrait être l'INTELLIGENCE.

Et encore, dès l'instant où ce mot s'applique aux animaux, il ne saurait suffire pour désigner ce qui assure à l'homme un règne à part. C'est que les droits de l'homme à ce règne, il les doit à des facultés plus nobles encore que celles dont nous venons d'énumérer les merveilleuses applications, car, même pour celles-ci, il a été trop fréquemment question de forces physiques et d'agrégats matériels.

Ces facultés plus nobles, nous les appellerons ses FACULTÉS D'ÉLITE. Essayons de les faire connaître.

Il va nous falloir, pour cela, envisager l'âme entièrement affranchie de ses liens terrestres ; il va nous falloir la considérer ne relevant que d'elle-même, et ne demandant qu'à elle seule quels sont ses attributs, quels sont ses devoirs et quelle est sa destinée.

Ses attributs, elle en trouve la notion dans le « SENTIMENT MORAL » ; ses devoirs, dans le « SENTIMENT RELIGIEUX » ; sa destinée, dans le « SENTIMENT D'UNE VIE FUTURE ».

Ce sont là les trois ordres de sentiments qui constituent chez l'homme ses « Facultés d'élite » et qui créent pour lui un « Règne à part ».

Bien que, par l'étroite solidarité qui les unit, ces sentiments n'en représentent autant dire qu'un, nous croyons devoir les envisager chacun isolément.

SENTIMENT MORAL.

Le sentiment moral défini par M. de Quatrefages ; la conscience ; une remarque de Cuvier ; le remords ; ce qu'en ont dit Juvénal, Tacite et Perse ; Lucrèce veut l'étouffer ; son exemple suivi par nos libres-penseurs ; le bon sens triomphera.

La meilleure définition que nous puissions donner de ce qu'il faut entendre par « Sentiment moral », c'est d'emprunter à M. de Quatrefages les développements qui vont suivre :

« Dans toute société, dit-il, où il existe un langage assez parfait pour exprimer les idées générales et abstraites, nous trouvons des mots destinés à rendre les idées de vertu et de vice, d'homme de bien et de scélérat. Là où la langue fait défaut, nous trouvons des croyances, des usages, prouvant clairement que, pour ne pas être rendues par le vocabulaire, ces idées n'en existent pas moins. Chez les nations les plus sauvages, jusque dans ces peuplades que, d'un commun accord, on place aux derniers rangs de l'humanité, des actes publics ou privés nous forcent à reconnaître que partout l'homme a su voir, à côté du bien et du mal physiques, quelque chose de plus élevé ; chez les nations les plus avancées, des institutions entières reposent sur ce fondement.

« La nature abstraite du bien et du mal se retrouve ainsi dans tous les groupes d'hommes. Rien ne peut faire supposer qu'elle existe chez les animaux. Elle constitue donc un premier caractère du RÈGNE HUMAIN.

« J'appellerai *Moralité* la faculté qui donne à l'homme cette notion, comme on appelle *Sensibilité* la propriété de percevoir les sensations. »

Ainsi parle M. de Quatrefages. Il serait difficile, ce me semble, de dire de meilleures choses et de mieux les dire.

Le sentiment moral est donc inné dans le cœur de l'homme. De ce sentiment découle ce qu'on appelle la *Conscience.*

La conscience, c'est la science intuitive de nos rapports avec la grande loi de la justice originelle, à laquelle nous sentons que, tôt ou tard, il nous faudra rendre compte de l'usage que nous aurons fait de notre liberté. Toutes les justices humaines reposent sur cette loi et y puisent la sanction et le crédit dont elles ont besoin pour se faire respecter. Mais elles sont souvent impuissantes, comme les moyens dont elles disposent, ou faillibles, comme les hommes qui les appliquent ; quelquefois même leurs décrets constituent une infraction plus grande encore à la justice véritable que les infractions qu'elles se chargent de réprimer. Ainsi s'explique le désordre matériel et moral qui règne trop souvent dans nos sociétés.

« Quand on voit, dit Cuvier, le malheur de la vertu et la prospérité du crime, c'est un besoin profondément senti que celui d'un ordre de choses à venir ; car on ne voit point que l'Auteur de la nature ait soumis à un semblable désordre aucune autre partie de l'univers. »

Cet « ordre de choses à venir », dont parle Cuvier, c'est le tribunal supérieur devant lequel il nous faudra tous comparaître un jour. Mais, en attendant, chacun de nous porte en soi son tribunal propre, et l'arrêt qui en émane, nul ne saurait s'y soustraire. Ce tribunal, nous le savons déjà, c'est la conscience ; quant à l'arrêt, c'est le *Remords*.

Les anciens avaient très justement défini le remords « l'aiguillon de la conscience », *conscientiæ stimulus*.

Juvénal l'appelle le « fouet invisible qui torture sourdement par des coups répétés l'âme du criminel » :

> . . . . Et surdo verbere cædit
> Occultum quatiente animo tortore flagellum.

Tacite nous en donne un terrible spécimen dans la lettre où Tibère expose au Sénat les tourments auxquels son âme est en proie :

« Que vous écrire, Pères conscrits, ou comment vous « écrire, ou plutôt devrais-je songer à vous écrire main-« tenant ? Si je le sais, QUE LES DIEUX ME FASSENT PÉRIR PLUS « CRUELLEMENT QUE JE ME SENS PÉRIR TOUS LES JOURS. »

« Ainsi, ajoute l'historien, tous ses forfaits et toutes ses infamies étaient devenus pour lui un cruel supplice.

Socrate avait donc bien raison d'affirmer que, « si on « ouvrait l'âme des méchants, on y trouverait mille « traits aigus qui la déchirent. »

Enfin, Perse, dans sa *Satire iij*, a peint, d'une manière admirable, ces tortures de l'âme du méchant : « Grand Jupiter, dit-il, père des Dieux, quand vous voudrez châtier les tyrans les plus cruels, daignez user de ce supplice : lorsque leur affreux délire les pousse aux plus abominables crimes, et qu'il fait fermenter le poison dont leur âme est imprégnée, ouvrez leurs yeux aux charmes de la vertu, « *afin qu'en la voyant ils sèchent de regrets de l'avoir abandonnée* » :

> Virtutem videant intabescantque relicta.

On comprend d'après cela que Lucrèce, le matérialiste et l'athée par excellence, ait voulu qu'on mît tout en œuvre pour étouffer des témoins aussi importuns que la conscience et le remords. Son langage à cet égard est aussi net qu'énergique. Jugez-en plutôt :

« Il faut, dit-il, dissiper à tout prix cette crainte de l'Achéron ; il faut en débarrasser la vie humaine qu'elle trouble jusque dans ses profondeurs, répandant sur tous les objets une teinte de mort, et empêchant de savourer la volupté dans ce qu'elle a de limpide et de suave » :

> Et metus ille foras praeceps Acherontis agendus
> Funditus, humanam qui vitam turbat ab imo,
> Omnia suffundens mortis nigrore, neque ullam
> Esse voluptatem liquidam puramque relinquit.

Nos libres-penseurs qui, nous le savons, ne sont ni moins matérialistes, ni moins athées, ont eu nécessairement à cœur de continuer l'œuvre de Lucrèce ; il leur a suffi pour cela de s'affubler du Darwinisme, lequel s'est affublé à son tour du déguisement de la science. Or le succès n'a que trop justifié leur entreprise.

Et cependant j'ai foi dans le triomphe définitif du sentiment moral, qui ne sera autre ici que le triomphe du bon sens. J'ai foi dans le réveil, je devrais dire dans la réaction de l'opinion qui, renseignée enfin sur la valeur vraie de tous ces « naturalistes en chambre », comprendra qu'elle est depuis trop longtemps le jouet de la plus incroyable et de la plus indigne des mystifications.

SENTIMENT RELIGIEUX.

Cicéron et Plutarque le déclarent universel; un aveu de Laplace dans le même sens ; des voyageurs le nient chez les Hottentots et les Cafres ; démentis donnés par Campbell et Livingstone ; une appréciation fausse des Australiens par Buttler Earp ; elle est rectifiée par Pickring et Britton ; objections de Volney ; leur peu de fondement ; un mot profond de Bossuet.

Le sentiment religieux est encore une de ces « Facultés d'élite » que l'homme seul a reçue en partage et qui, à en juger par la constance de ses manifestations, est gravée en lui en caractères indélébiles.

« Il n'est aucun animal, hormis l'homme, a dit Cicéron, qui ait connaissance de Dieu, mais, parmi les hommes, *il n'est pas de nation si féroce ni si sauvage qui, si elle ignore quel Dieu il faut avoir, ne sache du moins qu'il y en a un.* »

« Vous pourrez trouver, dit également Plutarque, des cités privées de murailles, de maisons, de gymnases, de lois, de monnaies, de lettres, mais *un peuple sans Dieu, sans prières, sans serments, sans rites religieux, sans sacrifices, nul* N'EN VIT JAMAIS[1]. »

---

1. Il s'en voit un aujourd'hui, puisque notre gouvernement républicain vient de biffer le nom de Dieu de l'enseignement de la jeunesse, de retrancher la prière en usage dans les classes, et d'abolir le serment que l'on prêtait en justice.

Ainsi parle l'antiquité par deux de ses principaux interprètes, et rien ne me serait plus facile que de multiplier ces exemples.

Il faut, du reste, que cette croyance en la Divinité soit un fait bien généralement établi, pour que de Laplace ait cru devoir faire l'aveu que voici, aveu qui contraste si étrangement avec ses allégations d'habitude[1] :

« Il ne paraît pas que l'on puisse raisonnablement supposer qu'il y ait un peuple sur la terre totalement étranger à la notion de quelque divinité. »

Nombre de voyageurs, il est vrai, affirment que certaines peuplades, qu'on pourrait presque regarder comme une race intermédiaire entre la brute et l'homme, sont complètement dépourvues de *religiosité :* ce seraient surtout les Hottentots et les Cafres.

Il n'en est rien. Quand on va davantage au fond des choses, on trouve que, chez toutes, existe une mythologie rudimentaire. Ainsi, par exemple, Campbell qui, dans son premier voyage, avait déjà découvert, chez les Bochismen, ce qu'il appelait la *« notion confuse d'un Être supérieur »*, obtint, dans son second, des détails très précis sur Goha, le *dieu* mâle, qu'ils placent au-dessus des hommes, et sur Ko, le *dieu* femelle, qu'ils placent au-dessous.

D'ailleurs, que répondre à ces paroles si explicites du docteur Livingstone :

« Quelque dégradées, dit-il, que soient ces populations, il n'est pas besoin de les entretenir de l'existence de Dieu

---

1. Le marquis de Laplace, même au plus fort de ses erreurs, n'avait jamais complétement perdu de vue tout sentiment religieux. Ainsi sa fin fut chrétienne. Il est même un détail de sa vie assez piquant que je tiens de M. Magendie, qui fut si longtemps son commensal et son ami, c'est qu'on servait toujours chez lui le dîner en maigre le vendredi saint. Et, comme Magendie lui en demandait un jour la raison : « Que voulez-vous ? lui répondit de Laplace, c'est l'anniversaire de la mort d'un honnête homme. »

ni de leur parler de la vie future : ces deux vérités sont universellement reconnues en Afrique. »

— Battus de ce côté, les détracteurs de notre pauvre espèce ont voulu prendre leur revanche sur les indigènes de l'Australie qui furent déclarés les plus hideux, les plus ignobles de la création. « Ils ont, dit Buttler Earp, toutes les choses mauvaises que ne devrait jamais présenter l'humanité, *et plusieurs dont rougiraient les singes, leurs congénères.* »

Veut-on savoir au contraire comment Pickering, le compagnon du capitaine Wilkes, juge ce même Australien? « Je le regarde, dit-il, comme le plus beau modèle des proportions humaines. Il combine la plus parfaite symétrie, tandis que sa tête pourrait être comparée au masque antique de quelque philosophe. »

Quant à leurs sentiments religieux, voici ce qu'en dit le lieutenant Britton, qui les a si bien étudiés :

« Il existe chez toutes ces tribus la *croyance en un esprit du bien et un esprit du mal.* Aux environs de Sydney, l'esprit du bien se nomme Coyan ; on l'invoque quand il s'agit de retrouver les enfants égarés. L'esprit du mal s'appelle Potoyan ; on l'accuse de rôder la nuit autour des cabanes, cherchant à dévorer leurs habitants.

Il en est donc du sentiment religieux comme du sentiment moral. Telle est son universalité, qu'on peut dire que l'homme en apporte en soi le germe en naissant.

Vainement Volney objectera que c'est « moins un sentiment naturel qu'un sentiment fantaisiste, parce que les différentes agglomérations humaines ne rendent pas toutes à la Divinité le même culte. » Qu'importe ici la forme ? Du moment où l'usage d'un culte est universel, c'est que le sentiment auquel il répond est bien réellement dans la nature de l'homme.

Mais, ajoute l'auteur des *Ruines,* il est certaines pratiques religieuses tellement absurdes qu'on est en droit

de les taxer de « folies. » Je ne dis pas non ; seulement,
au lieu de voir dans ce fait une preuve en faveur de sa
thèse, j'y vois au contraire un argument contre. Qu'est-
ce, en effet, que cela signifie, si ce n'est que, chez
l'homme, le besoin d'un culte quelconque est tellement
impérieux qu'il aime mieux croire à des choses absurdes
que de ne croire à rien du tout ?

Remarquons d'ailleurs qu'au milieu de ces diver-
gences, voire même de ces bizarreries, il existe toujours un « fond » commun dans toutes ces religions.
Ainsi, dans toutes, on représente la Divinité comme
bien supérieure à l'homme, veillant sur lui, se montrant secourable pour la vertu et terrible pour le crime.

Est-ce à dire que toutes les religions soient également
bonnes ? Non. Cela prouve seulement qu'il y a du bon
dans toutes.

C'est ici que le mot si profond de Bossuet trouve surtout son application : « Toute erreur est fondée sur
quelque vérité dont on abuse. »

SENTIMENT D'UNE VIE FUTURE.

Pourquoi c'est une faculté exclusive de l'homme ; le sentiment religieux chez les sauvages ; dans l'ancienne Rome ; Virgile ; un paradis anodin ; un enfer terrible ; de l'éternité des peines ; admise par
Platon et par Celse ; combattue par Lucrèce ; ses plaisanteries à la
Voltaire ; mépris de toute croyance devenu universel ; ne pas juger
les anciens trop sévèrement ; indignité des dieux du Paganisme ;
un personnage de Térence.

Nous avons dit, en parlant du sentiment moral, que
toutes les justices humaines reposent sur la justice
originelle, mais qu'elles sont toutes plus ou moins impuissantes ou faibles. Or, une justice qu'on peut violer
impunément n'est pas une justice ; ce n'est qu'une chimère ou qu'un leurre. Il faut donc, à un moment
donné, que la justice originelle reprenne ses droits et

nous ramène devant son tribunal : d'où la nécessité d'une vie future.

C'est que la mort n'est, pour l'homme, qu'un accident, tandis que, pour les autres êtres de la création, c'est toute une destinée.

Ainsi s'explique comment le sentiment d'une vie future est une faculté exclusive à l'homme. Darwin lui-même n'a jamais eu l'idée d'en doter l'animal ; il est vrai que, par contre, il est bien près de la dénie à l'homme, mais il ne va pas jusque-là. Son école est plus hardie : elle la lui refuse complétement.

Je conviens volontiers que le sentiment d'une vie future se réduit quelquefois, comme le sentiment religieux, aux notions les plus vagues, mais, toutes vagues qu'elles sont, elles n'en enfantent pas moins partout un certain nombre de faits qui ont leur signification.

Dans quel but, par exemple, s'ils ne croyaient pas qu'il y a quelque chose qui survit à la tombe, les insulaires de la Polynésie adresseraient-ils, comme ils le font, des prières aux grands hommes morts, pour qu'ils continuent de les protéger ?

Pourquoi, également, dans les forêts séculaires de l'Amazone, les chefs de tribus et les guerriers se feraient-ils enterrer avec leurs armes et leurs flèches, s'ils n'espéraient pas en un paradis où ils pourront satisfaire leurs penchants et leurs goûts ?

On trouvera peut-être que ces distractions posthumes constituent un genre de félicités bien modestes. Il est vrai qu'il s'agit ici de populations primitives et que, par suite, leurs *aspirations* — comme on dit aujourd'hui — doivent se ressentir de leur condition.

Mais comment les Romains, aux époques mêmes les plus policées et les plus brillantes de leur histoire, n'ont-ils pas compris autrement les jouissances de l'autre monde ? Cela paraît en effet fort bizarre. Et

cependant ils s'en contentaient : témoin ce passage de
Virgile, que chacun de nous a traduit dans son jeune
temps :

> . . , ... Quæ gratia currûm
> Armorumque fuit vivis, quæ cura nitentes
> Pascere equos, eadem sequitur tellure repostos.

> Là, ceux qui, dans leur vie, avaient trouvé des charmes
> A dresser les chevaux, à manier les armes,
> Par de semblables jeux, par les mêmes plaisirs,
> Abrégeaient de la mort les éternels loisirs.

Remarquons à ce propos que, si les anciens dotaient
ainsi leurs Champs-Élysées de récréations par trop ano-
dines, en revanche ils se montraient terribles et impitoyables dans leur Enfer, par le genre de supplice infli-
gés aux réprouvés. C'est qu'ils connaissaient assez le
cœur humain pour savoir que la crainte du châtiment tient bien plutôt en respect que la perspective des
récompenses.

J'ai dit qu'ils se montraient terribles et impitoyables.
Et, en effet, il n'est jamais question que de PEINES ÉTER-
NELLES ! Citons quelques exemples pris au hasard parmi
ceux que nos souvenirs classiques vont nous rappeler.

C'est « l'infortuné Thésée qui est et restera ÉTERNELLE-
MENT cloué à la même place » :

> . . . . Sedet æternumque sedebit
> Infelix Theseus.

C'est Tityc, avec son vautour « qui lui ronge ÉTER-
NELLEMENT le foie et les entrailles, fécondes en dou-
leurs » :

> Immortale jecur tundens fecundaque pœnis
> Viscera.

C'est Sisyphe qui, condamné à rouler son rocher,
« subit un châtiment ÉTERNEL » :

> Perpetuas patitur pœnas...

L'ÉTERNITÉ DES PEINES n'est donc pas, comme on le répète tous les jours, une invention du catholicisme ! Elle l'est si peu qu'avant que le christianisme existât elle a fait la base de la répression dans TOUTES les religions.

« Les vils scélérats, dit à ce propos Platon, dont l'âme perverse a mérité d'être incurable, sont réduits à servir d'épouvantail, et leurs châtiments, qui les tourmentent sans les guérir, ne seront utiles qu'aux témoins de leur EFFROYABLE ET DOULOUREUSE ÉTERNITÉ. »

« Les chrétiens, dit également Celse, — or Celse était un ennemi ardent du christianisme — les chrétiens ont raison de penser que ceux qui vivent saintement seront récompensés après leur mort, et que les méchants subiront des SUPPLICES ÉTERNELS.

« Du reste, ajoute-t-il, CE SENTIMENT LEUR EST COMMUN AVEC TOUT LE MONDE. »

On comprend que Lucrèce ait dû, dès le principe, combattre de pareilles croyances. Il convient tout d'abord très volontiers du fait :

« Maintenant, dit-il, il n'y a plus moyen d'être tranquille ni de vivre en paix ; on ne parle que de la mort et de la crainte que doivent inspirer les PEINES ÉTERNELLES » :

> Nunc ratio nulla est restandi, nulla facultas,
> Æternas quoniam pœnas in morte timendum.

Feignant ensuite de prendre à la lettre les supplices symboliques des réprouvés, il leur oppose des arguties de rhéteur :

« Comment, s'écrie-t-il à propos de Tityc, des vautours pourraient-ils trouver ainsi à se nourrir ÉTERNELLEMENT aux dépens de sa vaste poitrine ? Mais il n'eût pas plus résisté à une souffrance ÉTERNELLE qu'il n'eût pu suffire par sa propre substance à leur ÉTERNEL repas » :

Nec quod sub magno scrutentur pectore, quidquam
Perpetuam ætatem poterunt reperire profecto ;
Non tamen Æternum poterit perferre dolorem,
Nec præbere cibum proprio de corpore semper.

Voilà ce qu'on pourrait appeler des « plaisanteries à
la Voltaire. »

Enfin, qui ne connaît ce célèbre hémistiche qui est
devenu le mot de ralliement de l'école matérialiste et
athée ?

Primus in orbe deos fecit timor . . . .
« C'est la crainte qui seule a enfanté les dieux. »

Le mépris de toute croyance devint donc bientôt la
science du vulgaire ; les grands eux-mêmes ne purent
échapper à la contagion. César, en plein Sénat, se déclarait hautement athée et matérialiste, et le seul Caton
se levait pour protester au nom des anciennes mœurs.
N'est-ce pas Sénèque qui avait jeté sur la scène, dans
une tragédie, ce mot auquel applaudissait Rome tout
entière ?

Post mortem nihil ; ipsaque mors nihil.
« Rien n'est après la mort ; la mort même n'est rien. »

Enfin Juvénal nous apprend que de son temps « les
enfants eux-mêmes en étaient arrivés à ne plus croire
ni aux Mânes ni aux Enfers » :

Esse aliquos Manes et subterranea Regna
Nec pueri credunt.

Telle fut la société romaine à une époque si justement
appelée de la « décadence ». Prenons garde toutefois
d'user à son égard de trop de sévérité, en la jugeant
uniquement d'après nos mœurs. Les dieux du paganisme
n'étaient que trop souvent la personnification des crimes

et des vices dont ils auraient dû être les vengeurs ou
le frein. Aussi ceux qui s'en rendaient coupables invo-
quaient-ils toujours comme excuse le souvenir de ce
qu'un dieu avait fait en pareille occasion.

« Jupiter a bien séduit une femme en se changeant
« en pluie d'or, fait dire Térence à un de ses personnages.
« Et moi, chétif mortel, je n'en ferais pas autant ! »

> Ego homoculus hoc non faciam !

Ovide, si tolérant d'ailleurs, ne veut pas que les jeunes
filles aillent dans les temples, parce qu'elles verraient
combien Jupiter a fait de mères ».

> Quam multas matres fecerit ille deus.

Il n'y a donc pas lieu d'être surpris que certaines
natures d'élite aient senti leur dignité se révolter contre
un culte où l'on ne faisait entrer comme éléments essen
tiels ni les notions du devoir, ni la pureté des mœurs,
ni la sainteté de la vie, ni enfin rien de ce qui fait aujourd'hui l'essence et la base du Christianisme.

Par contre, que penser de nos modernes esprits
forts qui, placés dans des conditions tout opposées,
se retranchent derrière les mêmes doutes ou professent
les mêmes erreurs ?

LE RÈGNE HUMAIN.

Ce qui distingue le règne humain des autres règnes; la civilisation ; comme quoi l'homme, avec deux principes, est un ; sa
définition par Lamartine.

Nous en avons dit assez pour faire voir que le « sentiment moral, » le « sentiment religieux » et le « sentiment d'une vie future », représentent bien réellement des
FACULTÉS D'ÉLITE qui n'appartiennent qu'à l'homme intel-

lectuel, et qui lui assurent, parmi les espèces animales, non pas seulement une place, mais un règne à part que, pour le distinguer des autres règnes, on a appelé le RÈGNE HUMAIN.

Ce sont ces facultés qui, bien qu'à l'état rudimentaire, constituent, chez le sauvage, la première ébauche de toute organisation sociale ; ce sont ces facultés également qui, plus développées et mieux comprises, forment, chez les nations policées, la seule base vraie de ce qu'on nomme la civilisation.

La CIVILISATION ! mot magique, qui ne peut de même s'appliquer qu'à l'homme.

Il ne saurait donc plus être question ici des manifestations de la pensée par l'alliance ou seulement l'assistance de la matière. Oui, sans doute, il y a en nous deux principes, le principe assujetti et le principe libre ; en d'autre termes, le corps et l'esprit, mais l'esprit dominant le corps. Parce qu'il y a deux principes, l'homme est double[1] : *Homo duplex ;* mais, parce que l'un des deux principes est sous la dépendance de l'autre, l'homme est un : *Homo simplex.*

C'est cette unité, basée sur la prédominance absolue de l'esprit, qui forme la « caractéristique » de l'homme intellectuel.

Ne parlons donc plus de l'ancienne définition de « l'homme, animal raisonnable ». Ne parlons pas davantage de la définition plus moderne et plus noble de « l'homme, intelligence servie par des organes ». L'homme, par ses facultés d'élite, vaut mieux que cela.

Il faut, pour spécifier son être et qualifier son titre,

---

1. C'est ce que Racine a très heureusement exprimé dans des strophes qui sont dans la mémoire de tous et qui commencent par ces vers :

    Mon Dieu, quelle guerre cruelle !
    Je trouve deux hommes en moi.
    . . . .

un mot qui l'affranchisse de ses liens terrestres pour rappeler uniquement sa céleste origine. Ce mot, c'est Lamartine qui va nous le donner :

L'homme est un *dieu* tombé qui se souvient des cieux.

LA LOI MORALE EST L'ARBRE DE VIE
DES SOCIÉTÉS HUMAINES.

L'arbre de vie du Paradis terrestre ; des sociétés humaines ; la loi morale ; pénalité attachée à son inobservance ; un mal qui n'attaque que l'homme ; ses ravages ; sa transmission du père à l'enfant ; il étiole les esprits ; il étiole les corps ; nécessité d'assainir les intelligences ; au lieu de cela on les pervertit ; de Blainville ; anéantissement des individus, des familles et des sociétés.

Il est dit dans la Genèse que nos premiers parents furent placés par le Créateur dans un lieu de délices appelé Paradis terrestre, et que là il leur fut donné de jouir de toutes les félicités de l'existence, à la condition toutefois qu'ils s'abstiendraient de toucher aux fruits d'un arbre appelé Arbre de Vie. C'est pour avoir enfreint cette défense qu'ils furent expulsés de ce séjour enchanteur et que leur descendance se trouva doublement déchue au point de vue moral et corporel.

Telle est aujourd'hui encore la part faite aux sociétés humaines. Elle disposent de toutes les splendeurs de la création et de tous les raffinements de l'art, mais à une condition, c'est qu'elles s'abstiendront également, sous peine d'une double déchéance, de toucher à l'Arbre de Vie. Or, cet arbre n'est autre que la loi morale.

Gardez-vous de voir rien de forcé dans ces rapprochements. Il va nous être très facile, au contraire, de démontrer que ce que nous venons de dire est absolument conforme à la nature des choses et des faits.

Ainsi nous avons établi que l'homme avait été le but de la création. A ce titre, il devait en être le roi. Mais, s'il avait reçu pour mandat de gouverner le monde, il avait reçu pour mandat également de se gouverner lui-même. Or, de ces deux gouvernements, le dernier est le plus difficile. C'est ce que Corneille exprime avec une grande énergie quand il met cet admirable vers dans la bouche d'Auguste :

> Je suis maître de moi comme de l'Univers.

Se vaincre soi-même est donc la plus noble des victoires ; par contre, subir le joug des passions est la plus dégradante des servitudes : j'ajouterai, c'en est la plus fatale.

Voilà de ces vérités que l'on proclame tous les jours, du haut surtout de la chaire évangélique, mais dont l'opinion s'émeut en général très médiocrement, au point même de les regarder comme autant de lieux communs ou de banalités déclamatoires. Et cependant elles touchent aux questions les plus vitales de notre race. Qui donc, sous ce rapport, est mieux renseigné que nous, médecins? Malheureusement, nous nous trouvons un peu, ici, dans la situation dont parle Fontenelle : nous avons la main pleine de vérités, et nous n'osons l'ouvrir, tant le sujet est délicat !

Mais, si le sujet est délicat, il est d'une importance telle que le silence, à son égard, est impossible. Essayons donc de nous faire comprendre.

Nous venons d'établir que l'homme, comme Roi de la création, est le maître absolu de ses actes, et que cette liberté illimitée n'a d'autre guide et d'autre frein que la loi morale. Or, qui dit liberté dit responsabilité, et, par une conséquence logique, qui dit responsabilité dit pénalité. Ne soyez donc pas surpris que l'homme, quand il se soustrait à la loi morale, éprouve dans sa santé certains châtiments dont l'animal est exempt, par cela même qu'il ne relève pas de cette loi.

En tête de ces châtiments se place un mal, tout à la fois honteux et terrible, que je ne nommerai même pas, car il est de ces noms qui souillent jusqu'à la plume qui les trace. Je l'aurai désigné suffisamment en disant :

Qu'il infecte les corps qu'il a déshonorés.

Ce mal est si bien le châtiment de l'homme qui a foulé aux pieds la loi morale, que jamais, dans aucune circonstance de la vie régulière, il ne se déclare spontanément. Il a, comme unique point de départ, le vice. Telle est sa virulence, qu'il pourra se faire qu'une fois passé dans le sang il résiste à tous les efforts de l'art, et finisse par transformer l'individu en cette espèce de monstre dont vous allez, avec effroi, contempler les stigmates dans nos musées pathologiques.

J'ai dit que l'animal en est exempt. Cette immunité est telle que vous ne pouvez le développer chez aucun par inoculation, pas même chez le singe : nouvelle preuve, et preuve concluante, que le singe ne fait pas partie de la grande famille humaine.

Par contre, ce mal se transmet, avec une facilité déplorable, de l'homme infecté à l'homme sain ; et même, à l'instar de la faute originelle, il se transmet du père à l'enfant, déposant en celui-ci des germes qu'aucun eau lustrale ne saurait effacer.

Ce sont ces germes, — croyez-en l'observation des faits et l'expérience de chaque jour — ce sont ces germes qui, par leur éclosion ultérieure, constituent l'un des éléments les plus dangereux et les plus perfides de l'étiolement de notre race. La preuve que je n'exagère pas leur rôle, c'est que les espèces animales que nous avons dit en être affranchies conservent au contraire l'intégrité de la leur.

Je viens de parler de l'ÉTIOLEMENT de notre race. C'est là un bien gros mot, mais qui n'est, hélas ! que trop justifié.

Oui, il y a étiolement de notre race; étiolement des esprits et étiolement des corps.

Il y a étiolement des esprits.

Où sont, je vous le demande, les grands écrivains, les grands orateurs, les grands poètes de l'époque actuelle? Les quelques rares survivants que vous pourrez citer appartiennent presque tous à la période octogénaire. Je ne nie pas que les applications industrielles aient pris, au contraire, dans ces derniers temps, le plus magnifique essor, seulement, c'est toujours la matière que l'on travaille et que l'on perfectionne : aussi, ce qu'on peut, avec le plus de raison, reprocher à notre époque, c'est précisément son culte excessif de la matière. Quant aux nobles productions de l'esprit, celles qui, parlant plus à l'âme qu'aux yeux, agrandissent la sphère de nos conceptions, vous les chercheriez vainement.

Il y a étiolement des corps.

Je n'en veux d'autre preuve que l'aspect chétif et malingre de la jeunesse actuelle, chauve avant le temps et blasée avant l'heure, en supposant qu'il y ait une heure ainsi comprise qu'on puisse avouer. On n'entend parler aujourd'hui que d'*anémie*, c'est-à-dire d'appauvrissement du sang; c'est le mot à la mode, car c'est le mot de la situation, un sang moins riche circulant réellement dans nos vaisseaux. A ceux qui seraient tentés de le nier j'opposerais des documents et des chiffres officiels.

Qui ne sait, par exemple, que le législateur a récemment encore été obligé d'abaisser le niveau des tailles pour l'admission sous les drapeaux des nouvelles recrues? Or, tout est solidaire dans la structure de l'homme. Un sang appauvri ne fournissant au canevas organique que des matériaux insuffisants, il en résultera une taille moindre, laquelle implique forcément un amoindrissement proportionnel dans tout l'ensemble de la charpente osseuse et musculaire, ainsi que dans les ressorts qui la meuvent.

J'ai donc eu raison de dire que la loi morale est l'Arbre de Vie des sociétés humaines.

A cet état de choses dont, à juste titre, l'opinion s'émeut, quel remède opposer?

Partant de ce principe que l'hygiène est un des plus puissants modificateurs de l'économie humaine, vous assainissez nos cités par vos percements, vos plantations, vos boulevards. Ce sont là, sans nul doute, des mesures excellentes : seulement, prenez garde. L'abâtardissement de notre race se rattachant surtout à des causes d'un ordre moral, vous ne sauriez apporter non plus trop de soin à assainir les intelligences, je veux dire à les moraliser. Ce sera la réalisation de l'antique et profonde devise : *Mens sana in corpore sano.*

Loin de là, il semblerait que vous avez pris à tâche d'aggraver encore le mal, tant vous vous efforcez de surexciter les passions des masses, en leur persuadant que les jouissances matérielles résument tout le présent et tout l'avenir de l'homme. Et, pour mieux arriver à flétrir leur âme, vous commencez par dégrader leur corps en essayant de leur démontrer, par des analogies burlesques et des assimilations fantaisistes empruntées à l'école de Darwin, qu'aucune ligne de démarcation ne sépare l'homme de l'animal. Mais, s'il est vrai que l'homme soit tout simplement un animal comme un autre, expliquez-moi donc pourquoi il ne possède pas l'immunité à laquelle l'animal doit le maintien intégral de son espèce.

Ce n'est pas tout encore. Pour mieux assurer l'œuvre

de démoralisation que vous poursuivez par vos théories
subversives, vous allez jusqu'à vouloir étouffer la voix
de ceux qui s'efforcent au contraire d'inculquer dans
les âmes de salutaires doctrines. Au besoin vous les
désignerez eux-mêmes aux vengeances et aux fureurs
de la foule, en lui criant : « Voilà l'ennemi »!

« Voilà l'ennemi! » Triste écho de cet autre cri :
« Écrasons l'infâme! » qui, vers la fin du dix-huitième
siècle, annonça, comme un glas funèbre, la chute de
la civilisation et de la royauté.

Oh! oui, c'est bien toujours le même mot de ralliement, s'adressant aux mêmes passions, en vue des
mêmes bouleversements.

Mais je m'arrête, car il s'agit ici de questions d'un
ordre tellement élevé, et qui touchent de si près à
l'essence même de l'homme, que j'ai hâte de faire entendre une voix beaucoup plus autorisée que la mienne.
Voici comment s'exprimait, du haut de sa Chaire de
Zoologie, au Muséum, un de nos naturalistes les plus
illustres, celui qui fut le successeur et l'émule parfois
heureux de Cuvier, et qu'acclamait avec enthousiasme
la jeunesse de nos écoles, à cause surtout de sa fière indépendance : j'ai nommé de Blainville.

« Le monde créé pour l'homme est gouverné, disait-il,
par deux sortes de lois : les unes régissent le monde
physique, les autres le monde moral. Ces deux sortes
de lois ont une même fin : la perpétuelle harmonie de
la création ; elles ont aussi entre elles une corrélation
nécessaire, car le monde physique et le monde moral
sont faits l'un pour l'autre. Ce qui atteint celui-ci
atteint forcément celui-là et réciproquement. Mais ne
parlons que du monde moral.

« Nous prendrons pour exemple la Loi qui commande
la Tempérance et la Chasteté.

« Le premier effet de la violation de cette loi est

l'abrutissement de l'intelligence et la corruption de l'organisme, par suite de l'abus des passions et de l'invasion d'une *maladie que je ne nomme pas:* d'où résulte la destruction de l'individu coupable.

« Mais qu'au lieu d'un individu une famille entière perpétue dans son sein cette cause terrible de destruction, la loi morale sera bientôt vengée par l'extinction de la famille elle-même.

« Enfin que toute une société se rende coupable de la même violation, et elle finira par être rayée de la liste des nations.

« Chaque page de l'histoire constate ces conséquences effrayantes, mais logiques.

« Qu'on médite avec attention, et surtout qu'on pratique les enseignements des grands ascétiques formés par le Christianisme : on y trouvera une psychologie profonde et l'art de prévenir les *maladies morales* ET AUTRES, comme celui de rétablir les âmes dans leur état normal, quand il en est temps encore ! »

UNE MYSTIFICATION POSSIBLE.

Si le Darwinisme est une mystification ; quelques exemples empruntés à des hommes célèbres ; il est la négation de la science : de la philosophie ; de la liberté.

Maintenant que nous voici arrivé au terme de ce travail, certains scrupules auxquels j'ai déjà fait allusion viennent de nouveau, mais un peu tard, se présenter à mon esprit. Je me demande si, en prenant au sérieux le livre de Darwin, ce livre si fantastique et si burlesque, je n'ai pas été la dupe de quelque mystification préparée par Darwin lui-même.

Ce ne serait pas le premier exemple d'un auteur se

reposant l'esprit et se détendant en quelque sorte les fibres du cerveau par la composition de quelque œuvre humoristique. Homère n'a-t-il pas fait la *Batrachomyomachie*, ou « Combat des Grenouilles et des Rats », Virgile le *Moucheron*, Érasme l'*Éloge de la Folie*, Montesquieu les *Lettres persanes* ? Pourquoi Darwin n'aurait-il pas fait également l'*Origine des Espèces* ? Il lui resterait toujours, comme bagage scientifique d'une valeur incontestable, ses *Observations sur les Iles volcaniques*, sur les *Iles de Corail*, sur l'*Amérique du Sud*, sur les *Cirripèdes* et sur les *Pigeons domestiques*.

Quoi qu'il en soit, si je me suis réellement abusé, je n'ai pas été le seul, puisque le DARWINISME forme aujourd'hui une formidable école que nous savons avoir pris pour devise les mots MATÉRIALISME et ATHÉISME, comme en étant la signification véritable et l'expression la plus haute de la pensée humaine.

Ainsi, on se proclame matérialiste et athée au nom de la science ; on se proclame matérialiste et athée au nom de la philosophie ; on se proclame matérialiste et athée au nom de la liberté.

Eh bien ! je me fais fort de prouver, que le Darwinisme est, au contraire, la négation de la liberté, la négation de la philosophie, la négation de la science.

LE DARWINISME EST LA NÉGATION DE LA SCIENCE.

Inutilité d'une nouvelle démonstration ; opinion des hommes de science sur le Darwinisme ; quelques noms déjà invoqués ; les deux Geoffroy Saint-Hilaire ; autres savants ; le coup de grâce donné au système par M. Dumas.

En déclarant que le Darwinisme est la négation de la science, je ne fais qu'exprimer en une formule le fait qui a précisément servi de texte à ce travail. Si donc, ainsi que je m'en flatte, ma démonstration a été suffisante, je ne vois aucunement la nécessité d'y revenir, car les arguments que j'aurais à faire valoir rentreraient forcément dans les premiers.

Il est cependant un complément de preuves que je ne saurais omettre, ne fût-ce que pour achever notre parallèle entre Darwin et Moïse : c'est celui qui a trait à l'opinion des savants sur le système de Darwin.

Nous savons déjà ce qu'en pensent Cuvier, Flourens, Agassiz, Pasteur et de Quatrefages. Pour eux, les prétendues transformations du Singe en Homme sont ce que Brongniart a appelé des Contes de fées.

Mais est-il vrai, ainsi que l'affirme Mlle Clémence Royer, que les deux Geoffroy Saint-Hilaire, Étienne et Isidore, aient perfectionné la théorie de Lamarck et préparé de la sorte le triomphe de celle de Darwin? Laissons-les parler eux-mêmes :

Etienne Geoffroy Saint-Hilaire : « L'homme occupe une place à part du singe et est lui-même au-dessus du règne animal. Son apparition sur la terre coordonne et achève le sublime arrangement des choses en ce qui concerne notre planète. *La négation du Créateur est la plus monstrueuse des opinions.* »

Isidore Geoffroy Saint-Hilaire : « L'homme n'est pas, comme le disent quelques faiseurs de systèmes, « la première espèce de singe » ; grossière erreur, même au point de vue purement physique. Il est vrai que, plus on l'étudie dans ses organes, plus on reconnaît que l'être « fait à l'image de Dieu » répète quelques-uns des caractères de ce *hideux* animal ; mais qu'importe qu'il n'y ait extérieurement entre l'homme et le singe qu'une *limite*, si ailleurs il y a entre eux un *abîme*, ou, pour parler en naturaliste, qu'il ne forme, à un point de vue, qu'une *famille*, si, à un autre, il constitue un *règne* tout entier ? »

Si Mlle Clémence Royer persiste à voir, dans ces déclarations des deux Saint-Hilaire, un double plaidoyer en faveur du Darwinisme, il faut avouer qu'elle n'est pas exigeante.

MM. Godron, d'Archiac et Milne-Edwards parlent absolument dans le même sens.

Enfin l'illustre secrétaire perpétuel de l'Académie des Sciences a donné le coup de grâce au système par les magnifiques développements que voici :

M. Dumas : « Le *matérialisme* d'Empédocle, revêtu de la poésie brillante de Lucrèce, s'était éclipsé dès l'approche de la morale chrétienne ; il reparaît après deux mille ans, *rajeuni par une interprétation contestable des découvertes de la science moderne.*

« De même que le corps de l'homme se fait par des transformations de la matière, on veut que la vie naisse et que la conscience se produise par de simples transformations de la force.

« De même qu'après la mort le corps de l'homme retourne à la terre d'où il est sorti, on veut que la vie et la conscience aillent, en même temps, se perdre et se confondre dans l'oubli du vaste frémissement des mouvements secrets qui agitent l'univers.

« Naître sans droits, vivre sans but, mourir sans espérances, telle serait notre destinée.

« Cette destinée pourra être suffisante à la satisfaction de ces esprits superficiels qui traversent le monde soutenus par la curiosité ou par la satisfaction de la difficulté vaincue, par l'orgueil peut-être, mais l'ensemble des hommes ne s'en contenterait plus.

« Heureusement, il en existe d'autres a qui est réservée la tâche, et ils n'y failliront pas, de défendre l'âme humaine contre le flot grossissant du matérialisme.....

« Quand le *matérialisme* déclare qu'il n'y a rien dans l'intelligence qui n'ait été d'abord dans la sen-

sation, Leibniz peut lui répondre : « Si ce n'est l'intel-
« ligence elle-même, source unique de la pensée... »

« Pourquoi la science, s'élevant à une conception de
plus en plus abstraite des faits, voit-elle l'objet qu'elle
poursuit s'éloigner sans cesse ?

« C'est que l'homme, s'étudiant lui-même, a bientot
reconnu qu'au dela des organes il y a une volonté, au dela
des sens, un esprit, au-dessus de l'argile dont son corps
est pétri, une ame dont il ignore la nature, l'origine et
la destinée.

« La vie elle-même, qui se transmet mystérieusement
de génération en génération, depuis son apparition sur
la terre, est pour lui un problème sans solution. *D'où
elle vient, la science l'ignore ; où elle va, la science ne le
sait pas davantage.*

« Quand on affirme le contraire en son nom, on lui
prête un langage qu'elle a le droit de désavouer. »

Ainsi s'exprime M. Dumas.

A-t-on jamais plus noblement vengé la science de sa
prétendue solidarité avec le matérialisme et l'athéisme?
Et l'école de Darwin a-t-elle jamais reçu plus éclatant
démenti ?

LE DARWINISME EST LA NÉGATION DE LA PHILOSOPHIE

La Bruyère ; M. Pasteur : la cellule cérébrale opposée à l'âme ;
puérilité et insanité ; comment Darwin comprend la philosophie ;
Voltaire : motifs de son apothéose ; ce qu'il pensait des matérialistes et des athées ; la vérité triomphant du blasphémateur.

La Bruyère a dit : « Comment la matière peut-elle
être le principe de ce qui la nie et l'exclut de son propre être? Comment serait-elle dans l'homme ce qui
pense, c'est-à-dire ce qui est à l'homme même une conviction qu'il n'est point matière? »

M. Pasteur a dit de son côté : « Transformer un corps inactif en un corps actif, c'est là ce qu'on n'a jamais fait ; c'est là au contraire ce que la nature vivante fait sans cesse sous nos yeux ».

Malgré ces déclarations dont la justesse n'a même pas besoin de preuves, les Darwinistes n'en persistent pas moins à regarder le cerveau comme l'organe sécréteur de l'intelligence humaine. D'après eux, la cellule cérébrale est tout. C'est elle qui, par son action réflexe, engendre la pensée, et c'est elle qui, par ses variations moléculaires, en produit la diversité. Par conséquent, l'âme n'est qu'un vain mot.

Et dire que ce sont ces élucubrations soi-disant philosophiques qu'on ose décorer du nom de progrès !

Mais c'est chose puérile ou plutôt c'est chose insensée de vouloir ainsi spiritualiser la matière. La science elle-même se charge de démontrer la fausseté de cette conception. Elle nous apprend qu'un corps matériel quelconque, mis en action par une force physique, ne peut produire qu'un phénomène physique. Or l'idée abstraite ne peut être assimilée à un phénomène de ce genre : elle est donc étrangère à la matière et à ses lois. Ceci est si vrai que je vous mets au défi de distinguer, soit à l'aide du scalpel, soit à l'aide du microscope, une différence quelconque de composition dans la substance du cerveau d'un imbécile et dans celle du cerveau d'un homme de génie.

Je me crois donc parfaitement en droit de déclarer que le Darwinisme est la négation de toute idée, de tout plan, de tout système philosophique.

Il est vrai qu'on s'est plu à détourner certains mots de leur sens véritable. Ainsi, à en croire l'école de Darwin, qui dit philosophe dit forcément matérialiste et athée ; et, de même qu'elle a voulu déifier la nature, de même elle veut aujourd'hui déifier la philosophie.

Ces hommages posthumes rendus à Voltaire, ces statues qu'on lui élève dans nos plus beaux quartiers, son nom qu'on donne à nos principales rues, qu'est-ce donc, sinon une sorte d'apothéose de la libre-pensée, dont on le regarde comme la plus glorieuse personnification?

Lui, la personnification la plus glorieuse de la libre-pensée!

On oublie donc qu'il fut l'ami et le confident d'un despote couronné; on oublie donc qu'il a méconnu, ou plutôt qu'il a trahi son titre de Français, en se raillant de nos désastres de Rosbach; on oublie donc qu'il a déshonoré sa plume en insultant l'héroïne la plus noble et la plus pure de notre histoire; on oublie donc enfin qu'il affectait pour la foule, ses idées, son ingérence dans les affaires, le plus dédaigneux mépris!

Si, on sait tout cela. Mais qu'importe! Il fut un philosophe; cela doit lui faire pardonner bien des choses et empêcher qu'on lui garde rancune.

Voltaire est donc l'homme de votre choix; c'est votre héros, c'est votre dieu. Eh bien! soit; ce sera votre oracle. Voyons ce qu'il pense du matérialisme et de l'athéisme.

« Si, dit-il, une horloge prouve un horloger[1], si un palais annonce un architecte, *comment l'univers ne démontre-t-il pas une* INTELLIGENCE SUPRÊME? Quelle plante, quel animal, quel élément, quel astre ne porte pas l'empreinte de *Celui que Platon appelait l'*ÉTERNEL GÉOMÈTRE? Il me semble que le corps du moindre animal *démontre une profondeur et une unité de dessein* qui doivent nous ravir d'admiration.

---

1. Voltaire affectionne cette comparaison. Ainsi il dit ailleurs :

> L'univers m'embarrasse, et je ne puis songer
> Que cette horloge existe et n'ait point d'horloger.

« Ce chétif insecte est une machine dont tous les ressorts sont faits exactement l'un pour l'autre ; il est né, il vit *par un acte que nous ne pouvons ni imiter ni comprendre...*

« Portez vos yeux sur vous-mêmes : examinez *avec quel art étonnant tout y est construit.* Les services, dans le corps, sont préparés de tous côtés ; il n'y a pas une seule veine qui n'ait ses valvules, ses écluses pour ouvrir au sang ses passages.

« Depuis la racine des cheveux jusquaux orteils des pieds, tout en nous est préparation, moyen et fin. »

Voilà le jugement que porte la philosophie par l'organe de Voltaire. Pourrez-vous y relever un mot, ne fût-ce qu'un seul, qui trahisse le matérialiste ou l'athée ? Loin de là, dans chacune des œuvres de celui qu'il nomme la suprème intelligence, Voltaire reconnaît que tout est préparation, moyen et fin ; en d'autres termes, il constate l'action providentielle.

C'est que tel est l'empire de la vérité, que le blasphémateur lui-même se surprend parfois à entonner les louanges du Créateur[1].

Il y a plus : personne n'a réussi mieux que Voltaire à ramener à certaines formules les dogmes les plus spiritualistes.

Qui a dit :

Oui, Caton, tu dis vrai : notre âme est immortelle ?

---

1. Il n'est pas jusqu'à Diderot lui-même qui, dans un jour de raison lucide, n'ait réfuté ses disciples athées. « Convenez, leur dit-il, qu'il y aurait folie à refuser à vos semblables la faculté de penser. Or il est mille fois plus fou de nier qu'il existe un Dieu que de nier que votre semblable pense. La divinité n'est-elle pas aussi clairement empreinte dans l'aile du ciron que la faculté de penser dans les ouvrages du grand Newton ? Quoi ! le monde formé prouve moins une intelligence que le monde expliqué ! Quelle assertion ! Songez donc encore que je ne vous objecte que l'aile du papillon, quand je pourrais vous écraser du poids de l'univers. »

Qui a dit :

Non, le Dieu qui m'a fait ne m'a point fait en vain ?

Qui a dit :

Si Dieu n'existait pas, il faudrait l'inventer ?

C'est Voltaire, encore Voltaire, et toujours Voltaire. Je ne nie pas que vous puissiez répliquer qu'en fait de maximes complètement opposées à celles-là il vous serait facile d'en rencontrer de plus absolues encore dans ses écrits. Seulement, prenez garde : nous retombons ici dans l'*homo duplex*, avec cette différence toutefois que le mot *duplex* ne signifie plus « dualité », mais bien « duplicité ».

LE DARWINISME EST LA NÉGATION DE LA LIBERTÉ.

Comment le Darwinisme comprend la liberté ; ce qu'il dit à l'étudiant en médecine ; il supprime Dieu ; pourquoi il s'attaque au prêtre ; mesures de proscription ; grands mots et phrases sonores ; le christianisme vengé par M. Dumas.

C'est surtout au nom de la liberté, c'est-à-dire de l'affranchissement de l'homme des soi-disant préjugés qui compriment ses aspirations et son essor, que le Darwinisme fait appel aux sympathies des masses. Il s'adresse à tous indistinctement, mais de préférence encore à la jeunesse de nos écoles, qu'il sait si impressionnable, et où ses doctrines ne trouvent souvent, hélas! que trop d'écho. Comment en serait-il autrement? L'enseignement de certains maîtres athées n'est-il pas un enseignement obligatoire?

On dit, par exemple, à l'étudiant en médecine :

« Regardez ces organes, ces fibres, ces tissus; ils offrent un agencement symétrique parfaitement ana-

logue à la cristallisation des molécules de la matière :
voilà l'homme. »

On lui dit encore : « Regardez ces deux sels : au
moment où on va les mettre en contact, ils se combine-
ront pour dégager de l'électricité, de la lumière et
de la chaleur : voilà l'âme. »

Ces prémisses posées, le reste se devine. Tout notre
être se transformera ainsi en une sorte de locomotive
qui se meut d'elle-même par la puissance de ses
ressorts, l'ordonnance de ses rouages et l'activité de son
calorique, sans qu'il soit besoin de mécanicien.

Or, ce mécanicien, c'est Dieu ; et c'est là précisément
que l'on voulait en venir. Dès l'instant où vous supprimez Dieu, vous supprimez son culte et au besoin
vous saurez supprimer ses ministres. Ils ne l'ont que
trop appris, les otages de la Commune !...

Mais que vous a-t-il donc fait, le prêtre, pour le
poursuivre ainsi sans relâche de vos haines et en faire
le point de mire de vos sarcasmes ?

Sorti, comme vous, le plus souvent des rangs du
peuple, parfois même des rangs les plus infimes, il
s'élève, comme vous, contre les violences de l'oppres-
seur, et, comme vous, il déplore les malheurs de
l'opprimé. Partout il flétrit la trahison et la félonie,
quelque puissants que soient les coupables et à quelque
catégorie qu'appartiennent les victimes.

Vous dénoncez sans cesse en termes indignés l'emploi
scandaleux de certaines richesses, alors qu'il y aurait
tant de misères à soulager. Mais lui, que fait-il donc
du haut de la chaire évangélique ? Est-ce que la parabole
du « Mauvais Riche » qu'il invoque sans cesse également
n'est pas aussi grosse de menaces que féconde en
enseignements ?

Seulement, s'il condamne avec énergie les abus, il
défend non moins énergiquement les droits.

C'est qu'il sait très bien que l'inégalité des fortunes est, comme l'inégalité des conditions, la conséquence obligée des destinées humaines, et que ce qu'on appelle le *niveau égalitaire* n'a été de tout temps qu'un leurre ou qu'une sanglante utopie. C'est qu'il n'ignore pas non plus qu'à côté des biens mal acquis ou mal employés il en est qui reposent sur la plus légitime des possessions ou dont on fait le plus noble usage. Aussi proclame-t-il très haut le respect dû à la propirété, s'en remettant, pour le châtiment des coupables que la justice des hommes ne saurait atteindre, à la justice divine qui, elle, aura son jour et son heure.

Mais ce n'est pas ainsi que le comprend l'école matérialiste. Pour elle, *toute inégalité sociale*, D'OU QU'ELLE VIENNE, *est un crime*. N'admettant pas non plus de vie future, par conséquent, pas de châtiment posthume, tout ajournement dans ce sens équivaut à ses yeux à l'impunité. Il lui faut donc dès maintenant une répression ; cette répression lui paraît d'autant plus urgente, et elle la veut d'autant plus complète, qu'elle compte personnellement en bénéficier.

Ainsi s'explique comment elle ne reculera pas devant l'injustice de l'acte pour corriger ce qu'elle appelle l'injustice du sort. Et, comme le prêtre non seulement se sépare d'elle avec éclat sur le terrain de la spoliation, mais que, de plus, il proteste avec véhémence, au nom de la morale publique et de la probité universelle, contre cet indigne abus de la force, elle ne voit plus en lui que le complice ou même le conseiller de ceux qu'elle veut atteindre, et elle l'englobe dans la même proscription.

Et tout cela se dit et se fait au nom de la liberté !

Étrange liberté, on en conviendra, que celle qui, dégageant l'homme des liens qui l'unissent à son Créateur, le rend esclave de ceux qui le rivent à la matière, et fait prédominer ainsi l'appétit bestial sur l'âme intelligente!

Ai-je donc eu tort de dire que le Darwinisme est la négation de la liberté, en tant que le mot liberté est synonyme du mot indépendance?

On dissimule, il est vrai, et on colore tout cela à l'aide de grands mots et de phrases sonores. Si on en veut ainsi au Christianisme, dans la personne de ses ministres, c'est, dit-on, parce qu'en asservissant les âmes il étiole les facultés et abrutit les intelligences. Nous avons répondu ailleurs à ces allégations sans fondement.

Puis on s'empare de quelques faits isolés, qui prouvent, hélas! que le prêtre est homme, et qu'à ce titre il peut très gravement faillir. Et on veut en rendre responsable le clergé tout entier! Mais où donc avez-vous vu que l'indignité d'un membre implique nécessairement la culpabilité de tous les autres?

La médecine qui, elle aussi, par le caractère de sa mission, forme une sorte de sacerdoce, a eu ses Castaing et ses Lapommeraye. A-t-elle moins de droits pour cela à la confiance et aux respects?

Seulement, dès l'instant qu'il s'agit du prêtre, il ne saurait plus y avoir ni équité ni logique. Ce qu'on se propose, par cet appel incessant aux passions des masses, c'est de nous ramener aux époques les plus sanglantes et les plus maudites des excès révolutionnaires.

Heureusement la même voix qui s'est déjà si noblement élevée contre l'assimilation de notre âme à la matière s'élèvera de nouveau pour venger le Christianisme de ces abominables outrages.

Laissons donc une fois encore parler M. Dumas:

« A travers les succès et les mécomptes, les victoires et les défaites, en présence de grandes vertus et de tristes défaillances, l'Europe chrétienne, poursuivant son but depuis seize cents ans, a fait prévaloir ce qu'on n'avait connu dans aucun pays, chez aucun peuple, dans aucun temps, le droit de tous les hommes à la justice, à la sympathie, à la liberté.

« Il importe qu'on s'en souvienne.

« Sous la NOUVELLE LOI MORALE, ne l'oublions pas, en effet, le droit n'a plus abdiqué devant la force ; la justice s'est étendue sur toutes les nationalités ; la sympathie n'a plus tenu compte de la couleur des hommes ; la liberté a relevé les castes et les races déchues ; le plus humble s'est vu protégé par son origine divine, et le plus grand s'est senti responsable devant l'éternité.

« La religion, la morale, la civilisation de l'Europe, reposent donc sur cette base ferme du droit de tous les hommes à la justice, à la sympathie, à la liberté.

« OR, TOUT CELA EST L'ŒUVRE DU CHRISTIANISME. »

— Lorsqu'un édifice quelconque vient d'être terminé, il est d'usage, à titre d'inauguration, d'en opérer ce qu'on appelle le couronnement, en hissant un drapeau au point le plus élevé de la toiture.

Nous aussi, maintenant que nous en avons fini avec le Darwinisme, nous tenons à inaugurer notre œuvre. Seulement nous remplacerons le drapeau par la publication du Bref et du Brevet dont S. S. Pie IX a daigné honorer nos efforts et nos travaux.

BREF DE S. S. PIE IX

—

« *A notre très-cher Fils, le docteur Constantin James,*
médecin à Paris.

« Très cher Fils, salut et bénédiction apostolique.

« Nous avons reçu avec plaisir, très cher Fils, l'ouvrage où vous
« réfutez si bien les aberrations du Darwinisme. Un système que
« repoussent à la fois l'histoire, la tradition de tous les peuples,
« la science exacte, l'observation des faits et jusqu'à la raison na-
« turelle elle-même, semblerait n'avoir besoin d'aucune réfutation,
« si l'éloignement de Dieu et le penchant au matérialisme, prove-
« nant de la corruption, ne cherchaient avidement un appui dans
« tout ce tissu de fables, Celles-ci, du reste, démenties de tous
« côtés par les arguments les plus simples, portent, de plus, en elles
« la marque évidente de leur propre insanité. Et, en effet, l'or-
« gueil, après avoir rejeté le Créateur de toutes choses, et pro-
« clamé l'homme indépendant, voulant qu'il soit son roi, son prêtre
« et son Dieu, l'orgueil en arrive, par toutes ces folies de son inven-
« tion, à ravaler ce même homme au niveau des animaux sans
« raison, peut-être même de la matière brute, confirmant ainsi, à
« son insu, la parole divine : *Où l'orgueil a été, là aussi sera la*
« *honte !*

« Mais la corruption de ce siècle, les artifices des pervers, le
« danger des simples, exigent que de semblables rêveries, tout
« absurdes qu'elles sont, comme elles se servent du masque de la
« science, soient réfutées par la science vraie. Aussi, de l'aveu de
« tous, par votre livre si opportun et si parfaitement approprié aux
« exigences de notre époque, avez-vous très bien mérité tout à la
« fois et de la Religion et de vos frères.

« Nous vous félicitons donc et vous présageons un succès répon-
« dant pleinement au but que vous vous êtes proposé et à votre
« persistant labeur. En attendant, comme gage de la faveur suprême
« et en témoignage de Notre paternelle bienveillance et de Notre
« gratitude, Nous vous accordons bien affectueusement, très cher
« Fils, Notre bénédiction apostolique.

« Donné à Rome, près Saint-Pierre, le 17 Mai 1877, la trente et
« unième année de Notre Pontificat.

« Pie IX, Pape. »

22.

DÉCRET DE S. S. PIE IX

*« A notre très-cher Fils, le docteur Constantin James,
médecin à Paris.*

« Très cher Fils, salut et bénédiction apostolique.

« Belle et féconde en fruits de tous genres est la mission que
« vous vous êtes donnée, en faisant consister l'honneur de la
« science, acquise par votre intelligence et vos travaux, à impri-
« mer un nouvel essor à la Religion et aux nobles études. Aussi,
« très cher Fils, voulant vous récompenser des services rendus par
« votre livre du Darwinisme, et vous encourager à marcher toujours
« dans cette glorieuse carrière, Nous vous absolvons, pour ces mo-
« tifs, et voulons que vous vous regardiez comme absous des ex-
« communications et interdits, ainsi que de toutes autres sentences,
« censures et peines ecclésiastiques que vous auriez pu encourir,
« de quelque manière et pour quelque cause que ce soit.

« Nous vous choisissons de plus, par ces présentes, et créons che-
« valier-commandeur de l'Ordre de Saint Sylvestre, Pape, appelé la
« « Milice dorée. » Vous prendrez rang dans cet Ordre, le plus an-
« cien de tous Nos ordres de chevalerie, que Grégoire XVI, Notre
« prédécesseur, de vénérable mémoire, a renouvelé et honoré en-
« core de plus grandes distinctions.

« En conséquence, Nous vous autorisons à porter, en outre du
« costume de l'Ordre et des particularités du grade, les insignes
« propres à ce même Ordre, savoir : le collier d'or, l'épée d'or et
« les éperons d'or ; Nous vous accordons l'usage et la jouissance
« des privilèges et facultés dont usent et jouissent ou peuvent et
« pourront user et jouir les Chevaliers de cette Milice, à la réserve
« pourtant des privilèges et facultés abolis par le Concile de Trente,
« qu'a confirmé l'autorité de ce Saint Siège.

« Nous voulons que vous portiez la croix d'or, de grand module,
« octogone, blanche à sa surface, avec l'effigie de Saint Sylvestre,
« Pape, au milieu, attachée par un ruban de soie, alternativement
« rouge et noir, et à bords rouges ; vous la porterez en sautoir.
« Et, pour éviter toute dissemblance avec les autres Chevaliers de
« cette Milice, Nous avons ordonné de vous en envoyer le modèle
« ci-contre.

« Donné à Rome, près Saint-Pierre, sous l'Anneau du Pêcheur,
« le 15 Mai 1877, la trente et unième année de Notre Pontificat.

« Pie IX, Pape. »

APPENDICE ET MÉLANGES

APPENDICE

—

Nous avons réuni ici, sous forme d'APPENDICE, un certain nombre d'Articles qui se rattachent directement à notre sujet, mais que cependant nous avons cru devoir distraire du corps même de l'ouvrage dans le but d'éviter des longueurs.

Ces Articles ont pour titre : *le Miracle de Josué — l'Homme Antédiluvien — l'Age de Pierre — le Darwinisme à l'Exposition.*

LE MIRACLE DE JOSUÉ.

La science, en tant que science, peut-elle admettre, sur la foi de la Bible, le Miracle attribué à Josué, sans qu'il en soit résulté fatalement pour notre planète le bouleversement de tout ce qui est à sa surface? C'est ce que nous allons maintenant examiner.

Commençons d'abord par être bien fixés sur les termes mêmes du récit biblique. En voici le texte :

« Alors Josué parla au Seigneur et dit : « Soleil, arrête-toi sur Gabaon ; lune, n'avance pas sur la vallée d'Aïalon. » Et le soleil et la lune s'arrêtèrent jusqu'à ce que le peuple se fût vengé de ses ennemis. N'est-ce pas ce qui est écrit au livre des Justes? Le soleil ne se hâta donc point de se coucher durant l'espace d'un jour. Jamais jour, ni devant ni après, ne fut aussi long que celui-là. »

Tel est le fait à la fois miraculeux et historique que l'Écriture raconte dans sa simplicité en quelques lignes. Il résulte de ce fait que le soleil et la lune suspendirent leur marche, au lieu de descendre vers l'horizon, prolongeant ainsi la durée du jour et reculant d'autant l'approche de la nuit, qui aurait empêché la poursuite des ennemis d'Israël.

Jamais, on peut le dire, événement ne provoqua, de la part des détracteurs des Livres saints, de critiques plus vives ni plus mordantes. Affectant de prendre à la lettre le commandement de Josué : « Soleil, arrête-toi, » *Sol, sta*, et les paroles qu'ajoute l'historien : « Le soleil s'arrêta, » *Sol stetit*, on en a conclu à une immense erreur ou bévue astronomique, sous prétexte que ces mots donnent à entendre que ce n'est pas la terre qui tourne sur elle-même, mais bien le soleil qui fait autour d'elle sa révolution diurne.

Chose non moins fâcheuse, les apologistes de la révélation et les interprètes de l'Écriture ont été pour la plupart les auxiliaires inconscients de semblables attaques, en laissant dire sans protester que la Bible fait de la terre, non seulement le centre de notre monde sidéral, mais celui du monde tout entier.

C'est là une très grosse erreur. La Bible s'est montrée aussi étrangère au système de Ptolémée qu'à celui de Copernic, et, loin de représenter notre planète comme le centre de l'univers, elle admet d'autres cieux que ceux du monde visible, à savoir : *les cieux où Élie fut enlevé ; les cieux où était placé le trône de Dieu ; les cieux des cieux (cœli cœlorum)*, comme dit Isaïe ; enfin Job assure que *les cieux existaient avant la terre et le firmament actuel*, « quand les étoiles du matin chantaient en chœur et tressaillaient de joie ».

Sachons donc faire la part du langage des temps, et ne donnons pas aux métaphores dont les peuples orientaux ont toujours été si prodigues la signification rigoureuse d'un terme de géométrie.

Mais, dira-t-on, il n'y a rien de métaphorique ni d'oriental dans ces simples mots : « Le Soleil s'arrêta. » C'est tout ce qu'il y a de plus prose. Si donc la terre s'est arrêtée, et non le soleil, pourquoi ne pas l'avoir déclaré ?

Laissons François Arago, c'est-à-dire l'homme le plus compétent sur ces matières et le plus indépendant de toute attache religieuse, laissons-le répondre à cette objection. Voici comment il s'exprime dans son *Astronomie populaire* :

« Josué, prétendait-on dans les temps d'ignorance, n'aurait pas commandé au soleil de s'arrêter, si cet astre n'eût pas marché ! En raisonnant de la même manière, on pourrait affirmer que les astronomes d'aujourd'hui ne croient pas au mouvement de la terre, puisqu'ils disent généralement tous et sans exception : « Le soleil se lève ; le soleil passe au mé-« ridien ; le soleil se couche. »

« On pourrait ajouter, continue Arago, que ce qu'ils disent du soleil, tous les astronomes le disent des planètes, des comètes, des étoiles, des nébuleuses et de tous les autres corps célestes. »

Nous sommes donc parfaitement en droit d'affirmer à notre tour qu'en disant : « *Sol, sta ; Sol stetit* », la Bible n'a pas plus affirmé l'erreur de la terre immobile et du soleil en mouvement que ne le font aujourd'hui les astronomes les plus éminents. Elle a parlé le seul langage possible, la langue à la fois du peuple et des savants.

« Si, observe Arago, Josué s'était écrié : « Terre, arrête-toi », non seulement aucun des soldats de son armée n'aurait compris ce qu'il voulait dire, mais il aurait parlé un langage impossible, ANTI-SCIENTIFIQUE. »

Qu'il ne soit donc plus question de ces querelles de mots, d'autant plus que nous pourrions rétorquer aux adversaires du Miracle un argument du même genre. Nous dirions :

« Vous taxez d'inexact le langage de Josué parce qu'il parle du déplacement du soleil. Mais, vous-mêmes, ne commettez-vous pas une double erreur astronomique en parlant de son immobilité absolue ? Car enfin le soleil possède deux mouvements, l'un qui le fait tourner sur lui-même, l'autre qui l'entraîne de plus en plus, chaque année, vers la constellation d'Hercule ».

Passons donc à une autre objection qui, celle-là du moins, offre des caractères en apparence plus sérieux.

On a dit : « Si réellement la terre avait, pendant une journée, suspendu sa marche à la voix de Josué, ce temps d'arrêt eût amené inévitablement les conséquences les plus terribles. Songez donc que notre planète fait en vingt-quatre heures six cent mille lieues autour du soleil : la voilà donc, au bout de vingt-quatre heures, en retard d'un nombre de lieues équivalent. Or, pendant tout ce temps-là, les autres planètes continueront à se mouvoir dans leur orbite à travers les mêmes espaces ; il en résultera forcément des conflits analogues à ceux qui surviennent sur nos lignes de chemins de fer lorsqu'un train se trouve arrêté ou en retard, tandis que les autres continuent leur marche réglementaire. La terre sera *tamponnée* par quelque planète. »

Telle est l'objection. Elle paraît tout d'abord assez fondée, mais, pour peu qu'on réfléchisse au but que se proposait Josué, on voit qu'au contraire sa réfutation est très facile. En effet que voulait Josué ?

Il voulait tout simplement prolonger la durée du jour, afin de compléter sa victoire sur les ennemis d'Israël, et retarder l'approche de la nuit, laquelle aurait favorisé leur retraite. Or, quel est le phénomène astronomique qui produit la succession du jour et de la nuit ? Nous savons que c'est la rotation diurne de la terre. Il a donc suffi que, pendant vingt-quatre heures, la terre cessât de tourner sur elle-même pour que ce but fût atteint. C'est en effet ce qui eut lieu à la voix de Josué. Sa rotation s'arrêta : *Stetit.* Mais cela ne l'empêcha nullement de continuer son mouvement de translation autour du soleil. Par conséquent, la position absolue et relative des autres planètes, par rapport à la terre, n'en fut ni troublée ni modifiée, ce qui rendit toute rencontre impossible.

Je ne sais si je me fais bien comprendre. Comme il s'agit ici d'une question fort grave et d'une solution toute nouvelle, je demande la permission de reproduire ma pensée sous une autre forme.

Qu'on se figure une voiture à quatre roues, une diligence, par exemple, lancée à fond de train. Cette voiture représentera pour nous l'ensemble du système planétaire, et chaque roue, une planète, de telle sorte que le mouvement de translation de la diligence sur la grande route sera l'image du mouvement de translation de notre système planétaire autour du soleil, et le mouvement de rotation de chaque roue sur son essieu, l'image du mouvement de rotation de chaque planète sur son axe.

Ceci posé, il s'agit maintenant d'empêcher une des planètes, pardon ! une des roues de tourner sur elle-même, mais sans nuire au mouvement de rotation des trois autres, non plus qu'au mouvement de translation de la diligence. Que ferez-vous ?

Vous ferez ce que vous voyez faire tous les jours au moindre de nos voituriers à l'approche des descentes trop rapides. Il glisse sous l'une des roues une espèce de gouttière métallique appelée vulgairement *sabot*, laquelle l'immobilise sans l'em_pêcher de suivre les autres roues, qui continuent leur mouvement giratoire, comme la diligence continue son mouvement de translation.

Ainsi procéda Josué. Il immobilisa notre planète. Celle-ci, pendant vingt-quatre heures, cessa de tourner sur son axe, ce qui prolongea le jour juste du même temps, mais elle n'en continua pas moins, à son rang et à sa place parmi les autres planètes, son mouvement régulier de translation autour du soleil.

— Il est une autre objection, empruntée, celle-là, aux lois de la mécanique, qu'on a opposée de même au miracle de Josué. On a dit :

« Le miracle est impossible en ce que, si le mouvement de la terre avait été brusquement interrompu, tous les objets placés à sa surface eussent été, en vertu de la vitesse acquise, réduits à l'état de vapeur et projetés dans l'espace. »

Sans doute, au point de vue exclusivement physique, c'est ainsi que les choses auraient dû se passer, si l'arrêt eût porté sur le mouvement de translation de notre planète. Ce mouvement, en effet, est tellement énorme qu'en admettant que, par un arrêt que rien ne contrecarrerait, il vînt à se convertir en mouvement moléculaire ou atomique, par conséquent en chaleur, cette chaleur serait probablement assez grande pour fondre la masse entière de la terre et en vaporiser les élémen s.

Mais, encore une fois, il ne s'agit pas ici du mouvement de

translation de la terre autour du soleil, mais de son mouvement de rotation sur elle-même. Alors rien de semblable ne saurait arriver. Car, enfin, quelle est donc cette vitesse de rotation qui vous effraie tant?

La force centrifuge a son maximum d'intensité à l'équateur. Or, à cet endroit, elle est exprimée par la petite fraction 0^m,00346, c'est-à-dire qu'elle ferait parcourir à un mobile faisant partie de la surface de la terre *un peu plus de trois centimètres par seconde*. D'où il résulte que cette tendance au mouvement, prête à s'exercer, si la terre cessait subitement de tourner, serait relativement très minime.

Je viens de dire : « Si la terre cessait *subitement* de tourner ». Mais il n'est question nulle part dans l'Écriture que son arrêt ait été subit ; tout donne au contraire à penser que son mouvement a diminué peu à peu et d'une manière insensible, jusqu'à ce qu'il se soit trouvé complétement suspendu ; dès lors il n'y a eu ni secousse ni projection.

Singulière inconséquence de l'esprit humain, quand la passion l'aveugle! Vous trouvez tout naturel que, par l'application des freins mécaniques, du frein à air, par exemple, ou par la seule compression de l'air au sein d'un espace fermé, nos ingénieurs puissent éteindre sans danger l'énorme quantité de mouvement d'un train lancé à toute vitesse, et vous refusez à Dieu le pouvoir d'éteindre la vitesse de la terre, vitesse relativement imperceptible, puisqu'elle n'est, avons-nous dit, que de *trois centimètres par seconde !*

— Il est une dernière objection qu'on a fait également sonner bien haut comme non moins concluante que les précédentes. Elle porte sur la disproportion extrême qui existerait entre l'importance du fait miraculeux et l'exiguïté du but à atteindre.

« Eh quoi! s'est-on écrié, un général, pour compléter tout simplement la défaite d'une armée ennemie, aurait reçu de Dieu le pouvoir de suspendre pour tout un jour la marche de notre planète! Mais c'est faire jouer à la Divinité un rôle indigne d'Elle. »

Et d'abord je ferai remarquer que le miracle de Josué ne fut pas seulement fatal aux Amorrhéens, en permettant de compléter leur défaite : il dut jeter de plus dans leur esprit la crainte et l'épouvante. Il suffira, pour s'en faire une idée, de se rappeler la terreur qu'inspira aux naturels de l'Amérique l'éclipse de soleil prédite par Christophe Colomb, comme provenant d'un acte de sa volonté. Quand ils virent, à la voix du conquérant, la lumière du jour s'obscurcir, ils se figurèrent qu'il commandait aux astres eux-mêmes, et, à dater de ce moment, son prestige fut sans limites. Quelque chose d'analogue dut se passer dans l'armée des ennemis d'Israël.

Mais ce n'est pas seulement aux yeux des Amorrhéens que ce prestige de Josué acquit ainsi un lustre extraordinaire : ce fut également aux yeux de ses propres troupes.

L'importance de ce dernier résultat domine tellement la situation qu'elle exige, pour être bien saisie, que nous reprenions les choses de plus haut.

Lorsque Josué succéda à Moïse et qu'il reçut de lui l'investiture du commandement, il était alors un personnage fort peuconnu. Il semble même s'être défié singulièrement de ses forces : témoin les encouragements que Moïse lui adressa devant tout le peuple assemblé :

« Soyez ferme et courageux, lui dit-il, car c'est vous qui « ferez entrer ce peuple dans la terre que le Seigneur a juré à « leurs pères de leur donner, et c'est vous qui la partagerez au « sort entre les tribus.

« Le Seigneur, qui est votre conducteur, sera lui-même « avec vous ; il ne vous quittera point et ne vous abandonnera « point. Soyez sans crainte aucune et ne vous laissez pas « intimider. »

Cependant Moïse meurt. Voilà donc Josué à la tête des troupes. Il fait, comme nous dirions aujourd'hui, une « Proclamation à l'Armée », pour lui recommander le courage dans les dangers, la patience dans les épreuves et une confiance absolue dans le Seigneur. Que lui répondent les chefs ?

« Nous ferons tout ce que vous nous avez ordonné, et nous « irons partout où vous nous enverrez. Comme nous avons obéi « à Moïse en toutes choses, nous vous obéirons aussi. *Seulement* « *que le Seigneur votre Dieu soit avec vous, comme il l'a été avec* « *Moïse !* »

Il me parait difficile de ne pas voir dans cette dernière phrase certaine appréhension ou même certaine défiance pour l'avenir, dissimulée sous la forme d'un vœu.

Enfin Josué entre en campagne. Quel va être son premier acte ? Ce sera un miracle : « le Passage du Jourdain. »

Moïse, lui aussi, débuta par un miracle : « le Passage de la mer Rouge »; seulement, c'était en quelque sorte un miracle *obligé*, car il se trouvait pris, sans autre issue possible, entre la mer et l'armée égyptienne.

Josué, au contraire, n'avait rien qui l'inquiétât. Si donc il traversa le fleuve à pied sec, ce fut moins encore par nécessité qu'à titre de démonstration ; il voulut frapper les esprits par quelque chose de grand, de surnaturel. Aussi, avec quel soin il en surveilla lui-même ce que je serais presque tenté d'appeler la mise en scène !

Des hérauts se répandent dans le camp, convoquant tous les enfants d'Israël, et, quand Josué les voit réunis, il se lève et leur dit :

« Approchez-vous et écoutez la parole de votre Dieu. Vous « reconnaîtrez à ceci que le Seigneur, le Dieu vivant, est au « milieu de vous et qu'il exterminera tous vos ennemis.

« L'Arche de l'Alliance du Seigneur marchera devant vous « au travers du Jourdain ; et, lorsque les prêtres qui portent « cette arche auront mis les pieds dans les eaux du fleuve, les « eaux d'en bas s'écouleront et laisseront son lit à sec, mais « celles qui viennent d'en haut s'arrêteront et resteront sus-« pendues. »

Le peuple sortit donc de ses tentes pour traverser le Jourdain, et les choses se passèrent comme l'avait dit Josué.

C'est au lendemain de ce grand événement, si propre à impressionner les esprits et à leur donner une haute idée de la puissance de leur chef, que commencèrent les hostilités entre les Hébreux et l'armée ennemie. Josué fut victorieux tout d'abord ; il s'empara de Jéricho, — on sait comment, — ainsi que de plusieurs autres villes, mais ses troupes finirent par être battues sous les murs d'Haï.

Comment supporta-t-il ce premier échec ?

« Josué, dit l'Écriture, déchira ses vêtements, se jeta le visage contre terre devant l'Arche du Seigneur, et demeura prosterné avec les anciens d'Israël jusqu'au soir ; et ils se mirent de la poussière sur la tête.

« Et Josué dit : « Hélas ! Seigneur Dieu, avez-vous donc vou-
« lu faire passer à ce peuple le fleuve du Jourdain pour nous
« livrer entre les mains des Amorrhéens et pour nous perdre !
« Il eût été à souhaiter que nous fussions restés au delà du
« Jourdain, comme nous avions commencé d'y demeurer. »

Hélas ! nous écrierons-nous à notre tour, où donc est-elle, cette énergie morale, si nécessaire à un chef, que Moïse avait recommandée à Josué pour son usage, et que Josué avait prescrite à ses troupes pour le leur ?

C'est cette énergie morale qu'un poète a si parfaitement spécifiée, quand il a dit qu'il fallait « opposer aux coups de l'adversité une poitrine intrépide » :

Fortiaque adversis opponite pectora rebus.

Chacun comprendra que cet échec et plus encore ces défaillances de Josué durent porter une grave atteinte à son crédit. La victoire eut beau revenir sous ses drapeaux, son nom cessa d'inspirer à ses soldats la même confiance et à ses ennemis la même terreur.

« Et en effet, dit la Bible, cinq rois des Amorrhéens s'unirent ensemble : le roi de Jérusalem, le roi d'Hébron, le roi de Jérimoth, le roi de Lachis , ainsi que le roi d'Églon, et ils marchèrent contre lui avec toutes leurs troupes, et, ayant campé près de Gabaon, ils l'assiégèrent. »

C'est alors que, sur l'ordre de Dieu, Josué les attaqua et les mit en fuite, en même temps qu'il leur faisait lever le siège de Gabaon. Mais leurs armées étaient si nombreuses et si aguerries, qu'elles auraient pu, s'il leur avait laissé le temps de se rallier, prendre bientôt une terrible revanche. C'en eût été fait alors d'Israël !

Ainsi s'explique pourquoi Josué, dans le but de prévenir une éventualité aussi redoutable, compléta sa victoire par le Miracle que nous savons.

— Nous ne nous étendrons pas davantage sur ce miracle, les explications dans lesquelles nous venons d'entrer nous paraissant plus que suffisantes pour le faire accepter par quiconque est de bonne foi. Quant à ces esprits forts qui nient tout miracle, par cela seul que qui dit miracle dit chose impossible, ce serait peine perdue d'essayer de les convaincre par des raisonnements[1]. Laissons-les donc se complaire dans leur outrecuidance et contentons-nous de les engager à méditer ces réflexions de Voltaire :

> Non, ne présentez plus à mon cœur agité
> Ces immuables lois de la nécessité,
> Cette chaine des corps, des esprits et des mondes.
> O rêves des savants ! ô chimères profondes !
> *Dieu tient en main la chaîne et n'est point enchaîné,*

L'HOMME ANTÉDILUVIEN.

Depuis longtemps déjà on avait rencontré dans différents pays, à la surface comme dans la profondeur du sol, des silex taillés en forme de hache, de tête de marteau ou de pointe de flèche. Ces instruments ou ces armes paraissaient remonter à une époque très ancienne et avoir été fabriqués par la main de l'homme. Seulement, comme les archéologues ignoraient à quels usages ils avaient pu servir, et que même leur origine paraissait fort douteuse, ils leur donnaient place dans les musées, beaucoup moins à titre de précieuses reliques que comme de simples objets de curiosité.

1. Lors même qu'on en arriverait à établir que Josué qui, en somme, était général et non astronome, se serait mépris dans la désignation de l'astre où s'est opéré le Miracle de la prolongation du jour de vingt-quatre heures, cette prolongation n'en serait pas moins un miracle. Cela prouverait simplement, une fois de plus, combien est toujours juste cette remarque de saint Jérôme :
« Beaucoup de choses sont rapportées, dans l'Écriture sainte, d'après les idées qui régnaient à l'époque où elles se sont passées, et non d'après l'explication vraie du fait » (*Multa in Scripturis sanctis dicuntur juxta opinionem illius temporis quo gesta referuntur, et non juxta quod rei veritas continebat*).

Cependant, une particularité importante aurait dû les frapper : c'est que ces silex se trouvaient pour la plupart au voisinage d'ossements humains, ou même confondus avec eux, et cela dans des couches de terrains que la géologie démontre avoir été antérieures au déluge mosaïque.

Une autre circonstance encore méritait d'appeler leur attention : c'est que ces ossements étaient mélangés avec d'autres ayant appartenu à des animaux antédiluviens. Ne devenait-il pas, dès lors, très probable que notre race était contemporaine de ces mêmes animaux ?

Oui, sans doute, toutes les probabilités étaient en faveur d'une semblable opinion, et pourtant elle ne trouvait que méfiance ou dédain. C'est qu'on se rappelait l'histoire de ce fossile qui, sur la foi de Schenchzur, avait été baptisé, en 1726, du nom « d'Homme témoin du Déluge » (*Homo Diluvii testis*), et que Pierre Camper reconnut, en 1787, n'être rien autre qu'une salamandre. C'est que surtout on se laissait dominer par le grand nom de Cuvier que l'on savait être peu favorable à l'existence de l'homme quaternaire.

Aussi, quelle persévérance dans les recherches, quelle ardeur et quelle énergie dans la lutte ne fallut-il pas à Boucher de Perthes pour faire enfin triompher la vérité ! « C'est dans « ces ruines du vieux monde, disait-il avec enthousiasme, c'est « dans ces dépôts devenus ses archives qu'il faut en chercher « la tradition. Ces pierres grossières prouvent tout aussi sûre- « ment l'existence de l'homme que le ferait tout un Louvre. »

Fort de cette conviction, il dressa des ouvriers à fouiller les terrains du diluvium. Déjà il avait eu la bonne fortune de pouvoir présenter à la Société d'Émulation d'Abbeville toute une collection de haches fossiles, lorsque, le 23 mars 1863 (la date mérite d'être conservée), un terrassier qui travaillait à la carrière de sable de Moulin-Quignon lui apporta une hache de silex, ainsi qu'une dent humaine. Le 28 du même mois, un autre ouvrier lui apporta de même une nouvelle dent, ajoutant qu'il apparaissait en ce moment dans le sable « quelque chose qui ressemblait à un os. » Boucher de Perthes se transporta immédiatement sur les lieux, accompagné d'un certain nombre de géologues, et là il retira lui-même du terrain quaternaire une demi-mâchoire humaine, encore entourée de sa gangue terreuse.

Le 20 avril suivant, M. de Quatrefages annonçait à l'Institut la découverte de Boucher de Perthes, et présentait à ce corps savant la pièce si concluante envoyée d'Abbeville.

On comprend aisément l'émotion profonde qui accueillit cette communication. L'éveil une fois donné, et, par suite, tout scrupule enlevé sur la possibilité du fait, les preuves du même genre ou même plus significatives encore se multiplièrent à tel point qu'on en arriva à trouver non plus seulement un os, ou un membre isolé, mais des squelettes tout entiers d'hommes fossiles.

Je regrette vivement que le défaut d'espace m'empêche d'en donner la saisissante, mais trop longue énumération. Je ne saurais toutefois passer sous silence « l'Homme fossile de Menton, » dont il a déjà été parlé dans ce livre, car, s'il est l'un des derniers comme date, c'est peut-être le premier comme importance.

L'Homme fossile de Menton. — Sur les confins de la France et de l'Italie, près de la route de la Corniche et non loin de la station hivernale de Menton, existe une série de cavernes creusées dans l'épaisseur de la montagne qui surplombe en ce point la Méditerranée. Déjà ces cavernes avaient été explorées et on en avait retiré nombre d'objets de la plus haute antiquité, ayant appartenu à l'industrie primitive, tels que haches de silex, pointes de flèches, poinçons en os, etc.; mais aucun ossement humain n'y avait encore été mis à nu. C'est alors qu'un archéologue distingué, M. Rivière, qui était venu à Menton pour raison de santé, se rendit acquéreur, en 1872, de l'une de ces cavernes ou grottes, et y entreprit des fouilles pour son propre compte.

Celles-ci ne tardèrent pas à être couronnées de succès, car, le 26 mars de cette même année, il découvrit les premiers ossements d'un pied appartenant à un squelette humain. Ce squelette, qui ne put être entièrement dégagé qu'après huit jours d'un travail non interrompu, s'offrit dans un état de parfaite conservation. Il figure aujourd'hui au Muséum de Paris. En voici une description sommaire :

Couché sur le côté gauche, son attitude est celle d'un homme que la mort aurait surpris pendant son sommeil. Ainsi la tête, un peu plus élevée que le reste du corps, repose sur la partie latérale gauche de la face, le maxillaire inférieur appuyé sur les dernières phalanges de la main de ce côté, et la colonne vertébrale assez fortement courbée. Les membres supérieurs présentent une flexion prononcée des os de l'avant-bras sur l'humérus; quant aux inférieurs, ils sont légèrement entrecroisés l'un sur l'autre. Enfin tous ces ossements présentent une teinte rougeâtre due à la présence d'une couche d'oxyde de fer déposée par les ans.

Telle a été la précieuse découverte à laquelle la « Grotte de Menton » devra désormais sa célébrité.

Mais est-on parfaitement sûr que l'individu en question remonte bien réellement à une époque antérieure au Déluge ? Oui, la certitude à cet égard est complète. Je n'en veux d'autre preuve que les objets trouvés près de lui, et tout autour de lui, dans la même grotte.

C'étaient des os de grand ours, de grand chat, de rhinocéros à narines cloisonnées et d'hyène des cavernes; c'étaient des lames de couteau en silex taillé, mais non poli, et des épingles en corne de cerf; c'étaient, enfin, des espèces de bracelets formés de coquilles du genre *nassa*, percées d'un trou, et de dents d'animaux percées de même d'un trou à l'aide d'un poinçon : *tous objets qu'on ne rencontre que dans les terrains appartenant à l'époque quaternaire.*

Ainsi donc nul doute : l'homme antédiluvien a bien réellement existé.

C'est là, sans contredit, un fait immense, tant sous le rapport archéologique que comme pièce justificative des récits de la Genèse.

L'AGE DE PIERRE.

L'Age de Pierre a été ainsi nommé parce que l'homme, après sa déchéance, ne connaissant pas encore l'art d'extraire les métaux, en était réduit à n'employer que la pierre pour la fabrication de ses instruments et de ses armes.

La pierre dont il se servait était le silex, vulgairement appelé « pierre à fusil. » On comprend ce choix. La dureté et le mode de cassure du silex se prêtent très facilement à la volonté de l'ouvrier. Il suffit d'un coup sec, appliqué adroitement, pour en détacher une lame tranchante pouvant servir de couteau et autres ustensiles.

Bien que les formes de ces instruments de pierre soient très variables, on peut les rattacher toutes à un certain nombre de types dominants, qu'on retrouve d'ailleurs dans les contrées les plus diverses. D'abord simples et régulières, les haches en silex accusent peu à peu une entente meilleure des besoins auxquels elles doivent répondre.

Ne dédaignons pas ces premiers essais de nos pères : ils marquent la date de la naissance de l'industrie et des arts.

« Le premier, dit Boucher de Perthes, qui frappa un caillou contre un autre, pour en régulariser la forme, donnait le premier coup de ciseau qui a fait la Minerve et tous les marbres du Parthenon. »

En même temps que l'on perfectionnait la taille du silex, on apprit à travailler le bois de rennes et les os des animaux. Certains objets en os et en bois trouvés dans les cavernes du Périgord dénotent même une habileté manuelle fort remarquable.

Ces différences d'exécution avaient fait admettre deux périodes successives dans l'Age de Pierre : la première dite de la *Pierre taillée*, la seconde de la *Pierre polie*. A cette dernière division se rapporteraient les œuvres les mieux réussies, et, en particulier, celles qui représentent des figures d'animaux ou d'hommes.

C'était là sans doute une distinction en apparence très fondée, et cependant les faits ont démontré qu'elle était beaucoup trop absolue, ces périodes empiétant les unes sur les autres. Ainsi, par exemple, on a découvert, en 1875, dans le petit village de Jordes, des instruments appartenant à la Pierre taillée, à côté d'autres appartenant à la Pierre polie et provenant tous de la même fabrique.

Les cavernes contenaient un très petit nombre d'ustensiles ayant pu servir à des usages domestiques, et encore, pour quelques-uns, leur véritable destination est-elle souvent contestable. En revanche, on en a retiré tout un arsenal d'armes les plus variées, soit pour tuer les grands herbivores destinés à l'alimentation, soit pour se défendre contre les carnassiers féroces.

Parmi ces dernières armes, je citerai tout spécialement une mâchoire du Grand Tigre (*felis spelvea*), animal qui était d'un tiers plus fort que le lion. La partie montante de cette mâchoire était disposée en forme de poignée, et la dent canine aiguë et proéminente qui la termine constituait le corps offensif de cette arme. Maniée par une main vigoureuse, ce devait être un engin fort redoutable, à en juger du moins par l'immense parti que Samson sut tirer d'une simple mâchoire d'âne, dans sa mémorable lutte contre les Philistins.

Certains silex s'emmanchaient à angle droit entre les deux parties fendues d'un bâton ; l'arme ressemblait ainsi à la « Tametave » dont se servent encore aujourd'hui les sauvages de l'Amérique et les peuplades de l'Océanie.

Enfin ces silex figuraient parfois une hache comme la nôtre, des projectiles de fronde, un casse-tête.

Comme tout cela se trouvait entassé dans la même Grotte, et que celle-ci ne représentait le plus souvent qu'une pièce unique, il paraît assez naturel d'augurer que l'homme primitif devait être aussi peu soigneux de sa personne qu'il l'était de sa demeure.

Cependant tout donne à penser, au contraire, qu'il aimait à orner son corps de certains enjolivements que je n'hésite pas à appeler des parures. C'étaient, nous l'avons déjà dit, des coquilles enfilées les unes à la suite des autres, à l'aide d'un fil ou d'un poil d'animal, formant des colliers ou des bracelets de tous points semblables à ceux qu'on retrouve aujourd'hui chez certaines tribus sauvages. Qu'y a-t-il d'étonnant, du reste, à ce que l'homme moderne, que son isolement a maintenu en dehors du courant qui entraîne l'humanité, soit resté le gardien fidèle des coutumes et pratiques des temps primordiaux ?

Mais en voilà assez sur ce qui touche à la partie archéologique de l'Age de Pierre. Parlons maintenant de la même époque envisagée au point de vue biblique et historique.

On a paru s'étonner que Moïse n'ait rien dit de l'Age de Pierre.

Mais d'abord, nous ne saurions trop le répéter, la Bible n'est pas un traité complet d'archéologie ; c'est bien plutôt le récit abrégé de la Création et des principaux événements dont le monde a été le théâtre. Il suffirait donc, à la rigueur, que Moïse eût indiqué la déchéance de l'homme et les conséquences graves qui s'ensuivirent, sans qu'il dût entrer pour cela dans des détails sur sa nouvelle existence.

Mais remarquez qu'il n'est nullement prouvé que l'historien sacré n'ait rien dit de l'Age de Pierre. Sans doute il ne le nomme pas en toutes lettres, mais, ou je me trompe fort, ou le désigne parfaitement dans le verset que voici :

« Tubalcaïn[1] le premier enseigna aux hommes l'art de travailler l'airain et le fer. »

Qu'est-ce à dire ? On ne connaissait donc pas avant Tubalcaïn l'usage des métaux ! Mais il s'est écoulé au moins sept générations d'Adam à Tubalcaïn, sept générations de patriarches. Il a donc bien fallu que, pendant ce laps de temps, les pauvres humains eussent des outils et des armes. Or, de quelles armes et de quels outils se sont-ils servis, sinon de ceux qu'ils avaient naturellement sous la main, par conséquent de la pierre ? Si Moïse ne la désigne pas par son nom, c'est que la tradition était encore tellement présente à la mémoire de tous, qu'elle suppléait très bien à son silence.

Raisonnons par analogie. Trouverait-on extraordinaire que, dans un livre qui traiterait de l'invention de la poudre et de la révolution qu'elle a opérée dans la guerre comme engin de destruction, l'auteur négligeât de dire que l'arc et la fronde avaient précédé l'emploi des armes à feu ? Moïse n'avait pas plus de motifs de parler de la pierre.

Signalons en passant combien est juste l'ordre dans lequel l'historien sacré indique la gradation des deux métaux travaillés par Tubalcaïn : l'airain avant le fer. C'est qu'en effet, le fer étant beaucoup plus difficile à extraire que l'airain, n'a dû être utilisé que plus tard.

1. De Tubalcaïn la mythologie a fait Vulcain, à qui elle attribue également l'invention de l'art de travailler les métaux.

Et Ovide? Car nous sommes accoutumés, pour tout ce qui touche de près ou de loin à la Création, à rapprocher ses récits de ceux de Moïse.

Ovide fait très nettement allusion à l'Age de Pierre : seulement, fidèle cette fois au titre de son livre : *Des Métamorphoses*, il intervertit les rôles. Ce n'est pas l'homme qui transforme la pierre pour l'accommoder à ses usages : c'est la pierre elle-même qui se transforme en homme pour la propagation de notre espèce. Tel est l'épisode de Deucalion et de Pyrrha, les deux époux semant derrière eux des cailloux, qui revêtent peu à peu la figure humaine.

« Ainsi, dit le poète, dans un court espace de temps, la puissance des dieux changea en hommes les pierres qu'un homme avait lancées, et renouvela par la main d'une femme la race féminine près de s'éteindre » :

> Inque brevi spatio, Superorum numine, saxa
> Missa viri manibus faciem traxere virilem,
> Et de femineo reparata est femina jactu.

Cette même tradition de l'Age de Pierre se retrouve dans Lucrèce, non plus dissimulée sous le voile de l'allégorie, mais exprimée dans le langage positif que comportait le titre même de son livre : *De la Nature des Choses*. C'est que Lucrèce n'était pas seulement un poète éminent : c'était de plus un profond érudit. Je ne saurais résister au plaisir de citer l'admirable passage dans lequel il énumère les diverses phases qu'a dû traverser l'humanité pour atteindre le point culminant qu'elle occupe de nos jours :

« Les premières armes, dit-il, furent les mains, les ongles et les dents, ainsi que les *pierres* et les branches enlevées aux forêts ; ensuite furent connus la flamme et le feu ; plus tard on découvrit l'usage du fer et de l'airain, mais l'airain avait été connu et employé avant le fer » :

> Arma antiqua manus, ungues dentesque fuerunt ;
> Et *lapides* et item silvarum fragmina rami ;
> Et flammæ atque ignes, postquam sunt cognita primum.
> Posterius ferri vis est ærisque reperta ;
> Et prior æris erat quam ferri cognitus usus.

LE DARWINISME A L'EXPOSITION UNIVERSELLE.

Notre Grande Exposition de 1878, si remarquable et si remarquée à tant de titres, a offert cependant une innovation que je n'hésite pas à qualifier de déplorable, c'est celle d'avoir accordé un compartiment spécial à l'étalage de ce qu'il y a de plus insensé dans l'école de Darwin. Non, la vraie place de toute cette friperie n'était pas là. Elle était bien plutôt sur un champ de foire, parmi ces exhibitions appelées Phénomènes qui ont pour objet d'amuser la foule, telles que la *Femme à barbe*, le *Veau à deux têtes*, ls *Mouton à cinq pattes* et le *Canard à trois becs*. Mais enfin, puisqu'on a cru devoir faire cette concession aux idées de propagande matérialiste, il nous est impossible de ne pas en dire quelques mots.

Faisons donc une revue rétrospective et entrons dans le pavillon qu'on a intitulé, je ne sais trop pourquoi : *Musée Anthropologique*, car, par sa destination et son mobilier, il méritait plus justement le titre de « Palais des Singes. »

Mais, d'abord, dans quel but avoir placé en dehors et de chaque côté du vestibule deux espèces de monstres, en pierre meulière, dont les traits grimaçants n'ont rien d'humain, et dont l'attitude accroupie rappelle les magots de la Chine? Peut-être faut-il y voir une sorte d'emblème de l'idée qui a inspiré les ordonnateurs de cette partie de l'Exposition, idée effectivement tout à fait « chinoise ». A ce point de vue, tout s'expliquerait.

Mais ne nous arrêtons pas à ce qu'on pourrait appeler les « bagatelles de la porte », et pénétrons dans l'enceinte.

La première Salle où l'on entre est consacrée tout entière aux sujets d'anatomie. Voici en peu de mots quelle en est l'ordonnance.

Au milieu s'élèvent deux estrades d'honneur, exclusivement occupées par des Singes. Dans l'une se trouvent des squelettes de ces animaux, montés avec soin et disposés dans des attitudes que l'artiste s'est attaché, sans beaucoup de succès, à rendre pittoresques; dans l'autre se trouvent des singes empaillés, se dressant fièrement chacun près d'un tronc d'arbre, auquel ils s'appuient, un peu comme Hercule au repos ; leur bouche entr'ouverte a quelque chose d'altier et de narquois.

Au-dessus de chaque groupe on lit en gros caractères : Singes anthropoïdes, en d'autres termes : Hommes-singes.

Et, pour mieux affirmer encore que ces animaux font bien réellement partie de la grande famille humaine, on a suspendu, près de la voûte, à la place d'honneur, une grande pancarte ainsi conçue :

ORDRE DES PRIMATES

1re *classe*. — Hominiens.
2e *classe*. — Singes anthropoïdes.

Ainsi nous appartenons, comme les singes, à l'ordre des Primates, mais nous avons le pas sur eux. Bravo ! Seulement, pourquoi ne pas nous appeler hommes tout simplement, mais *Hominiens?* Je crois saisir la pensée du classificateur. Par « Hominiens » il indique que nous ne sommes plus tout à fait singes sans être encore tout à fait hommes. C'est peut-être assez logique. Le tout est signé Broca.

Si maintenant, quittant les singes, nous promenons nos regards et nos personnes tout autour de la salle, nous voyons les murs littéralement tapissés de vitrines où l'on a disposé par ordre toute une immense collection de Crânes, mais, cette fois, de crânes humains. Il y en a de tous les pays, de tous les âges, de toutes les races. Les uns sont remarquables de conservation ; les autres au contraire ont été en partie érodés par le temps ; quelques-uns ne gardent que des lambeaux de chevelures et de chairs ; enfin plusieurs ne sont que des momies desséchées.

Il y a aussi des Squelettes ; mais quelle triste mine ils font à côté de ceux des singes dont nous venons de parler ! Au lieu d'affecter, comme ceux-ci, des poses académiques, ils sont relégués dans de simples placards, et accrochés droits et raides comme des carcasses de pendus.

Tous les crânes ainsi exposés ont été rangés par ordre chronologique et par ordre géographique, de manière à permettre leur étude comparative ; on voit de la sorte en quoi ils se ressemblent et en quoi ils diffèrent. Il existe à cet égard les variétés les plus étranges ; seulement, à l'opposé de ce que prétendent les Darwinistes, ils se rapportent tous à un même type qui n'a d'analogue dans aucune autre espèce animale, et qu'on peut appeler le « type humain ».

Presque vis-à-vis se trouve une autre collection de crânes, mais ceux-là ayant appartenu aux Assassins les plus célèbres des diverses parties du monde. Aussi est-ce surtout de ce côté que se porte la foule des curieux.

J'étais moi-même en train de les contempler, lorsqu'un monsieur en habit noir, qui semblait remplir les fonctions de cicérone et qu'on nous dit être le docteur T*, s'approcha de nous et nous régala du petit boniment que voici :

« Tous ces crânes, par cela seul qu'ils ont appartenu à des criminels, offrent quelque vice de conformation, le crime étant constamment le résultat d'une organisation anatomique défectueuse. La lésion la plus fréquente est l'ossification prématurée des sutures [1]. C'est cette ossification qui, mettant obstacle à l'expansion du cerveau dans les points où résident les bons instincts, fait prédominer les mauvais. L'homme alors devient l'instrument inconscient et par suite irresponsable de ses actes. Aussi, là où la loi voit des coupables, ne voyons-nous que des malades. »

Tout cela fut débité avec un aplomb incroyable. Quant à la démonstration sur pièces et sur place du prétendu fait anatomique, M. T* l'essaya vainement. Tout au plus parvint-il, à force de recherches et surtout de bonne volonté, à découvrir sur quelques crânes l'effacement de certaines sutures. Seulement un point capital qu'il omit d'ajouter, c'est que ce même effacement s'observe sur le crâne des plus honnêtes gens, de même qu'il peut manquer totalement sur celui des plus profonds scélérats. Je citerai comme preuve de ce dernier fait l'exemple que voici :

Je possède le crâne d'un célèbre assassin, le nommé Souf-

---

1. On appelle *suture* la jonction par engrenage des os qui forment la voûte du crâne.

flard, qui, condamné à mort avec son complice Le Sage, par la cour d'assises de la Seine, pour assassinat d'une femme Renaud, marchande au Temple, s'empoisonna, au sortir de l'audience, en avalant une dose énorme d'arsenic [1]. Or, sur ce crâne, aucune suture n'est effacée ; toutes au contraire se dessinent de la manière la plus apparente.

Du compartiment des crânes, nous passâmes à celui des cerveaux. Là se trouvent côte à côte, dans une sorte de montre, plusieurs cerveaux humains, les uns naturels, conservés par embaumement, les autres artificiels, simplement moulés en plâtre.

L'inévitable docteur T* nous fit encore à leur sujet un petit cours de Phrénologie non moins matérialiste que celui qu'il venait de nous faire sur la Crânioscopie. Ainsi, à l'en croire, « la substance nerveuse et l'intelligence ne font qu'un ; le développement de celle-ci amène forcément le développement de celle-là, de même que son défaut d'exercice entraîne forcément son atrophie. Il y a donc entre la pensée et le cerveau un lien matériel, et ce lien est le seul qui les unisse. »

Et dire que voilà les commentaires dont les organisateurs du Musée Anthropologique ont cru devoir assaisonner, par l'organe d'un des leurs, cette stupide exhibition !

Je terminai ma visite par l'inspection de la vitrine où se trouve toute une collection de mains modelées en cire.

Il y en a quatre principales, disposées sur un même plan, et étiquetées ainsi qu'il suit :

Main de M. Ferdinand de Lesseps. — Main de M. Alexandre Dumas fils. — Main de Troppmann. — Main d'orang-outang.

---

1. Voici par quelles circonstances j'en suis devenu propriétaire. Lorsqu'on s'aperçut, au sortir de l'audience, que Soufflard venait d'avaler du poison, on courut en toute hâte à l'Hôtel-Dieu chercher l'interne de garde. Je me trouvais précisément être de service ce jour-là. Arrivé près de l'assassin, je n'eus pas de peine à reconnaître la présence et les effets de l'arsenic ; seulement, il en avait absorbé une telle quantité, qu'aucun antidote ne put en neutraliser les effets. Lui mort, son corps fut transporté à la Morgue, où Orfila le fit servir à ses fameuses expériences sur l'appareil de March ; quant à sa tête, elle me fut donnée et me servit également dans la lutte que je soutenais alors contre la Société phrénologique.

C'est là, comme on le voit, du Darwinisme doublé de Chiromancie. Maintenant, comment déduire de ces rapprochements et de ces comparaisons des preuves à l'appui de notre parenté avec le singe? J'avoue que cela dépasse la mesure de mes moyens. Tout ce que je puis dire, c'est que la main la mieux réussie est celle de Troppmann ; elle est petite et bien prise. Vient ensuite la main de M. de Lesseps, mais elle a quelque chose de moins aristocratique ; celle d'Alexandre Dumas est large comme un battoir ; quant à la main de l'orang-outang, elle est tellement allongée qu'il semblerait qu'elle a été passée à la filière.

Sur la même tablette se trouvent d'autres mains, deux surtout, avec cette inscription :

« *Deux mains de nègres présentant le pli palmaire des Anthropoïdes.* »

Le pli *palmaire*, c'est-à-dire de la paume des mains ! Qu'est-ce que ce pli? En comparant un peu machinalement le creux de ma main avec celui des deux nègres, je vis avec terreur que nos plis étaient absolument les mêmes. Suis-je donc un anthropoïde? C'est là un point que je n'ai nul intérêt à éclaircir, encore moins à ébruiter. Passons.

Ou plutôt quittons cette enceinte tout imprégnée, pour parler le langage de Darwin, de miasmes simiens, car ces miasmes donnent la nausée. Aussi vous ferai-je grace des *Peintures*[1] *murales* qui, par des assimilations forcées et ridicules, tendent à préparer les esprits à la métamorphose du singe.

Je ne saurais cependant ne rien dire de certaines inscriptions gravées en petits caractères et comme furtivement au pied des deux groupes de singes dont nous avons parlé plus haut. Ainsi, on y lit : « *Chimpanzés troglodytes* ».

Chimpanzés troglodytes ! Et quoi ! ce n'est pas l'homme qui a habité les cavernes où l'on a rencontré des armes et des ustensiles fabriqués avec du silex, c'est le singe? Pour le coup,

---

1. Ces peintures rappellent certain dessin qu'on aperçoit aux étalages des marchands d'images, lequel représente une tête de grenouille qui, par nuances insensibles, se transforme en tête d'Apollon. C'est fort drôle ; mais du moins, par cette fantaisie, l'artiste n'a jamais eu la prétention d'être pris au sérieux.

ceci est par trop fort. Mais citez-nous donc les cavernes de l'Age de Pierre, ne fût-ce qu'une seule, où l'on ait trouvé des crânes de Chimpanzés ou de tout autres quadrumanes, pouvant ainsi donner le change et permettre de substituer le singe à l'homme!

Non; il est impossible de se moquer plus impudemment de l'histoire, de la vérité, du public. Aussi je tiens, en terminant, à faire ici appel à tout homme de science, et de conscience. Je dirai donc sans crainte d'être démenti :

N'est-il pas vrai que l'exhibition de toutes ces insanités darwiniennes, doublées du boniment quasi-officiel qui l'accompagnait, a constitué, comme science, une honte, et, comme morale, un scandale?

—L'article que l'on vient de lire, par suite surtout de la reproduction qu'en firent les principaux organes de la presse catholique, eut un tel retentissement que M. Krantz, Commissaire général de l'Exposition, essaya d'en atténuer l'effet dans une lettre adressée au directeur du journal qui l'avait inséré le premier. Voici cette lettre :

Monsieur,

« Vous signalez à mon attention les Conférences faites à l'Exposition spéciale d'*Anthropologie* et vous paraissez désirer que j'intervienne pour réprimer ce que vous regardez comme un abus.

« Mes pouvoirs, monsieur, ne vont pas jusque-là. Je n'ai en aucune manière qualité pour me faire juge des doctrines émises par les Exposants.

« Obligé par ma situation à la plus tolérante impartialité, je ne puis demander aux divers exposants, quels qu'ils soient, que de respecter les règlements de l'Exposition et les convenances. La Société d'Anthropologie ne manquera assurément à aucun de ses devoirs et, il suffit de citer le nom de son respectable président, M. de Quatrefages, pour en être absolument convaincu.

« Vous me permettrez donc, monsieur, de ne donner actuellement aucune suite à la communication que vous avez bien voulu me faire, et de vous prier de vouloir bien, à l'avenir, vous borner à me signaler les faits répréhensibles sur lesquels l'autorité du Commissaire général peut légitimement s'exercer.

« Agréez, monsieur, l'assurance de ma considération très distinguée.

« Le sénateur, commissaire général,

« N. KRANTZ. »

Ainsi M. le Commissaire général, qui régnait en maître sur tout ce qui, de près ou de loin, touchait à l'Exposition, se trouvait complétement désarmé vis-à-vis de ceux qui la compromettaient par l'intempérance de leur langage! Seulement, pourquoi ajoute-t-il qu'il n'était tenu qu'à faire respecter les règlements et les convenances? Ce n'est donc, selon lui, manquer ni aux unes ni aux autres que de prêcher l'athéisme et le matérialisme les plus éhontés!

Puis, à propos de quoi faire intervenir le nom de M. de Quatrefages dans des questions où sa personnalité n'était nullement en jeu? Car enfin il n'y avait rien de commun entre les séances de la Société d'Anthropologie qu'il présidait, et les conférences faites dans la Salle de l'Exposition dont il était absent.

Mais laissons là ces récriminations. Elles sont maintenant sans objet, comme elles ont été alors sans résultat, la grande Exhibition Darwinienne ayant été jusqu'au bout une honte et un scandale.

MÉLANGES

Les Articles que l'on va lire, et que nous avons cru devoir réunir ici sous forme de mélanges, rentrent moins directement que ceux qui précèdent dans le sujet que nous traitons. Et cependant ils s'y rattachent également, en ce qu'ils ont surtout pour objet de répondre à certaines attaques dirigées contre tout ce qui est croyance. Sous ce rapport, bien qu'ils aient déjà paru une première fois aux époques où se passaient les événements auxquels ils se rapportent, ils n'ont rien perdu pour cela aujourd'hui de leur actualité.

Ces Articles ont pour titre : *les Décrets du 29 mars et les Hôpitaux — de l'Expulsion des Religieux de leurs Couvents — Lourdes et ses Miracles — les Hallucinés et les Hallucinées de M. Renan.*

LES DÉCRETS DU 29 MARS ET LES HOPITAUX [1].

L'autorité s'occupe très activement d'appliquer les *Décrets du 29 mars* aux Hôpitaux de Paris, en d'autres termes, de les laïciser. Le procédé pour cela est bien simple. Il consiste uniquement à en éliminer le personnel religieux — pardon ! — clérical, que représentent les Aumôniers et les Sœurs.

[1]. Cet article a paru en mai 1880.

C'est là, paraît-il, une mesure de haute police et de sûreté gouvernementale, que commande impérieusement la raison d'État. Soit. Je dis « soit ». C'est qu'en cas d'opposition ou de résistance légale de la part des victimes, soyez sûrs qu'on saura toujours trouver à leur usage quelque « arrêt de conflit. »

Qu'il me soit permis, toutefois, d'exposer à MM. nos Édiles les raisons pour lesquelles je voudrais voir ajourner indéfiniment l'exécution des fameux décrets.

Chacun sait les soins de toute nature que les malades reçoivent dans les hôpitaux. Rien n'y manque. C'est au point que la vue des salles si parfaitement tenues qu'on montre aux visiteurs à titre de spécimen n'en donne qu'une faible idée ; il faut, pour bien s'en rendre compte, en avoir été témoin soi-même. Comment, dès lors, s'expliquer l'extrême répugnance qu'inspire au plus grand nombre la perspective « d'entrer à l'hôpital ? » Beaucoup, cependant, y trouveraient, en plus des ressources médicales fort au-dessus de leurs moyens, un bien-être, voire même un confortable inconnu à la classe à laquelle ils appartiennent.

Cela est vrai. Seulement il leur manquera toujours ce quelque chose que rien ne saurait remplacer, car il fait partie intégrante des affections de notre être, et qu'on nomme la *famille*. Il leur manquera d'autant plus qu'il semblerait que l'Administration s'évertue à maintenir ses pensionnaires dans un état d'isolement voisin de la séquestration. Jugez-en plutôt.

Les parents, les amis, les proches, ne sont autorisés à venir voir les malades que deux fois par semaine, le dimanche et le jeudi, et seulement entre une heure et trois. En dehors de ces jours et de ces heures, *l'entrée des salles leur est interdite.* Sous ce rapport, les règlements sont formels.

Ainsi, sur les sept jours dont se compose la semaine, deux seulement sont réservés aux familles ! Pourquoi cette exclusion des cinq autres[1] ?

---

1. On peut, il est vrai, pour les *grands malades*, obtenir la faveur de les visiter ces jours-là, mais seulement entre une heure et trois ; *jamais* à un autre moment de la journée.

Le service, assure-t-on, en souffrirait. Mais ce n'est là qu'un prétexte, car enfin il n'en souffrirait pas plus que les dimanches et les jeudis où tout, au contraire, se passe parfaitement. Donnons-en la raison vraie : c'est qu'il en résulterait pour le personnel de l'administration un surcroît d'assiduité et de surveillance.

Mais vous n'avez donc pas songé de quel prix les pauvres malades vont payer ces restrictions basées sur des calculs égoïstes !

Voici, par exemple, une mère qui vient passer près de sa fille, dévorée par la fièvre, les deux heures que vous lui accordez avec tant de parcimonie. Arrive le moment où il lui faut la quitter. Mais déjà peut-être elle a reconnu sur ses traits l'empreinte de la mort. Qu'importe ! Elle ne pourra même pas, dans une suprême étreinte et un dernier baiser, lui dire « *Au revoir* », car nul doute que tout ne soit consommé quand la porte de la salle lui sera de nouveau ouverte. Elle s'éloigne donc, elle aussi, la mort dans l'âme.

Qui pourra dépeindre ses anxiétés et ses angoisses? Eh quoi! Refuser à une mère de venir fermer les yeux de son enfant ! Mais ce genre de faveur, on l'accorde aux exilés, on l'accorde aux proscrits, on l'accorde même aux assassins ; c'est en partie dans ce but que les sauf-conduits ont été inventés.

Tout cela est exact. Seulement la consigne est là, inflexible, inexorable. Lisez plutôt l'inscription gravée dans la partie la plus apparente du vestibule, inscription qui ne rappelle que trop celle de l'enfer de Dante : *les Bureaux sont fermés.*

Les bureaux sont fermés ! Hélas ! les cœurs le sont bien davantage encore. Heureusement ils ne le sont pas tous...

Transportez-vous par la pensée près de la jeune fille dont la mère est absente. A ses côtés se tient une femme qui l'encourage, la fortifie, la console. Cette femme, ai-je besoin de le dire? c'est la Religieuse de la salle. L'enfant l'appelle « ma mère » ; elle appelle l'enfant « ma fille » ; touchante fiction qui, par l'intimité des épanchements, est bien près d'atteindre la réalité.

Mais ce n'est pas assez pour la pauvre délaissée d'avoir retrouvé les caresses d'une mère : il lui faut aussi la bénédiction paternelle. Cette bénédiction, elle l'aura.

A la religieuse succède l'Aumônier. Lui également a une mission à remplir, mission plus élevée quant au but, mais aussi touchante par la forme. S'adressant à l'âme de la jeune fille, il la dégagera peu à peu de ses liens terrestres, pour l'initier par anticipation aux jouissances d'une vie meilleure, substituant ainsi des idées heureuses et riantes aux lugubres images de la réalité. Comment ne reconnaîtrait-elle pas à ce langage les sentiments et la présence d'un père ? Aussi, que son cœur battra doucement quand elle sentira la main du prêtre s'étendre sur elle pour la bénir !

Tel est le rôle de ceux que vous appelez dédaigneusement le *personnel clérical* des hôpitaux. Et c'est ce personnel que vous avez à cœur de supprimer !

Mais alors, puisque vous enlevez ainsi à la jeune fille, — et si je parle de la jeune fille plutôt que de tout autre malade, c'est que je l'ai prise tout d'abord pour type, — puisque, dis-je, vous lui enlevez ainsi son père et sa mère d'adoption, restituez-lui au moins son père et sa mère véritables ; en d'autres termes, ouvrez à doubles battants la porte des hôpitaux et rendez-en l'accès complètement libre aux familles. N'est-ce pas d'ailleurs ce qui existe dans les maisons tenues par les « cléricaux, » dans celle, par exemple, des *Frères de Saint-Jean-de-Dieu* de la rue Oudinot [1] ?

Mais, répondrez-vous peut-être, on méconnaît et on dénature nos intentions. Il n'est nullement question de supprimer les aumôniers ; nous voulons seulement tempérer leur zèle. Quant aux sœurs, si nous les remplaçons par des surveillantes laïques, c'est que le laïcisme est plus dans nos institutions. Seulement nous saurons faire nos choix, et dans la femme les malades retrouveront également la mère.

C'est bien cela, n'est-ce pas ? Laissez-moi vous répondre à mon tour.

---

1. Puisqu'il s'agissait de réformes à opérer dans les hôpitaux, n'aurait-on pas pu, au lieu de les « laïciser » tout à fait, les « cléricaliser » *(Quel jargon !)* davantage ? Les malades n'auraient pas été les seuls à y gagner, et à y gagner beaucoup.

Et d'abord, pour ce qui est des aumôniers, vous parlez de tempérer leur zèle. Mais c'est précisément l'ardeur, j'ai presque dit « l'intempérance » de ce zèle, qui fait leur vertu et leur force. Dès l'instant où vous les réduisez au rôle de fonctionnaires sans initiative, vous annihilez leur ministère ; c'est leur suppression, moins le mot.

Quant aux sœurs que vous remplacerez par des surveillantes, je n'ai rien à dire de ces dernières, puisque je ne les connais pas encore. Je me contenterai simplement d'invoquer certains précédents, à titre d'induction.

Pendant que je demeurais comme interne à la Salpêtrière — c'était en 1837, — l'hôpital dès cette époque était laïcisé en ce sens qu'au lieu de religieuses pour diriger le service, c'étaient des surveillantes. Celles-ci, conformément à votre programme, formaient un personnel « de choix. » Seulement si, avant de les admettre, on eût soumis leurs précédents à une enquête, on aurait vu qu'en fait de titres elles en avaient surtout à.... l'exclusion. Ainsi la plupart, avant d'entrer en fonctions, avaient déjà mérité l'épithète de « mère », que vous revendiquez pour elles ; malheureusement, c'était d'une maternité interlope.

Mais enfin les voici à l'œuvre. Ici encore, je le crains bien, la comparaison ne sera pas à leur avantage. En effet, tandis que les sœurs, suivant l'expression consacrée, que du reste elles justifient pleinement, « brûlent du feu de la charité, » nos surveillantes de la Salpêtrière, — celles d'alors, bien entendu, — brûlaient au contraire d'un feu qui n'avait rien de commun avec celui-là. Ce feu, à en juger par certains épisodes qui n'eurent que trop de retentissement, se serait rapproché davantage de celui qui, dans leur première jeunesse, leur avait servi à « rôtir le balai. »

Serait-ce donc parmi ce bataillon d'élite que vous vous proposeriez de recruter les Vestales destinées à remplacer les Sœurs des hôpitaux ?

Hélas ! depuis que ces lignes ont paru, les Décrets ont reçu leur application, et c'est effectivement à ce « bataillon d'élite » qu'on a emprunté surtout les nou-

velles recrues. Hâtons-nous d'ajouter, à l'honneur du
corps médical, que tout ce que le personnel des hôpitaux compte de plus éminent parmi les médecins et
les chirurgiens a protesté avec autant d'indignation
que d'énergie contre ces funestes mesures, où la
passion politique et la haine anti-religieuse ont étouffé
la voix de l'humanité.

DE L'EXPULSION DES RELIGIEUX DE LEURS COUVENTS[1].

Tout est consommé. Les *Décrets du 29 mars* ont été exécutés
partout en France et partout les Couvents ont capitulé. Je dis
« capitulé. » C'est qu'effectivement il a fallu, pour en forcer
l'entrée, se servir *manu militari* et, pour en expulser les Religieux, recourir aux violences corporelles. Ce sont donc là
autant d'événements passés à l'état de ce qu'on appelle les
« faits accomplis. » Pour combien de temps? L'avenir seul en
décidera.

En tous cas, mon intention n'est point d'y revenir, n'ayant
à apporter aucun document nouveau, et surtout étant resté
simple spectateur de la lutte. Seulement ce rôle de spectateur
me donne, comme aux adversaires des Communautés, le droit,
dont ils ont usé si largement, de « juger les coups ». C'est ce
droit que je viens exercer ici, beaucoup moins au point de vue
de mes appréciations personnelles, qu'il me paraîtrait superflu de formuler, qu'au point de vue des critiques dirigées
contre l'attitude des Religieux lors de l'invasion de leurs
couvents.

Ces critiques peuvent être ramenées aux suivantes :

« En murant leurs portes, qu'ils n'étaient pas décidés à
« défendre, ils ont simplement montré un courage de
« parade. »

« En réunissant autour d'eux les hauts Dignitaires de
« l'Église et les Notables de l'endroit, ils ont visé à des effets
« de scandale. »

1. Cet article a paru en octobre 1880.

« En se laissant saisir au collet, alors qu'ils savaient qu'on
« n'irait pas plus loin, ils ont joué au martyre. »

« Enfin, en excommuniant leurs persécuteurs, ils se sont
« donné le ridicule d'user d'armes qu'ils savaient d'avance
« être émoussées. »

Voilà bien les critiques, pour ne pas dire les sarcasmes,
dirigées contre les Religieux. Il nous sera facile d'y répondre.

*En murant leurs portes, qu'ils n'étaient pas décidés à
défendre, ils ont simplement montré un courage de parade.*

Mais il n'a jamais pu être question d'une lutte de la nature
de celles où le sang coule ; il s'est agi uniquement d'une lutte
sur le terrain de la légalité et, par suite, de la pénalité. Or,
l'agent qui se contente d'intimer l'ordre d'ouvrir une porte
et qui pénètre par cette porte ouverte ainsi sans violence
commet un acte moins grave que celui qui en fait crocheter
la serrure, moins grave que celui qui la fait enfoncer à coups
de hache.

La gradation dans les moyens de défense adoptés par les
Religieux n'était donc pas de leur part une vaine parade,
puisqu'elle aggravait dans une même proportion les moyens
d'attaque, et par conséquent la responsabilité de l'agresseur.
Ceci est si vrai que, parmi les instruments, même passifs,
chargés de l'exécution des décrets, beaucoup se son' refusés
au crochetage des serrures et un plus grand nombre à l'en-
foncement des portes.

Puis, si les Religieux n'avaient pas rendu l'effraction indispensable, qui vous garantit que, plus tard, quand l'heure des re-
vendications aura sonné, les principaux coupables n'iraient pas
se prévaloir de leur modération relative, disant qu'ils se seraient contentés de la menace, mais n'auraient jamais été jusqu'à
l'exécution ?

*En réunissant autour d'eux les hauts Dignitaires de l'Église
et les Notabilités de l'endroit, ils ont visé à des effets de scandale.*

Ce second reproche n'est pas plus fondé que le précédent.

La présence des hauts Dignitaires de l'Église était tout à la fois une réponse à ceux qui prétendaient opposer le clergé séculier au clergé régulier, et une approbation donnée à l'attitude des Religieux par leurs supérieurs. Elle avait donc sa double raison d'être.

La présence des Notabilités de l'endroit n'était pas moins justifiée. Elle prouvait aux Religieux qu'ils avaient les sympathies de la partie la plus éclairée et la plus saine de la population. Elle leur fournissait de plus, par la constatation juridique des faits de la part de témoins compétents, des titres légaux pour l'action qu'ils se proposaient d'intenter plus tard devant la justice à leurs persécuteurs.

Le scandale, — car il a atteint des proportions énormes, — le scandale n'a donc pas été le calcul prémédité des hommes, mais la conséquence obligée des actes.

En se laissant saisir au collet, alors qu'ils savaient qu'on n'irait pas plus loin, ils ont joué au martyre.

Ainsi, d'après vous, s'exposer volontairement à être saisi au collet est chose si peu sérieuse, que c'est ce qu'on peut appeler « jouer au martyre. » Étrange jeu que celui-là ! Mais songez donc que du collet au visage la distance n'est pas grande. Or, frapper quelqu'un au visage, ou en faire simplement le simulacre, a paru de tous temps le plus sanglant des affronts. Honte à qui pourrait en douter !

Plusieurs Papes sont morts martyrs, et l'histoire s'est abstenue généralement de mentionner le nom de leurs meurtriers. Mais un Pape[1] a été souffleté !.... Aussitôt l'histoire d'enregistrer le nom de son insulteur et de vouer ce nom à l'infamie : aussi s'est-il transmis d'âge en âge dans la mémoire de tous. Qui de nous ignore le nom de Sciarra Colonna ?

Ne parlez donc plus de comédie. Jamais, au contraire, mortification plus cruelle ne fut infligée à un homme de cœur. Ils l'ont sentie d'autant plus vivement, ces Religieux, qu'ils

---

1. Boniface VIII. Arrêté dans Anagni, sa ville natale, par Guillaume de Nogaret, d'après les ordres de Philippe le Bel, il fut lâchement frappé au visage par Sciarra Colonna, membre indigne et à jamais flétri de l'illustre famille de ce nom.

comptent dans leurs rangs plus d'un personnage éminent ayant vécu dans le monde et, parmi ceux-ci, d'anciens militaires, qui, tout en endossant le froc, n'en ont pas moins conservé intacts l'orgueil et la susceptibilité de l'épaulette.

Enfin, en excommuniant leurs persécuteurs, ils se sont donné le ridicule de se servir d'armes qu'ils savaient d'avance être émoussées.

Vous appelez cela des armes émoussées! Mais d'abord c'étaient les seules qu'ils pussent employer, et, puisque vous le saviez vous-mêmes, il est peu généreux à vous, qui aviez mis sur pied tout un attirail de guerre, de rire ainsi du *telum imbelle* du prêtre et du vieillard.

Puis, êtes-vous bien sûrs que ces armes soient aussi émoussées que vous affectez de le croire, ou du moins de le dire? Sans doute les blessures qu'elles font ne sont pas de celles dont la gravité se traduit par des signes extérieurs; il pourra même se faire que celui qui les reçoit n'en ait pas dans le moment la conscience. Mais laissez la passion se refroidir et la réflexion lui succéder. Combien alors commenceront à ressentir les atteintes de ce châtiment redoutable, de tous le plus cuisant, qu'on appelle le remords!

C'est que, lors même qu'ils seraient parvenus à s'étourdir au milieu du tourbillon du monde et des affaires, il arrivera toujours un moment où il leur faudra faire un retour sur eux-mêmes; c'est celui où ils sentiront leur fin approcher. Ils comprendront alors, — car il se réveille toujours à cet instant suprême quelque étincelle de foi[1] — ils comprendront alors les conséquences terribles de l'excommunication qui les a exclus de la grande famille chrétienne.

Ce n'est pas tout.

Que la mort vienne à les surprendre avant que, par l'aveu et le pardon de leurs actes sacrilèges, ils se soient réconciliés

---

1. Depuis plus de quarante ans que j'exerce la médecine, je n'ai *jamais* vu de malade, à part certaines natures bestiales, refuser, au lit de mort, l'assistance d'un prêtre. Les plus hostiles finissent par céder, ne fût-ce qu'à la douce pression de la famille, que la « mort du réprouvé » jetterait dans un inexprimable désespoir.

24.

avec Dieu, comment dépeindre les scènes de désolation qui suivront, et dont les acteurs ne seront autres peut-être que la mère, l'épouse, l'enfant? Malheur, oh! malheur à celui que l'Église a retranché de son sein !

— J'en ai fini avec l'examen que je m'étais proposé de faire de l'attitude des Religieux pendant l'invasion de leurs demeures. Oui, cette attitude a été digne, a été ferme, a été noble. Ils ont fait, comme hommes, tout ce que leur commandait leur caractère de citoyens libres, et ont montré que, comme prêtres, ils savaient, mieux que personne, pratiquer la *Religion du devoir*.

LOURDES ET SES MIRACLES [1].

Lourdes est une station de la ligne entre Pau et Toulouse, où se trouve l'embranchement qui mène à Pierrefitte. C'est de Pierrefitte que partent les deux routes thermales qui conduisent, l'une aux bains de Cauterets, et l'autre aux bains de Barèges.

Mais Lourdes a également son bain. Seulement ce n'est point, comme pour Barèges et Cauterets, une source richement sulfureuse ; ce n'est pas même une eau minérale : c'est une simple fontaine d'eau douce. Et cependant cette fontaine compte également de nombreux visiteurs; il s'y opère même des cures plus admirables encore qu'à aucun bain des Pyrénées. Pourquoi donc ces attaques furibondes dont Lourdes est l'objet et qui augmentent en proportion même des cures qu'on en raconte?

Tout s'explique par un mot : c'est que ces cures, on les appelle des *Miracles*.

Des miracles! Parler de miracles en plein dix-neuvième siècle! Mais, s'écrie-t-on, c'est plus qu'un anachronisme, c'est un non-sens.

Je ne viens point, à propos de ces cures, aborder ici la question dogmatique et religieuse. Fidèle à mon rôle de méde-

1. Cet article a paru en juin 1880, par conséquent peu de temps après les *Décrets du 29 mars*.

cin, et tenant à n'en pas sortir, j'envisagerai uniquement son côté pratique.

Commençons d'abord par établir, à titre d'axiome, que, dès l'instant où il s'agit de la santé, la croyance aux miracles fait tellement partie intégrante de notre être, qu'elle survit à tout autre sentiment et ne s'éteint qu'avec nous.

Voyez cette pauvre femme agenouillée près du berceau de son enfant que la science a condamné. Que demande-t-elle? Un miracle.

C'est un miracle également que demande cette autre qui vient brûler un cierge à l'autel de Notre-Dame-des-Douleurs.

Et cette troisième, qu'espère-t-elle de la neuvaine qu'elle va faire dire, sinon le rachat par un miracle d'une vie qui lui est chère?

Je pourrais passer ainsi en revue toutes les classes de la société et toutes les existences. Partout nous retrouverions les mêmes faits qui ne varient que par leurs manifestations. C'est qu'il n'est pas de malade, quelle que soit la gravité de son état, qui n'ait l'espoir de guérir, ou que d'autres n'aient pour lui. Si les secours humains font défaut, on en appelle à l'intervention divine ; jusqu'à la dernière heure on espère. Sous ce rapport, le cœur de chacun de nous représente bien réellement une boîte de Pandore.

C'est à ce sentiment qu'obéissent, de même, la plupart des nombreux pèlerins qui, chaque année, se rendent à Lourdes. Eux aussi sont atteints de souffrances contre lesquelles il n'y a plus rien à attendre ni de la nature, ni de l'art. Ils le savent, ils le sentent; vainement on essayerait de le leur cacher. Et cependant il y a quelque chose en eux qui leur dit qu'ils pourront guérir!

Comment s'étonner dès lors qu'ils se dirigent là où ils entendent dire que la Vierge manifeste avec le plus d'éclat sa bonté et sa puissance ? Ne semble-t-elle pas les y convier par les prodiges qu'elle opère à tout instant sur des cas analogues aux leurs? Ils se décident donc à entreprendre le voyage. Qu'importent les longeurs, les fatigues de la route! Elles seront promptement oubliées, si la guérison est au bout.

Mais, comme il a été dit que la prière en commun a plus

d'effet que la prière isolée, et que d'ailleurs elle se prête mieux aux épanchements de l'âme, les malheureux que la maladie rapproche se concerteront pour que leur départ ait lieu aux mêmes jours et aux mêmes heures. Au besoin, ils s'entendront avec les chemins de fer pour qu'un train spécial leur soit réservé. De cette manière, rien ne viendra troubler leur recueillement; de plus, ils n'attristeront personne par la vue de leurs souffrances et de leurs misères.

Voilà donc le pèlerinage organisé. Chacun se rend à son poste, et, une fois réunis, le convoi se met en marche.

Le «convoi», ai-je dit. L'expression prise ici dans son sens absolu n'est que trop juste, car il s'agit bien réellement de condamnés auxquels il ne reste qu'une chance de salut, celle de se pourvoir en grâce et de porter eux-mêmes leur pourvoi. Aussi, comme pour attendrir Celle dont ils vont implorer l'assistance, ils entonnent en son honneur ces chants plaintifs et doux qu'on appelle des cantiques.

Cependant le bruit du départ des pèlerins s'est répandu sur la ligne. Des rassemblements se forment aux principales gares que ceux-ci doivent traverser. Pourquoi cette affluence? Est-ce la sympathie pour le malheur qui amène et réunit ces groupes d'individus? Le doute à cet égard, en admettant qu'il ait été possible un instant, ne sera pas longtemps permis.

A peine, en effet, les voyageurs ont mis pied à terre qu'ils sont assaillis par des cris, des huées, des vociférations; les épithètes les plus injurieuses leur sont adressées; on parodie leurs chants; aux strophes pieuses on substitue des couplets impies ou obscènes : on fait surtout retentir à leurs oreilles les sons de la *Marseillaise*. La *Marseillaise*! Allez-vous donc la décréter l'hymne laïque et obligatoire des pèlerins, et remplacer par ordre les noms de « Jésus » et de « Marie » par le « Sang impur » et les « Sillons » ?

Mais il est des gares où l'on pousse les excès encore plus loin. O y joint des voies de fait. Des coups sont portés ; des pierres sont lancées, d'où résultent, en plus du saisissement moral, des blessures qui peuvent avoir leur gravité [1].

1. Dernièrement une jeune fille a reçu ainsi une blessure à la tempe, dont elle conservera toujours la cicatrice.

D'où viennent ces démonstrations et ces actes sauvages ?
Faut-il n'y voir qu'une perversion du sentiment populaire ?
Non , mais bien plutôt le résultat des suggestions malsaines
venues du dehors. Livré à ses seuls instincts, le peuple est
généralement bon et humain.

Prenons comme spécimen la population de Paris, celle précisément qu'on serait peut-être tenté de citer à l'appui de la
thèse opposée.

Chacun sait combien elle est terrible dans ses égarements,
surtout quand elle est surexcitée par des meneurs. Mais con-
sidérez-la à ses heures de repos et de calme, alors qu'elle
s'appartient bien réellement à elle-même. Qui pourrait douter de son bon cœur ? Je n'en veux d'autre preuve que son
respect pour les morts.

Qu'un mort soit exposé au seuil de sa demeure, masure ou
palais ; qu'il traverse une rue, porté sur une simple civière
par deux hommes en veste, ou traîné dans un corbillard opu-
lent par des chevaux richement caparaçonnés, il n'est pas un
passant qui ne se découvre à son aspect; pas un.

Eh quoi ! vous saluez le cadavre et vous insultez le mori-
bond ! Faut-il donc être tout à fait mort pour avoir droit à
vos respects ?

Ces crimes de lèse-humanité, dans la personne des pèlerins,
n'ont eu déjà que trop de retentissement à l'étranger ; ils ont
même, on peut le dire, porté un coup désastreux à notre honneur national. En voulez-vous un exemple ?

Il s'était organisé, il y a quelque temps, un pèlerinage en
Angleterre pour se rendre à Lourdes ; mais, disent les dépê-
ches, *mieux informé de l'état des esprits en France*, on a dû y
renoncer.

Ainsi notre sol a cessé d'être hospitalier même pour les
malades et les infirmes ! Au moment de l'aborder, ils rebrous-
sent chemin, comme s'ils entendaient une voix leur crier :
« Ah ! fuyez ces terres cruelles ; fuyez ce rivage avare » :

Heu ! fuge crudeles terras, fuge littus avarum !

— Mais revenons à nos nationaux. Ils arrivent enfin à la
Fontaine, objet de tant d'espérances. Qui pourrait dé-

peindre alors l'émouvant spectacle qui y est offert? C'est à qui en approchera ses lèvres, à qui plongera dans la piscine la partie malade : les moins valides s'y font porter ; tous les âges et toutes les conditions y figurent ; toutes les souffrances y sont représentées : on dirait une sorte d'exhibition générale des misères humaines.

Mais, parmi ces misères, combien seront soulagées et combien seront guéries! Demandez-le aux pèlerins : personne ne le sait mieux qu'eux.

J'ajouterai que, moi aussi, j'en sais quelque chose. Ainsi j'ai visité Lourdes avec le même esprit d'observation et la même réserve que j'ai apportés dans toutes mes excursions aux stations balnéaires. Or, pour ne parler que des faits qui me sont personnels, je veux dire qui se rattachent à ma clientèle propre, J'AFFIRME avoir vu des malades en revenir guéris, alors que mes confrères et moi avions jugé leur état complètement au-dessus des ressources de la nature et de l'art.

Il suffit du reste de jeter les yeux sur la liste des guérisons que publient les comptes rendus et les bulletins, pour voir que, dans le nombre, il en est beaucoup qui méritent le nom de miracles.

Je dis « dans le nombre. » C'est que toutes ne le méritent pas. Sous ce rapport, les gens du monde sont en général d'assez mauvais juges en ce qu'il leur manque les éléments scientifiques voulus d'une saine appréciation. Pour eux, la gravité des symptômes est l'unique critérium de la gravité du mal. Or, bien loin qu'il en soit toujours ainsi, il pourra se faire qu'une affection qui renferme en elle des éléments certains de mort se présente sous des apparences bénignes, tandis qu'une autre qui n'est pas de nature, au contraire, à compromettre l'existence, s'offrira sous les dehors les plus effrayants. D'où je conclus qu'à moins de certains changements à vue tellement extraordinaires qu'ils rendent le phénomène manifeste pour tous, un miracle n'offre réellement les garanties voulues d'authenticité qu'autant qu'il a reçu l'estampille de la science.

Mais remarquez que là n'est pas la question. Il ne s'agit

pas en effet d'un point médical ou canonique à établir, il s'agit simplement d'un fait personnel, qui ne regarde que l'intéressé, et pour lequel il est seul compétent.

Voilà un individu qui souffrait et qui ne souffre plus; qui n'entendait pas et qui entend; qui ne voyait pas et qui voit. Cela lui suffit; mais, vous, cela ne vous suffit pas. De quoi vous mêlez-vous? Et s'il lui plaît d'appeler sa guérison un miracle, qu'est-ce que cela vous fait?

Mais je vais plus loin et je dis: Lors même que la fontaine de Lourdes n'agirait que sur l'imagination, — chose que je nie, — elle rendrait encore de réels services. Car enfin, supposons un malade imaginaire et un guéri imaginaire: le premier cessera d'avoir les maux qu'il croyait sentir, le second cessera de sentir les maux qu'il a réellement: par conséquent, tous les deux y gagneront.

A cela comment répond-on? On répond par des injures, et des plus grossières. Ainsi, pour nos matérialistes et nos athées, tout pèlerin est un clérical, c'est-à-dire un imposteur et un fourbe. Ses maladies sont simulées ; leur guérison une farce. Il y a à Lourdes une mise en scène digne de Robert Houdin, et l'enceinte où s'opèrent les prétendues cures miraculeuses n'est qu'une parodie de l'ancienne Cour des Miracles.

De toute cette diatribe, je ne relèverai qu'un mot, c'est celui-ci : « Les maladies sont simulées ».

Veuillez donc me dire comment on simule un cancer du sein ; comment on simule une ulcération de la langue ; comment on simule une carie, une nécrose, une tumeur blanche, toutes maladies qui, d'après les relevés de chaque jour, obtiennent leur guérison à Lourdes? Si ce sont là au contraire des maladies *très réelles*, et il faut bien qu'elles le soient, puisqu'on ne saurait les simuler, leur guérison doit être regardée comme un miracle, LES AFFECTIONS DE CETTE ESPÈCE NE GUÉRISSANT JAMAIS SPONTANÉMENT.

Mais, de même qu'on ne discute pas Dieu avec un athée, de même on ne discute pas eau avec un hydrophobe. Or, cette malencontreuse eau de Lourdes vous met dans des états d'exaspération qui rappellent des crises d'hydrophobie. Laissons donc de côté Lourdes et sa fontaine, et, comme tous les lieux de pèlerinage sont solidaires, puisque ce sont partout les mêmes faits attribués à la même action divine, choisissons-en un autre pour terminer ce qui nous en reste à dire.

Nous prendrons, si vous le voulez, Notre-Dame-de-Lorette. C'est le pèlerinage le plus ancien de tous ; c'est aussi le plus vénéré. D'ailleurs il ne fait pas partie de notre territoire, ce qui nous permettra d'en parler plus à notre aise.

— Il y a juste trois cents ans, un Français qui se trouvait, comme nous dirions aujourd'hui, en « tournée thermale », se dirigeait à cheval vers Lorette. C'était un homme d'une cinquante d'années. Il avait acquis déjà une très grande célébrité par son fameux « doute philosophique » qu'il avait résumé en une formule : *Que sais-je?* et par les mérites de tous genres de son livre des *Essais,* dont il venait de publier la première partie : j'ai nommé Montaigne.

Que venait-il faire à Lorette? Il y allait en pèlerinage. Mais laissons-le nous raconter lui-même ses impressions et ses actes [1] :

« Là, dit-il, se voit au haut des murs du sanctuaire l'image de Notre-Dame, faite de bois ; tout le reste est si fort paré de vœux, riche de tant de lieux et princes, qu'il n'y a jusques à terre pas un pouce vide et qui ne soit couvert de quelque lame d'or et d'argent. J'y pus trouver à toute peine place, et avec beaucoup de faveur, pour y loger un tableau dans lequel il y a quatre figures d'argent attachées : celle de Notre-Dame, la mienne, celle de ma femme, celle de ma fille ; et sont toutes de rang, à genoux dans ce tableau, et la Notre-Dame, au haut, sur le devant. Mon tableau est logé à main gauche, contre la porte d'entrée, et je l'y ai laissé très curieusement attaché et cloué. »

Ainsi Montaigne, comme tout bon pèlerin, dépose son *ex-voto.* Or remarquez, par la description qu'il en donne, que ce n'est pas lui seulement, mais bien sa femme et sa fille

1. Les extraits qui vont suivre sont empruntés à son livre intitulé : *Journal de Michel Montaigne en Italie par la Suisse et l'Allemagne, en* 1580 *et* 1581, dont j'ai donné un compte rendu détaillé dans mon Guide aux eaux minérales, à cause du séjour qu'il fit dans les principaux établissements thermaux.

unique, c'est-à-dire toute sa famille, qu'il place ainsi sous la protection de la Vierge. Mais ce n'est pas tout.

« Nous fîmes, dit-il, nos Pâques en cette chapelle, ce qui ne se permet pas à tous. Un jésuite (*un jésuite !*) allemand m'y dit la messe et donna à communier. »

Ainsi, ce n'est pas seulement comme chrétien qu'il remplit son devoir pascal, mais bien comme pèlerin, puisqu'il tient à recevoir la communion dans le sanctuaire réservé aux pèlerins.

Voilà donc Montaigne qui fait à Lorette précisément ce que font les pèlerins à Lourdes. Que vont dire nos libres-penseurs ?

« Soit, répondront-ils peut-être. Mais les *Miracles ?* » Les miracles ! j'y arrive.

« Ce lieu, continue Montaigne, est PLEIN D'INFINIS MIRACLES. Je n'en citerai qu'un seul.

« Il y avait là Michel Marteau, seigneur de la Chapelle, Parisien, jeune homme très riche, avec grand train. Je me fis fort particulièrement et curieusement réciter par lui et par aucuns de sa suite l'événement de la guérison d'une jambe qu'il disait avoir vue en ce lieu ; *il n'est possible de mieux ni plus exactement former l'effet d'un miracle.* Tous les chirurgiens de Paris et d'Italie s'y étaient faillis. Il y avait dépensé plus de trois mille écus ; son genou enflé, inutile et très douloureux, il y avait plus de trois ans, devenant de plus en plus mal, plus rouge, enflammé et enflé jusqu'à lui donner la fièvre.

« En ce même instant, tous autres médicaments et secours abandonnés depuis plusieurs jours, dormant, il songe tout à coup qu'il est guéri, et il lui semble voir un éclair. Il s'éveille, crie qu'il est guéri, appelle ses gens, se lève, se promène, ce qu'il n'avait pas fait oncques depuis son mal ; son genou désenfle, la peau flétrie tout autour du genou et comme morte va toujours depuis en amendant, sans nulle autre sorte d'aide. Et lors, quand je le vis, il était en cet état d'entière guérison, était revenu à Lorette d'un voyage de deux mois qu'il venait de faire à Rome. De sa bouche et de tous les siens il ne s'en peut tirer pour certain que cela. »

Ainsi s'exprime Montaigne. Il est de fait, suivant sa très juste remarque, « qu'il n'est possible de mieux ni plus exactement former l'effet d'un miracle ». Ce sont là de ces changements à vue dont je parlais il n'y a qu'un instant, qui portent en eux leur certificat et qui, par suite, peuvent se passer de l'estampille de la science.

La maladie du genou, décrite par Montaigne, est ce que nous appelons *tumeur blanche*, AFFECTION INCURABLE ENTRE TOUTES SPONTANÉMENT, et que nous avons dit figurer également parmi les guérisons obtenues à Lourdes ! Qu'en pensent nos esprits forts ? Vont-ils se montrer moins féroces à l'endroit de nos pauvres pèlerins ? Qu'ils y prennent garde. Toute épithète malsonnante qu'ils leur adresseront, même celle de jésuite, ne les atteindra que par ricochet ; elle frapera tout d'abord Montaigne en pleine poitrine.

J'ai dit : « même celle de jésuite. » C'est qu'en effet Montaigne, non seulement ose avouer, comme nous venons de le voir, qu'il a communié des mains d'un jésuite, mais il pousse l'audace, dans un autre endroit de son *Journal*, jusqu'à faire la déclaration que voici :

« Entre autres plaisirs que Rome me fournissait en carême, c'étaient les sermons. Il y avait d'excellents prêcheurs, *surtout parmi les jésuites*... C'est merveille combien de part ce Collège tient en la chrétienté ; et crois qu'il ne fut jamais confrérie et corps parmi nous qui tint un tel rang, ni qui produisit enfin des effets tels que feront ceux-ci, si leurs desseins continuent. Ils possèdent tantôt toute la chrétienté ; C'EST UNE PÉPINIÈRE DE GRANDS HOMMES EN TOUTES SORTES DE GRANDEURS. C'est celui de nos membres qui menace le plus les hérétiques de notre temps. »

Je m'arrête, par déférence pour nos gouvernants et nos édiles. Ah ! Montaigne, si jamais ils ont connaissance de cette profession de foi cléricale, je crains bien que la rue et l'avenue qui portent votre nom dans Paris ne soient, comme tant d'autres, promptement débaptisées !

Mais en voilà assez sur « Lourdes et ses Miracles. » Terminons par une simple réflexion.

Il est dans le cœur et la pensée de tout le monde que, plus

un malade se trouve dans une position grave, et même désespérée, plus il a droit à nos respects; j'ajouterai, plus nous devons compatir à ses faiblesses. Comment donc pourriez-vous justifier l'intention que l'on vous prête de lui interdire l'accès du sanctuaire où il compte faire une dernière et suprême démarche?

Que vous ne partagiez pas ses espérances, qui ne sont à vos yeux que des illusions et des chimères, libre à vous. Mais pourquoi lui faire un crime d'en avoir? Pourquoi surtout vouloir lui enlever celles qu'il a, puisque vous n'avez à lui offrir en échange que l'incurabilité?

Laissez-moi, à ce propos, vous rappeler une anecdote, que vous connaissez aussi bien que moi, mais qui est tellement de circonstance qu'il me paraît utile de vous en rafraichir la mémoire.

Un prisonnier d'État, Pélisson, n'avait trouvé d'autre moyen d'adoucir les longues heures de sa captivité qu'en apprivoisant une araignée. Comme on lui avait laissé je ne sais quel instrument de musique, il l'avait dressée à venir quand il jouait certains airs. Un jour qu'il allait se livrer à ce passetemps, le geôlier entre dans son cachot. Pélisson le met au courant de ce qui va arriver. Effectivement, dès les premiers sons de l'instrument, l'araignée sort de sa retraite, s'avance vers le prisonnier, puis s'arrête devant lui et y reste, comme dans une sorte d'extase. Que fait alors le geôlier? Au moment le plus pathétique de la petite scène, il s'approche de l'insecte, lève le pied et l'écrase.

Et l'écrase! Voilà ce qu'a fait cet homme. Je me trompe. Voilà ce qu'a fait ce monstre. Mais vous-même, hélas! que vous proposez-vous donc de faire?

LES HALLUCINÉS ET LES HALLUCINÉES DE M. RENAN

Un fait d'une gravité et d'une portée considérables vient, pour la première fois, d'être signalé par M. Renan dans son

1. Cet article a paru en 1865, époque où M. Renan publia son livre des *Apôtres*.

livre des *Apôtres*, c'est l'existence d'une grande « Épidémie d'aliénation mentale » qui aurait sévi dès le début du Christianisme, et aurait été la cause première de son établissement. Cette épidémie, qui n'a d'analogue dans l'histoire que celle que Lucrèce a décrite sous le nom de Peste d'Athènes, offrit cela de particulier, qu'elle ne s'attaqua qu'aux personnes qui, de près ou de loin, voulurent témoigner de la divinité du Christ. Seulement, au lieu de compromettre leur vie, elle ne compromit que leur intelligence. Ainsi, chez toutes, elle prit la forme de *Monomanie avec hallucinations*, toutes s'étant figuré, dans les circonstances les plus diverses, entendre des voix, apercevoir des objets ou commettre des actes, alors que ces voix, ces objets et ces actes, étaient simplement le produit de leur cerveau malade.

On se demandera peut-être comment un livre qui renferme tant de révélations de premier ordre n'a eu jusqu'à présent qu'un succès de scandale, par le ton tout à la fois mielleux et patelin avec lequel l'auteur nie la divinité du Christ. C'est qu'il n'a pas été lu par ses véritables lecteurs. Ce n'est point, en effet, aux gens du monde qu'il s'adresse, ces questions n'étant pas de leur compétence : c'est aux médecins. Aussi est-ce comme médecin et uniquement à ce titre que je me propose d'en rendre compte, non pas pour l'analyser, encore moins pour le juger, mais uniquement pour faire ressortir les principaux caractères d'une épidémie qui, telle que la dépeint M. Renan, est sans contredit l'une des plus mémorables qui aient jamais affecté notre espèce.

Attaché comme interne, pendant les premiers temps de mes études médicales, aux hôpitaux et hospices où l'on traite les maladies de ce genre, honoré tout particulièrement de la bienveillante amitié de l'éminent aliéniste Esquirol, j'ai vu, je puis le dire, toutes les variétés, toutes les nuances des aberrations de l'intellect. Je me trouve donc ramené ici sur un terrain qui m'est depuis longtemps familier.

Mais laissons parler M. Renan. S'il a eu la primeur de la découverte, c'est bien le moins qu'il ait le mérite de l'exposition. Nous suivrons même, pour plus de fidélité, l'ordre dans lequel il décrit ses Hallucinés et ses Hallucinées, bornant notre rôle à quelques appréciations d'un caractère entièrement médical.

HALLUCINATIONS DE MARIE-MADELEINE.

Marie Madeleine, au dire de M. Renan, fut la première atteinte. Son accès aurait éclaté le dimanche même de sa visite au sépulcre. L'aspect du tombeau vide, l'ange qu'il lui sembla apercevoir, Jésus qu'elle crut voir et entendre, en furent, paraîtrait-il, la cause déterminante. Voici le saisissant tableau qu'en donne cet écrivain :

« Folle d'amour, ivre de joie, Marie rentra dans la ville, et, aux premiers disciples qu'elle rencontra : « Je l'ai vu, il m'a « parlé », dit-elle. Son imagination fortement troublée, ses discours entrecoupés et sans suite, la firent prendre par quelques-uns pour une folle...

« La gloire de la résurrection appartient à Marie de Magdala. L'ombre créée par ses sens délicats plane encore sur le monde. Reine et patronne des idéalistes, elle sut mieux que personne affirmer son rêve, imposer à tous la vision sainte de son âme passionnée.

« Loin d'ici, raison impuissante ! Si la sagesse renonce à consoler cette pauvre race humaine, trahie par le sort, laisse la folie tenter l'aventure. Où est le sage qui a donné au monde autant de joie que la POSSÉDÉE Marie de Magdala ? »

Ainsi M. Renan délivre de son autorité privée à Marie-Madeleine un certificat d'aliénation, en n'oubliant qu'un point, qui cependant aurait bien son importance, celui de prouver qu'elle avait réellement perdu la raison.

Mais ce n'est pas tout. Il veut de plus qu'elle fût possédée. Possédée de quoi ? Du démon, sans nul doute. J'ignorais que M. Renan admît ce genre de possession. Le fait, en tout cas, valait la peine d'être cité, car on ne voit pas tous les jours une personne raisonnable jusqu'alors être ainsi frappée simultanément et en une seconde d'hallucination de la vue, d'hallucination de l'ouïe et de possession démoniaque.

Mais continuons ; M. Renan nous ménage de bien autres surprises.

HALLUCINATIONS DE DEUX DISCIPLES SUR LE CHEMIN D'EMMAÜS.

« Dans la journée même du dimanche, raconte-t-il, deux disciples entreprirent un petit voyage à un bourg nommé Emmaüs. Ils causaient entre eux des derniers événements et ils étaient pleins de tristesse.

« Dans la route, un compagnon inconnu s'adjoignit à eux. C'était un homme pieux versé dans les Écritures, citant Moïse et les prophètes. *Ces trois bonnes personnes* lièrent amitié. A l'approche d'Emmaüs, comme l'inconnu allait continuer sa route, les deux disciples le supplièrent de prendre le repas du soir avec eux. Le jour baissait ; les souvenirs des deux disciples devinrent alors plus poignants. Combien de fois n'avaient-ils pas vu le Maître bien-aimé oublier le poids du jour dans l'abandon de gais entretiens, et, animé par quelques gouttes d'un vin très noble, leur parler du fruit de la vigne qu'il boirait nouveau avec eux dans le royaume de son père ! Le geste qu'il faisait en rompant le pain et en le leur offrant était profondément gravé dans leur mémoire.

« Pleins d'une douce tristesse, ils oublient l'étranger : c'est Jésus qu'ils voient tenant le pain, puis le rompant et le leur offrant. Ces souvenirs les préoccupent à tel point qu'ils s'aperçoivent à peine que leur compagnon les a quittés. Et quand ils furent sortis de leur rêverie : « Ne sentions-nous « pas, se dirent-ils, quelque chose d'étrange ? Ne te souviens- « tu pas que notre cœur était comme ardent pendant qu'il « nous parlait ? Ne l'as-tu pas reconnu à la fraction du pain ? « Oui, nos yeux étaient fermés jusque-là ; ils se sont ouverts « quand il s'est évanoui. »

« La conviction des deux disciples fut qu'ils avaient vu Jésus. Ils rentrèrent en toute hâte à Jérusalem. »

Voilà un cas d'hallucination en partie double, bien plus extraordinaire encore que celui de Marie de Magdala.

D'abord, contrairement à ce qui arrive d'habitude, c'est au moment où la conversation de leur compagnon de route devient la plus intéressante que les deux disciples s'endorment.

Puis, par une particularité non moins curieuse, ils continuent de marcher tout endormis.

Puis enfin, quand ils se réveillent et qu'ils se questionnent, il se trouve que tous les deux ont été le jouet du même rêve. Et quel rêve ! Ils se sont figuré, une fois l'étranger disparu on ne sait comment, entrer avec lui dans une hôtellerie, le voir remplir la coupe d'un vin très noble, prendre le pain, le rompre et le leur distribuer.

Il y a là une communauté tacite d'impressions et d'idées entre aliénés qui laisse bien loin derrière elle tout ce qu'on raconte en ce genre des Jumeaux Siamois et des Somnambules extra-lucides.

PREMIÈRE HALLUCINATION DES APOTRES, MOINS THOMAS.

« Le groupe des apôtres, continue M. Renan, était à ce moment-là rassemblé autour de Pierre, à l'exception de Thomas, lorsque arrivèrent les deux disciples. Ils racontèrent ce qui leur était arrivé dans la route, et comment ils avaient reconnu Jésus à la fraction du pain. L'imagination de tous se trouva vivement excitée.

« Pendant un moment de silence, quelque léger souffle passa sur la face des assistants. En même temps, on crut entendret des sons, puis discerner le mot de *schalom* « bonheur » ou « paix. » C'était le salut ordinaire de Jésus. Enfin, quelques-uns dirent avoir distingué dans ses mains et ses pieds la marque des clous, et dans son flanc la trace du coup de lance. Or, selon une tradition fort répandue, ce fut ce soir-là même qu'il souffla sur ses disciples le Saint-Esprit.

« Tels furent les incidents de ce jour, qui a fixé le sort de l'humanité. A CES HEURES SOLENNELLES, UN COURANT D'AIR, UNE FENÊTRE QUI CRIE, ARRÊTENT LES CROYANCES DES PEUPLES POUR DES SIÈCLES ! »

Voilà une manière aussi neuve que piquante de narrer et d'interpréter les faits. La dernière réflexion surtout, par ses allures doctrinales et son air de profondeur, rentre dans le domaine du haut comique. Mais enfin je dois supposer que l'auteur veut être sérieux : répondons-lui donc sérieusement.

Les apôtres, dites-vous, se trouvaient réunis lorsqu'un bruit dont ils ignoraient la cause vint frapper leurs oreilles. Or, ils attendaient le Christ : donc ils se figurèrent que c'était le Christ qui venait d'arriver parmi eux.

Si vous en restiez là, cette supposition, toute forcée qu'elle fût, pourrait à la rigueur se soutenir, appliquée à des hallucinés ; mais vous allez beaucoup plus loin.

Ainsi, le même bruit continue : ils s'imaginent que c'est Jésus qui leur parle. Il continue encore ; ils croient lui entendre dire « Schalom. » Il continue toujours ; il leur semble voir les blessures de ses pieds, de ses mains et de son côté. Enfin, à un dernier murmure, ils se persuadent qu'ils viennent de recevoir le Saint-Esprit.

Eh bien ! permettez-moi de vous le dire, toute cette fantasmagorie cérébrale constitue, pour le médecin, autant d'impossibilités.

Chez l'aliéné, le même fait, quand il se répète dans le même lieu, au même moment et de la même manière, produira la même hallucination et non une série d'hallucinations progressives ; c'est même là ce qui forme le cachet de la monomanie. Pour obtenir les effets décrits par M. Renan, il eût fallu, non plus un son uniforme, mais une succession de sons très différents, j'ai presque dit tout un carillon ; demandez-le plutôt aux frères Davenport.

DEUXIÈME HALLUCINATION DES APOTRES, Y COMPRIS THOMAS.

« Le propre des états de l'âme où naissent l'extase et les apparitions, c'est, dit M. Renan, d'être contagieux. »

Il vient de nous en donner un exemple dans la personne des apôtres, leurs hallucinations n'ayant commencé qu'à l'arrivée des deux disciples qui, comme il nous l'a appris, en avaient rapporté le germe du chemin d'Emmaüs. Un seul dut à son absence d'y avoir échappé ; ce fut Thomas. Celui-là, ne craignez rien pour lui, car M. Renan ajoute : « *Comme si l'hallucination avait voulu se précautionner contre elle-même*, il s'écria : « Si je ne vois dans ses mains la marque des clous, « dans son côté la marque de la lance, je ne croirai point. »

Et cependant il crut! A quelle cause attribuer ce revirement? M. Renan va sans doute nous l'expliquer.

« L'apôtre Thomas, dit-il, qui ne s'était pas trouvé à la réunion du dimanche, avoua qu'il portait quelque envie à ceux qui avaient vu la trace de la lance et des clous. ON DIT QUE, HUIT JOURS APRÈS, IL FUT SATISFAIT. »

On dit! Et vous vous en tenez à cet « on dit », sans ajouter un mot de plus! Mais c'était là le cas ou jamais d'entrer dans des détails. L'épreuve était décisive. Thomas, le seul, suivant vous, qui continuât de jouir de son bon sens, avait averti les apôtres qu'ils avaient été les dupes d'une illusion, et que, lui, saurait bien ne pas l'être, car il n'admettrait que des preuves positives, matérielles, palpables. Or, *s'il fut satisfait*, en d'autres termes, s'il fut dupe à son tour, de quelle manière le fut-il et dans quelles circonstances?

Encore une fois, tout est là. Évidemment, la cause d'erreur ne put être la même que pour la première apparition, puisqu'il était prévenu et se tenait sur ses gardes. Comment donc Thomas, qui devait désabuser les autres, devint-il halluciné à son tour? Y eut-il là quelque scène de *table tournante, d'esprit frappeur* ou de *magie blanche*?

L'épidémie décrite par M. Renan se distinguant de toutes les épidémies connues, il m'est impossible d'essayer de combler les lacunes de son récit. C'est donc à lui de nous donner quelque digue pendant « *au vent coulis ou à la fenêtre qui crie pour arrêter pendant des siècles la croyance des peuples.*»

TROISIÈME HALLUCINATION DES APÔTRES AU COMPLET.

« Un jour, raconte M. Renan, que les frères étaient réunis, un orage éclata. Soit que le fluide électrique ait pénétré dans la pièce même, soit qu'un éclair éblouissant ait subitement illuminé la face de tous, on fut convaincu que l'Esprit était entré et qu'il s'était épanché sur la tête de chacun sous forme de langues de feu. On crut avoir assisté à toutes les splendeurs du Sinaï. On se persuada que Dieu avait voulu signifier ainsi qu'il versait sur les apôtres ses dons les plus précieux

25.

d'éloquence et d'inspiration. Le « Don des Langues » devint
de la sorte un privilège merveilleux. »

A la bonne heure ! Cette fois du moins, nous savons à quoi
nous en tenir sur la cause qui a produit cette troisième hallucination des apôtres : c'est le tonnerre.

Mais quel singulier tonnerre que ce tonnerre de Palestine !
De nos jours, quand un orage éclate et que la foudre tombe au
milieu d'une réunion, ceux qu'elle atteint sont plus ou moins
asphyxiés, et les autres restent muets de terreur. Ici, rien de
semblable. Chacun reçoit sa quote-part de fluide et, loin d'en
être le moins du monde incommodé ou effrayé, il se sent la
langue si déliée qu'il se croit apte à parler tous les idiomes.
Voyons jusqu'à quel point l'événement va justifier cette prétention.

PRÉDICATEURS ET AUDITEURS HALLUCINÉS.

« Jérusalem, remarque M. Renan, était une ville très polyglotte. Aussi, une des choses qui effrayaient le plus les apôtres, au début de leurs prédications, était-ce le nombre de
langues qu'on y parlait. Ils se demandaient sans cesse comment ils apprendraient tant de dialectes. »

C'était là, en effet, la grosse difficulté, car, à en juger par
les nationalités qui s'étaient donné rendez-vous à Jérusalem,
jamais ville ne fut plus polyglotte que celle-là.

« Il y avait, dit l'Écriture, en plus des Parthes, des Mèdes
et des Élamites, de nombreux habitants de la Mésopotamie,
de la Judée, de la Cappadoce, du Pont, de la Phrygie, de la
Pamphylie, de l'Égypte, et enfin ceux qui étaient venus de
Rome. »

Comment parvenir à se faire comprendre en même temps
de tout ce monde-là ? Écoutons M. Renan :

« Aucune langue, dit-il, ne rendant les sensations nouvelles qui se produisaient, on se laissait aller à un bégaie-
ment indistinctif, à la fois sublime et puéril, où ce qu'on
peut appeler « la langue chrétienne » flottait à l'état d'embryon. Il y eut des siècles d'efforts obscurs et comme de

vagissement. On eût dit un bègue dans la bouche duquel les sons s'étouffent, se heurtent et aboutissent à une pantomime confuse, mais souverainement expressive. »

Quel charabia, bon Dieu! Quel jargon soi-disant médical!

Que signifient, je vous le demande, ces *bégaiements sublimes et puérils*, ces *embryons qui flottent*, ces *siècles qui vagissent* et ces *bègues qui manquent d'étouffer*, le tout pour aboutir à une *pantomime d'autant plus expressive qu'elle est plus confuse?* Certes, tout médecin que je suis, j'aurais bien besoin ici moi-même du « don des langues » pour comprendre quelque chose à celle-là. Nous allons voir pourtant que les initiés n'en perdaient pas un mot.

« On écoutait avec avidité, dit M. Renan, et on prêtait à des syllabes incohérentes les pensées qu'on trouvait sur le champ. Chacun se reportait à son PATOIS et cherchait naïvement à expliquer les sons inintelligibles par ce qu'il savait en fait de langues. On y réussissait toujours plus ou moins, l'auditeur mettant dans ces mots entrecoupés ce qu'il avait dans le cœur. »

Voilà donc enfin le mot de l'énigme. On prêchait en patois, le patois étant alors la langue universelle. Pourquoi ne pas l'avoir dit plus tôt? Je me permettrai cependant une simple réflexion.

Chaque pays a son patois; le même pays peut même en compter plusieurs. Nous avons, rien qu'en France, le patois normand, le patois bas-breton, le patois lorrain, le patois picard, le patois auvergnat, le patois limousin, le patois marseillais et bien d'autres encore. Il en était nécessairement de même, à cette époque, pour chaque contrée. Or, comment le prédicateur, ne parlant forcément qu'un seul patois à la fois, pouvait-il être compris de toute l'assistance qui, par la multiplicité des nationalités, formait une sorte « d'exposition universelle » de tous les patois du globe? A moins qu'en devenant aliéné on ne devînt en même temps extra-lucide.

Il faudrait là, en tout cas, un complément de renseignements que M. Renan ne manquera sans doute pas de nous donner dans l'édition populaire qu'il annonce de son ouvrage. Ce sera le moyen de le mettre à la portée, non plus seulement de toutes les bourses, mais de toutes les intelligences, y compris la mienne.

PLUS DE CINQ CENTS PERSONNES HALLUCINÉES EN BLOC.

Ce n'est plus seulement dans les endroits clos, tels qu'une chambre ou une église, là par conséquent où la concentration des miasmes, ou, pour employer l'expression de M. Renan, des « effluves divins, » forme un agent si puissant de contagion, c'est en plein air, sur les sommets les plus hygiéniques, que l'épidémie va continuer ses ravages.

« Un jour, raconte M. Renan, qu'ils étaient guidés par leurs chefs spirituels, les Galiléens fidèles, au nombre de plus de cinq cents, montèrent sur une de ces montagnes où Jésus les avait souvent conduits. La terre était alors parsemée d'anémones *rouges* qui sont probablement les lys des champs, dont il aimait à tirer ses comparaisons. (J'avais cru, au contraire, que les lys étaient blancs.) A chaque pas on retrouvait ses paroles comme attachées aux mille accidents du chemin. Aussi crurent-ils encore le voir. L'air, sur ces hauteurs, est plein d'étranges miroitements. La foule assemblée s'imagina voir le spectre divin se dessiner dans l'éther ; tous tombèrent sur la face et l'adorèrent. Ils descendirent ensuite de la montagne, persuadés que le Fils de Dieu leur avait donné l'ordre de convertir le genre humain et avait promis d'être avec eux jusqu'à la consommation des siècles. »

J'en demande bien pardon à M. Renan, mais, ici encore, il m'est impossible d'admettre son explication toute physique. Ce n'est pas que je nie les effets de mirage que j'ai eu moi même l'occasion d'étudier en Orient, non plus que les illusions auxquelles ils peuvent donner lieu. Seulement celui-là seul y sera pris qui les verra pour la première fois.

Raisonnons par analogie.

Voici un étranger qui arrive sur les bords de la mer, et qui, pour ses débuts, est témoin d'un de ces splendides couchers du soleil où l'horizon, le ciel, l'eau elle-même, paraissent tout en feu. S'il est très impressionnable et surtout un peu toqué, il pourra croire assister à un immense embrasement.

Mais qu'il essaie de faire partager son erreur aux habitants de la côte, chacun lui rira au nez.

Ainsi pour les cinq cents Galiléens. Ils étaient du pays ; maintes fois ils avaient accompagné le Christ sur ces hauteurs, par conséquent ils étaient, on peut le dire, *blasés* sur ces miroitements. Et vous voulez que tout d'un coup ils en aient été la dupe ! Cela n'est pas soutenable.

HALLUCINATIONS DE PAUL SUR LE CHEMIN DE DAMAS ; IL SE FAIT PROTESTANT.

L'épidémie touche à sa fin. Paul, si on en croit M. Renan, en fut une des dernières, mais aussi une des plus illustres victimes, dans une circonstance que tout le monde connaît.

Chacun sait, en effet, que, frappé d'une lumière subite sur le chemin de Damas, il fut renversé de cheval et entendit une voix qui lui disait : « Saul, Saul, pourquoi me persécutes-tu ? » Puis, sur l'ordre de cette même voix, il se releva et gagna la ville ; seulement on le conduisit par la main, car il n'y voyait plus, encore bien qu'il eût les yeux ouverts.

Voilà du moins ce que raconte l'Écriture. Écoutons actuellement la version de M. Renan.

D'abord, il supprime le cheval et veut que Paul fît la route à pied. Soit. Nous ne le chicanerons pas pour si peu, encore bien qu'on conçoive difficilement que Paul, « qui ne respirait « que menaces et carnage, et était porteur d'un message « important, » s'amusât à voyager en touriste. Mais peut-être M. Renan veut-il nous préparer déjà, par les bizarreries anticipées de son héros, aux scènes d'hallucination qui vont suivre.

Maintenant, comment expliquer l'éblouissement qui causa la chute de Paul ?

M. Renan propose quatre hypothèses. Ce fut : 1° Ou bien un coup de foudre ; 2° Ou bien un coup de soleil ; 3° Ou bien un accès de fièvre pernicieuse ; 4° Ou bien enfin une ophthalmie aiguë.

De ces quatre hypothèses, les deux dernières sont celles qui lui paraissent les plus vraisemblables : ce sont donc les seules qui méritent de nous occuper.

ACCÈS DE FIÈVRE PERNICIEUSE. — Nous venons de voir que Paul fut jeté violemment à terre, sans qu'aucun prodrome fît pressentir l'accident. Est-ce ainsi que débute un accès de fièvre pernicieuse? Jamais ou presque jamais. Mais admettons que la perte de connaissance ait ouvert la scène, il faudra bien que l'accès parcoure ensuite ses trois périodes, période de froid, période de chaud, période de sueur, sans quoi ce ne serait pas un accès. Or, ici rien de tout cela. Paul se relève et continue son chemin, sans se sentir autrement incommodé.

Autre particularité. Il est aveugle. Serait-ce que la cécité s'observerait quelquefois à la suite d'un accès de fièvre pernicieuse? Je mets M. Renan au défi d'en citer un seul exemple.

Nous le voyons donc, l'hypothèse d'une fièvre pernicieuse ne saurait soutenir un seul instant d'examen.

OPHTHALMIE AIGUE. — Sera-ce davantage une ophthalmie aiguë? J'ai honte, en vérité, de répondre à une semblable question, et voici le pourquoi.

L'ophthalmie qu'on observe dans ces contrées, et qui se trouve décrite partout sous le nom d'*Ophthalmie d'Égypte*, est l'inflammation de l'œil due surtout à une cause toute physique, la reverbération des rayons solaires que répercute le sable embrasé. Elle ne procède ni par sauts ni par bonds, mais suit une marche régulièrement progressive, tant que persiste la cause qui l'a produite. Il existe même un moyen banal de la prévenir ou de la combattre indiqué déjà par Strabon : c'est de se placer devant les yeux un morceau d'étoffe noire. Prétendre qu'un voyageur a été foudroyé par une attaque d'ophthalmie aiguë est une facétie qui n'a même pas le mérite d'être drôle.

Et que dire de cette autre, due également au même historien ?

« Le brusque passage de la plaine dévorée par le soleil aux frais ombrages des jardins était de nature à déterminer un accès dans l'organisation maladive et gravement ébranlée du voyageur fanatique. »

Décidément, l'ophthalmie de Paul était tout à fait unique en son espèce, sans quoi le passage subit du soleil à l'ombre l'eût au contraire calmée au lieu de l'exaspérer.

Mais enfin le voilà gisant à terre, immobile et privé de sentiment. Le reste se devine.

« Au milieu des HALLUCINATIONS (j'en étais sûr) auxquelles tous ses sens étaient en proie, il vit, dit M. Renan, la figure qui le poursuivait depuis plusieurs jours ; il vit le fantôme sur lequel couraient tant de récits ; il vit Jésus lui-même lui disant en hébreu : « Saul, Saul, pourquoi me persécutes-tu ? » Les natures impétueuses passent tout d'une pièce d'un extrême à l'autre. Il fut touché à vif et bouleversé de fond en comble ; mais en somme il n'avait fait que changer de fanatisme. Un immense danger entra avec cet orgueilleux dans la petite société formée par les apôtres.

« DE CE MOMENT DATE LE PROTESTANTISME : PAUL EN EST L'ILLUSTRE FONDATEUR. »

Pour le coup ceci est par trop fort. Paul protestant ! Paul précurseur de Calvin et de Luther, par le fait d'un accès de fièvre ou d'une ophthalmie ! La conclusion est digne des prémisses.

RÉSUMÉ ET CONCLUSIONS.

Voilà cependant à quoi a abouti cette magnifique thèse de M. Renan, que « l'établissement du christianisme n'a eu d'autre origine qu'une immense épidémie d'hallucinations. »

Et dire que dans un siècle aussi éclairé que le nôtre, ou du moins qu'il se vante de l'être, il se trouve des esprits assez prévenus pour prendre au sérieux de pareilles inepties présentées sous le couvert d'une pseudo-science ! Car, enfin, ai-je besoin de le rappeler ? des arguments invoqués par M. Renan pas un n'est sérieux ; plusieurs sont burlesques ; quelques-uns même tombent littéralement dans la charge.

Je vais plus loin. Pour réfuter des miracles, il en imagine de bien plus extraordinaires encore : miracles d'impossibilité, au point de vue des faits qu'il interprète ; miracles de démence, au point de vue des personnages qu'il met en scène ; miracles de crédulité par trop naïve, au point de vue des lecteurs auxquels il s'adresse.

Contrairement à l'Écriture, qui a dit à la raison de s'humilier et de se taire, M. Renan veut qu'elle parle, et qu'elle parle haut ; seulement, le langage qu'il lui prête est un tissu d'allégations erronées. *Ægri somnia.*

On objectera peut-être que, pour bien juger une époque, il faut avoir grand soin de tenir compte de ses idées, de ses mœurs, surtout de ses entraînements, et que nous sommes d'autant moins préparés à ce genre d'études que nous n'avons plus parmi nous ni visionnaires ni illuminés.

Si, nous en avons encore ; la seule différence, c'est que leur dérangement cérébral porte non plus sur l'exaltation, mais sur la négation du sentiment religieux. J'en citerai un exemple :

Les personnes qui ont visité l'hospice de Charenton, il y a quelques années, se rappellent sans doute ce petit vieillard que la douceur de son caractère, son maintien calme et sa figure placide, avaient fait surnommer le *Père Tranquille.* Chez lui, l'idée que Jésus-Christ n'était pas le fils de Dieu était passée à l'état de monomanie ; il aimait même à en faire un sujet de controverse. Se trouvait-il un peu à court d'arguments, il levait avec onction ses yeux vers le ciel, se contentant de répondre « Non, encore une fois, le Christ n'est pas Dieu. J'en « sais quelque chose, car, MOI QUI SUIS LE PÈRE ÉTERNEL, JE VOUS « DONNE MA PAROLE D'HONNEUR QU'IL N'A JAMAIS ÉTÉ MON FILS. »

Ainsi, l'excellent homme ne se trompait que sur un point, essentiel, il est vrai, son identité.

Voyez, cependant, à quoi tiennent les destinées ! Supposons qu'au lieu d'être resté sédentaire et illettré notre monomane eût été un voyageur et un savant, ayant visité Jérusalem, Ghazir et la Samarie, affectant de parler le syriaque et l'hébreu, émaillant son récit de termes de médecine, citant à tout propos le Talmud, le Koran, Papias et Cakya-Mouni, disant au besoin Kaïapha pour Caïphe, Juda de Kerioth pour Judas Iscariote, Marie de Magdala pour Marie Madeleine. Qui sait ? peut-être que, loin d'avoir été relégué au fond d'un cabanon, il eût vu, comme M. Renan, s'ouvrir devant lui les portes de l'Institut.

———

TABLE

FIN DE LA TABLE

.505. — Imprimerie A. Lahure, rue de Fleurus, 9, à Paris.

www.ingramcontent.com/pod-product-compliance
Lightning Source LLC
LaVergne TN
LVHW011219170726
843501LV00002B/295